数学が

いまの数学になるまで

Z・アーテシュテイン 著
落合卓四郎 監修
植野義明ほか 訳

丸善出版

監修にあたって

皆様はこの本を手にして、いまどのようなことを期待していらっしゃるのでしょうか。何はともあれ、数学に関心をもっていただいたことを心から嬉しく思います。

本書の著者アーテシュテイン氏は、イスラエルのヴァイツマン科学研究所の教授であり、一九七五年から今日まで四十年以上にわたって数学の多くの分野で幅広い研究活動を行い、これまでに発表した研究論文は一二〇編以上にものぼっています。氏は現在は教育や行政といった部門にも貢献していますが、若い頃から《外から眺めた数学の姿》に関心を寄せ、とくに、一九八一年に出版され、いまでは古典となったP・J・デービスとR・ヘルシュの名著『数学的体験』（邦訳は森北出版、一九八六年）を熟読したそうです。

その彼が、古代ギリシャ以前から現代にいたる数学の歴史、数学と哲学とのかかわり、近代科学の誕生のみならず、数学と社会科学、経済学、行動科学などとのかかわり、ランダム性と確率・統計、数学基礎論、数学教育、そして、コンピューター・サイエンスへの応用までにわたる広大なタペストリーに織り込まれた一本の撚り糸として見出したのは、人類の進化という新しい視点――数理哲学の伝統を二十一世紀に引き継ぐのにまさにふさわしい視点――でした。

本書が扱っている内容は、数学をよりよく学ぼうとする方たちだけでなく、数学をよりよく教えようとする方たちにとっても、大きな示唆を与えることでしょう。

たとえば、ある種の数学は遊びの中で自然に身につけることができ、子どもたちはその能力を発揮することに本源的な喜びを感じているように見えますが、一方で、別の分野の数学は習得に多くの時間と努力を要し、数学嫌いが生まれる要因にもなっているのはなぜなのかといった問題が、実は人類の進化と深く結びついていることがわかるでしょう。また、人類の優れたパターン認識能力、数や図形の認識能力の根源はどこにあるのでしょうか。そして、言語を操る能力の発達が数学的能力に先行し、その基礎となっているという考えは本当に正しいといえるのでしょうか。本書を読むと、これらの問題に対しても進化の視点から光を当てられることがわかります。

数学は難しい理屈の集大成であり、社会では、つまりひとたび学校を出てしまえばまったく役に立たないという考えは、本文にもあるとおり、これまでの数学教育が生み出してしまった間違った思い込みかもしれません。

これからやってくる知識基盤社会では、知識が社会の基盤をなし、同時にグローバル化がますます進展することでしょう。わたしたちは、海外に住む人たちを含む多様な人たちと関わり、相互に知識や情報を共有しながら生きていくことになります。そして、そのような社会では、数学に親しみをもつ人たちが多くの分野で必要となるはずです。実際、数理リテラシーは文化の背景が異なる人たちが協同作業を行うために不可欠なコミュニケーション・ツールになります。

また、多くの職種においてその仕事は人工知能（ＡＩ）との協同作業になることも予想されています。いうまでもなくＡＩは数理的な考え方に基づいて作られており、その特徴や性質について少なくとも初等数学レベルにおいて理解できることが好ましいのです。

数学教育学会では、このような社会の到来を見越して、二〇三〇年代に必要とされる数学的能力を育成する新しいカリキュラムの策定を進めています。就学、就労の選択肢がすべての人びとに広く公平に提供されるためには、現在のような文系と理系に分かれた数学教育ではなく、新しい視点に立脚した数学教育が必要となることは明らかです。本書が示唆する数学に対する新しい見方、考え方は、そのための重要なヒントにもなり得るでしょう。

本書を通して、読者の皆様の心の中に、数学とそれをとりまく諸学問の豊かな世界が広がるならば、監修者としてこれに勝る幸いはありません。

末筆ながら、植野義明氏を中心として今回の翻訳を手がけられた翻訳グループのメンバー各位のご尽力に、厚く御礼申し上げます。

二〇一七年十一月

数学教育学会会長
落合卓四郎

目次

まえがき

数学者にまつわるジョークは数限りなくありますが、わたしが気に入っているジョークを一つ紹介しましょう。気球に乗って旅をしている人たちが迷子になってしまいました。彼らは地上にいる人を見つけて声を掛けることにしました。「おーい、わたしたちはいまどこにいるのですか」「そうですね、気球の中にいるみたいですよ」と地上にいる人は答えました。「もしかして、あなたは数学者なのではありませんか」気球に乗っている人たちが尋ねました。「ええ、確かにそうですが」と地上にいる人はいいました。「でも、どうしてそれがわかったのですか」「あなたの答えは速くて、正確で、それでいてまったく何の役にも立ちませんからね。」

わたしがこのジョークに心惹かれるのは、数学に関する書物や講義などから期待できることに対する広く行き渡っている一般の人たちの受け止め方を反映しているからです。この態度の由来については後ほど説明しますが、ここでは、学校においてさえわたしたちは洗脳に晒《さら》されていること、それがわたしたちが数学の教科書や講義に対して、ほかの教科とは異なるかかわり方をする原因であると指摘するだけに止《とど》めておきましょう。生徒たちは、学校で数学の内容を理解したことを示すために、練習問題を解くことを期待されています。歴史や文学のようなほかの教科では、あるいは生物学でさえ、そのような訓練は要求されません。このことが醸《かも》し出している印象は、練習問題を解かなければ数学の講義を受ける意味はないということです。習得したことを練習することなく教科の直観的理解を深めることは、数学の場合には理解として認められていないのです。このことは、ほかの科学や一般教養の科目では実践演習を必要とはせず、教科の直観的把握が目標として受け入れられているる事実にもかかわらず、そうなのです。これは誤った、人心を惑わす洗脳であり、数学に対する不当な扱いです。さらに、そのようなやり方はまた、数学の専門家にとってもなじみのないものです。もちろん、彼らは自分が研究している分野については深く理解していなければなりませんが、ほかの数学の分野については、直観的な理解で十分です。本書を読み進んでいく間、心に留《とど》めておいていただきたい一つの譬《たと》えを紹介しましょう。

わたしはクラシック音楽が大好きで、イスラエル交響楽団のコンサートシリーズの定期会員であり、生演奏も録音も、とても楽しんでいます。わたしには楽譜が読めませんし、音楽の詳しい歴史についても、さまざまな作曲家の生涯についても知りません。わたしが自信をもっていえるのは、楽譜が読めたり音楽史に親しんでいたりする人たちは、耳に聞こえてくるものをわたしの楽しみ方とは異なる楽しみ方で楽しんでいるということです。わたしには、彼らがわたしより音楽を楽しんでいるのかどうかはわかりません。というのは、たとえば、その人たちはわたしならまったく気がつかないほんの少し不正確に演奏されたどんな音についてもすべて気づいているかもしれないからです。エキスパートは作品をわたしとは異なるレベルで理解していますが、わたしは音楽を堪能しています――おそらくは書かれた楽譜からではなく、聞こえてくる調《しら》べから。木からではなく、森から。本書には「音符」はほとんどなく、木もありません。あるのは主として音の調べであり、森です。ところどころに一つか数個の音符が（時折、枠囲みの中に）現れているとしても、それらは本文の話の糸を断ち切ることなく読み飛ばしてかまいません。

本書のさまざまな節はつながっていますが、各節が完結し、ほかの節と独立に読めるように概念の提示に配慮しています。節や章の見出しやタイトルは、その中の中心的な要素を示しています。第一章から読み始めることを推奨しますが、その後、読者は直接ランダム性の数学の章に進んでも、あるいは、人間行動の数学についての章に進んでも、あるいはまた、途中をすべて飛ばして最後の数学教育に関する章に進んでも、もちろんかまいません。

いうまでもなく、このような本は友人、同僚、学生たち、本書で扱った話題に関してさまざまなフォーラムで行ったレクチャーを聴いた人たち、翻訳者と編集者、出版社の担当チーム、そして、もちろん、家族から受け取った情報、意見交換、助力なしに書きあげることはできませんでした。ひとり一人をこの場で数え挙げることができないほどたくさんの人たちがいます。それらの人たちすべてに、わたしから深く感謝をささげます。

それで、この本はいったい何について書かれているのでしょうか。本書は、**自然の数学**と**数学の本質**、そして両者の間の関係を扱っています。本書では、歴史的な振り返りによって、また、現在の研究の視点から、数学とわたしたちを取り巻く物理的な世界や社会的な世界との間のつながりについて述べます。本書の議論はまた、数学にかかわりのある科学や社会の諸領域にも関係しています。そのため、数学によって記述される科学的事実や社会的状況も提示することになるでしょう。その説明は、さまざまな分野の数学的な側面に焦点を当てるため、網羅的でも詳細でもありません。議論に伴ってつねに存在する問題は、数学とその応用の発展に**人類の進化**が及ぼした影響の程度に関係しています。わたしたちが検証しようとしているのは、人間の脳を形作った数百万年の進化の過程が人間の数学的能力や、人間にとって研究し、理解することが容易な数学の類型に影響を与えたという主張です。わたしたちは、また、数学のほかのある種の分野を理解するときに経験する困難の大きな責任が進化にあることも示します。このようなことすべてを、最小限の音符を使いながら、しかしずっと心地よい音楽の調べによって、行ってみたいと思います。

ヴァイツマン科学研究所
ツヴィ・アーテシュテイン

第一章　進化と数学と数学の進化

進化は数学に影響したか●馬には計算ができるのか●ラットは数を数えられるか●赤ちゃんには足し算や引き算の問題が解けるのか●わたしたちにはどのような長方形が心地よく感じられるか●ピエロはなぜ怖いのか●アイルランドでは羊は何色か●数の並び 4, 14, 23, 34, 42, 50, 59, . . . において、次に来る数は何か●なぜ円を四角くしなければならないのか●目の錯覚は科学にどのように貢献してきたか

1　進化

進化論はチャールズ・ダーウィンに始まるとされています。しかし、最初に進化を研究し始めたのはダーウィンではありません。ソロモン王は、「太陽の下《もと》に新しきものなし」と述べました（旧約聖書「コヘレトの言葉」、第一章第九節）。これは、万物はつねに流転の相の中にあるという思想を示す哲学的な言明です。わたしたちは、与えられた任意の時点で身の回りの現状を目にしますが、生涯という時間の中で起こる変化にも従い、また、直接には観察できないいくつもの時代にわたって起こる変化にも気づいています。過去に起きた変化に関する証拠によって、何がそれらの変化の原因であったかを推察できる場合が多々あります。そのことは、岩石、植物相、動物相などの物理的世界にも、また、行動様式、ファッション、文学、医療行為、技術を含む社会にも当てはまります。変化はそれぞれのメカニズムに従って起こります。何が生き残り、何が修正され、何が絶滅するかは明らかな場合もありますが、メカニズムを割り出すことがいつでも簡単だというわけではありません。

例として、地球の表面を考えてみましょう。ある岩石は、何年もそこにあり続ける一方、別の岩石は、ほとんどわたしたちが見ている目の前で、風による風化や浸食を受けます。何がこのような違いを引き起こしているのでしょうか。

明らかに、生き残る能力の違いを決めているのはさまざまな岩石の組成です。玄武岩は長くその形を保つ一方、石灰岩は粉々に砕け散ります。山頂に砂丘がないのは、あっても風で吹き飛ばされてしまうからです。強者が勝利し、最適者が生き残るといってよいでしょう。玄武岩でできていることは山頂での生き残りの闘争における有利な特徴であると推論することができます。その主張は岩石の世界では自明であり、わたしたちは通常、岩石を生き残りの競争の観点から調べることをしません。しかし、何であれ環境に最も適しているものが生き残るという結論は、岩石についても、そして、また、人間社会についても正しいのです。歴史学者は、人類の歴史について論じるとき、なぜ特定のある社会は生き残り、別のある社会は消え去ったのかを理解しようとします。彼らの結論では、一般に、勝者が敗者よりも有利であった点に論点が向かいます。わたしたちは、社会や種《しゅ》に固有な特質から、それがどのような条件下で発達してきたかを知ることができます。同様に、社会や種が発達してきた条件から、それが生存競争を勝ち残ることを可能にした有利な点について知ることもできるのです。

ダーウィンの進化論への偉大な貢献は、さまざまな動物や植物の種が変化し発達したメカニズムを突き止めたことにありました。すべての種はその環境に適応し、獲得した形質はそれぞれの世代から次の世代へと受け継がれると主張したラマルクとは違い、ダーウィンはすべての種において進行している変化の原因である別のメカニズムを提案しました。そのメカニズムは、主要な二つの要素——突然変異と自然淘汰《とうた》（自然選択）——からなっています。繁殖の過程で、個体は突然変異を受け、それが形質のランダム（無作為）で、一般に軽微な変化を引き起こします。最もよく適応した形質をもつ個体が最も速く繁殖し、そのことが自然の選択を形成して、それぞれの種の後続する世代が環境条件によりよく適応するという結果になるのです。同じ食物資源を巡って競合する種のうちで最も適応した種が生き残る種となります。

チャールズ・ロバート・ダーウィン（1809–1882）は、イングランドの町シュルーズベリーで名門の家系に生まれました。父、ロバートは裕福な医師でした。祖父、エラズマス・ダーウィンは、チャールズが生まれる前に亡くなりましたが、チャールズは祖父の著作を読むことができました。この祖父は、簡単にラマルクの名でもよばれるフランスの指導的な博物学者、ジャン＝バティスト・ド・モネ、シュヴァリエ・ド・ラマルク（1744–1829）の進化論を支持する哲学者であり博物学者でした。若いチャールズは科学的な探求によく触れてはいましたが、特別に勤勉な生徒ではありませんでした。勉強に時間を充てる代わりに、自然を観察し、さまざまな標本、とくにいろいろな種類のカブト虫を集めることを好みました。二十三歳のとき、ビーグル号とよばれる帆船に乗って出掛ける探検隊の話があり、彼は科学者として参加することを招待されました。探検の主な目的は、大英帝国の任務としてオーストラリアと南アメリカ沿岸の海図を描くことであり、その中での彼の役割は、地質学、動物学、植物学的な標本を収集、分類することだったのです。ダーウィンは、航海の途上、とくにガラパゴス諸島において、互いに似通った種が互いに近接する地域に生息していることに気づきました。彼が突然変異と自然淘汰からなる進化のモデルの着想を得たのは、まさにその場所だったのです。ダーウィンが動物相や植物相の類型の進化の理論を展開するに当たって、半世紀前に活躍した政治哲学者トマス・マルサスによる人間社会の人口統計学的および経済学的発展に関する理論に深く影響を受けていたことには注意しておくべきでしょう。ダーウィンの自伝からは、彼が謙虚で博識な紳士であったことが窺《うかが》えます。そこには、彼が開発した科学的手法を超えて、進化への深い理解を示唆する言葉があふれています。たとえば、ダーウィンは自然を巡って多くの議論を交わした年上の同僚レオナルド・ジェニンズに言及した部分で、「当初、彼のいくらか険しく辛辣《しんらつ》な表情から、わたしは彼のことが嫌いになり、その第一印象が消えることはあまりなかったが、それは完全にわたしの誤解なのだった……。」と書いています。「第一印象が消えることはあまりない」ことと進化とのかかわりについては、本書の中で追って論じることになるでしょう（第50節参照）。

ダーウィンは、進化に関する思想と、自ら発見しその理論を支える豊富な証拠を科学上の仲間たちと共有し、その中には、当時のイギリスで最も有名な科学者も何人か含まれていましたが、発見を公にすることについては否定的でした。ダーウィンは、南アメリカや極東への航海を何度も遂行したことのある若い博物学研究者、アルフレッド・ウォレスが、ダーウィンのものに類似する着想を含む論文を薄弱な論拠だけに基づいて投稿した後、やっと自身の理論を公刊することに同意しました。事の次第を知ったダーウィンの友人たちが、彼の本『種の起源』を出版するよう強く求めたのです。その結果、ウォレスの記事とダーウィンの理論が、理論の最初の公式な発表として同時に世に現れました。

ダーウィンが結果を公表するまで長く躊躇《ちゅうちょ》したことには、いくつかの理由がありました。理由のいくつかは、さまざまな種が存在するのは種がそのように創造されたからであるとする宗教的な信条との衝突の可能性から来ていました。ダーウィンの妻、エマ（旧姓ウェッジウッド）は信仰に篤《あつ》く、ダーウィンはエマを刺激したくはなかったのです。しかし、進化のメカニズムを公表することを躊躇した劣らず重要なもう一つの理由は、進化の理論を支えるために利用できる豊富な事実があったにもかかわらず、理論にはまだ説明できない側面が多くあり、科学的な根拠に欠けていたことでした。とくに、ダーウィンは突然変異を起こさせる生物学的なメカニズムを提示することができませんでした。そのメカニズムは、ＤＮＡ分子の中に暗号化された遺伝子が見つかり、それらが生殖の過程でランダムに変異することがわかった二十世紀中葉まで発見されませんでした。

遺伝子の突然変異と自然淘汰は、植物や動物の種の進化の過程についての現代の理解の基盤となっています。遺伝子はそれぞれの種の生存と成長にとってきわめて重要な形質を伝達しています。遺伝子の組み合わせと、それが時に応じ、環境に反応して発現する仕方によって、種の形質が定義されるのです。種の変化は遺伝子の変化によって決まります。そうはいっても、進化に関することの多くは、遺伝子そのものの変化を追跡することなく知ることができます。進化の生存競争の中で種が発達し、生き残り、勝者となっていった条件を調べることによって、遺伝子の中に暗号化され、世代から世代へと受け継がれている形質について学ぶことができます。この主張の逆もまた正しく、与えられた任意の時点で観察される形質から、それぞれの種が発達した条件について学ぶこともできるのです。

次に示す例は、種が発達した条件と種の今日の形質との間のつながりがどのようにしてわかるかを示しています。わたしは数年前、ガラパゴス諸島に旅行した途上で、たまたまこの例に遭遇しました。それは鳥たちの求愛行動に関係しています。

上の写真のイワウは、飛ぶことができません。イワウは、強い風にさらされる海岸近くの崖の上に生息する鵜《う》の仲間です。このような厳しい条件の下での種の生き残りにとっては、小枝を探して丈夫な巣を作る能力が重要です。その求愛行動では、雄のイワウが連れ合いの候補に、ふたりで営む巣を作るために小枝を集める能力を誇示します。求婚された雌が雄の申し出に応えるのは、雄がその能力をもっていることを証明できた場合だけです。中央の写真はグンカンドリのものです。グンカンドリの求愛行動では、雄はのど袋を巨大な赤い風船になるまで膨らませます。雄がこのような行動をとるのは、連れ合いとなってほしい相手に自分の肺の強さと、水中から魚をすくい取るために長い距離を飛ぶ能力を示すためです。下の写真に写っているアオアシカツオドリは、求愛行動においてまったく異なる資質を顕示します。この種の雄は、大きな青い足で卵を覆うことで卵を孵《ふ》化《か》し外敵から守ります。したがって、雄は連れ合い候補の雌に対して自分の足の大きさや形を誇示し、彼らが協力して産む卵を天敵や荒れやすい不安定な天候から守る能力を証明することによって求婚するのです。

これらの例からわかるのは、わたしたちが今日観察できる形質や行動パターンは、進化において重要であった形質を示唆し、そして、それらの形質は、それぞれの種が進化の競争をどのようにして生き延びてきたかを示しているということです。

種の形成期において、ある特定の集団が生存への闘争に勝つことに役立った本質的な形質は、その遺伝子の中に刻み込まれ、それをわたしたちは生得的な特性として観察することになるのです。チーターの走りの速さ、「ワシの目」ともよばれるワシの鋭い目、ネコの木登りの能力はすべて、生得的な特質です。チーターの幼獣は、速く走る能力と基本的な本能をもって生まれてきます。恐れなければならないもの、狩りの方法、そして、より効率的に走る方法すらも、それを学ぶためには親の助けが必要ですが、スピードと狩りという基本的な特性は遺伝子の中に組み込まれているのです。同様に、猫の遺伝子はネズミの捕まえ方の学習を可能にし、ワシの生得的な形質には、鋭い視力と獲物となりそうな動物を相当な高さから識別する能力が含まれています。学習は単に生まれつきの属性を精巧化し、改善するだけです。それぞれの種の属性を知れば、種がどのような条件の下で発達したかがわかり、同様に、種が発達した条件を知れば、どのような形質が進化したかを知ることができるのです。

動物種の身体的な属性が遺伝子に刻み込まれた生得的な属性であるのと同じように、少なくとも一部の知的な属性についても同じことが当てはまるだろうと考えることは理にかなっています。知的なスキルと社会的なスキルもまた生存を賭けた戦いにおいて一定の役割を果たし、したがってこれらのスキルについても、自然淘汰の過程は種がライバルに打ち勝つことに役立つ特性を強化します。とくに、繁殖の過程で知的な属性もまた突然変異によって変化を受け、改善されることがあり得ます。以下のいくつかの節では、人類の数学的な能力を進化論的な側面から検討します。わたしたちは、数学を理解し使用する能力が進化による発達の結果なのか、あるいは、もしかすると、ほかの必要に対処するために発達した脳の副産物である可能性はないのかということについて考えます。

2 動物における数学的能力

もし、現在人類がほかの種の中で占めている位置に彼らを導いた進化の競争において数学的な能力が貢献したのであれば、ほかの生き物にもある程度の数学的な能力があるだろうと考えてよいでしょう。しかし、数学的な能力とは何を指しているのでしょうか。数学は、広範囲の話題と概念的方法を包括しています。したがって、問うべき問題は、それらの数学的な特質のうちのどれが進化の上で利点をもたらしたかということです。そして、それを補う次に問うべき問題は、どうすればこれらの数学的な能力を動物において観察することができるかということです。

最も基本的な数学的な能力は数えることであり、その後に、抽象的な対象としての数の概念の理解と、足し算や引き算のような、単純な算術演算を実行する能力が続きます。成長した動物におけるこのような単純な能力の存在について論じることから始めましょう。母猫は仔猫《こねこ》をある場所から別の場所に移動させますが、一般的に仔猫を一匹か二匹忘れることはなく、移動を終えたときに、すべての仔猫を移し終えたかどうか確認するためにもとの場所に戻ってくることも通常はしません。母猫は仔猫を一匹ずつ覚えているのかもしれませんが、母猫に量の感覚があると考える方が合理的に思われます。量の見積りの本能は進化において明らかに有利なので、成長した動物がその能力を備えていても驚くべきことではありません。しかし、その能力は、数える能力や、算術的演算を実行する可能性へとつながっているのでしょうか。

いくつかの動物種には確かに数学的な能力があることを示す納得できる例をいくつか提示する前に、一つ警告をしておくのがよさそうです。実験の結果は一般的に——そして、動物実験の結果についてはとくに——十分な注意をもって解釈されるべきであるということです。このことを示す一つの有名な教訓は、「賢いハンス」の事例です。（この物語、およびこの節の中でこの後に言及する研究に関する詳細や参照文献は、文献表に挙げたドゥアンヌ、およびデブリンによる解説書に載っています。）十九世紀も終わりに向かうころ、「賢いハンス」の名で知られる馬が調教師ヴィルヘレム・フォン・オステンとともにドイツ国内を巡業して回りました。馬は、足し算、引き算、平方計算、単純な割り算などのすべてにおいて非常に高い正答率を記録し、注目すべき能力を発揮しました。馬は時折間違いもしましたが、そのような誤りが起こるのはまれでした。馬がその能力を示す方法は、問題が声に出して読まれるか黒板に書かれると、正解に対応する回数だけ蹄《ひづめ》で地面を叩《たた》くというものでした。このショーは単なる巧妙な詐欺であり、調教師が何らかの方法で馬に正解を教えているのではないかと疑われました。カール・シュトゥンプという心理学者を頭とする公的な調査委員会が召集され、委員の中にはベルリン動物園の園長も含まれていました。委員会は、とりわけ、調教師が不在でも馬が問題を解けるかどうかを調べ、そして、そのような場合であっても、馬は正解を答えられることがわかりました。結論は、ある種の動物の中には、相当に高度な数学的能力をもつものがあるということでした。続いて、一九〇七年にオスカー・フングストというもう一人の心理学者によるさらに詳しい調査によって、馬は数学を理解していないことが示されました。調教師は確かに信頼できる正直な男でしたが、馬は調教師の、そして調教師が不在のときには見物客の、顔の表情の無意識の変化を識別することを学習していたのです。馬はそれらの人々の顔の表情から、蹄を叩く正しい回数に達したかどうかを悟っていました。調教師あるいは見物客がその場に立ち会っていることが本質的だったのです。フングストは、調教師が問違った答えのところで緊張して見せたときには、馬は正しい答えにではなく、その表情に従って答えることを発見しました。この事件の結果としてフングストによって開発された研究方法は、今日では心理学研究におけるブレークスルー（突破口）として評価されています。

より確かな根拠に基づく科学的な実験によって、一部の動物には確かに数学的な能力があることが証明されています。ドイツの動物学者オットー・ケーラー（1889–1974）は、すでに一九三〇年代にある鳥の種はある与えられた個数の要素の集まりを識別できることを証明しました。目の前に一列に並べて置かれた種《たね》を二つおきに選ぶようにハトを訓練することは、どうやらそんなに難しいことではないようです。リスを訓練して、目の前に置いたさまざまな量の木の実が入った箱からちょうど五粒の木の実が入った箱を選ばせることもできます。これらの動物の数の識別能力には限界があります。ケーラー自身は、最も有能な動物でも七つを越える要素をもつ集まりは識別できないことを発見しました。この数は、ヒトの脳が処理できる情報単位の個数の限界としても文献に現れます。後に再び類似する文脈の中で、七という数に出合うでしょう（第5節参照）。しかし、これらの実験は量を見積もる数学的な能力を示してはいますが、数えたり、数の抽象概念を把握したりする能力を証明するまでには至っていません。

ある限度内であれば、成長したカラスは数えられることが知られています。食べ物を建物の近くに置きます。カラスは、建物の中に誰かがいるときに食べ物に近づこうとすると危険であることをあっという間に学習します。カラスは、建物の中に誰かがいるかどうかを覗《のぞ》き込んで調べることはできませんが、人がいつ入ったり出たりしたかは見ることができます。一般向けの読み物（科学的な検証がされていないことは、断っておかなければなりません）では、数人の人たちが次々と建物に入っていく状況が報告されています。彼らが建物内に留まっている限り、カラスは離れています。建物の中の人たちは、次に一人、また一人と出て行きます。カラスは建物に入るところを見た人たち全員が去ると、驚くべき正確さでそれを察知し、そうなって初めて食べ物に近づきます。大きな数を正確に把握するヒトの能力に限界があるように、カラスが正確に数えられる能力にも限界があることは明らかです。このようにして、カラスは何とか五か六までは、ある高い精度で数えることができました。この例のカラスやそのほかの種によって証明された、与えられた個数の要素をもつ集まりを識別する能力は、進化における有益性に合致しています。

数える能力は生存競争において明らかに有利な特性ですが、その鳥類の世界における起源は明らかではありません。元来、カラスの進化の中で、建物に入ったり出たりする危険な動物の数を数えなければならない状況に、どれほどの頻度で遭遇したというのでしょうか。厳密にいえば、この一見「数えている」ように見える行動が実際に、数学的な意味での「数え」であるのかどうかははっきりしません。結局のところ、カラスには、意識的にであれ無意識的にであれ、建物に入る人々の数を認識する能力があるのでしょうか？　それとも、単に、誰が入って誰が出てきたかを覚えているだけなのでしょうか？

猿には、数えたり比べたりするさらに高度な数学的能力があることがわかっています。次の実験は、ペンシルバニア大学のガイ・ウッドラフとデイヴィッド・プリマックによって実施されました（論文は一九八一年に発表された）。チンパンジーに、飲み物がふちまで入ったコップと半分だけ入ったコップを見せ、毎回半分の方のコップを選ぶように教えました。次に、同じチンパンジーに、まるごと一個のりんごと半分のりんごのどちらかを選ばせると、チンパンジーは半分の方のりんごを選ぶのでした。言い換えると、チンパンジーは数学的な原理をコップからりんごへ一般化したのです。同様の方法で、チンパンジーに、半分のりんごと四分の一のりんごの組み合わせが四分の三のりんごであることを認識するといった、簡単な数学的能力を実演してみせるようにも教えました。もう一つの実験では、チンパンジーの前に二つのお盆が置かれました。最初のお盆には、チョコレートのかけらの山が二つあり、一つの山には三個、もう一つの山には四個のかけらがありました。二番めのお盆には、かけら五個の山が一つと、離れたかけらが一個だけありました。ほとんどの場合、チンパンジーはかけらの総数が大きい方のお盆を選びました。これだけではまだチンパンジーが数や足し算という抽象的な概念を理解した証明にはなりませんが、何らかの数学的な能力の証拠にはなります。このような能力は進化のうえで利点になるので、驚くべきことではありません。

動物を使った別の実験によって、抽象的な数の概念がある種の動物の間に——高等ではない動物の間にさえ——ある程度までは確かに存在することが証明されています。実験は、ブラウン大学のラッセル・チャーチとウォーレン・メックによって実施されました（研究は一九八四年に発表された）。ラットを訓練して、信号音が二回続けて聞こえたときにはおいしくて満足できる餌が十分に与えられることを覚えさせることは難しくありません。同様に、光が二回見えたときにも、安全に餌にありつけます。ところが、信号音が四回聞こえるか、あるいは光が四回見えたときには、電気ショックを受けるので、餌を食べるのは危険であることが教えられました。聴覚的信号も視覚的信号も、すなわち音も光も、聴覚と視覚という異なる二つの感覚を通過した後、脳の中で受容され処理されます。ラットは、正確に反応することに関して高度なレベルに達し、信号音が二回聞こえるか光が二回見えたときには食べ物に近づき、信号音が四回聞こえるか光が四回見えたときにはそうすることを避けました。ラットが十分に訓練されたとき、信号音が二回聞こえ、すぐそれに続けて光が二回見えました。ラットはどのように反応したと思いますか。ラットはこの信号を餌を食べることへの二重の誘いと考えたでしょうか。それとも、食べることを控えさせるための信号四回の警告であると解釈したでしょうか。もし、ラットが後者に従って反応したなら、受け取った信号が二つの異なる種類のものであったにもかかわらず、四という数を独立した概念として認識したと考えてよいでしょう。答えです。ラットは四という数を明確に認識し、四つの信号を受け取ったときには、たとえ異なる感覚を通して受け取った場合でも、食べ物に近づきませんでした。

ラットを使ったこの実験も、これらの動物における計算能力を示しているわけではなく、このような抽象的な数えの能力が生得的な属性——すなわち、遺伝子によって伝えられる形質——であることの明確な証明にもなりません。なぜなら、それはほかの目的のための脳の発達によって可能となった訓練の結果かもしれないからです。しかし、主として、数えたり数の概念を認識したりする能力によって与えられる進化上の優位性によって、この能力が生得的であることは理にかなっているように思われます。ある特定の能力が生得的であることをすべての疑いを超えて納得するためには、まだ生まれたばかりの動物においてその能力を確認しなければなりません。幼獣やほかの動物の子どもを使ったこのような実験は実行が非常に難しいことは明らかですが、ヒトの幼獣、すなわち赤ちゃんについては、そのような実験が行えます。

3　人間における数学的能力

数学的な能力が人間において生得的である、すなわち、人間の遺伝子の中に埋め込まれている証拠を提示する前に、議論の性格について二つほど述べておくことが必要です。まず、第一に、本書でこれから用いる「遺伝子」という用語は概念的なものであり、どのような特定の遺伝子または遺伝子の組み合わせをも意味していません。数学的能力に関与する遺伝子を特定することは、生物学者であるわたしたちの同僚に委ねることにします。ここでは、それが生得的であるという事実を確立するだけで十分です。二番めに、動物の例やこの節での議論では、いかなる個体や個人の能力をも問題としません。わたしたちは、ある特定の学生さんの数学の成績が良好なのは彼の遺伝子だけで決まっているのか、それとも環境的な条件のためなのか、あるいは、彼が出会った数学教師のでき不出来によっているのかといった問題は取り上げません。議論の関心は人類の数学的な能力、およびその能力と進化の過程――何百万年も続き、ここで議論されている能力が形成されてきた過程――との関係にあります。

初めに、最も簡単な数学的操作である数えること、足すこと、引くことに目を向けてみましょう。古典的な心理学の基本原理の一つは、赤ちゃんは、進化によって学習の準備は整えられているが、デフォルト（初期設定）では一切情報をもたない脳を持って生まれてくるというものです。赤ちゃんは最初は観察によって、そして次には観察と経験の組み合わせによって、世界について学習します。より抽象的な学習は後に、言語発達とともに現れます。この見解を唱え、伝えたのは、ほかでもない現代心理学の父、ジークムント・フロイト（1856–1939）でした。彼が述べたことは知識全般と数学的な能力に関係していました。一見しただけでは、数学的な要素に関しては確かにその記述が正しいように見えます。子どもは三歳か四歳になって初めて数える能力を獲得し、その後、足したり引いたりする能力を獲得します。最初、子どもは聞こえてきた言葉を「いち、に、さん、……」と復唱しているだけで、自分に数える能力があることに気づいていません。たとえば、三個のボールが与えられたときでも、「いち、に、さん、し、ご」と、同じボールを二回以上数えることがあります。後の年齢になって初めて、子どもは数えることがどういうことかを理解し始め、そしてさらに後になって簡単な四則演算をし始めるのです。

この学説の指導的な研究者であり唱道者の一人でもあったのは、有名な心理学者ジャン・ピアジェ（1896–1980）でした。彼は幼少期から成人期までの数学的な能力の段階的な獲得に関する、認知的発達の完全な理論を系統的に定式化しました。（読者はこの問題、およびこの節で後に言及するほかの研究に関する優れた解説を、本書の参考文献に挙げたドゥアンヌとデブリンによる解説書で見ることができます。）彼が行った実験の一つでは、ピアジェは子どもに八本の花——ばら六本と菊二本——を見せ、「花の方が多い？それともばらの方が多い？」と尋ねました。無視できない数の子どもが「ばら」と答えました。ピアジェは、子どもには集合の包含に関する直観はないと結論づけました。[1] 言い換えると、子どもには、二つの集合の一方が他方を包含することは理解できないというのです。この例では、花の集合がばらの集合を含んでおり、前者の方が大きいのです。ピアジェの時代には、集合どうしの間のこのような関係が、数学の正しい基礎であると信じられていました（この見解は、現代では徐々に受け入れられなくなりつつあります。このことについてより詳しくは、最終章を参照のこと）。したがって、ピアジェは、小さな子どもには集合の大きさどうしの関係を理解する能力も、一つの集合がもう一つの集合を包含することを理解する能力もないのであり、まして、数える能力も簡単な四則演算の知識もないことはいうまでもないと結論しました。

そうはいっても、数える能力が子どもがある年齢になるまで獲得されないことは、必ずしもその形質が生得的でないことの証明にはなりません。ピアジェの実験を含む右記の観察では、数えることや四則演算は意思伝達を行い、与えられた言語——通例は母語——を使用する能力に伴って獲得されるのでした。与えられた言語で意思伝達することが生まれつきの属性ではなく学習されたものであることは驚くべきことではありません。言語を習得する能力は生まれながらの属性ですが、言語を獲得することとそのものには数年かかります。子どもが一つの言語を習得する以前には、四則演算能力が作用し始めないことは、右の実験に見られるとおりです。障害は、子どもの数える能力の欠如ではなく、子どもがあと数年間の訓練を経験するまでは理解できない——あるいは、意図されている答えが何であるかがわからない——問題に答えなければならないことです。質問を理解することが結果を解釈するうえにおいて重要な役割

[1] ［訳注］ものの集まりを集合という。

を果たすことを示す調査問題を考案することは容易です。

　三歳から四歳の子どもに、おはじき四つと、その近くに置いたボタン四つを見せ、子どもに、おはじきの方が多いかそれともボタンの方が多いかと尋ねます。ほとんどの子どもは、おはじきとボタンの数は同じであると答えます。次に、ボタンをもう少し広く散らばらせて、つまり、互いの間隔を少し広げてから、同じ質問がもう一度繰り返されます。「こうすると、今度はおはじきが多いかな、それともボタンが多いかな?」小さな子どものほとんどは同じ答えを返します――数は同じなのです。この実験をもっと年齢が高い子ども――五歳児と六歳児――に対して繰り返すと、子どもの多くがボタンの方が多いと答えます。

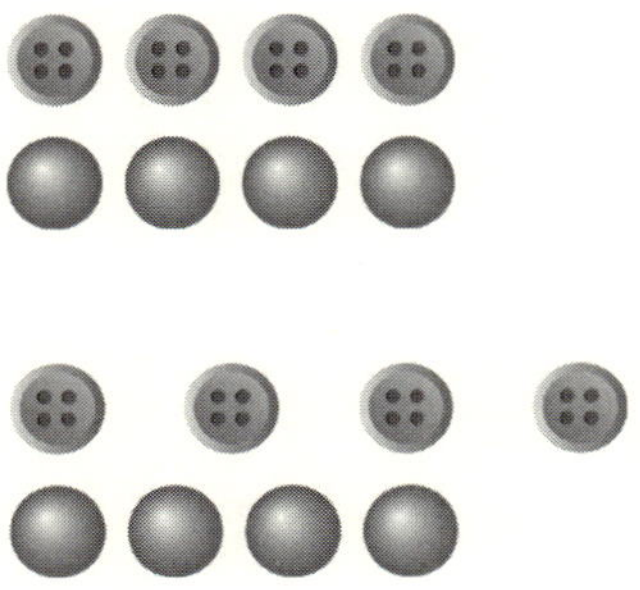

　このことは、子どもの数学的能力の低下を示しているのでしょうか。正しい説明は、年齢が上の子どもは、同じ明らかな質問を二度以上尋ねられることに慣れていないということです。子どもは、そのため、質問者が別の答えを期待しているに違いないと結論し、質問はものの数ではなく、ものとものとの間の距離について尋ねているのであろうと考えて、そのとおりに答えるのです。

　とても小さな子どもが数に親しみを感じ、簡単な足し算や引き算さえも実行できる明確な証拠があります。生後たった数か月の赤ちゃんのこのような認知的能力はどのようにすれば調べられるのでしょうか。いくつかの指標によって赤ちゃんが興奮していたり驚いていたりするかどうかを知ることができます。一つは、何かを見ている時間の長さです。赤ちゃんはある対象や状況を数秒間見ていることができますが、その後は視線を何か別のものに逸《そ》らそうとします。赤ちゃんが何か新しいものや驚くべきものを見るときは――そして、月齢数か月の赤ちゃんにとって、新しいとは驚くべきということでもあるのですが――注視を少し長い時間――数秒長く――保ちます。二つめの指標となり得るのは、たとえば赤ちゃんがおしゃぶりを吸う速さです。興奮したり驚いたりしているとき、吸い方が強くなり、また頻繁になります。

パリのランカ・ビジェルジャック‐バビックとその同僚たちによって着手された実験（その結果は一九九一年に発表された）によれば，新生児にさえ数の感覚はあるということです。彼らは赤ちゃんに「デ・ファン・トック」，「ア・ロ・ヴォ」，「カム・ケ・マン」のような三音節の無意味語を聞かせながら，赤ちゃんの吸い方の強さを測定しました。最初，赤ちゃんは単語を聞くと吸い方が強くなりましたが，そのうちに音に慣れてくると通常の吸い方に戻っていきました。次に，二音節語が発音され，それによって再び強い吸い方が現れました。このパターンは繰り返されました。続けて発音される語の音節数が変わるたびに，赤ちゃんの反応も変化したのです。言い換えると，そのような早い年齢ですら，赤ちゃんは単語の音が音節からできていることを認識し，系列ごとの音節数の変化に反応することができるのです。「単語」の中の音節は単語が何らかの意味をもたないようにランダムに選ばれたので，赤ちゃんの反応に対する唯一の説明は音節数でした。

ペンシルヴァニア大学のプレンティス・スターキーの研究室で行われたさらに手の込んだ実験（結果は，一九八〇年に発表された）では，異なる数の識別は，一つの伝達経路には限定されないことが示されました。月齢六か月の赤ちゃんに，二枚の絵を見せました。絵には二個ないし三個の要素が――たとえば，左の絵には二個，右の絵には三個の要素が――描かれています。毎回，異なった対象――あるときは簡単な幾何学図形であったり，あるときは小さな黒い丸であったりなど――が見せられ，そして，毎回色も違っていました。このようにするのは，絵の内容が影響する一切の可能性を中立化するためです。赤ちゃんに絵を見せている間，笛や太鼓の音も鳴らされました。あるときは二回だったり，また，あるときは三回だったりとランダムな順序で鳴らされます。このようにするのは，音が聞こえる順序のパターンが影響する一切の可能性を中立化するためです。音が三回聞こえたとき，赤ちゃんは明らかに三つのものの姿が見える絵を好んで見ようとし，音が二回聞こえたときは，二つの要素をもつ絵に注意を向けました。赤ちゃんは数える働きを演示していたか，あるいは，二つの異なる感覚――視覚と聴覚――を通して受け取った量を少なくとも比較はしていたことになります。

イェール大学のカレン・ウィンによって実施されたもう一つの巧妙な実験（結果は一九九二年に発表された）は，赤ちゃんに足し算と引き算に関する生まれながらの感覚があることを示していました。数か月の赤ちゃんの前に衝立《ついたて》が置かれ、一つのお人形がその後ろに隠れていくところを見ます。衝立が外され、赤ちゃんは一つのお人形を見ます。次に、一つのお人形が衝立の後ろに隠れ、続いてもう一つのお人形も隠れます。衝立が外され、赤ちゃんは二つのお人形を見ます。起こっていることに赤ちゃんが慣れるまで、このことが何回か繰り返して行われます。次に、算術的に正しくない問題が実演されます。一つのお人形が衝立の後ろに隠れ、続いて二つめのお人形も隠れました。衝立が外されると、お人形が一つしか見えません。高度に有意なレベルで、数か月の赤ちゃんが驚きを示しました。赤ちゃんは二つのお人形を期待していましたが、おお、何としたことか、お人形は一つしかないのです！　この実験は、赤ちゃんが特定の問題の結果に慣れてしまう可能性を取り除くために、条件を変えて何回か繰り返されました。算術的に正しくない結果のときに赤ちゃんがより強い関心を示すことが高度に有意なレベルで結論できました。後に、同様な実験が成長したアカゲザルを用いて実施されました。たとえば、一本のバナナが箱の中に入れられ、続いて二本めのバナナを入れます。その後、箱を開け、中にバナナが一本しかなかったとき、アカゲザルは驚きの兆候を示しました。

これらの実験は綿密かつ厳重にコントロールされており、そこから、人間の算術的能力が遺伝的なものであると結論づけることができるでしょう。明らかにこれらの操作は未発達な脳の中で、かつ特定の言語を用いずに遂行されており、したがって、赤ちゃんが親や友だちと結果について論じあった可能性はありません。子どもは成長すると、このような数学的な能力を、親と話すときに用いる日常の言語ではどのように表現するかを学ばなければならなくなります。この学習はそれ自体が一つの段階です。しかし、簡単な四則演算の能力は赤ちゃんにおいて生得的であり、まったく異なる目的のために前もって発達していた脳の副産物ではありません。このことから、簡単な四則演算は、進化の競争において有利な立場をもたらしたと推論してよいでしょう。これは驚くべきことではありません。食料を巡って互いに競合する相手にとって、ものの大小、多寡を判別する数学的な能力、さらに足し算や引き算の能力までもが進化上の利点をもたらします。同じ種の中でもこの能力をもった個体の方が、数学的な能力が劣るほかのメンバーよりも競争的環境によりよく適応することになるでしょう。

この発見は、一部の原始的な種族——孤立した地域で最近発見された種族を含む——は環境を表現するのに一、二、三という数しか使わず、より大きな量はすべて「たくさん」とよばれるという発見とは、どのように整合するのでしょうか。もし鳥やラットのような生き物が三よりも大きな数を識別できるのなら、人間はそれよりも上手に数えられるはずだと思うかもしれません。答えは簡単です――言語は進化の途上にあった人類の間でずっと遅れて発達し、重要度が低いものよりも高いものを重視したのです。それらの未開種族は、五個と六個の対象からなる集合の違いを十分に認識しているようなのですが、三より大きい数に言葉を割り当てる必要性がそれまでなかったので、彼らの言語にはそれらを記述できるほどの豊かさがないのです。このことは、直観的なレベルでは彼らの算術的能力の方がずっと高いことと矛盾しません。言語が発達するに従い、より広範囲の算術的演算を表現し、実行する能力も発達します。言語は、進化の過程全体の中では比較的遅れて発達しましたが、それ自体もその過程の一部です。ヒトの脳はその言語コミュニケーション能力においてほかの生き物の中で傑出しています。数えることや足し算や引き算を行う能力などの算術的能力が進化の直接の結果であり、言語の単なる副産物ではないことの間接的な証拠は、脳の機能障害をもって生まれた人たち――数えたり足し算や引き算を行うことはできないが、ほかの言語的な能力は完全に正常な人たち――の症例記録に見出すことができます。逆に、言語能力には障碍《しょうがい》があるが、四則演算はたやすく実行できる人たちもいます。

注意すべき点は、数学の進化論的なルーツの探求と同様のテクニックが、進化論的なルーツをもち数学とは無関係な能力や属性を発見することにも使えることです。最近（二〇一〇年）、右記のイェール大学のカレン・ウィンと彼女のパートナー、ポール・ブラムによって、利他主義や正義を求める願望が数か月の――すなわち、このような資質を環境から学び取ることはまだ困難であると考えてよい年齢の――赤ちゃんにも存在することを示す研究が発表されました。これもまた、驚くべきことではありません。資源の公平な分配を好む傾向は、社会が進化における生存競争を生き延びるのに役立つ資質であり、したがって、それが遺伝子レベルにおいて生得的に備わっていることは妥当であるからです。

4 進化に有利な数学

数学には多くの側面があります。前節では、四則計算を行う能力が進化の産物であることを示しました。この節では、進化の生存競争において利点をもたらしたと考えることが妥当なほかの分野の数学的能力を示してみましょう。わたしたちは、数学のこれらの部分も遺伝子情報の中に組み込まれている証拠を提示します。数学のこのような側面を**自然な数学**とよぶことができるでしょう。次の節では、ヒトゲノムが形成された数十万年の間に、進化上の利点をもたらさなかったために、自然ではない数学的能力について説明します。

幾何学的な要素を認識する能力が進化上の利点をもたらしたと考えることは合理的です。食物や水の供給源には典型的な幾何学的形状があるので、それらの形状を正しく認識できることが栄養源を巡る競争における有利な要因となりました。しかし、幾何学的な形状の認識が進化の結果として遺伝子に組み込まれている証拠はあるのでしょうか。そのような証拠についてはこの後すぐに言及しますが、初めに、黄金分割あるいは黄金比長方形とよばれるものについて説明しましょう。

黄金比長方形とは、長方形の長い辺と短い辺の間の比について、短い辺の長さを一辺とする正方形を取り除いたときに残る長方形の二辺がもとの長方形と同じ比をもつ長方形をいいます。話の本筋からは外れますが、黄金比の値を計算することは難しくないことに注意しておきます（以下の計算を読み飛ばしても、その先の理解に不都合は生じません）。

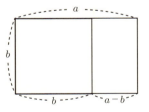

長方形の長い辺の長さをa、短い辺の長さをbで表す。比の間に必要な関係は $\frac{a}{b} = \frac{b}{a-b}$ で表される。求める比a/bをxで表すと、未知数xは二次方程式 $x^2 - x = 1$ を満たし、その解は（中学校・高等学校の数学を思い出して）$\frac{1+\sqrt{5}}{2}$ である。これが黄金比で、小数で表すと約 1.6180 である。

黄金比は自然界の多くの事物や現象に現れ、その性質のいくつかは古代から知られていました。黄金比は古代の建築の中にも確認されています。たとえば、アテネ（アテナイ）のパルテノン神殿の寸法は、黄金比によって定められるものに驚くほど近いのです。この比は、また、レオナルド・ダ・ヴィンチの絵画の中にも見つかります。ダ・ヴィンチはまた数学の著作の中でもこの比に触れていますが、それを自分の芸術作品の中で用いたとは書いていません。

自然の中でさまざまな、そして時には予期しない形で、黄金比が見出された結果、古代の人たちはその比に神秘的な性質があると考え、神聖な比率ともよびました。古代の建築家や芸術家たちは、意識的に黄金比を用いたのでしょうか。それとも、建築や芸術の中に黄金比が頻繁に現れるのは、それが美的な見地から心地よいことによるのでしょうか。この問題について、歴史家や芸術家たちの間では長年にわたって活発な議論が続き、そしていまも続いています。わたしたちは、この時点でこの未解決な議論に参加することはせず、ただ、この比率は実際、人の目にとても心地よいことを指摘するだけにしておきましょう。これは数十の実証研究で証明されています。その中には、幼児がほかの比率——極端に異なる比率を含めて——をもつ長方形よりも黄金比長方形に対して、ずっと機嫌よく、穏やかに反応することを示す研究も含まれます。

これには説明が必要です。スケッチや絵画、あるいはものの形が成人の目に感じさせる心地よさが、親密度や教育に大きく依存することはよく知られています。たとえば、モダンアートに対する反応は、当初はほとんど敵意といってもよいものでしたが、年を経て一般大衆がだんだんとそれに慣れ親しむにつれて、反応は穏やかなものになっていきました。赤ちゃんには、特定の形に親しむ時間はありません。では、赤ちゃんが黄金比を好む原因は何でしょうか。答えは簡単です——それは進化です。ヒトの頭部の寸法を調べると、黄金比に近いことがわかります。同様に、目の横と縦の比率や、耳の縦と横の比率などのようなヒトの顔の各部分の比率もまた黄金比に近いのです。これらの比率をもつ図形を認識でき、見つけて嬉しいと感じる子どもにとっての進化上の利点は明らかです。猛禽《もうきん》類が近くに見えたときに不安な感情を表したり、さらには助けを求めて泣いたりする一方、母親が近づいてくるのが見えると穏かになる赤ちゃんは、生き残る公算が大きくなります。したがって、ほかの形よりもヒトの顔に似た比率をもつ長方形の形状に接したときに、より心地よく感じる感覚が、ヒトの遺伝子に刻み込まれているのです。このことについては、黄金比だけが特別なのではなく、実際、赤ちゃんは手の形でも安心することが研究によって示されており、その進化論的な理由は明らかです。進化は、人間につかまれたときよりも、肉食動物につかまれたときに不快な反応をする赤ちゃんに対して、より多くの報酬を与えるのです。あえて推測すれば、もし、鳥を使って同様の実験を行うことが可能ならば、あらゆる幾何学的な形状のうち、ひな鳥が最も喜ぶのは鋭角三角形であることがわかるでしょう。

ここまでの段階では、まだ赤ちゃんが生後最初の一週間で黄金比に近い比率を快適に感じることを学習していないとは確信できません。答えは、ある種の形に直面したときに現れる不快感や恐怖の兆候の中にあります。心理学者の主張によれば、子ども全体の約十分の一が、ピエロを見て根源的な恐怖を覚えるということです。近年、ホスピタル・クラウンとして知られる職業が普及してきています。その職務には、入院を必要とする子どもたちの緊張を和らげ、援助するために、道化を演じる活動が含まれています。ところが、ホスピタル・クラウンの活動は子どもを傷つけるだけであり、ピエロを見て恐怖を覚えた子どもの病状が悪化した事例も報告されています。このこともまた、幾何学とその進化論的なルーツに関係しています。明るい色彩に包まれ、人間離れした肢体と頭の比率をもつピエロの姿は、子どもが色鮮やかな猛禽や虎が近寄ってくるのを見たときに親たちの助けを求めて泣かせるのと同じ遺伝子を呼び覚まします。現代の世界において、子どもたちがピエロを怖がることを「学ぶ」と考えることはつじつまが合いません。このような生まれつきの属性が幾何学的な図形認識の発端なのです。（以下では、虎との遭遇という単純でありながらわかりやすいメタファーを頻繁に使うことになります。）

進化の生存競争において役に立ったことがほぼ確実なもう一つの基本的な数学的能力は、パターンを認識する能力です。わたしは、パターンを認識する傾向と能力が遺伝子に深く刻み込まれていることを示す制御された実験について精通しているわけではありませんが、草原の中になぎ倒された草の跡を残しながら密かに原始人に忍び寄ってくる虎を想像してみてください。虎の通った跡を危険の発信源として認識する能力は生命を救ったかもしれません。パターンを認識する能力は、視覚的なパターンだけには限定されません。たとえば、音のパターンについて考えてみましょう。ほとんどの人にとって、パターンを認識したり、曲やメロディー全体を当てるのにはほんのわずかな音だけで十分です。パターンを認識することは進化の競争において役に立つ属性なので、この能力があった者はこの能力を欠いていた者よりも多くの子孫を残しました。したがって、パターンを認識する傾向が遺伝的に受け継がれていくことはほぼ確実です。存在しているパターンを見損なうよりも何もない所にパターンを見てしまう方が、生じるリスクは少ないといえます。そのため、パターンを認識する進化的な傾向は、存在しないパターンを含めて、見せ掛けのパターンを認めてしまう結果にもなります。正しくない認識の一例として、聖書の暗号を挙げることができます。聖書のテキストから順にn番めの語だけを抜き出して文章を構成することにより、現代の多くの出来事が旧約聖書で予見されていたかのように装うことができます。慎重な統計的検定によって、このようなパターンには科学的な現実性がないことが証明されています。しかし、パターンを見つける傾向は、科学的な警告などはなはだはねのけてしまうほどに強かったのです。この後のいくつかの節で、存在しないところにパターンを見出してしまうことから導き出されるほかの心理的な錯誤に出合うでしょう。

　数学の多くは、研究のレベルでも、学習のさまざまな段階においても、数列（数が一列に並んだもの）の中にパターンを見つけ出すことに焦点を当てています。ここにいくつかの簡単な問題を示してみましょう。次の数列を続けなさい。

2, 4, 6, 8, 10, . . .

比較的早い年齢で、子どもたちは偶数の列を認識し、数列の次の数12と14を正確に答えます。次の数列

1, 4, 9, 16, 25, 36, . . .

を認識するためには、もう少し知識が必要ですが、列に並んでいる数が数1, 2, 3, 4, 5, 6, . . . の平方であること、したがって、次に続く数が49と64になることを理解するのは難しくありません。ここで指摘しておきたいのは、これらの数列が必ずしもここで示唆したとおりに続くとは限らないことです。言い換えれば、数列のこのような拡張は、論理的な必然性からは導かれないのです。さらに、答えは文化に依存します。ここで、数学者であり歴史学者でもあるモーリス・クラインによる問題を見てみましょう。次の数列を続けなさい。

4, 14, 23, 34, 42, 50, 59, . . .

答えは何かだって？　72ですよ。ここに並んでいる数は、マンハッタンの地下鉄C線が停まる通りの番号であり、次の駅は72番通りです。もし、ニューヨークの地下鉄に定期券で通っている人にこの問題が出されれば、多くの人が72と答えただろうと思います。わたしはいま、正解を与えたという表現を意識的に避けました。なぜなら、これは（知っているかどうかの問題であり）正しいか間違っているかの問題ではないからです。答えが正しいとは、それが出題者が意図したものだということです。しかし、容易にわかることは、人類には右のような数列をある妥当な方法で続け、質問者が何を望んでいるかを理解するという、生まれながらの直観があるということです。（この演習問題については、最後の章でもう一度論じる予定です。）

もちろん、調子に乗りすぎては駄目で、わたしの頭にはニューヨークからロンドンへ飛んでいる四つのエンジンを積んだ飛行機の話が浮かんできます。離陸から一時間ほど経ったところで、パイロットから、四つのエンジンのうちの一つが故障したが、心配することはないというアナウンスがありました。残りの三基は正常に作動しており、フライトには当初予定されていた六時間ではなく九時間かかることになるでしょう。しばらくして、パイロットは第二のエンジンが機能しなくなったが、しかし心配には及ばず、その影響は飛行にかかる時間が十二時間になることだけであるとアナウンスしました。しばらくして、第三のエンジンが作動しなくなったので、飛行所要時間は十五時間になるという第三のアナウンスがありました。すると、一人の乗客が跳ね上がって尋ねました。「もし、第四のエンジンが故障し、飛行に十八時間かかることになったら、十分な食事と飲み物は積み込まれているのかね？」（第四のエンジンが作動しなくなった場合に、この数列を完成させなさいという問題を、数学科の学生に出題してみると面白いかもしれません。）

数の並びを伸ばしていくやり方には、論理的な必然性はないのですが、とはいえ、ある伸ばし方が自然現象に直接関係していることもあります。たとえば、次の数列を取り上げてみましょう。

1, 1, 2, 3, 5, 8, 13, 21, ...

この数列の（三番め以降の）それぞれの数は先行する二つの数の和なので、次の二つは34、55となり、その後も同様です。これはイタリアの数学者レオナルド・フィボナッチ、別名ピサのレオナルド（1170–1250）にちなんで名づけられたフィボナッチ数列で、その著書『計算の書』(1202)にはこの数列が答えとなるウサギの出生数に関する問題が載っていました。[2] この数列は、自然界における発展や成長に関する多くの側面を反映しているだけでなく、それ自体としても興味深い数学的な性質をもっています。ここでは、この数列の一つの応用例について解説してみましょう。

いくつかの種類のマングローブを含む一部の樹木の中には、枝が地面に根を伸ばして新しい幹に成長することによって増殖するものがあります。しかし、若いマングローブの木がそこから新しい木が芽生える枝を一本伸ばせるようになるまでには一年を経なければなりません。若いマングローブが一本地面に植えられたとします。一年後にはまだマングローブの木は一本しかありませんが、二年後には最初の木から出た一本の枝も成長しているので、マングローブは二本になっています。これが数列の初めの部分1, 1, 2です。翌年、最初の木だけが根づく枝を出すことができるので、四年め(つまり、最初に植えてから三年後)には木は三本になっています。その翌年は、成長した二本のマングローブがそれぞれ一本の枝を出すので、全部で$2+3=5$本の木が成長していることになります。こうして、1, 1, 2, 3, 5までの数列が得られ、以下も同様です。毎年、新しい幹の数は(一年以上経って)成長した木の数に等しく、木の数を書き並べてできる数列はフィボナッチ数列です。ここでは、この問題についていまここで紹介した例の範囲を越えて視野を広げることはしませんが、もし数列の中の数をその直前の数で割ったとすれば、数列に沿って先に進めば進むほど、結果は右で論じた黄金比に近づいていくことだけを付け加えておきましょう。このことは、黄金比を見つけた古代の人たちに、これは神聖な比であるに違いないと確信させたもう一つの事実です。次の数を直観的に見つけられる数列が自然現象の中に反映されていることは、幾世代にわたってパターンを認識する能力を発達させていく傾向の引き金となりました。

前節からここまでの考察の要約として、数十万年にわたる進化を通じて進化の生存競争において有利な要素となった数学的能力を指摘し、それをある程度までは実験によって裏づけることができると述べておきましょう。突然変異と自然淘汰のプロセスによって進化が人類を形成した結果、それらの能力がヒトの遺伝子の中に刻み込まれたのです。

2 [訳注] フィボナッチ数列は、インドの数学者の間では六世紀ころから知られていた。

5　進化に有利ではない数学

この節では、ヒトの種が形成された時期には進化における利点をもたなかったために、わたしたちの遺伝子の中に書き込まれていないように思われる数学のいくつかの側面について検討します（数学のそのほかの自然でない側面については、この後、第7節以降で追いおい論じます）。本節の議論は推測に基づくものですが、ここで行った考察を裏づける証拠をこの後で提出します。もう一度強調しておきますが、わたしたちがここで述べようとしている進化における利点の欠如は、ヒトの種を決定づける遺伝子が発達しつつあった時期に関係しています。ここで論じるタイプの数学が直観的な思考にとって自然でないのはそのためです。このことは、数学のこの側面が重要ではない、あるいは役に立たないという意味ではありません。まさにその反対です。このタイプの数学的な能力は、人間社会のその後の進化において大きな利益をもたらしましたが、人間社会が発達してから経過した時間は、これらの能力が遺伝子の中に刻み込まれてしまうほどには長くないのです。

数学の言語では量化子《りょうかし》が駆使されます。これは、数学の命題の中に現れる「すべての〜に対して」、「〜が存在する」のような表現のことです。たとえば、ピタゴラスの有名な定理は、二千五百年前にはすでに証明されていましたが、《すべての直角三角形に対して、二つの辺に接する正方形の和は斜辺に接する正方形に等しい》と述べています。ここで重要なのは、「すべての〜に対して」という量化子です。役に立つもう一つの命題は、すべての正の整数は素数の積であると述べています。最近の有名な例はフェルマーの最終定理です。それが正しいという仮説が定式化されたのは古く、実に十七世紀のことでしたが、プリンストン大学の数学者アンドリュー・ワイルズによる証明が出るまでは——これは、一九九五年まで発表されませんでした——証明されることはありませんでした。定理が述べているのは、すべての四つの自然数（正の整数）X、Y、Z、nに対して、もしnが三以上ならば、和X^n+Y^nがZ^nに等しくはなり得ないということです。現代の数学が発達した数千年間を通じて、ある性質が**つねに**成り立つことの証明が業績であると考えられました。

しかし、ある性質が**つねに**成り立つかどうかを検証することは自然なことなのでしょうか。ある条件下で、あることが繰り返し起こるとき、そのことから、その条件が成り立つときには**いつでも**そのことが起こるだろうかという疑問が自然に起きてくるのでしょうか。そうではありません。もし、虎が危険な肉食動物であることを経験が示しているならば、引き出される結論は、虎に出合ったら直ちに逃げるか隠れるべきであるということです。その特定の虎がいつでも獲物を貪《むさぼ》り食うのかどうか、あるいは、すべての虎が危険な肉食獣であるのかどうかなどを巡る抽象的な思考で時間とエネルギーを浪費することは、進化における利点をもたらさなかったでしょう。

数学において言及されることの多いもう一つの概念は無限の概念です。ギリシャの人たちは素数が無限個あることを証明しました。この命題を証明しようとする衝動は自然な衝動なのでしょうか。多くの要素を目にしたときに、それらが無限個あるかどうかと尋ねることは賢明でしょうか。再び、わたしはそうではないと思います。ある土地が虎だらけであることに気づいた古代人を想像してみてください。虎が無限にいるかどうかを考えることは、その人に意味があるのでしょうか。それとも、その辺りからできるだけ素早く、できるだけ遠くに逃げる方がその人にとって望ましいでしょうか。「虎の数は無限だろうか？」という疑問も、「虎の数は、わたしがいままですでに見たことがある多くて危険な数よりもずっと多いのだろうか？」という疑問でさえも、非実用的な疑問であり、それに充てる時間とエネルギーを費やす者にとって有害なだけであり、したがって、進化における闘争の中では生き残る公算を損なうことになったでしょう。

数学が作り出した典型的なもう一つのタイプの主張は、存在する**はずがない**事実への言及という形で表現されます。「もしＡが起こらないならば、Ｂが起こる」のような言明は、数学の教師、生徒、研究者たちの間ではごくありふれたものです。本書でも、たくさんのそのような例に出合うことになるでしょう。このような思考法もまた自然な思考法ではありません。ヒトの脳の活動は連想、すなわち、出来事の回想に基づいています。ある起こらなかった出来事を根拠にすることは可能であり、有用ですらあるかもしれませんが、簡単にあるいは直観的にはできません。人は部屋に入るとき、その中にあるものは見ますが、そこにないものについて考えを巡らすことは少ないのです。無限個の数学的な要素を探索すること、ある種の性質がつねに成り立つことを証明すること、可能性の否定に関心をもつことは、価値がなく、重要でなく、興味をもてない活動であると主張しているわけではないことは、繰り返しておかなければなりません。本書でわたしたちが主張したいのは、それらの活動は自然な活動ではないこと、このような可能性を示唆する数学的な枠組みなしには、理性をもった人物あるいは訓練されていない学生がそれらの疑問を直観的に抱くことはないということです。

人間の気質の中で生得的ではないもう一つの属性は、厳密さと正確さへの要求です。数学的な証明は、間違いを含まない限り絶対的な真理ともいえるものであり、数学はそのことを誇りにしています。数学は、したがって、そのような絶対的な真理へとつながるように意図した厳密な判定の技法を編み出しました。そのような方法論が進化から導き出されることはあり得ません。遺伝子は、人間にあらゆる疑問の可能性を排除し、厳密に行動するように命じてはいません。次の小咄《こばなし》によって、このことが確信できるでしょう。

数学者と物理学者と生物学者がアイルランドの小高い丘の上に座り、景色を眺めていました。二頭の黒い羊が三人の前を通り過ぎていきました。生物学者はいいます。「ほら見てよ、アイルランドの羊は黒いんだね。」物理学者は訂正していいます。「アイルランドには黒い羊がいるのさ。」「二人とも、ぜんぜん違うね。」と数学者はいいます。「アイルランドには少なくとも片方の側が黒い羊がいるんだよ。」

この数学者の主張は、どんなに厳密で正しいとしても、日常生活において合理的で有用でしょうか。もちろん、違います。その意味では、生活は数学ではないのです。生活では、厳密でないことを許し、間違いさえも許容することは効率性を実現するために価値のある望ましいことであり、そして、古代においてもそうでした。もし、虎の頭が藪《やぶ》の上に見えたら、正確であることにこだわって、まだその虎に足があると証明されたわけではないと言い張るべきなのではなく、そんなことをいっている間にできるだけ早くその場を離れるのが一番よいのです。

これまで主張してきたのは、量化子を使用することや否定に関心をもつこと、あるいは、存在するはずのない事実に言及することは、進化の過程では人間の脳に取り込まれなかったこと、したがって、それらは直観的ではないということでした。この主張を支持する間接的な証拠は、ヒトの脳が数学的な操作を何回まで連続して行えるかを調べた研究から引き出せるかもしれません。足し算や引き算のような計算は、ほとんど際限なく、次から次へと実行することができます。被験者に、掛け算、足し算、割り算などの一連の計算を実行してもらいます。このとき、もし被験者が演算の順序を――たとえば、その中にパターンを見つけることで――うまく記憶できたら、彼が指示を自分の中に取り込み、次の演算に関して直観を発達させることが起こり得ます。このことは、しかし、量化子と否定には当てはまりません。「すべての犬は緑色でない首輪を身に着けている。」この言明には、論理上の三つの概念――「すべての～は」、「～でない」、「～は～を身に着けている」――が使われています。研究によって示されたのは、もし、演算の順序を記憶できる人がいたとしても、脳が理解できる量化子の最大個数は七であるということです。それを超えると、最も有能な人でさえ演算の結果を見通すことができなくなるのです。興味深く思われるのは、ここで述べたヒトの脳が記憶できる論理演算の個数の限界である七という数が、動物が識別できる要素の最大個数と同数であるということです（第2節参照）。ほかの間接的な証拠は、驚異的な速さと正確さで複雑な算術演算を実行できるある特定の個人――その何人かは自閉症であり、また何人かはアスペルガー症候群をもっています――の存在によって示されます。しかし、複雑な論理演算を同じように実行できる個人は見つかっていないのです。その理由は、算術演算を行う能力は脳の中に自然に存在しており、制約によってほかの能力を発達させることが許されない人たちにおいて不釣り合いに強化されることであるように思われます。論理はそのような極端に強化される能力の一つではないのです。

進化の結果として、生得的に埋め込まれている数学的な能力と、生得的ではないそれ以外の能力を特定することがなぜ重要なのでしょうか。ヒトは、直観的、連想的に考え、自然な能力に基づくならば直観を発達させることは可能であり、かつ容易です。遺伝子に含まれている能力の方が容易に開発され、育成され、使用できます。人類にとって自然ではない能力に関してそれを行うことはより困難です。人間の思考力を理解し、それを役立てるためには、それら二つのタイプの数学的な演算の間に違いがあることを認識し、その違いの原因を理解しておくことが重要です。以下に続くいくつかの節では、この違いが数学の発達にとってどのような意味をもつかを考えます。そして、本書の最後の章では、この違いを認識することによって数学教育がどのように変わるかを論じます。

6　初期の文明における数学

この節では、バビロニア、アッシリア、エジプトの各王朝において発達した数学を概観します。また、中国の歴代王朝においてこれらとは独立に、いくらか遅れて発達した数学にも目を向けます。この概説では、それらの地域で創り出された数学を網羅的に解説することはしませんが、発達した数学の類型は正確に捉えているといってよいでしょう。とくに、その発達は、本書でこれまで進化における利点とよんできたものを明らかにたどっていることがわかるでしょう。数学のこれらの利点は、ヒトにほかの生き物に勝る優位性を与えただけでなく、数学を発達させた社会にもそれをしなかった社会を凌駕《りょうが》する優位性を与えました。支配したのは、最先端の数学を発達させ、権力を確立し拡大するためにそれを用いた社会でした。

数や算術の使用はバビロニアやエジプトの文明以前にも存在しましたが、この数学がどの地域に存在したかについても、またその発達のレベルについても、直接的な証拠はありません。最近の数世紀の間に発見された一、二、三、たくさんというわずかな数しか含まない言語をもつ辺境の種族に基づくならば、これらの辺境の種族が使っていた数学は最小限の数学であったと考えてよいでしょう。一方、一九六〇年にベルギー領コンゴで紀元前二万年のものとされるヒヒの骨が発見され、考古学者や人類学者によれば、そこには二十を超える数まで数えたことを示すと信じられる痕跡があったということです。このようなことから、人類が小さなグループで生活しながら発達し、遊牧し、主として狩猟によって生活を支えていたときに、簡単な数学を使い、また、作り出しさえしたと結論してよいでしょう。この数学については、これまでの節の中で、進化における優位性を与える数学として述べました。

バビロニア王国は、当時としては確かに強大な王国でした。その起源は紀元前四七〇〇年にさかのぼります。その文化はシュメール文化に基づいていました。後に、アッカド文明が優勢になり、文化的、経済的、社会的に進展を遂げました。アッカドの人たちの主要な貢献は、紀元前一七五〇年ころ王位に就き、知られている世界最古の総括的な社会行動の規範であるハムラビ法典でとくに有名なハムラビ王によるものとされています。紀元前一〇〇〇年ころになると、今度はアッシリアの人たちが今日のイラン（ペルシャ）から移住を始め、アレキサンダー大王の名でも知られるマケドニアのアレクサンドロス三世に率いられたギリシャに征服される紀元前三三〇年まで、中東を支配することになりました。

バビロニアの数学に関するわたしたちの知識は、主として、王国の年代を通して文字による通信の主要な手段として使われたおびただしい数の粘土板の発見に基づいています。とりわけ大量の出土品が、古代シュメール文化の都市ニップルがあった場所で見つかりました。その多くはイェール大学に移送されましたが、書かれている内容を解読する作業はまだ完了していません。バビロニアの人たちの文書は楔形《くさびがた》文字で書かれ、その中には数を表す記号もありました。使用されていた方式は、現代の十進記数法に類似した数の位取りに基づいていましたが、はっきりとはわかっていない理由によって、数のシステムは六十の底《てい》に従っていました（十進法は、六世紀ころにインドで発達し、八世紀ころにアラブの人たちによって西洋に紹介されましたが、それがヨーロッパで完全に採用されたのはやっと十六世紀になってからのことでした）。バビロニアの人たちは現代のゼロに相当する記号をもちませんでした。もしわたしたちがバビロニアの記数法を採用することになったとすると、数24は、二十四の意味にも、二〇四の意味にもなったことでしょう。書き手がどのような意味を込めようとしたかは、読み手が文脈から決めなければなりませんでした。書き手の意向が不明確である場合には、違いを示すために空白が挿入されましたが、そのような慣習が起こったのは王朝最後の数世紀に限られました。したがって、右の例における2と4との間にもし空白があれば、それは書き手が二〇四を意味したことを示します。（一部の粘土板では、現代のわたしたちなら「0」と書く所に、文章の中で隙間あるいは区切り記号として使われる記号があるものが発見されています。一部の人たちはこれをゼロという数を表す記号の最初の使用例であると解釈しています。）さらに、六十進法だけが使用された唯一の記数法ではなく、時には二十進法や二十五進法も使われました。そのような場合でも、書き手がどの底を用いているかは、読み手が文脈から決めなければなりませんでした。わたしたちのようにそのような慣習から時間的に隔たってしまうと、このような使用法は奇妙であり、読み手にとって困難であったに違いないと思われるようになります。しかし、わたしたちも数学以外の書き物では似たような行動をとっていることに注意を向けなければなりません。明確さの欠如はもとより多義性までもが、話し言葉においても書き言葉においてもかなり頻繁に見られます。大抵の読者は作者の意味することを文脈から理解できるのです。明確さを欠く理由は明らかです。誤解の余地のない正確な表現には大きな努力が必要で、一般にその努力を払ったとしてもそれから得られる見返りには引き合わないだろうからです。正確でない方がより効率的であり、したがって、進化の競争においてはより望ましいのです。バビロニアの人たちは数学的な式を言語の一部と考え、それが非数学的な部分の表現より正確でなければならないとは考えませんでした。

発見された数十万の粘土板の中には、表や計算を含んでいるものが数多くありました。それらの計算には、数の和や平方の表、取り立てに使われたと思われる借金の利息の表、そして、複利法による計算を示す算術の練習問題までもが含まれていました。もちろん、これらは粘土板に記録されたものに対する現代のわたしたちの解釈です。書かれたもの自体には説明が含まれていません。これらの計算には、一般に、商業上の必要があったと考えられますが、目的が明らかでない計算が書かれた粘土板も発見されました。ある粘土板に刻まれていた計算を現代の記法で書くと

$$1+2+2^2+\cdots+2^9=2^9+(2^9-1)=2^{10}-1$$

となります。(さまざまな次数を表す累乗の記号は、十六世紀になってルネ・デカルトが導入するまでは使われませんでした。)累乗を含む同じような計算はほかにも発見されました。バビロニアの人たちがいろいろな次数の累乗を含む計算を実行する方法を知っていたことは明らかですが、計算を行うための説明や公式はどこにもありません。ほかの粘土板には、長方形の面積や対角線の計算だけでなく、円の半径を求める計算も含まれていました。今日の言葉でいうと、ある計算では、円周の直径に対する比が3として与えられ、また別の計算ではそれは$3\frac{1}{8}$として与えられました。これらの値は後世に求められたπの正確な値からかけ離れてはいませんが、バビロニアの人たちが円周の直径に対する比が一定であることを知っていたか、もしくは、それを証明しようとした証拠はありません。バビロニアの人たちの数学は、証明の要素を——厳密な証明かそうでないかを問わず——欠いていたのです。

比較的よく知られた粘土板の一つに、プリンプトン322とよばれるものがあります。番号はコロンビア大学に所蔵

されている粘土板の目録から取ったものです。出土したのは、センケレーという町で、そこは古代の都市国家ラルサがあった場所です。失われた部分――もとの粘土板では、左の一列が失われています――を補って完成させた表を左に示します。[3]

(120)	119	169
(3456)	3367	4825
(800)	4601	6649
(13500)	12709	18541
(72)	65	97
(360)	319	481
(2700)	2291	3541
(960)	799	1249
(600)	481	769
(6480)	4961	8161
(60)	45	75
(2400)	1679	2929
(240)	161	289
(2700)	1771	3229
(90)	56	106

年代は紀元前一八〇〇年と推定されています。書かれている内容の解読は容易ではありませんが、この粘土板はピタゴラス数、すなわち、方程式 $A^2 + B^2 = C^2$ を満たす三つの正の整数（ただし、$A > B$）のうちの後ろの二つを示しているという解釈が一般に受け入れられています。表には間違いが四つあるのですが、それらも書き手の写し間違いとして説明が可能です。ピタゴラスの定理（それについては次の節で論じます）との関係は明白です――方程式は直角三角形の二つの辺と斜辺に対して成り立つのです。ほぼ四千年前に生活していたバビロニアの人たちが、数の間に成り立つパターンを認識し、計算を実行して、非常に大きな数を含むピタゴラス数を求めることができていたことがわかり、このことから、バビロニアの人たちがピタゴラス数の幾何学的な重要性を理解していたことが証明できます。粘土板の中には次のような練習問題を含むものも見つかりました――棒が壁につけて立ててあり、先端は十三キュービットの高さにある。先端が一キュービットだけ滑り落ちると、壁から棒の根元までの距離はいくらか。その答えである五キュービットは、ピタゴラス数5、12、13から得られます。発見されたこの種の練習問題のすべてにおいて、事前に計算された三つの数が用いられているようです。バビロニアの人たちがこれらの計算を実行するのに使った公式あるいは方法につながる証拠は何もなく、ピタゴラスの関係式の一般性に関して何らかの仮説を書き留めた証拠も残されていません。

定式化や証明における厳密性の欠如に加えて、バビロニアの人たちは計算を正確に行うことについても厳密ではな

[3]〔訳注〕正確には、左の一列には関連する別の数列が刻まれ、失われていた可能性があるのはその数列の一桁めだけである。

かったようです。掛け算の表の中にも、明らかに答えの正確さを重要とは考えていなかったことに起因する間違いが見つかっています。あらゆる実用的な目的にかなうならば近似的な結果で十分でした。数学は実用のための道具であり、本質的に理論的な学問ではなかったのです。

中国の人たちもまた当時としては非常に進歩した数学を編み出し、用いました。それはバビロニアやエジプトの数学よりも遅れて、しかし、それらの文化との直接の接触なしに発達しました。わたしたちの中国の数学についての知識は、紀元数世紀までのインドの書物に基づいています。それらは、その後、第一千年紀の後期に、アラブの人たちによって書き写され、そしておそらくは手が加えられました。インドの人たちもアラブの人たちも、バビロニアとエジプト、そして後にギリシャで発達した数学について知っていました。そして、中国の数学についての彼らの解釈を検証するときには、このことを心に留めておかなければなりません。ここでは、一つの問題に絞って考えましょう。それは、直角三角形の辺の間の関係です。バビロニアの文献と同様に、紀元前十二世紀のものとされる挿絵付きの中国の文献に、ピタゴラスの定理に現れる比に基づいて長さや面積を計算する多くの練習問題が載っています。たとえば――長さ六尺（中国の長さの単位）の木の棒が壁に立てかけてある。棒の根元が壁から二尺だけ離された。寄りかかっている棒の先端は壁の根元からどれほどの高さになるか？　これらの教科書は寄りかかっている棒の先端が壁に触れる高さの求め方を示し、与えられた数を使った多くの具体的な問題を与えています。編者がある共通した方法に基づいていたことは明らかですが、方法がつねにうまく働くことを証明しようとした形跡はなく、方法を一般的な言葉で述べようとした兆候すらありません。

エジプト王国は紀元前四二〇〇年ころまでさかのぼり、紀元前四世紀前後のギリシャによる征服までさまざまな王朝の下で統治を続けました。王国の初期に発達した数学に関する直接の証拠はありませんが、間接的な証拠によってエジプト数学の水準について結論を引き出すことができます。たとえば、ピラミッドの建設には卓越した幾何学の知識と非常に高度に発達した計算能力が要求されました。カイロ郊外のギザの大ピラミッドは紀元前二五六〇年ころに建設されました。その底面は正方形で、底面の外周をピラミッドの高さの二倍で割ると、その答えは驚くほど円周率

π に近くなります。このことが、ピラミッドの設計者が π の値を知っていたことを後世にほのめかすためにヒントを残した証明である可能性は低いでしょう。現在のナセル湖のほとりにある南エジプトのアブ・シンベル宮殿の建設には、技術と天文に関する卓越した知識が要求されたに違いありません。太陽の光が一年に二度、午前の数時間だけラムセス二世王の石像を明るく照らしました。多くの人々はピラミッドの途方もない大きさに感銘を受け、その時代にエジプトの人たちの手に入った材料しか使わずにどのようにして建造できたのかと不思議がります。わたしは個人的に、ピラミッドの巨大な大きさにはそんなに心を打たれません。今日見られるシロアリの蟻塚《ありづか》は、体長に比べた大きさでいうと、ピラミッドに劣らず記念碑的な建造物であり、技術的な観点からはピラミッドよりも複雑ですらあります。実際、シロアリたちは風の向き、その地域での洪水の危険性、トンネル内の換気の必要性などを考慮に入れているのです。進化がシロアリのこのような建築能力をどのようにして発達させたのかは理解できます。経過した時間のために、エジプトのファラオたちの建築工法に関するわたししたちの理解が足りず、そのためわたしたちは仕上がった結果だけを見て賞賛するのです。わたしは、むしろこのような巨大な構造物を建設し、開口部を正確に一年に二回だけ王の石像の上を照らす太陽に向かう位置に据えたエジプトの人たちの能力に対して、ずっと大きな称賛の念を抱きます。試行錯誤。進化による発達の基礎は、一年に二回だけ暗闇から太陽の光を浴びて姿を現す王の石像をもつ寺院を建設する大きな助けとはなりません。このように感銘を与える知的な功績をもたらしたものは、エジプトの人たちの技術への理解と計算を実行する能力でした。

エジプト数学についてのわたしたちの直接の知識は、現存する数少ないパピルスから得られます。これらのパピルスの中にも練習問題が豊富に含まれています。比較的よく知られたパピルスの一つにリンド・パピルスがあります。これは、一八五八年に発見したイギリスの古物商の名前にちなんでいるのですが、それを書いた人物——書かれている内容から明らかにエジプト初期の教師であったと思われる——の名前を取ってアーメス・パピルスともよばれます。そのパピルスはロンドンの大英博物館に収蔵されています。そこには数学の練習問題が多く含まれ、足し算や、未知数をいくつか含む方程式もあります。古代エジプトの人たちが使っていた文字体系はヒエログリフ（神聖文字）でした。これは、主に象形文字（絵文字、文章を書くのに用いた絵）

からなり、一般には語を表していましたが、音節や（特殊な機能をもつ）字を表すのに用いることもありました。ヒエログリフは石板に刻むときに使うのが普通でした。数は十を底としますが、位取りの位置は重要ではありませんでした。すなわち、たとえば十に対応する記号は∩で、|は一を表しました。これより、二十三という数は∩∩|||と書くことができました。単位分数を表す特別な記号はありましたが、足し算の記号はありませんでした。数を足さなければならないときはそれらを並べて書き、それらを足さなければならないことを読み手が文脈から理解するように期待されました。エジプトの人たちが数学の文章に接する接し方は、バビロニアの人たちの接し方に類似していた、すなわち、言語との接し方と同様だったことがわかります。言い換えれば、数学には通常の文字言語における以上の正確さは必要ではなかったのです。ヒエログリフに並行して発達した、より簡単で、より一般的な表記体系がパピルスの上にインクで書かれたヒエラティック（神官文字）であり、これがリンド・パピルスの上に発見された練習問題に使われたものです。ヒエラティックは、現代のヘブライ語やアラビア語と同じように、右から左へ書かれました。

　リンド・パピルスに載っているある有名な算術の問題では、七軒の家、四十九匹の猫、三四三匹のネズミ、二四〇一袋の麦、一六八〇七個の錘《おもり》が示され、答えが一九六〇七と与えられています。この答えは $7 + 7^2 + 7^3 + 7^4 + 7^5$ の和であることがわかります。ここでも、また、エジプトの人たちは次数が変化していく累乗を次々と加えていく方法について知っていたと結論できるでしょう。どのようにしてエジプトの人たちがそれを計算したのかはわかっていません。この足し算を行ったり、ほかの計算問題を解くための一般的な公式は示されていません。このことから、この本の読者あるいは生徒は、例題の解き方からほかの問題の解き方を習得しなければならなかったことがわかります。また、解答の正しさの証明もされていません。

　エジプトの人たちの技術力は、また、幾何学における数学的な能力の高さも示しています。パピルスには、面積を計算するための練習問題も含まれています。円の面積の計算から、円周の直径に対する比 π に対してエジプトの人たちが与えた値を導き出すことができます。ある練習問題では、その値は $16/9$ の平方で、これは近似値としては3.16049となります。これは正確な値にかなり近い近似です。しかし、証明は示されておらず、エジプトの人たちが円周の直径に対する比が一定であることを知っていた証拠も、あるいはせめて一つの仮説と考えていた証拠もありません。

7 そして、ギリシャ人が登場した

紀元前六〇〇年ころから紀元前四世紀にマケドニアのアレクサンドロス三世（アレキサンダー大王）が王位に就くまでのギリシャ古典期とよばれる時代に発達したギリシャ数学では、数学に取り組む姿勢と、数学の展開、分析、応用の手法において劇的な変化が見られます。その時代に定立された方法論は、それに続く数世紀の間ギリシャの人たち自身の役に立ち、そして、ほとんどその形を変えないまま、現代に至るまで数学の支配的な枠組みであり続けました。その発達について簡単に記述する前に、ギリシャの人たちによって導入された方法を学び、使用した二千五百年間と、このような分析と議論の体系への順応を重ねた幾多の世代の後では、その当時起きた劇的な転換の意味を評価することは時として困難であると述べておくべきかもしれません。今日のわたしたちには、ギリシャの人たちによって整備された道筋は自然であり自明であるように思われますが、新しい考え方は、進化の原理が支配的であった発達の道筋から期待される流れとは著しい対照をなしています。ギリシャ数学は、それに先立つ数千年にわたる数学的な活動からはっきりと袂《たもと》をわかち、健全な直観が命ずるがままの方向性とは大きく矛盾する方法論を打ち出しました。新しい考え方になじみ、方法論そのものを発展させ取り込んでいく過程に、なぜ数百年を要したのかはこのことから理解できます。この節では数学の主だった発展のうち、このような側面について見ていきます。次の節では、数学におけるこのような革命をギリシャの人たちに推進させた動機が何であったのかを論じます。

バビロニアやエジプトの時代とは異なり、ギリシャ古典期については原典の書物が残っていません。その当時、執筆はパピルスの上にインクで書くという方法――エジプトの人たちから学んだ方法――で行われましたが、パピルスは残りませんでした。古典期における数学の発達についてのわたしたちの知識は、ずっと後世の書き物に見つかる注釈や、古代の文献の後の改訂版から得られたものです。それらの版は古代の原典テキストからの写本ですが、当時の慣習では写本の執筆者に内容を正確に書き写すことは求められておらず、内容に対する自身の理解に従って間違いを正す（そして新たな間違いを発生させる）などのためであれば、テキストを差し替えることは自由でした。数学に関する最も有名な書物、ユークリッド（エウクレイデス）の『原論』ですら、わたしたちはユークリッドから数百年後に書き写された写本版を通して知っているのです。その時期の歴史に関する研究は、後年の写本――さまざまな写本の執筆者によって作られたそれ以前のテキストの写し――を可能な限り比較することに基づいています。その結果得られる実像は、詳細なものではないとはいえ、全体像が捉えられているという意味では信用できると思われます。

改革を始めたのは、ミレトス（現在のトルコにある）のターレスと、その後継者であり弟子である、同じくミレトス出身のアナクシマンドロスとアナクシメネスであったとされています。ターレス（紀元前640–546）に関する情報は後の資料によっています。プルタルコスは、紀元一世紀に活躍した人でしたが、ターレスについて、政治家にならなかった最初の哲学者であったと書いています。また、別の文献には、ターレスは知恵を実用的な目的に使用した最初の人であったと書かれています。今日のわたしたちがこれらの言明をどのように理解すべきかは明らかではありませんが、どうやらターレスは貿易によって非常に裕福になったようです。彼は古代の世界を広い範囲にわたって旅行し、バビロニアやエジプトの人たちから学び、エジプトで数年暮らしました。彼はギザのピラミッドの高さを測ったことで有名になりました。彼が使った方法は、棒の影が棒の高さに等しくなるまで待つことでした。それから、三角形の相似性（すなわち、相似な三角形の性質）を用いて、ピラミッドの影はその高さに等しいと主張しました。影の長さは直接測ることができたので、ターレスはピラミッドの高さを求めることができたのです。この経験に基づいて、彼は相似な三角形に関する幾何学を作り上げ、船の大きさや海岸からの距離を計算するために使いました。彼はそれだけでは止まらず、底辺の長さが等しく、底辺から測った二つの角が等しいすべての三角形は合同であることを**証明**しました。バビロニア、中国、エジプトの人たちも同じような計算は行いましたが、幾何学的な図形に関する一般論を定式化したり、その計算方法が**いつも**正しい結果を与えることを**証明**したりすることが必要だとは考えませんでした。

証明の概念を最初に導入したのがターレスなのか、それとも、後世に彼の功績とされたのかにかかわらず、その革命的な衝撃はいくら強調しても強調しすぎることはありません。もし、ある主張が正しいことをこれまでずっと確信してきたのなら、さかのぼってそれを厳密に証明しなおすことは——主張がつねに成り立つことを証明しようとする場合であればなおのこと——時間と資源のむだになるでしょう。証明されていない命題は間違っているかもしれませんが、間違いを断固として排除するには、一般には正当性が認められないほどの努力が必要です。絶対的な証明への要求は、進化の競争においては妨げとなります。数学が発達したターレス以前の数千年を通して、数学者たちが正しいと納得していた命題を証明しようと試みなかったことには理由がありました。しかし、ターレスが最初の一歩を踏み出し、後続する世代のギリシャの数学者たちがその道筋を引き継いでからは、証明の概念が数学の要石《かなめいし》となったのです。

数学の新しい考え方の形成におけるもう一つの画期的な出来事は、ピタゴラスと彼の学派による貢献でした。ピタゴラスはイタリアの海岸から遠くないサモス島の出身でした。伝説によれば彼が生まれたのは紀元前五七二年ですが、実際そのように信じられ、そして、一般に考えられているところでは、彼はミレトスのターレスの弟子でした。彼はエジプトに留学しましたが、サモス島に戻ってきたとき、暴君が政権を握っていたため、当時ギリシャの統治下にあったイタリアの町クロトンに向かい、そこでピタゴラス教団を設立しました。神秘的なことはすべてその教団によるものとされ、真実を神話から区別することは困難です。教団はクロトンの地方政治に関与し、自分たちをエリート、すなわち上流階級の一部と考えました。こうして教団は町で勢力を得た民主主義の政権と衝突するようになり、一般には、紀元前四九七年にピタゴラス自身が殺害されたといわれています。教団のメンバーは散り散りになり、ギリシャのさまざまな学校に所属しながら、ピタゴラス学派の伝統に則った独自の数学的な活動を約二百年間続けました。彼らはすべての重要な理論や数学的な成果を教団の設立者の功績とする慣習をもっていたので、ピタゴラス自身の貢献が何であり、何を後継者たちに帰すべきなのかは明らかでありません。

ピタゴラスの数学に対する最もよく知られた貢献の一つは、彼にちなんで名づけられた定理——直角三角形において、二つの辺の平方の和は斜辺の平方に等しい——です。これは数学の最も有名な定理の一つであり、いままでに、数百通りの異なる証明が発表されています。この事例におけるピタゴラスの主要な貢献——定理に書かれている一般的な性質の発見に留まらない貢献——は、彼が行った一般的な性質の探求でした。前節ですでに見たように、バビロニアの人たちはピタゴラス三角形——すなわち、その長さが定理を満たす自然数であるような辺をもつ三角形——について知っており、そのようなもののリストを作りました。中国の人たちは、二角形の二辺の長さが知られている場合に、ほかの一辺の長さを計算する方法に関する説明を文章にして残し、さまざまなそのような三角形の数値例と図を与えました。エジプトの人たちの残した計算は、彼らも特定の三角形に関する多くの例という形では、直角三角形の辺の長さの関係について知っていたことを示しています。その性質がすべての直角三角形に当てはまるかどうかをただ考えてみることすら、そして、数値を計算した特定の三角形の場合に限って、ピタゴラスの定理を証明してみることすら、彼らの誰の心にも浮かばなかったのです。彼らは辺の長さの間の関係について知ってはいましたが、それを個々の計算の文脈の中で用いただけでした。

さらに、ピタゴラス学派の人たち（そして、おそらくはピタゴラス自身）は、三角形の辺の間の関係を証明しただけではなく、すべてのピタゴラス三角形が計算できる公式を探し求め、そして見つけました。

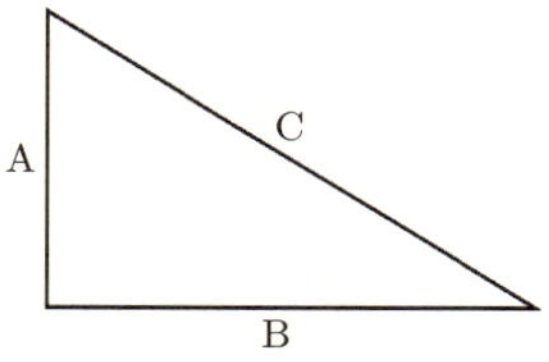

公式は（現代の記法で書くと）次のようになる——すべての自然数 u と v（ただし、u は v より大きいとする）に対して、

$$A = 2uv, \quad B = u^2 - v^2, \quad C = u^2 + v^2$$

とおく。簡単な計算から、$A^2 + B^2 = C^2$ が成り立ち、したがって、A、B、C はピタゴラス三角形の辺である。ピタゴラス学派の人たちは、すべてのピタゴラス三角形がこのようなやり方で得られることを証明した（これらですべての三角形が構成されるという主張はユークリッドの本に現れたが、そこには証明がない）。

着目すべきなのは考え方の飛躍です。バビロニアと中国の人たちは多くのピタゴラス数を集めてリストにまとめました。ギリシャの人たちはすべての場合を包括する証明を発見しました。バビロニアの人たちはピタゴラス三角形を発見するために膨大な努力をしましたが、そのすべてを計算できる公式を見つけようとは考えませんでした。そもそも、なぜ、そのような三角形をすべて見つけなければならないのでしょうか。すべての数を見つけたいという欲求は、どのような進化上の利点を表出しているのでしょうか。

ピタゴラス学派の人たちの概念上の主要な貢献は、証明の方法に関係しています。次の章では、ピタゴラス学派と彼らの世界観との間の関係を論じます。いま、この段階で注意しておくべきことは、彼らは数と幾何学との間に何らかの密接な関係があり、世界は自然数とその比、すなわち分数——あるいはギリシャの人たちの言葉でいえば、表すことができる大きさ——で構成されていると信じていたことです。彼らにとってきわめて驚きであったことに(と、そのように語られているのですが)、彼らは、表すことができない大きさ(現代のわたしたちの言い方で表現すれば、無理数)が存在することを発見しました。そのような数の一つの例は、辺の長さが一である正方形の対角線の長さです。

ある報告によれば、ピタゴラス学派の人たちはこの驚くべき新事実を秘密にし、そのような数の存在を門外に漏らした罪によって、教団の仲間ヒッパススを海中に投げ込んだということです。この物語にはもう一つ別の言い伝えもあって、それによると、無理数の存在を発見したのはヒッパスス自身であり、彼が海中に投げ込まれた理由は異端によるものであり、彼の発見がこの世界の構造に関する信念を根底から破壊したからであるということです。どちらにしても、わたしたちにとって興味があるのは、仮説の以下のような段階を追った証明です。

a. 長さ一の辺をもつ正方形の二辺とその対角線からなる三角形を考えよ。

b. ピタゴラスの定理によると、斜辺の長さは二の平方根で、$\sqrt{2}$と表される。

c. 仮説が真ではない、すなわち、$\sqrt{2}$が有理数であると仮定しよう。言い換えれば、それは分数、すなわち、二つの正の整数の比として、たとえば a/b のように、表すことができるとする。

d. 分母または分子のどちらかは奇数であると仮定することができる(なぜなら、もしそれらがともに偶数ならば、その一方が奇数になるまで、それらを2で割ることができるからである)。

e. ここで、比$\frac{a}{b}$を平方せよ。そうすれば、これは仮定により2に等しいので、方程式$a^2 = 2b^2$が導かれる。

f. したがって、aは偶数であり、$2c$と書くことができる。

g. 右記の方程式のaの代わりに$2c$を代入すると、$4c^2 = 2b^2$が得られる。

h. 両辺を2で割ると、bもまた偶数であるという結論が導かれる。

i. しかし、我々はaとbは両方ともが偶数ではないとしたのだった。我々は矛盾に――「$\sqrt{2}$は有理数である」という仮定から導かれた矛盾に――到達した。

j. 結論――$\sqrt{2}$が有理数であると仮定することから矛盾が導かれる。これにより、$\sqrt{2}$を分数として書くことはできず、したがって、それは無理数である。

このようなタイプの証明は**背理法**とよばれています。矛盾を利用する議論は、その時代において例外的に革新的であっただけではなく、また、ヒトの脳の自然な働き方に逆行もしています。いったい、「Xが~ではないと仮定しよう」という言葉で始まる主張が発生する余地がどこにあったのでしょうか。読者は、数学の授業以外で、何かあることが存在しないと想定する思考プロセスをかつて直観的に用いたのはいつのことで、それがどこでのことだったのか、思い出そうとしてみてはいかがでしょうか。直観的思考は連想に――現在の観察と過去の状況の認識との間の関連づけに――基づいています。存在しない出来事が連想として自然に心に浮かぶことはありません。多くの年数を経て数学が発展してきた後となっては、この方法がいかに革新的であったかを正当に評価することはたやすくないのです。ピタゴラス学派の人たちが無理数の発見を隠蔽《いんぺい》した真の理由は、彼らが背理法による証明の妥当性を完全には確信していなかったからかもしれません。この種の証明につきまとう不確かさは、現代において再び現れました。そのことについては、数学の基礎についての章（第八章）で扱います。

ピタゴラス学派の人たちは、素数――すなわち、自分自身と一でしか割り切れない自然数――についてよく知っており、詳しく研究しました。ギリシャの人たちはその中でも、とくに、素数の個数が無限であることを証明しました。証明は簡単です。

a. 初めに、すべての数はその数の素因数の積として表せることに注意せよ。

b. 素数をn個掛け合わせ、その積に1を加えよ。すると一つの数が得られるが、それをMで表す。

c. もしMが素数ならば、最初のn個の素数のどれでもない新しい素数を発見したことになる。

d. もしMが素数でないなら、その素因数を一つ考えよ。

e. その素因数でMを割ると割り切れる。したがって、Mのその素因数は最初のn個の素数のどれとも異なる。なぜなら、これらの素数でMを割ると余り1が出るからである。

f. したがって、第二の可能性（ステップd.）においても、また、最初に掛け合わせたn個の数に加えて、もう一つの新しい素数が見つかったことになる。

g. こうして、n個よりも多くの素数があることが示された。しかし、nは任意の数である。したがって、素数の個数は有限ではないことがわかり、これで証明は完成された。

しかし、誰にせよ、なぜ素数の個数が無限個かどうかという問題に関心を向けなければならないのでしょうか。何らかの対象が無限個あるかどうかという問題が、意味のある問題となる余地が、進化のプロセスのどこにあるというのでしょうか。素数の数学的な性質への興味は、見るからに役に立ちそうもない性質も含めて、ギリシャの人たちから始まり、幾世代にもわたる数学者たちによって継承され、そして今日に至ってもなお数学研究の重要な部分であり続けています。現代では、抽象的な数学的な興味とは別に、暗号のような商業的な応用を含む素数のいくつかの使用法が見つかっており、それについてはこの後の第七章でさらに論じます。数千年間にわたって、その興味は純粋に数学的なものでした。しかし、ギリシャの人たちにとって、数に関心を抱くことは、単に好奇心だけによって動機づけられていたのではなく、数を探求することによって自分たちを取り巻く世界をよりよく理解できるに違いないという確信に突き動かされていたように思われます。

数学の発展の中で、ギリシャの人たちによってもたらされた驚くべき変化の次の大きな飛躍は、アテネのアカデメイアとその門弟たち、そして中でもその創立者プラトンと彼の友人エウドクソス、そして、プラトンの弟子アリストテレスによるものとされています。この学派が行った概念的な貢献は、演繹《えんえき》的な証明の体系にとって必須の道具である公理と論証を基礎とし、その上に数学を築き上げる方法論を定立したことであると要約できるでしょう。ここでも、またこの後の本書の中でも立証を試みるように、これら二つの貢献は人間の思考の自然な直観に矛盾しています。

プラトン（紀元前427–347）は有力な貴族階級の家系の出でした。彼は西洋哲学一般、そしてとくに西洋政治哲学の父と考えられているソクラテスの弟子でした。プラトンは、若いころに抱いていた政治的な野心を放棄しました。おそらくは、師であるソクラテスの身に起こったこと（アテネの統治者たちに異を唱え、批判したために、死刑を宣告されたこと）を見たからでした。プラトンは古代の世界を広く旅し、エジプトやギリシャの植民国家があるシチリア島を訪れ、エジプト数学やピタゴラス学派に出会いました。アテネに戻るとすぐに、西洋世界で最初のアカデメイアを設立しました。アカデメイアは同時代の科学と哲学に決定的な影響を与えました。プラトンは、もともと本質的には哲学者であり、彼の数学への興味は、科学の本質についての真実は数学を通してのみ明らかにできるという信念に基づいていました。彼はアカデメイアの入り口に、「幾何学者にあらざるもの、この中に入るべからず」と刻み込みました。プラトンはさらに、ほかの分野で展開した哲学に従って、数学、あるいは数学的な結果は、わたしたちが日常の生活の中で体験する地上界の現実とは必ずしも関係しないイデア（プラトン哲学の中心概念である真の実在）の世界において、独自の存在性をもつと主張しました。とくに、わたしたちは数学的な結果を発明するのではなく、発見するのです。このことを行う正しい方法は、仮定（以下では公理とよぶ）を定式化し、そこから演繹的論理を用いて数学的な真理を導き出すことです。この目的のためには、公理は単純で自明でなければなりません。公理の個数は少ないほどよいのです。現代数学では、研究者が自分の公理を自由に選べることは（すべての研究者によってではないにせよ）一般的に受け入れられています。プラトンがそれに同意するかどうかは怪しいものです。彼は、公理は人と数学的な真理をつなぐものであり、したがって「正しく」なくてはならないと信じました。

公理を定式化し、定められた仮定の下で状況を調べることは、今日に至っては、数学だけでなくほかの多くの分野においても受け入れられている分析方法となっています。しかし、この方法は人間の自然な思考に反していることに気づくべきです。「わたしの近くには虎が見つからないので、この辺りには虎はいないと仮定する」という人に対して、進化がどのような優位性を与えるのかを理解することは困難です。まだそれを仮定していないからという理由だけで、何らかの（実際には存在しているかもしれない）属性を無視する人に、その結果どのような利点が生じると約束されているのでしょうか。公理に基づく体系の上で育てられた数学者ですら、公理に対する自身の直観を制限することはできません。まず最初に、彼らは直面している問題を直観的に解くか、解き方の目星を付け、その次に初めて、解が公理だけに基づいているか、それとも、それ以外の仮定にも基づいているか、あるいはまた、基づいている性質が公理とは矛盾するものであるかどうかをチェックします。最後の場合には、別の解を探さなくてはなりません。

プラトンの時代には、円の正方形化、角の三等分、立方体の二倍化（与えられた立方体の体積の二倍の体積をもつ立方体の一辺を計算すること）のような抽象的な数学の問題、そしてこれらの問題をすべて定規とコンパスだけを用いて解くことが非常に重要視されました。言い換えれば、彼らは定規とコンパスのみを用いて、与えられた円と同じ面積をもつ正方形を描こうと試みていた（そして、ほかの問題についても同様のことを試みていた）のです。

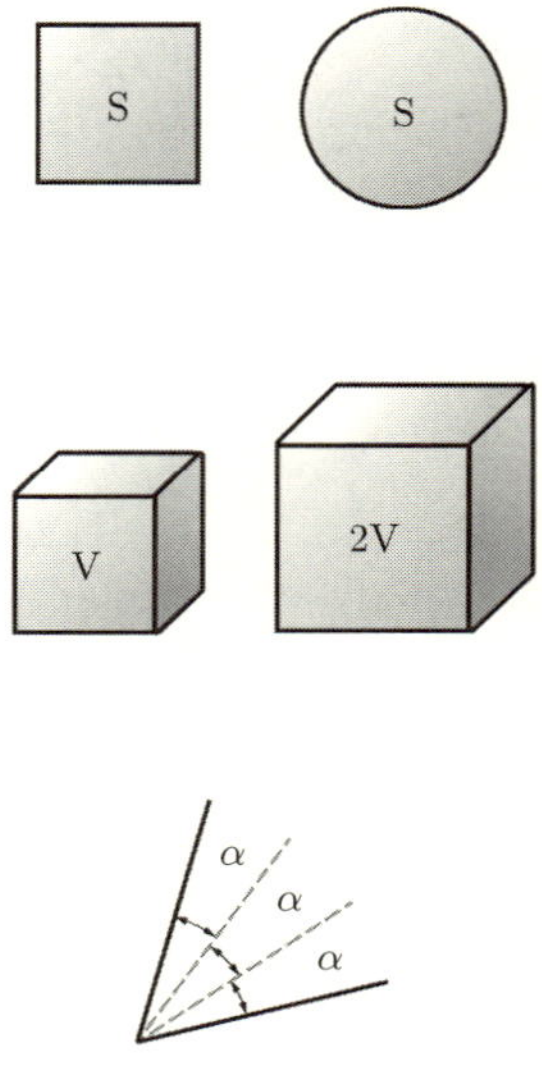

これらの問題はプラトン以前から知られていました。円を正方形にする問題は、哲学者アナクサゴラス（紀元前500ころ–428ころ）によるとされています。彼は神に対する不敬罪に問われ、獄中でその問題について考えました。この問題はプラトンの時代になってさらに大きな注目を浴びたのですが、これは、数学的な証明をできるだけ少ない仮定に基づいて行う努力がなされたのと同時期でした。問題の解答は、定規とコンパスだけではこれらの課題を実行することは不可能であるということでした。完全な証明は、十九世紀まで得られませんでした。これらに類似した問題がギリシャの人たちの時代から今日に至るまで数学の研究を動機づけました。

ここで疑問が起こります。何がギリシャの人たちにこれらの問題への興味を抱かせたのでしょうか。ある言い伝えによると、立方体の体積を二倍にする問題は、一人のギリシャの統治者の考えが発端であるということです。彼は隣の町の統治者を羨み、自分のためにはその二倍の体積をもつ豪華な墓を建設することを町の墓作り職人たちに頼みました。この話にはあまり説得力がありません。まっとうな判断力をもつ統治者ならば、職人たちを定規とコンパスだけを使用するようにという制約で縛らなかったでしょう。あえて可能な方法すべてを使用しない思考法の起源は、進化における生存競争の中にはありません。虎から逃げながら、「もしかすると、片足だけでも逃げられるかな？」と考える古代人の姿を想い浮かべてみてください。そのような個人は、もしいたとしても生き延びることはなかったでしょう。これらの問題の起源にまつわるもう一つの言い伝えはプルタルコスの著作の中に見つけることができます。この話によれば、デロスの町の住民たちはつねに自分たちの間に起こる争いを止める方法について地元の神官に助言を求めたということです。神官の答えは（やはり、というべきか）町のアポロンの祭壇の体積を二倍にすべしということだったのです。住民たちはプラトンに、これはどうすればできるのかと尋ね、そしてプラトンは、そのお告げには数学的に厳密な意図があることは疑いもないと論じつつ、神託は、定規とコンパスだけを用いて建設しなければならないことを意味すると解釈しました（これもまた、ああなるほどというべきか——というのも、プラトンは自身の方法を大いに広めたかったわけなので）。ここでいいたいことは、どちらの話が好ましく聞こえるにせよ、それ以来、実用の問題とは関係がなさそうに見える疑問が数学者たちの心を捉えてきたということです。

エウドクソス（紀元前408–355）はキプロス島のギリシャの町クニドスに生まれ、ピタゴラス学派の数学者アルキタスの下で学びました。彼はエジプトに留学し、紀元前三六八年にアテネにあるプラトンのアカデメイアに加わりました。エウドクソスは天文学と数学の分野で多くの貢献をしました。ここでは、哲学と数学の実践に対する彼の重要な貢献のいくつかだけに的を絞って述べましょう。彼の革新的な貢献のうちの二つは、どちらも無理数の研究に由来していました。彼の時代には、すでに二つの整数の比として表せない幾何学的な量が多く知られていました（プラトンは、17までの素数の平方根は無理数であることを示していました）。今日、わたしたちは有理数も、無理数も、どちらも同じように数として扱いますが、当時は、無理数がどのような意味において数であるのかは明らかではありませんでした。エウドクソスが展開した数学的な理論では、個々の要素を数えるのに用いる数（今日、自然数とよばれるもの）およびそれらの比と、幾何学的な長さを測る数との間に区別を設けました。エウドクソスによれば、これら二つの体系における数学的な演算には、異なる意味があります。幾何学的な大きさに対する加法や乗法などの演算の解釈は幾何学的なものです。たとえば、$\sqrt{2}$を$\sqrt{3}$倍することは、長さ$\sqrt{2}$と$\sqrt{3}$の辺をもつ長方形の面積を表しています。自然数に関しては、エウドクソスは二つの数の比――たとえば、$n \div m$――を、nの中にmが入る回数として、また、二つの数の積――再び、たとえば、$n \times m$――を、n個の要素をm回数えた結果として定義しました。この区別による結果は、代数や算術からの幾何学の分離――やっと十七世紀になって、ルネ・デカルトによって橋を架けられた分離――でした。いまなおわたしたちは、ある数にそれ自身を掛けた積を表すのに、幾何学の概念を使っていることに注意しておくことは興味深いでしょう。すなわち、英語で平方を意味するために使われているスクエア（square）という言葉は、正方形という意味でもあるのです。[4] 二つの系統の数を区別しなければならないことから、エウドクソスは、今日に至っても数学の基礎であると考えられている概念――すなわち、**定義**と**公理**――を用いることになりました。彼は有理数、点、線、長さなどを定義し、いくつかの公理を明確に定式化したのです。これは、明確な定義と公理を提示しようとする初めての試みの一つであるといってよいものでした。

正確な定義を与える必要性は、自然に生まれてくるものではありません。人間どうしの間の議論では、何が論じられているかを参加者がわかっている状態に達すれば十分であり、論じられている話題の厳密な定義に時間を費やすことは必要ではありません。点、長さ、平面が何を意味するかを誰もがわかっているとき、あえてそれらの言葉の意味が何であるかを定義することに時間と労力を傾けることは余分なことのように思われます。定義を作る過程は、ギリシャ以前に数学が発達した数千年の間にも不必要に思われたことは明らかですが、アテネのアカデメイアの人たちはそうは思わなかったのです。そして、数学は彼らからその

4［訳注］また、平方の「方」という漢字は、古代中国において正方形を意味していた。

慣習を受け継ぎ、それを今日に至るまで守ってきました。

エウドクソスによってなされたもう一つの貢献は、本質的に技術的なものですが、取り尽くし法として知られています。これは、ピタゴラス学派の人たちによって展開された理論の拡張でした。彼らは無理数が自然数を用いて表せないことを発見した後、それらが自然数の比で近似できることを示しました。エウドクソスは、その中に含まれる長方形やそのほかの形のような簡単に面積が計算できる領域を、計算すべき領域全体が「取り尽くされる」まで取り除くことによって、円のような一般の曲線で囲まれた面積を計算する系統的な方法を考案しました。すなわち、面積は近似によって計算されるのです。エウドクソスは極限の概念にかなり近いところまで来ていましたが、実際に到達はしませんでした。極限の概念は、何年も後にアルキメデスによって考案され、今日でも微分法と積分法の基礎として使われています。取り尽くし法に固有の技術的な貢献に加えて、一般的な方法を提示し、定式化したことそのものが重要な貢献でした。

アテネのアカデメイアの成績優秀者名簿の三番手は、プラトンの弟子アリストテレスでした。アリストテレスは紀元前三八四年にマケドニアの首都サロニカに近い町で生まれ、プラトンに同じく、貴族の家系の出身でした。父はマケドニア王アミュンタス三世に仕える宮廷医師でした。アリストテレスは若くしてアテネに移り、プラトンの弟子になりました。プラトンの晩年あるいは死後（正確にどちらであるかは十分に明確ではありません）、アリストテレスはアテネを去り、マケドニアで王立アカデメイアを設立しました。彼がプラトンのアカデメイアを去ったのは、おそらくアカデメイアが進めようとしていた科学の方向を巡る意見の食い違いの結果であったようですが、さらに、決断には彼がプラトンの継続者に指名されなかったことが影響していたかもしれません。また、彼のことを当時アテネの敵であったマケドニアの人と考えていたアテネの市民による迫害についても彼は憂慮していました。彼は自身が設立したマケドニアの王立アカデメイアで、当時の世界で最も有名な人物となったアレキサンダー大王も教えました。後にアリストテレスはアテネに戻り、そこで自分自身のアカデメイアであるリュケイオンを設立しました。その遺跡は今日のアテネに見ることができます。アレキサンダーの死後、アテネの人たちはアリストテレスがマケドニアを支援したことを非難し、アリストテレスは再び逃亡を余儀なくされました。彼はマケドニアに戻り、紀元前三二二年にその地で亡くなりました。

アリストテレスの新しい数学への主な貢献は、分析し、結論を導き出す道具である論理を作り出したことにありました。アリストテレスによって定式化された三段論法は、論理の基礎としていまでも役に立っています。長い年月を経て、わたしたちはこれらの規則にすっかりなじんでしまったので、これらの規則の定式化のスタイルは単純で、正しく、議論の余地がないように思われます。ここでわたしたちは、その規則のいくつかは、たとえ順序立てて考えれば容易に同意できるとしても、自然に発達した直観的思考や音声言語とは整合していないと主張したいと思います。それらの規則のいくつかについて詳しく見てみましょう。

一般に受け入れられている慣習に倣って、主張や命題を記号で表すためにPやQのような文字を使うことにします。記述を短縮することもよくあります。たとえば、「PならばQである」は、「あらゆる場合において、もしPが成り立つならば、そのときQが成り立たなければならない」ことを意味します（数学では、「あらゆる場合において、もしPが真ならば、そのときQは真でなければならない」という言い回しが使われます）。同様に、「P」と書いて、Pが成り立つ（すなわち、真である）ことを意味し、「Pでない」と書いて、Pが成り立たない（すなわち、偽である）ことを意味することもよくあります。

最初の規則は、**モーダス・ポネンス**（前件肯定）とよばれるもので、進化の産物である理性によって支えられていると考えてよい直観的な論理的主張の一つの例です。その規則は次のようなものです。

PならばQであり、
そして、もしPが成り立つならば、
そのとき、Qは成り立つ。

次に示すのはそのような主張です——雨が降っているならば歩道は濡《ぬ》れている。いま雨が降っているので、歩道は濡れている。この主張が直観的なものであることは、すべての生き物（どんなに下等な生き物であっても）の日常生活において、この関係が成り立っていることを示す兆候があることからわかります。パブロフ効果はモーダス・ポネンス型です——ベルの音は食べ物の到来を意味するのです。これまでの節で引用した動物と人間の例で見たように、このことからモーダス・ポネンス型の数学的な推論までは、遠い道のりではありません。

次の三段論法、**モーダス・トレンス**（後件否定）は違います。それは次のように書くことができます。

PならばQであり、

そして、もしQが偽であるならば、

そのとき、Pは偽である。

次に示すのはそのような主張です——雨が降っているならば歩道は濡《ぬ》れている。いま歩道が濡れてないので、雨は降っていない。数学的な論理の観点からは、この主張の正しさは前の主張の正しさと同等です。しかし、脳にとって、これはずっと受け入れにくくなります。困難の理由は、ある出来事が存在しないという言明にあります。脳にとっては、ある出来事が起きることを直観的に受け入れ、そこから結論を引き出す方がずっと簡単です。起きていない出来事から結果を引き出すことは、ずっと困難なのです。起きていない多くの出来事があり、進化はこれまで脳にそれらの存在しない出来事をすべて見渡してそこから結論を引き出すことを教えてはいないのです。

同じに見える否定の二つのタイプのあり方を区別しなければならないことは明らかです。「歩道が濡れていない」を頭の中で「歩道が乾いている」に変換することはできますが、歩道が乾いているという主張から雨は降っていないことを結論することは、歩道が濡れていないという主張から同じ結論（雨は降っていない）を引き出すよりもやさしいのです。このことから、人前でスピーチをしたり、誰かに何かを説得しようとするすべての人への教訓を引き出すことができます——「〜でない」に基づく議論を避けることです。

三段論法を直観的に適用することの難しさは論理学者によって認識されてきており、彼らはそうした間違い、すなわち三段論法の誤謬《ごびゅう》を検出する方法を開発しました。たくさんあるそれらのテクニックの一例をここに示しましょう。ある人が次のように宣言します。

育ちのよい人はタブロイドを読まない。

わたしはタブロイドを読まない。

彼がほのめかそうと意図していることは、自分は教養ある人間であるということです。少なくとも直観的には、多くの人がそうだというでしょう。しかし、この結論は彼の言明からの論理的な帰結ではありません。

これら二つの三段論法の間の関係は、同じくアリストテレスによって定式化された以下の二つの規則の中にもともと含まれています。第一の規則は**排中律**とよばれています。

すべての命題Pは成り立つかあるいは成り立たないかのどちらかである。

すなわち、Pは真あるいは偽のどちらかなのです。

第二のものは**矛盾律**です。

命題は真と偽の両方であることはできない。

すなわち、「P」と「Pでない」は共存できません。

右で論じ、また、すでに述べたように、直観的に理解することが難しい背理法は、これらの規則に基づいています。Pを示したい。そこで、「Pでない」を仮定することによって矛盾に到達することを示す。そうすれば、Pが成り立つことが結論できる。単純そうに聞こえ、そして、落ち着いて順序よく分析すればこの命題は確かに単純なのですが、この原理を直観的に使用することは決して単純でありません。この原理を直観的に発達させることから生き物は進化におけるどのような利益を得るのでしょうか。第八章で見るように、排中律は、二十世紀における数学の基礎の研究においてきわめて重要な役割を果たすことになります。

アリストテレスはほかにも数学、物理学、哲学において貢献し、そのいくつかについては本書でも後述します。ここでは、彼の無限の概念とのかかわりについて触れておくことにしましょう。無限の概念は、初期の文明ではどこにも現れませんでした。**無限**について語るとき、人々は数えたり容器に収めたりするには大きすぎる要素の集まりを意味しました。ところが、無限の概念は、とりわけ、世界の物理的な構造や、世界がどれほど昔から存在していたかに関連して、ギリシャの人たちの興味を実際のところ大いにひきつけたのです。ゼノンは師であるパルメニデスの教えに従って、彼の有名なパラドックス（逆理）の中で無限についてそれとなくほのめかしています。本書では、第51節で二分法のパラドックスに言及します。ここでは、そのパラドックスが述べているところに従えば、ある場所に行きたいと思っている人は決して目的地に到達することはないことを思い出しておきましょう。実際、その旅人はまずその距離の最初の半分を進まなければならず、次にその距離の四分の一を進まなければならず、次にその距離の八分の一までというように、無限の段階を経なければならないからです。このパラドックスであるといわれているものに従って、アリストテレスは無限に関する精緻な理論を展開したのですが、数学は関係しないのでここでは述べません。その理論の数学への貢献は、**可能無限**と無限個の要素の集まり（実無限）とを区別したことでした。アリストテレスの術語に登場する可能無限とは、増大していく有限個の素数の集まりのような、大きさに制限のない有限の集まりを指しています。彼は、これと大きさが無限である集合との間に区別を設けました。後者のタイプの無限は論理的操作に素直に従うような容認できる数学的な概念ではありませんでした。たとえば、彼によれば、「素数と偶数とでは、どちらが多くあるか？」という問題は論理的に正当な問題ではないのです。これらの概念の研究は、数学者たちによって十九世紀から二十世紀にかけて刷新されました。

ユークリッドは、古典期のギリシャ数学によってなされた貢献を集約しました。ユークリッドの生涯について多くは知られていません。彼は紀元前三〇〇年ころに活躍し、アテネのアカデメイアで学んだ時期があったかもしれませんが、ほとんどの仕事はエジプトのアレクサンドリアで行いました。彼はその町の有名な学術センターの設立者の一人でした。ユークリッドが活躍したのは古典期より後でしたが、ユークリッドの『原論』として知られる十三巻よりなる彼の主要な数学的な業績では、古典期のギリシャで発達した数学的な知識が順序正しく、また詳しく述べられています。それだけではなく、『原論』は、その時代に開拓された新しい方法論を系統立て、正当化し、広めたのでした。数学的な発見が感銘深く収集されているだけではなく、理論の展開は定義、公理、演繹的証明、定式化された三段論法に基づいていました。ユークリッドの時代に書かれた『原論』の写本で実際に残っているものはありません。発見されたすべての版（最も古いものは、西暦一世紀、すなわちユークリッドから約四〇〇年後のもので、断片しか残っていません。完全版で年代の最も古いものは九世紀のものです）は本を書き写した人たちによる注釈、修正、書き足しを含んでいます。それでも、異なる写本の比較から結論づけることができるのは、ユークリッド自身が異なるそれぞれのテーマに沿って本の構成と体裁を定め、定義を与え、自らの証明法を確立し、そして、方法論全体の基礎を固めたということです。『原論』がすべての時代を通じて世界で最も広く普及した書物の一つとなったこと、そして、聖書を除いて、ほかのどの書物よりも明らかに多くの言語に翻訳されてきたといわれることは、何ら不思議ではありません。

8 何がギリシャ人を動かしたのか?

なぜギリシャの人たちは、目的が明確ではない問題を立て、非直観的な方法で答えようとしたのでしょうか。

文献の中で示唆されている一つの理由は、技術的な理由です。ギリシャの人たちは、バビロニアやエジプトの人たちの計算の中に間違い、不整合、矛盾を見つけ、これらを解決するために、より厳密なスタイルの数学を発達させたというのです。わたしには、このことが理由であったとはどうしても思えません。二つの計算結果のどちらがより正しいかわからない、あるいは、ある計算の精度が疑わしい場合、自分でより精密に計算を実行して正解にたどり着こうとするだろうと考える方が自然です。まして、ギリシャの人たちは、バビロニアやエジプトの人たちの計算が、多くの分野で自分たちのものよりも精密であることを知っていました。

よりもっともらしい一つの説明は、古代ギリシャにおける政治的、経済的な状況に関係しています。当時は、町と町との間や、小さな王国と王国との間で多くの戦争が戦われた時代でしたが、概して民主主義的な雰囲気が広く行き渡り、政治哲学、社会哲学が高度に発達しました。哲学の研究が重視される環境で、研究テーマから即座に成果を求める専制的な統治者や政府がなく、研究の優先度を決めるために政府から指名された委員会もない時代。人がどのようなことについても問いを立て、疑うことができ、好奇心に動機づけられた研究が高く評価される探求と見なされる雰囲気。そのような時代、そのような雰囲気の中では、時として思いもよらない並外れた成果が——もし、そこから利益を引き出すには非常に長い時間がかかったとしても——達成されることがあるのです。以上の考察に付け加えることができるのは、研究の展開に寄与する主要な人たちが有力な家柄の出身者であり、生活の雑事や収入の心配に煩わされることなく研究できたという事実——伝統にとらわれない流れを進んでいくことを助けたに違いない事実——です。これらの考察は、基礎研究がどのようにして発達したかを説明していますが、それがなぜ非直観的な方向——進化があらかじめ定めていただろう方向とは逆行する方向——

に発達したかについては説明していません。

ギリシャの人たちがたどった道筋に対する一つの裏づけのある説明は、いわゆる錯覚から導き出されます。以下の章の内容にも深く関係するので、この点について少し詳しく説明しておきましょう。ギリシャの人たちは、幾何学的、あるいは視覚的錯覚——すなわち、錯視——についてよく知っていました。そのため、彼らは見た目には頼らずに——言い換えれば、公理と論理的推論だけに頼って——数学的な命題を証明しようと試みました。後の時代に発見された有名な錯覚を二つ紹介しましょう。

第一のものは一八八九年にこれを発表した科学者の名前にちなんでミュラー-リヤー錯視とよばれています。左の図の中の二つの線は同じ長さであるにもかかわらず、上の線は下の線より短く見えます。よくある説明は、一般に、自然界において、上の線のような形を見るのは、たとえば、三次元の立方体を外側から一つの辺に近づいて見るときであり、下の線のような形を見るのは、立方体の中を覗き込んで反対側にある遠く離れた辺を見るときであるということです。脳は、視覚が受け取った信号を不可避的に矯正し、「正しい」長さを得るために上の線を縮め、下の線を伸ばします。

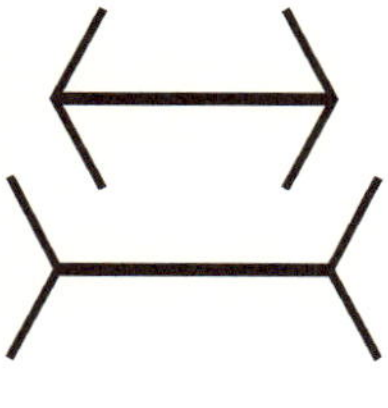

答えは進化にあります。手がかりを正しく解釈する能力は進化のうえで有利であったために遺伝子の中に埋め込まれているのです。したがって、脳が情報を分析する仕様を意志の力で変えることはできません。水平な線だけを見るように目に命じることによって、図にあるようなある特定の構図の中で示された線が等しいことを脳に理解させることはできるかもしれませんが、脳が無意識のうちに解釈してしまう状況の中にある線についてそうすることはできないのです。いずれにしても、目が見ているものを脳が解釈する仕様を変更することは勧められないでしょう。というのは、もしそんなことをしたら、実際に上の線が下の線よりも短い多くの状況で間違いを引き起こすことになるからです。

第二の例は、一八六〇年に発表されたもので、ポッゲンドルフ錯視として知られています。訓練されていない観察

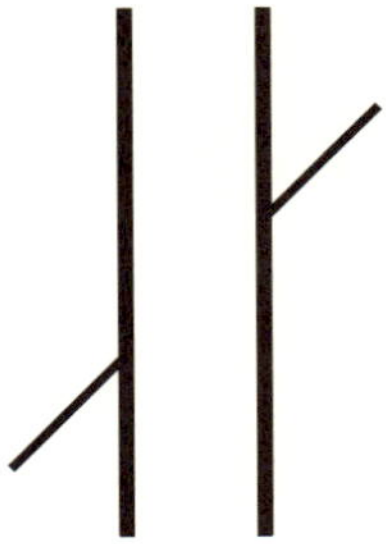

者には、左の図の斜めの線が一本の切れた直線の二つの部分であるようには見えませんが、実際にはそうであることを容易に示すことができます。この場合でも、脳がわたしたちを「騙《だま》す」理由について説明があります。脳は、直線ではなく角を比べるように発達しました。斜め線と縦線の間の角が脳に錯覚を創り出させます。ここでは、錯覚は脳が受け取るデータに対して行う修正――言い換えれば、「ソフトウエア」的な修正――から導かれるのではありません。それは脳に備え付けの「ハードウェア」に由来するのです。脳が幾何学的形状を見る手段が、そのような間違いの原因となっているのです。この場合も、特別な場合に間違いを避けるように脳を訓練することはできますが、あらかじめそのような間違いをすべて防ぐように脳を改造することは不可能です。

　このような錯覚は、世代を超えて芸術家や技術者の心を虜にし、その知識は視覚的効果に興味をもつ人たちを印象づける数々の作品を生み出すのに使われました。わたしの友人でミラノ出身の数学者アッリーゴ・チェッリーナは、サン・サティロ教会のアプス（後陣）について教えてくれました。教会はミラノ市の中心にあるドゥオーモ（大聖堂）広場に近いトリノ通りに面しています。十五世紀に建てられたその教会の入り口からは、身廊、祭壇が目に入り、そして祭壇の後ろに大きな深い後陣が見え、その天井は興味深い絵で装飾されています。しかし、祭壇に近づくにつれて、後陣、その奥深さ、その天井はとても興味深い錯覚であることがわかります。機会があればぜひお勧めします。

　視覚的錯誤や錯覚の可能性は大いにギリシャの人たちの心を奪い、彼らを極端な行動に走らせました。彼らは目に見える外見に頼らないようにするために、たとえば、三角形に関する数学的な証明において、直線ではなく曲線を辺にもつ三角形を描こうとまでしました。目的は、公理だけに頼ることであり、可能な限り外見や視覚に基づく間違いを避けるためでした。とはいえ、ギリシャの人たちも、ある程度まではスケッチや絵画にかかわることを避けられませんでした。絵画は公理のみに基づいて演繹的な証明を行う場面とは表面上は何の関係もありませんが、脳はメタファーの助けなしに、あるいは、モデルとなる図形や以前の経験への参照なしには、抽象的な公理を扱うことができないように思われます。脳のこの特性（あるいは、もしかすると制約）は、抽象的な数学が幾何学的特徴や自然現象の記述に使われるときには必ず現れます。以下の章で見るように、自然を数学的に描写するとき、数学そのものは自律的であり、視覚的モデルを必要としないにもかかわらず、脳は、数学を分析し理解することを可能にするモデル、あるいはメタファーを確かに必要とするのです。

第二章　数学とギリシャの人たちの世界観

「神聖な」数はあるか●数と音階の間にはどのような関係があるか●世界が原子からできていることを誰が発見したのか●数学は発見されるのか、それとも創造されのか●アリストテレスによれば、歯はなぜ生えてくるのか●なぜ「上」は進歩と考えられ、「下」は衰退と見なされるのか●星々は円を描いて運行しなければいけないのか●太陽と地球、どちらがどちらの周りを回っているのか●精密さと単純さ、望ましいのはどちらか

9　基礎科学の起源——問いを発すること

古代のバビロニアやエジプトの文明における人間社会の数千年にわたる発展の歩みの中で、それらの社会が獲得したものは、一つは、商業、農業、工業に関する数学的な計算の広範な知識であり、もう一つは、天上界の現象の予言でした。すでに述べたように、アブ・シンベル宮殿の建設は衝撃的な例です。その設計者たちは、王ラムセス二世の像を太陽が一年に二回だけ明るく照らすように巨大な廟《びょう》を設計することに成功しました。ほかの古代文化もまた、天体の運行を考慮に入れた計算を行う能力をもっていました。たとえば、それがいつ建造されたかに想いを馳《は》せるとき、イングランドのソールズベリー平原に建つストーンヘンジの構造は、巨大な岩の位置と一年のさまざまな季節における日の出と日の入りの時刻との間の驚くべき調和を示しています。何年にもわたる星々の動きの観測によって、天を翔《かけ》る惑星たちの動きについての詳細な知識が得られました。エジプトやバビロニアの人たちは、一年の長さ（エジプトの人たちによれば、三六五日）の計測と、（月の運行に基づく）太陰月と（太陽に基づく）太陽年の長さの間の関係を含む詳細な暦を編纂《へんさん》しました。人々はこのような暦を、とりわけ、農作業の計画を立てるために使用したのです。それにもかかわらず、そのような長い年月の間、それ

らの観測の根底にある原理を発見する、すなわち、天体の運行を説明できる規則を探求する試みはまったく行われませんでした。どこであれ、星々の運きを説明しようと試みられた地域でのそうした試みは、さまざまな天体を司《つかさど》る神々への言及に留まりました。ギリシャの人たちが登場するまで、数学の発展は、進化の原理から期待される流れに沿って進んでいきました。言い換えると、最初に発達した数学は、人類とほかの種との間の進化の生存競争に直接貢献した数学でした。その後に、土地、食料、エネルギーなどといった同じ資源を巡って競合するさまざまな社会の間の競争において役に立った数学が発達しました。根源的な問いを立てることは、進化の生存競争からは許されない贅沢《ぜいたく》です。人類は、ギリシャの人たちとは違い、根源的な問いを発するほど自由ではありませんでした。

世界の物理学的な記述を構築する試みの最初の痕跡は、ミレトスの町のターレスとその継承者たちによるとされています。彼らについては、前章でも触れました。ターレスはまた、数学とはそのような描象を構築する方法であると主張した最初の人物でもありました。「数学」を意味する英語マセマティクスの語源は、ギリシャ語のマテーマ（μάθημα）であり、教え、理解、学びを意味しています。マセマティクスという言葉はまた、科学そのものの意味にも使われました（ヘブライ語でも、マダーハ（科学）という言葉はヤダーハ（知識）という言葉から派生しています）[1]。世界がそれに従って動いている法則を探求することに加え、ギリシャの人たちはまた、宇宙のさまざまな現象や性質はなぜいまあるような姿になったのか、任意の特定の自然法則の目的とはどのようなものなのかといった、より哲学的な問いも発しました。この種の問いは進化の見地から見て自然な問いではありません。目的を探求すること――それは、長期的には成果を生み出すかもしれない探求ですが――によって資源とエネルギーの浪費をし始める種は、短期的には生き残るチャンスを低めます。自然の法則の本質や目的についての議論――目的論――は、ギリシャの人たちとともに始まり、世代を超えて続き、そして今日も続いています。ギリシャの人たちにとって、目的とは科学的な理由を意味しました。ターレスとその後を継いだギリシャの哲学者たちをこれらの問題にかかわらせた動機は明らかではありません。最良の説明は、前章で言及した学問的自由であるよう

1 ［訳注］「科学」を意味する英語サイエンス（science）は、ラテン語で知識を意味するスキエンティア（scientia）に由来している。

に思われます。数学が、直接的な進化の必要から離れて、その発展の方向を鋭く変化させたにもかかわらず、進化はなおも数学の発展に広範な影響を及ぼしたことが本書を読み進んでいくうちにわかるでしょう。

ターレス自身は、世界を理解するのに役立つ発見をしませんでした（何年も後に、ターレスが紀元前五八五年に起きた日蝕《にっしょく》を予言したといわれましたが、この主張は疑わしく、実際、彼が利用できた理解と数学的な道具ではそのような予言を行うことは可能ではなかったのです）。しかし、世界を形作っている基本的な物質は何なのか、天体は何からできているのか、地球はどこに位置しているのか、地球は平らなのか球なのかといった問題がターレスとその学派によって提起され、このような問題が人類史における科学の時代の幕を開きました。できるだけ少ない仮定に基づいて説明を組み立てること、可能な範囲で最も単純な説明を探し求めることなどのような、ターレスとその継承者たちによって定められた原則は、そのままわたしたちの時代に至るまで科学の発展の指針となりました。

10　最初の数学的モデル

ピタゴラス学派は世界の構造のモデルを定式化した最初の人たちでした。彼らは自然は自然数に基づいていると信じ、世界の構造の中にこれらの数の反映を探し求めました。彼らは、一から四までの数には神秘的な、ほとんど神聖なといってもよい意味があり、それらの和である十には特別な重要性があると信じました。彼らの信念を支えた理由の一つは、自然数と図形との間に見られた直接的な関係でした。数は、次に示すように、三角数、四角数などとして表されたのです。三角数とは、上の図の黒い点のように、三角形の上に並べられる数、すなわち、一、三、六、十、……のことでした。四角数とは、下の図の黒い点のように、正方形の上に並べられる数、すなわち、一、四、九、十六、……のことでした。同様に、五角数は一、五、十二、二十二、……であり、六角数以上についても同様です。一つの帰結として、ギリシャの人たちは数一、二、三、四を世界の次元――点、線、面、空間――と考えました。それらの和は十であり、そこから十という数の重要性だけでなく、神聖性さえもが従うのです。

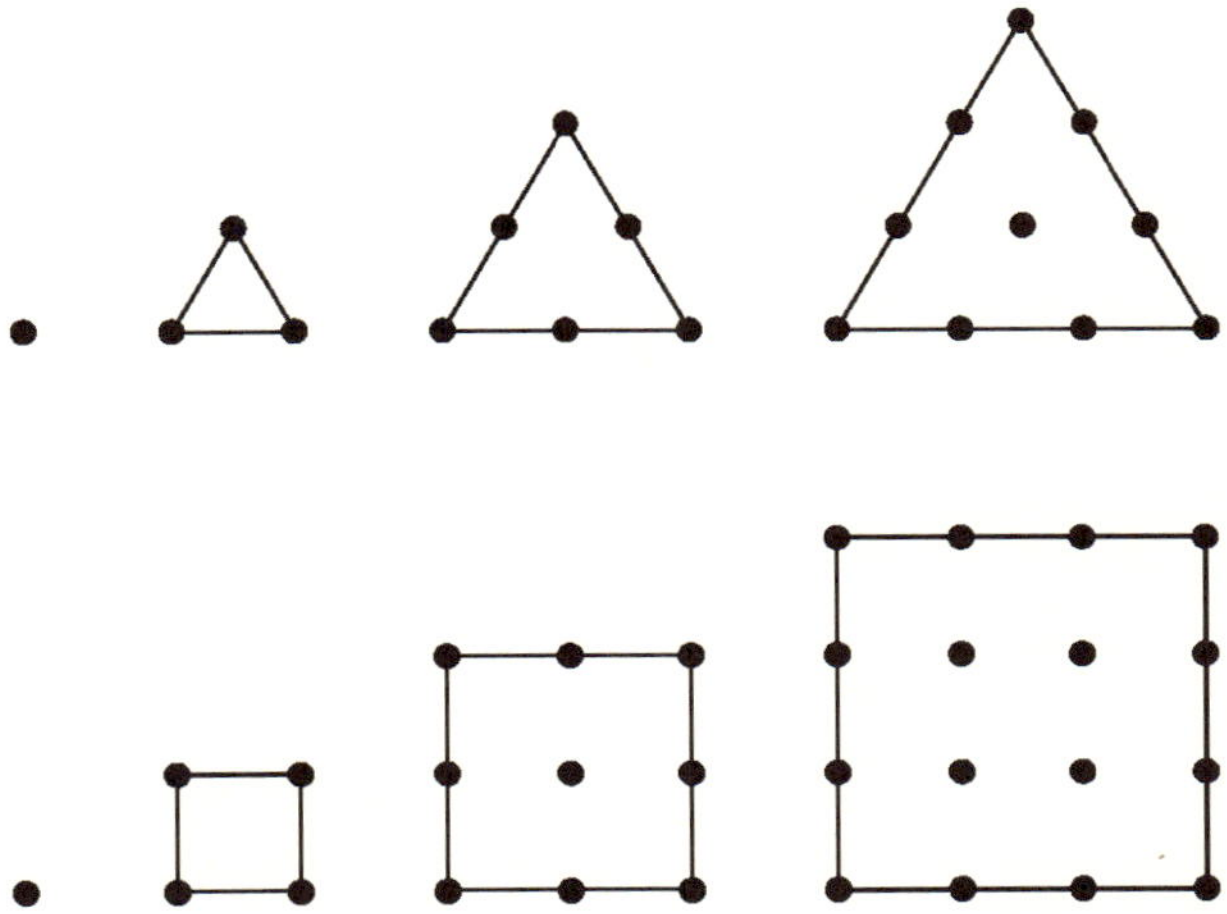

ギリシャの人たちはこれらの図を用いて数学的な命題を証明した。たとえば、三角数を示す図から、系統の中のn番めの三角数が1からnまでの数の和であること、したがって、たとえば四番めの数が$1+2+3+4=10$になることが容易に理解できる。

幾何学的な証明のもう一つの例は等式

$$1+3+5+\cdots+(2n-1)=n^2$$

である。今日の学校では、この等式は帰納法で——すなわち、$n=1$に対してそれを確かめ、それから、$2n+1$に対する等式が$2n-1$に対する等式から導かれることを確認することによって——証明される。左の図に示す幾何学的な議論は、外見に基づいているがより簡潔であり、等式が成立する理由の視覚的な説明を与えている。

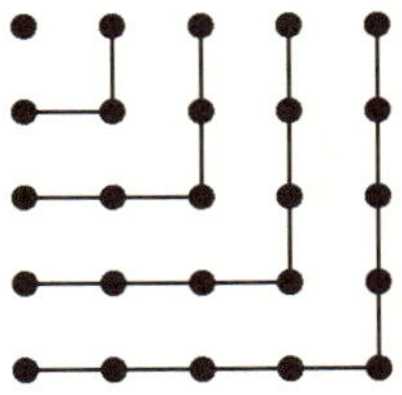

数と世界との間に非常に密接なつながりがあるというピタゴラス学派の人たちの信条を強めたもう一つの発見は、彼らが数と音楽との間に見つけた関係であった。弦楽器を用いた実験によって、彼らは弦の長さが半分になると、弦が発する音はもとの音より一オクター

ブ高くなることを発見した（今日でさえ、耳がそれを一オクターブ高い同じ音として認識する物理的メカニズムはまだ明らかではない）。このようにして、比 $2:1$ には物理的な意味があり、同様に、五度音程は $3:2$ の比の関係にあり、完全四度は $4:3$ の比の関係にあるのである。これらの発見によって、一から四までの数には、単に数えることを超える意味があるという彼らの信念は強められた。同様に、算術平均は数一、二、三で（二は一と三の算術平均）、幾何平均は数一、二、四で（二は一と四の幾何平均）説明できる。さらに、調和平均は数三、四、六によって示すことができる。

注意――数 a と b の算術平均は $\frac{a+b}{2}$ である。数 a と b の幾何平均は $\sqrt{ab}$ である。数 a と b の調和平均が c であるとは、$\frac{1}{c}$ が $\frac{1}{2}(\frac{1}{a}+\frac{1}{b})$ に等しいことをいう。これらの概念にはそれぞれ応用がある。たとえば、幾何平均 $\sqrt{ab}$ は、二辺が a、b である長方形と同じ面積をもつ正方形の一辺の長さである。調和平均は、たとえば、ある車がある町から別の町に行くときの平均速度が a であり、帰るときの平均速度が b であるときに使われる。全行程の平均速度は a と b の調和平均になる。

ピタゴラス学派の人たちは、いろいろな平均や、それらと幾何学や力学との間の関係に通じていました。このような知識から、世界がそれに従って構築されている幾何学が自然数からできていると確信するまでは、ほんの小さな一歩でした。数とわたしたちを取り巻く世界との間の関係がとても緊密であることから、数を用いて世界の数学的記述を探求することは合理的です。ギリシャの人たちは十を神聖な数であると考えたので、十個の要素からなる世界像を求めました。八個についてはすでに知っていました――地球、太陽、月、そして当時知られていた五つの惑星です。ギリシャの人たちはまた世界像の基本要素として火も組み込み、天体たちが火を周回する世界像を構築しました。ここまでで、要素は九つとなりました。十個の要素の探求に一致する全体像を完成させるために、ギリシャの人たちはもう一つの天体、反地球を加え、それを火の要素の反対側に配置しました。なぜ反地球がわたしたちの目から見えないのかは、その位置が説明しています。この世界のモデルを構築するためにピタゴラス学派の人たちによって援用された論理と方法は、原始的とはいえないまでも素朴に思われるかもしれません。しかし、後に見るように、ギリシャの人たちによって援用された科学的方法論は、幾世代にもわたる物理学者たちによって使用され、そして今日もなお使用されている方法論、すなわち、知られている事実に当てはまる数学的パターンを探し求めるという方法論に類似しています。すでに見たように、パターンを探し求めることは、進化によってヒトの遺伝子に埋め込まれている属性です。

ピタゴラス学派の人たちは、惑星の本質は理解していませんでしたが、惑星の動きがほかの星々から見て不規則であることは明瞭に認識していました（ギリシャ語で惑星を意味する言葉と、放浪者を意味する言葉は同じ語源です）。彼らはそのために、惑星はほかの星々とは本質的に違うものであると考え、彼らの宇宙像では惑星に重点を置いたのです。ギリシャの人たちの中には、それ以外の星——太陽と月——は惑星たちよりも地球に近いと考える人もいました。ピタゴラス学派の最初のモデルでは、九つの天体が火を周回していると仮定されていたことに注意しておくべきです。言い換えると、モデルは地球を宇宙の中心に据えてはいなかったのです。ピタゴラス学派の人たちはまた、わたしたちの感覚によって導かれる考えに反して、地球は球面であると主張しました。彼らの推論は教訓的です。地球は完全であり、そして、最も完全な幾何学的な形は球面であるから、したがって、地球は球面であるというのです。そのような推論は時代を超えて科学的思考の発展に寄与しましたが、同時に、後で見るように、科学の発展の障壁ともなりました。天体が完全な円を描いて運行しているという信念の結果として起こった思考停止を科学が克服したのはやっと十七世紀になってからのことでした。

自然が自然数に基づいているという考えと、自然数がすべて一という数をそれ自身にさまざまな回数だけ加えることによってできているという理解に導かれて、紀元前五世紀のレウキッポス（生没年不詳）と彼の著名な弟子デモクリトス（紀元前 460–370）は、世界は原子からできていると主張しました。この二人および彼らの後継者たちによると、原子はそれ以上分割できないというのです。これらの科学者たちは、すべての原子が同じなのか、それともいろいろな種類の原子があるのかという問題を巡っては意見を異にしていましたが、原子がより複雑な物質を形成する仕方によってそれらの物質に形、色、硬さなどを含むさまざまな属性が与えられることではみなが一致していました。彼らはこの主張の根拠として数学的なアナロジーだけではなく、ほかの説明も与えました。一つは物質保存の原理で、ミレトスの先駆者たちから受け継いだものでした。もし物質が際限もなく分割可能ならば、そのプロセスの最後には体積をもたない粒子にまで分解しますが、そのような粒子がどのようにして集まって現実の物質を再形成できるのでしょうか。このジレンマは、二十世紀の数学になってようやく解決されました。すなわち、それぞれの長さがゼロである点が集まって可測な長さを構成できる数学的な枠組みが与えられたのです。[2]

原子論者たちが援用したもう一つの議論は、運動を説明する必要性でした。もし物質が連続していて、一つの粒子と次の粒子との間に隙間がないなら、運動はどのようにしてあり得るのでしょうか。彼らはまた、そのサイズがとても小さいために感覚では認識できない原子が、つねにランダムに目的なく運動していると主張しました。液体中を浮遊する微粒子の不規則な運動に関係する同じようなタイプの運動――ブラウン運動（発見者ロバート・ブラウンにちなんで名づけられた）――は十九世紀に発見されました。その後、原子の動きがブラウン運動に類似していることが発見されました。二十世紀初頭、原子の動きに数学的な表現を与えたのは、アルベルト・アインシュタインでした。ちょうどその時代に、十九世紀の終わりから二十世紀の初めころにかけて発展した自然に対する原子論的な方法論の先駆者として、ギリシャの原子論が評価されました。近代のギリシャ政府によって発行された切手や紙幣には、デモクリトスの肖像画や原子を象徴するデザインが描き込まれています。それにしても、レウキッポスやデモクリトスに対する近代の原子論的方法論の予言者としての評価は、ギリシャの人たちを実際よりも過大に評価しています。ギリシャの原子論者たちは根拠となる証拠をもたず、ただ哲学的研究と数学的なアナロジーだけに基づいていたのです。アリストテレスはこの後で論じるいくつかの理由（第13節参照）によって、ギリシャの原子論者たちの主張を退け、紀元一世紀までは原子論の支持者たちも活動していましたが、アリストテレスの連続体の理論はギリシャの科学者や哲学者の多くによって受け入れられました。世界の原子論的な構造は、数千年後に再び登場し受け入れられましたが、このときには信頼できる物理的証拠に基づくものになっていたのです。

数学的知識に基づいてパターンを構成し、それを物理的

2［訳注］長さが定義できる図形を可測であるという。

な現実に適用したもう一つの例は、完全な幾何学的立体と自然の基本要素との間の一致です。幾何学的な立体が完全であるとは、そのすべての面が形と大きさにおいて同一であることをいいます。[3] 立方体は完全な立体の例です。完全立体はギリシャの人たちより数千年以前から知られていましたが、その**すべて**を同定しようと試みたのは彼らだけでした。後にギリシャの著述家たちは完全立体の発見をピタゴラスの功績としましたが、発見はプラトンの同時代人、テアイテトスによると考えた人たちもいました。いずれにしても、プラトンの時代までに、完全立体は三角錐《すい》、立方体、八面体、二十面体、十二面体の五つしかないことが知られていました（図参照）。一方には、五つの完全立体があり、また他方には、自然には五つの基本元素——水、空気、土、火、世界——があるというギリシャの人たちの考えがあるのでした。いったい、完全立体が自然の主要な要素を反映していると結論づける以上に自然なことがほかにあり得たでしょうか。対応づけはプラトン自身によるとされています——三角錐は火であり、立方体は土であり、八面体は空気を表し、二十面体は水を、そして、十二面体は世界を表しているのです。

このような対応づけは今日ではきわめて素朴に見えますが、当時の数学的、物理学的知識には一致していました。これらの完全立体は、それから千五百年後にある役割を担うことになります。それは世界がプラトンが数えあげたよりも多くの元素からなっていることを知っていたケプラーが、世界の構造の記述において、完全立体の役割を見出そうとしたときのことでした。

11　プラトン主義 v.s. 形式主義

数学的発見と自然の描像との間の関係がますます密接となるにつれて、「数学とは何か?」という問題についての哲学的研究の必要が起こりました。数学の本質に関する類似の問題は、今日もなお問われ続けています——数学はそれだけで独立して存在しているのでしょうか。それとも、それが記述している事物と必然的に深く関係しているのでしょ

3 ［訳注］ 厳密な議論では、すべての頂点が形と大きさにおいて同一であることも必要である。

うか。数学と自然との間の関係とはどのようなものなのでしょうか。数学は創造されるものなのでしょうか、それとも、発見されるものなのでしょうか。ギリシャ古典期を代表する二人の哲学者、プラトンとその弟子アリストテレスはこれらの問題に取り組みました。

彼らの解答には数学の本質に関する見解の違いが現れていますが、数学がどのように研究され応用されるべきかについての考えには二人の間にほとんど違いがありません。どちらも、自然から導き出されながらも「自明」である公理から出発し、そして、どちらにとっても、その次の段階では三段論法などの論理的な道具の正しい使用が拠り所になるのです。二人の違いは、結果の解釈と、それらの結果が世界を記述するときに果たす役割です。

プラトンの解釈は確固たるものでした——数学はそれだけで独立して存在しているのです。数学は、それを発見する人々にも、それが記述している現象にもかかわりのない抽象的な世界——イデアの世界——において存在しています。数学を発見する方法は、論理と論理的な議論の力を利用することによります。公理は、発見の道筋の出発点に至る方法を示しています（語源的には、ギリシャ語で「公理」という言葉は、正しく考えるという意味の言葉から来ています）。公理は単純で自明でなければなりません。わたしたちはこのような単純な公理をわたしたちを取り巻く世界から導き出しますが、疑う余地もないほど正しい公理だけを選ぶように注意しなければなりません。公理が承認されたなら、演繹だけによって、推論規則と論理に従って進み、それによって正しい数学の発見に至るのです。したがって、プラトンによれば、数学は創造されるのではなく、発見されるのです。自然の中に観察される現象は欠陥を含み、それは理想的な数学の汚れた姿です。自然はわたしたちを間違った方向に導くことがよくあるので、わたしたちは見かけに頼るのではなく、自然から原理を導き出し、論理の力を用いて数学を探求しなければなりません。そのようにすることでわたしたちは自然現象の根底にある原理を理解できるのです。このような方法論は**プラトン主義**とよばれています。

アリストテレスの解釈は違っていました。彼は、数学は独立した実体としては存在しないと主張しました。数学は三段論法に基づく論理操作の結果にすぎず、探求は公理から始まります。数学は創造されるのであって、発見されるのではありません。公理にも、そこから生じる数学的な結果にも、本質的な意味はありません。数学の結果は、目的も独立した存在性ももたない形式的な結果です。アリストテレスは数学の創造に対し、「技術」を意味する英語テクノロジーの語源となった**テクネー**という言葉を使いました。彼によれば、形式的操作の重要性は、「正しい」公理、すなわち、自然が満たす公理が発見されるとただちに明らかとなります。アリストテレスは、正しい公理を見つけることを表すために**エピステーメー**という言葉を使いましたが、後に、この言葉からエピステモロジー（認識論）という言葉が生まれ、それは、世界がどのような仕組みで動いているかを記述するコモンセンス（共通感覚）[4]の基礎となる知識の研究と理論を意味しています。もし公理が正しければ、結果としてそこから導き出される数学は自然の中で発見されることとの精密な記録となります。したがって、それが、目に映る誤った外見によって起こり得る落とし穴を避けながら自然を研究する方法なのです。数学はそれ自体で存在しているのではなく、形式的な手続きとしてのみ存在しているのであり、数学の重要性は、その解釈とそれがどのように自然を記述しているかに従って決まります。今日では、アリストテレスの方法論は**形式主義**とよばれています。

4［訳注］西欧における常識の概念はアリストテレスのコモンセンス（ギリシャ語で、コイネー・アイステーシス）に由来する。

どちらの解釈でも公理は観察に従って定められます。たとえば、アリストテレスは動物の骨格について学ぶために徹底して解剖を行いました。しかし、ひとたび公理が採用され数学的な結果が導き出されると、いずれの方法論も、自然界で実際に起きていることと数学的な結果を比較するために実験が必要であるとは考えませんでした。実際、これら二人の偉大な学者たちも、そしてそのギリシャの門弟たちも、そのような実験には反対しました。彼らは、目に映る外見は視覚的な錯覚の影響を受け、誤りを導きがちである一方、論理は疑いのないものであると主張して、実験に対する反対の立場を正当化しました。（心理的な錯覚の価値が評価され、研究の対象となったのは、やっと何千年も後になってからのことでした。）したがって、自明な公理さえ見つかれば、論理の力を行使して進む道筋は、外見に基づく進歩よりも優れているのです。この見解は数千年間にわたって強い影響力をもち続けました。今日広く普及している理論を裏づける実験を要求する科学的実践が確立されるようになったのは、やっと十七世紀になってからのことでした。プラトンもアリストテレスも、そして彼らの後を継いだ指導的な哲学者たちの多くも、実験に反対する極端な見解を貫いたことの可能な理由の一つは、彼らが裕福な貴族の家系の出身であり、肉体労働は単調で、凡庸で、さらに軽蔑すべきことですらあると考えたことです。

プラトンとアリストテレスによって始められた数学の本質に関する議論は、二千四百年にわたって継続し、そして今日に至っても続いています。どちらかの見解を支持したり、それらに対する改善を提案する学術論文は、いまも専門的な文献に現れ続けています。議論は、研究を実行し、数学の最前線を推し進めている数学者たちには、何らの直接の影響も与えていません。つまり、実情を述べればこういうことです——あなたはプラトン主義者ですか、それとも形式主義者ですかと聞かれたときに、ウィークデーに出す答えと週末に出す答えが食い違うことは、数学者にとってはごく正常なことなのです。その理由は、もしも研究中に、目を見張るような数学の定理や公式を発見したなら、あなたはその発見を、まさにプラトンがわたしたちに語ってくれているように、独立し、意味をもった実体であるかのように考えるに違いありません。しかし、週末に入ってから、あなたが発見した実体の本質について説明してほしいと求められたときには、議論を回避し、形式主義の傘の下に隠れる方が好都合だというわけです。

12 天体のモデル

ギリシャの人たちは、バビロニアやエジプトの人たちから、大量の天文観測データを引き継ぎました。これらのデータには、惑星の動き、一年や一日の長さ、太陽年と太陰年の間のずれの周期、これらすべてが農業に及ぼす結果などに関する情報が含まれていました。ギリシャの人たちは測定データを改良し、新たなデータを付け加えるために何年にもわたって多大な努力を払い、最大限の正確さで天上界の現象を予測する能力を発達させました。たとえば、エジプトの人たちが一年の長さを三六五日としたのに対し、紀元前五世紀のギリシャの人たちはそれを三六五日六時間十八分五十六秒と定めましたが、これは正しい数字からわずかに三十分しか違っていません。紀元前百三十年になると、ギリシャの人たちはさらに正確な値に到達し、一年の長さを三六五日五時間五十五分十二秒と定めましたが、これは真の数字からわずかに六分二十六秒の違いです。これらの測定は、計算と測定に関する数学的方法の高度な発達を経て達成されたのでした。本書の話の焦点は数学によって自然がどのように説明できるかにあるので、ここではそれらの方法そのものについて詳しくは説明しません。

さて、ここで、古典期およびそれ以降の時代を通してギリシャの人たちが天体のモデルの発展に対して行った概念的、数学的な貢献について概観しておきましょう。この発展は、トレミー（クラウディウス・プトレマイオス）のモデルにおいて頂点に達しました。すでに述べたことの繰り返しになりますが、古典期に書かれた直接的な証拠となる資料はなく、この時代に関して入手できる情報は、ずっと後世の書き物――著者たちの視点を反映している書き物――の注釈から導き出されるものであることに注意しておきましょう。したがって、それらの記述の正確さや信憑性《しんぴょうせい》に関してあまり信頼を置きすぎないことが大切です。ここでは、天体に関するギリシャの人たちの描像の詳しい展開について説明することはできませんが、主としてモデルの概念的な発展に焦点を当てて述べることにします。

天体の運行を記述するためにギリシャの人たちが使用した数学は幾何学でした。それから二千五百年を経過した今日のわたしたちの視点に立つと、幾何学のこの役割は自明であるように思われます。天体は、惑星、太陽、月を含めて、空間の中を運動しており、その運動がどのような幾何学的な軌跡で記述できるのかを追求しようと考えることは自然なことであるように思われますが、しかし、それは間違った結論です。ギリシャ初期の人たちには、天体が存在している物理的空間についての知識がありませんでした。星々は天空の光の点であり、太陽と月が何であるのかは明らかではありませんでした。さらに、それらの物体――もし本当にそれらが物体であったとしても――の地球からの距離は知られていませんでした。そのような理解の段階では、天体の運動を記述するために幾何学を用いることはまさに大胆で先駆的な一歩であって、まったく自明なことではなかったのです。幾何学は、地上界の物体を記述するための数学的な道具として、そして、測量や建築の役に立つ道具としてよく知られ、またよく発達もしていました。ギリシャの人たちは地上界の既知の数学を、宇宙論的な研究の基礎として使用したのです。

プラトンが、ピタゴラス学派の見解に基づいて唱えた世界像によると、天体はさまざまな球の表面を運動しているのでした。観測される現象に矛盾しないことから、プラトンは、惑星、太陽、月は地球を中心として周回し、それらの円はすべて一つの平面上にあると主張しました。この記述では天空に固定された星々から見て不規則に見える惑星や月の運動を説明できないことに彼は気づきました。とくに、彼の説明によれば、月蝕《げっしょく》はほぼ毎月一回起こるはずでしたが、実際はそうではなかったのです。天体の運動の数学的な記述の改善を方針として掲げたのはプラトンでした。

挑戦は、アテネのアカデメイアの同僚エウドクソスに引き継がれました。彼の数学への貢献についてはすでに第7節で論じました。エウドクソスは、地球はその位置で静止しており、天体はその周りを円形の軌道に沿って動くというプラトンの仮説を採用しました。エウドクソスは重要な二つの革新的なアイデアを提案しました。第一に、惑星、太陽、月の運動を定める円が互いに角度をなしていること、すなわち、異なる平面上にあることを許しました。第二に、彼はそれぞれの天体が二つ以上の球面の上を回転し、それらの球面が異なる方向に異なる速さで動くこと（同心天球説）も許しました。

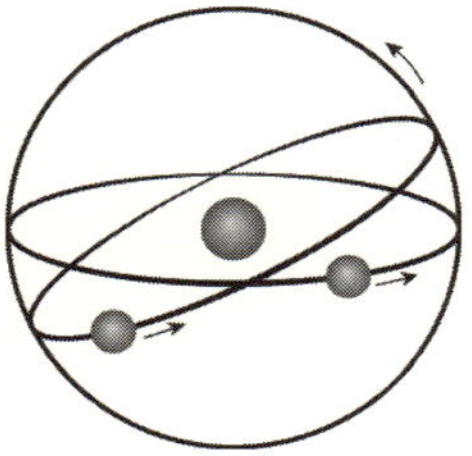

これらの新しい考え方が与えた自由度を利用し、三次元の幾何学を巧妙に用いることによってエウドクソスは各惑星が位置する球面の個数や、その速さと方向を定めることができ、以前のモデルとは矛盾していた観察の多くが説明できるようになりました。それでも、二つの惑星、金星と水星の動きは満足できるほど十分にうまくはモデルに当てはまりませんでした。ギリシャの天文学者たちは、天体の道筋の幾何学的な記述だけに留まらず、軌跡を計算し、提案したモデルが星々の運行に関して行ったさまざまな観察や計測にどの程度整合しているかを示すために、懸命に努力したことは指摘しておくべきでしょう。その計算には、幾何学の深い理解に裏づけられた優れた数学的な能力が必要でした。

ポントス（今日のトルコ領内にある）のヘラクレイデス（紀元前 388–310）は、エウドクソスのモデルに対して二つの大幅な修正を提案しました。ヘラクレイデスは、彼自身も哲学者として重要な人物でしたが、アテネのアカデメイアにおいてプラトンの下で学び、プラトンが頻繁に旅行に出掛けるときには、アカデメイアの代表として代理を務めることもしばしばでした。二つの修正とは次のようなものでした。

第一に、彼は、金星と水星は地球を中心とする軌道を周回しているのではなく、地球を中心とする軌道を周回している太陽の周りを回っていると主張しました。この主張は、周転円モデル——追ってこの後で触れるアポロニウスによるとされているモデル——の起源と見ることができます。第二の修正は、天球と惑星が地球の周りを回転しているのではまったくなく、地球がそれ自身の軸の周りに回転していることによってわたしたちはそのように考えているのだということでした。ヘラクレイデスが提案した第一の修正は、水星が時折太陽の裏側に消えることに基づいていました。金星と水星が太陽を中心とする軌道を周回しているという仮定は観察された惑星の運動にエウドクソスのモデルよりもよく整合していました。地球がそれ自身の軸の周りに回転していることを支持するヘラクレイデスの議論は、純粋に審美的なものでした。その当時、天球を含めた宇宙の大きさが地球の大きさに比べてどれくらいであるかはすでに認識されていました。そのように大きな空が地球のような小さな物体の周りを回転することが似つかわしいとは思えないとヘラクレイデスはいい、地球がそれ自身の軸の周りに回転しているとしても、わたしたちの目に見えるものを同じようにうまく説明できると付け加えました。審美性に基づくこのような議論は、物理科学が発展してきた時代全体を通して何度も何度も繰り返されることになります。それは、また、ヘラクレイデスが受け入れた、星々は完全な円を描いて運動するという「自明な」仮定とも整合しています。ここで、彼自身が実際にこれらの修正を提案したのかどうかという問題を巡っては、ヘラクレイデスがそれらの見解をもっていたと述べているギリシャの文献の中に明確な出典が記されていないため、歴史学者の間では意見が分かれていることに言及しておかなければなりません。

ヘラクレイデスの見解であるとする説は、十六世紀のコペルニクスの著作を根拠としています（第15節参照）。しかし彼が提案したのであったにせよ、またそうではなかったにせよ、それらの考え、そしてこの後に言及するそのほかの考えは、古典期ギリシャでは聞かれましたが、その後ギリシャ科学の主流を決定づけた人々によって受け入れられることはありませんでした。

13　ギリシャの科学観について

世界のモデルに関してギリシャの人たちの間で主流となっ

た見解を構築した主任建築士はアリストテレスでした。アリストテレスの厳格な哲学的方法論は、その多くの成功にもかかわらず、また一方では、表向きには論理に基づきながらも、独創的な思考を妨げ、新しいアイデアを退ける結果にもなりました。

アリストテレスの広い範囲にわたる哲学的な見解は、この章でのわたしたちのテーマ、すなわち世界の物理的記述の範囲を超え、生物学、動物学、社会学などの諸分野を包み込んでいます。アリストテレスを主唱者とする哲学の方法論は、自然の法則も含めてわたしたちの身の周りのすべてのものには目的があるというものでした。世界がある目的をもって設計されたものであるという考え方はアリストテレスよりずっと以前に起こり、ターレスがミレトスで開いた学派によって提唱されてはいましたが、自然の法則の根底にある目的を、自然の法則それ自体に作り変えたのはアリストテレスその人でした。アリストテレスが有目的性の原理（目的論）から引き出した結論と、物理的な世界像を獲得するためにそれを用いる方法論からの帰結は、広い範囲に及びました。

ギリシャ哲学で定義される目的とは、一神教的な宗教によってかつて述べられ、そして現在も述べられている目的、すなわち、創造主を満足させることの必要性とはかけ離れたものです。アリストテレスにとって、目的論とは、物理的な法則の基礎となる感性と論理の探求からなっていました。そして、アリストテレスによれば、自然の法則を定式化する行為の中には感性の働きがあるのだから、それらはまた美と審美性の原理をも満たし、そして、わたしたちが自然の法則を探求するときには、そのことを考慮に入れなければならないというのです。

アリストテレスは彼の理論のおおもととなる原理を、自然から得られる観察を基礎として構築しました。たとえば、彼は、人間には歯が生えているが、その目的とは食物を噛《か》み砕くことであるといいました。雨が降る（あるいは、アリストテレスの言葉によれば、神々が雨を降らせる）目的とは、穀物を成長させることであり、そして、自然のほかの法則についても同様です。わたしたちが自然の中で目にする事象の目的によって、わたしたちは事象の根底にある法則を発見することができ、そして、逆に、わたしたちが知性の力によって発見する目的によって、わたしたちはそれらの事象を予測することができるのです。現在の視点からさかのぼって眺めれば、アリストテレスの因果律は進化の法則から導き出される因果律とはまったく異なったものでしたが、その思想の構造は、自然を進化のプロセスを通して眺めることに酷似していると見ることもできます。アリストテレスにとって、歯が生えることは自然の法則であり、その目的とは生き物が食物を摂ることを可能にすることでした。一方、進化論の見地によれば、歯を生やすことによって食物を噛み砕くことに成功した生物が繁栄した生物であったということができます。同様に、アリストテレスは、雨は自然の法則であり、その目的とは穀物を成長させることであると主張しましたが、一方、進化の視点から見た場合、穀物は雨がある地域で繁殖したということができます。どちらの方法論を採ったとしても、わたしたちが観察することのできる形質から事物がどのように発展したのかを知るのには役立ちます。そして、逆に、アリストテレスに従うならば、目的から、また、進化の視点に従うならば、環境条件から、わたしたちが自然の中に見出すことができる形質を予言できるのです。

アリストテレスはまた、空間と空間における運動の本質に関しても見解を述べています。彼は、地面に落ちていく物体がある一方で、炎や蒸気のように立ち上っていく物質もあることを認めました。プラトンが、このことをさまざまな物体の重さの違いに関連づけることによって説明しようとしたのに対し、アリストテレスは、蒸気や炎のような汚れのない清らかな元素の目的が、天国という汚れのない清らかな場所に行きつくことであるのに対して、灰や土のような明らかに純粋でない物質の目的とは地面に行きつくことであると結論づけました。彼の考えは、天使たちや神々——それらは定義によって純粋です——が天国に住んでいるという信仰によって支持されました。このことに導かれて、アリストテレスは、上と下という二つの方向をもつ空間を定義することになりました。上の方向は純粋なものや善良なものへと向かう方向であり、一方、下の方向は腐敗した、欠陥のあるもの、地球の中心に向かう方向です（今日でも、**上の方向**は前向きの進歩を表し、**下の方向**は衰退を象徴しています）。このような空間についての見解は、対蹠《たいせき》地に関する問題、とくに、地球の反対側にいる人々にとって上と下は何を意味するのだろうかという問題に答えを与えることとなりました。地球の反対側にいる人たちにとっての**下向き**もまた、地球の中心へと向かう方向を意味するのであり、したがって、彼らは逆立ちしてはいないのだとアリストテレスはいいました。このような地球の球としての幾何学的なイメージは、もちろんわたしたちの見方に一致しています。アリストテレスの地球を基準とした上と下という方向の根底にある目的論は、長年にわたって世界の中心としての地球の地位を堅固にし、やがてより正しいことがわかったほかのモデルよりも優位を占めました。

地上のさまざまな物体と天上のさまざまな天体の双方の運動に関して、アリストテレスは、天上の天体は滑らかで規則的な道筋、すなわち、直線または円に沿って動くのに対して、地上の物体はそれよりもはるかに曲がりくねった道筋に沿って動くことに目を向けました。上の方向が純粋性を表す一方で、下の方向が劣等性を示すと考える目的論に導かれて、彼は円や直線に沿った道筋は純粋であり、そうでないルートには欠陥があると結論づけました。さまざまな物体の運動を記述する役に立ったのが幾何学であったことから、アリストテレスは、天上界の天体と地上界の物体の運動は異なる法則によって支配されていると推論しました。地上と天上の運動の異なる記述の間の乖離《かいり》は、ニュートンが両者の間に橋を渡した十七世紀まで根強く残りました。アリストテレスはまた、さまざまな物体が運動する理由を探求し、物体に作用する力が原因となって物体が動くという認識からの帰結として、すべての運動は力が原因であると結論しました。アリストテレスはこの結論を天体にも適用し、このことから、星々は真空中では動くことができないと述べ、そして、世界は彼が**エーテル**とよんだ物質によって満たされていると主張しました。エーテルを用いると、太陽の光と暖かさがどこから来ているのかについても説明がつきました。太陽とエーテルとの間の摩擦が熱を生み出しているのです。アリストテレスはそれからさらに、世界が原子からなり原子と原子との間には真空があるとするモデルでは、運動に必要とされる力の作用が入り込む余地がないとして、これを退けました。このようなわけで物質は連続しているのです。その後、原子のモデルの進展とエーテルの存在の仮定を否定する議論は、十九世紀から二十世紀に至るまで起こりませんでした。アリストテレスの哲学から引き出された結論の多くが科学の発展を遅らせたにもかかわらず、彼の哲学的な原理が科学の発展に与えた寄与は重大でした。

14　天体のモデル（続き）

サモスのアリスタルコス（紀元前 310–230）は、天体の運動に関してある急進的な提案を行いました。彼は、宇宙の中心にあるのは地球ではなく太陽であり、地球とほかの惑星は太陽を中心とする軌道を周回していると主張したのです。わたしたちがアリスタルコスの活動について知るのはその全体が残っている一編の論文からで、その中で彼は地球と太陽の大きさや太陽と月から地球までの距離を含む、宇宙のさまざまな天体の大きさや距離を計算しています。アリスタルコスと交流のあったアルキメデスは、その著作の中でアリスタルコスの教義に触れています。アリスタルコスは計算と測量の方法を発展させ、その結果、その時代にしては非常に進んだ見積りを得ましたが、それはわたしたちが今日知っている事実からはずいぶん違ったものでした。たとえば、彼の行った見積りによれば、地球から月までの距離の地球から太陽までの距離に対する比は一対十九でしたが、正しい比は一対三八〇です。このような測定やそのほかの測定から、彼は太陽中心モデル（太陽が中心にあるとするモデル）を提案するに至りました。彼が与えた理由は審美性でした。太陽のような大きな天体がこのように比較的小さな地球の周りを回転すると考えることは理屈に合わないのでした。アリスタルコスは、ピタゴラスの見解に影響を受けて、太陽は宇宙の中心にある火であると考えました。彼はまた、もし惑星が太陽を中心とする軌道を周回し、地球もまたその周りの円形軌道の上を回転していると仮定するならば、エウドクソスの球面モデルとその後の改良版はより簡明に説明できることにも気づきました。

アリスタルコスのモデルはギリシャの天文学者たちに広く知られましたが、広く受け入れられたわけではありませんでした。拒絶の理由はいくつかあり、あるものは哲学的な理由、また、あるものは科学的な理由でした。哲学的な議論は、ほとんど宗教的なアリストテレス学派の主張で、地上界の不純性に対比される天上界の純粋性に関するものでした。一つの報告はアリスタルコス自身がそれらの宗教的な原理に関して異端をとがめられたと述べていますが、しかし、そのような告訴は、表現の多元性を許すギリシャの文化的風土にふさわしいものではありませんでした。むしろ、アリスタルコスのモデルに対する科学的な反論の方が深刻でした。一つは、もし地球が太陽の周りを回っているのならば、その軌道上の異なる位置からは、星と星の間の角度が異なるはずであること、そして、実際はそうはなっていないことでした。この議論は地球が太陽の周りを回っている可能性への反論としてアリストテレス自身によって引用されました。星々を眺める方向による角の違い――ギリシャの人たちには測定できなかったほど小さな違い――が明らかになったのは、ずっと後の十九世紀になってからのことでした。太陽中心説へのもう一つの反論は、もし地球が太陽を中心として周回しているならば、その速さはとても速くなければならず、地表にあるものすべてが地球から宇宙に投げ出されてしまうだろうというものでした。この主張については、この節の最後でトレミーについて論じるときに述べることにしましょう。

天文学的なデータの計算における次の重要な一歩はエラトステネス（紀元前276–195）によるものでした。彼はキュレネ（現在のリビア領内）で生まれ、科学的な仕事のほとんどはエジプトのアレクサンドリアで行いました。彼は、広く知られたアレクサンドリア図書館の主任図書館員という栄誉ある役職を務めました。現代の学生はエラトステネスの名前を「エラトステネスの篩《ふるい》」という、すべての素数を求める（非効率的な）方法によって知ります。彼は地球の大きさを計算することに着手し、シエナの町（現在はアスワンとして知られる）では垂直な棒が正午に影を落とさないが、一方、同時刻、アレクサンドリアでは影ができることに気づきました。こうしてアレクサンドリアでの影の角度と、同じ経線上にある二つの町の間の距離を計測することによって、何とか地球の大きさの見積りを立てることができたのです。アリスタルコス、エラトステネスとその同僚たちがそれぞれの計算を実行するために用いた方法はそれ自体がとても興味深いのですが、そのことを超えて、それらはギリシャにおける実用数学——注目すべき業績を残したギリシャの技術者や建築家の役に立った数学——の進歩の証拠でもあります。ギリシャの数学は、エジプトやバビロニアの人たちから考え方や成果を吸収し、それをさらに目覚しく発展させました。シラクサのアルキメデス（紀元前287–212）は数学に基づいた技術の開発によって、おそらくはその時代において最もよく知られた数学者でした。彼の貢献については後に簡単に触れます。

天体の運行のモデルに関して、ペルガのアポロニウス（紀元前262–190）の手によって、後世に大きな影響を残した提案が二つ提出されました。一つは、惑星が運行する円の中心は必ずしも地球の中心である必要はないということでした。もう一つは、惑星は、それ自身が地球の周りを完全な円に沿って回転している点の周りを完全な円に沿って回転するということでした。彼は平面内の曲線——とくに、その中心がギリシャの人たちが従円とよんだ大きな円に沿って動く、周転円とよばれる小さな円を軌道として動くことによって描き出される曲線——の研究から、このような見解に到達したのでした。このようにして作られる曲線は、月が太陽の周りを回転するのと大変よく似た動きに沿って従円の近くに軌道を描きます。この運動は二つの軌道の組み合わせからできているので、時折は逆方向に動きます。このことから、動きは一定ではなく、あるときは前向きに、またあるときは後ろ向きになるのです。このような前進と後退の組み合わせによる不規則性は、惑星の軌道の不規則性とどことなく似通っており、アポロニウスは、このことから、従円の周りを巡る周転円が惑星の軌道であると提案したのでした。（左図を参照のこと。）アポロニウスは、それまでにあった見解に対するこれら二つの修正によって、もちろん詳細な計算を経た後に、当時知られていた事実によく合う惑星の動きの数学的モデルを提示することができました。

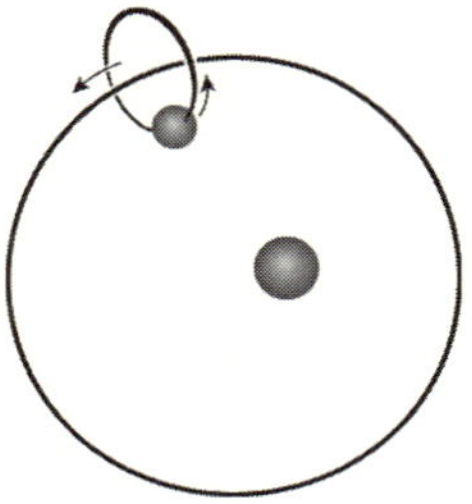

地球が円の中心から外れ、惑星は周転円に沿って動いている。

興味深く思われるのは、幾何学一般への貢献によって知られ、また、平面内の曲線の性質と三次元立体の構造について厳密な研究も行ったアポロニウスが楕円《だえん》についても当然精通していたということです。彼の研究の中で比較的よく知られているものの一つは、円錐の構造とその二次元の断面の形を扱ったものです。たとえば、彼の研究によって、円錐と交わる二次元の平面によって作られる形が放物線、双曲線、楕円のどれかになることが示されました（左図参照）。しかし、楕円の形についてよく知っていたにもかかわらず、惑星がたどる道筋が実は楕円かもしれないという考えが心に起こることはなかったのです。この結論にたどり着くのには、さらに千五百年かかりました。

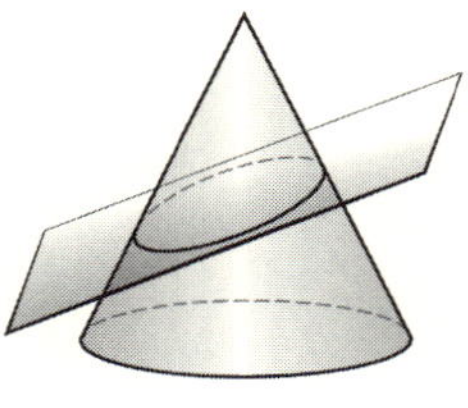

ヒッパルコス（紀元前190–120）は天体の動きのモデルに関する数学をもう一つ上のレベルまで引き上げました。ヒッパルコスについてのわたしたちの知識のほとんどは、彼

のことをギリシャの最も偉大な天文学者とよんだトレミーの著作に基づいています。ヒッパルコスは科学的な仕事のほとんどをロドス島で行いました。ヒッパルコスはロドス島で行った三十五年間の天体観測にバビロニアの人たちの天文データを組み合わせることによって、以前には知られていなかった精度をもつ天文学的なモデルを構築しました。たとえば、ギリシャの人たちは彼の研究に従って、月蝕を一時間以内の精度で予測できました。ヒッパルコスはまた、春分点と秋分点の歳差運動（現在では、星々の位置から見た地球の軌道面の運動によって起こされることがわかっている）を発見して計測し、また、この運動の周期（約二千六百年）を計算しました。彼の計測によって、太陽と月の天体としての大きさや、地球からの距離に関するデータ、そして、季節や、春分点と秋分点などに関するデータが大幅に改善されました。数学におけるヒッパルコスの主な貢献は、三角法を発展させたことにありました。彼は、角のサイン（正弦、直角三角形において斜辺の長さに対する角の対辺の長さの比）やタンジェント（同じく、正接）のような三角比の値を定義し、それらの間の基本的な関係を発見して計算に役立てました。これらの定義に従って、彼自身や同時代の人たちは、サイン関数（正弦関数）と今日よばれているもの（左図参照）――すなわち、すべての角のサインのグラフ――の表を作成し、また、コサイン（余弦）やタンジェントのような、ほかの三角関数の表も作成しました。これらの関数はギリシャの人たちの時代から今日まで、自然を表現するうえで重要な役割を果たしました。

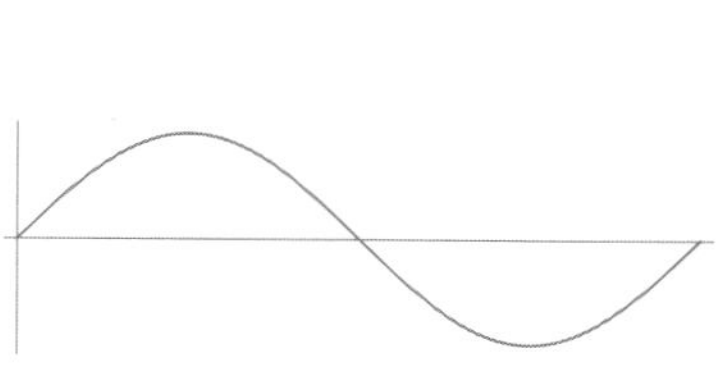

ヒッパルコスも、また後のトレミーも、アポロニウスの幾何学的な原理を採用しました。トレミーは紀元九十年から一六九年までアレクサンドリアで活躍しましたが、彼の生涯については詳細な伝記が残っていないので、ここに書いた年代も概略です。しかし、彼の著作はアラブ人によって複製、保存されていたために、そのほとんどすべてが残っ

ており、そこから天体のモデルとトレミーの科学的な方法論について多くの情報を読み取ることができます。彼の貢献の主な部分は概念的というよりは技術的なものでした。彼が基本に据えた出発点は、天体は地球を周回していることと、その道筋は必ずしも地球の中心ではない空間内のある一点の周りに回転する従円の上に中心をもつ周転円であること、そして、それらの従円がその上に乗って回転している平面はおそらく互いに角度をなしているという仮定でした。徹底的で詳細な計算によって、トレミーは天体の運行のモデルを構築し、それは、その時代としては完璧といってよいものでした。モデルには七十二の周転円とさらに大きな従円が含まれ、観測が優れてよくモデルに一致したことは、それまでのモデルに対して際立った改善を示していました。このモデルによって、以前のどれよりも遥《はる》かに正確な予言が行われ、千五百年間にわたって天体の運行の主要なモデルであり続けました。これは科学の歴史において物理学上のほかのどのモデルよりも長い期間になります。

　トレミーは、歴代のギリシャの科学者たちによって提案された考え方や方法論についての知識があり、実際、著作の中でそれらに言及しています。彼は、地球が太陽の周りを回るというアリスタルコスの考えを計算に基づくきわめて合理的な理由によって退けました。トレミーの計算が示したところによると、地球が太陽を中心とする軌道を描く太陽中心説に従えば、その運動の速度は理解を越えるほどになり、人間の思考力はそのような高速度を想像することすらできません。とくに、彼の主張によれば、もし地球が太陽の周りを回るとすると、動物も人間もすべて振り落されてしまうだろうということです。彼は、同様の議論によって、当時まだ残っていたヘラクレイデスによる見解、すなわち、地球がそれ自身の軸の周りに回転しているという見解も退けました。これに対し、彼はまた別にも論拠を挙げ、もし地球がそれ自身の軸の周りに回転しているならば、投げ上げた石が真っ直ぐに落ちてくることはないだろうと述べました。彼は、巨大な宇宙の天体が比較的小さな地球の周りを回転することはありえないとするヘラクレイデスの主張に対しては、決定的な要因は天体の大きさよりもむしろ重さであり、地球は非常に重いのに対して、天空、星々、そして星々がその中に存在しているエーテルの重さは無視できるほどであるという反論で答えました。これらは、わたしたちの感覚に照らしても完全に合理的な主張です。トレミーは、地球が太陽の周りを回っているというアリスタルコスのモデルの方が単純であることは認めていました。

彼は、数学的な理論の単純さと、わたしたちが感覚で感じることや結果の精密さとの間には矛盾があることを知っていました。このような状況で、もしプラトンであれば、単純な数学的理論の方を好ましいと考えたでしょう。しかし、トレミーの数学的理論はほかの考え方がもつ単純さを凌駕するほど精密であったのです。このような、わたしたちの感性が指し示してくれることと単純でありながら抽象的なモデルとの間の相克は、いつの世代の科学にも付きまとってきたものです。

トレミーはその著書の中で、自分のモデルは自然を数学的に記述したものにすぎないと繰り返し述べていることは、ここで言及しておくべきでしょう。とくに、彼は自分の考えた円が自然の法則であるとは主張せず、それが自然を最もよく記述する数学であると主張したのです。さらに、彼は、ある場合にはより単純なモデルがより正確な結果を生じることもあるが、しかし、自分はすべての現象を取り込むことのできる数学的モデルを探し求めているのであると、わざわざ説明する労を取っています。トレミーのモデルを科学的真実として採用し、神は世界を創造するために数学を使用したと宣言したのはキリスト教会でした。

第三章　数学と近代初期の世界観

何が潮の満ち干を引き起こしているのか●なぜデカルトは「我思う、ゆえに我在り」といったのか●「宇宙の調和」とは何か●新しい星がもたらしたものは何だったのか●政治家が選挙で選ばれるのに三次の導関数がどのように役立つか●なぜ微分方程式を恐れなくてよいのか●なぜ壁はわたしたちの方に押し返してくるのか●弦の長さとそれが発する音との間の神秘的な関係はどのようにして解かれたのか

15　再び太陽が中心に

十五世紀に始まったルネッサンス期は、近代初期ともよばれ、社会、文化、政治における広い範囲に及ぶ発展をもたらしました。これらの発展にはまた科学革命も含まれ、その原理は科学を完全に塗り替え、その重要性は当時においても今日に至ってもまったく変わっていません。数学は、その革命において主要な役割を果たしました。

トレミーの天体のモデルには、紀元二世紀に定式化されてから十六世紀に至るまで、あまり大きな変化はありませんでした。モデルは天文現象を予測し、暦を制作するなどの用途に十分精密な道具として役立てられました。トレミーのモデルおよびその基礎となっていた数学は、中東からヨーロッパまでの全域の大学で学ばれました。アラブの人たちは、当時の科学的発展の一番走者でしたが、モデルに周転円を付け加えることによってその正確さを高めました。モデルの最盛期には従円、周転円を合わせて七十七の円が組み込まれ、それらに沿って天体が地球の周りの軌道を運行するのでした。しかし、モデルの複雑さは、結果としてより優れた精度をもたらしたにもかかわらず、徐々にトレミーのモデルを浸蝕《しんしょく》することにもなりました。

ニコラウス・コペルニクスは、一四七三年に当時の大ポー

ランド王国の一部であったプロイセン地方のトルンで生まれました。彼は最初、有名な科学の中心地クラクフで学びましたが、その後の研究のほとんどはイタリアで完成させました。

その地で彼はギリシャの科学文献に——古典的な時代の[1]ものにもトレミーの著作にも——親しむようになりました。彼は博識家でした。ラテン語、ギリシャ語を含むいくつかの言語を理解し、法学と医学の学業を修め、天文学だけではなく数学や科学を学びながらも、一方で当時高く評価された職業である医業を実際に営みました。それからプロイセンに戻り、教会事務官、医師、そして、ワルミアの司教専属の占星術師として働いた後、ワルミア議会の経済行政官兼顧問として活躍しました。コペルニクスは天文学に多くの時間を充てましたが、それだけが彼の職務というわけではなかったのです。

アリスタルコスの太陽中心モデルを採用し改良するというアイデアが彼の頭に浮かんだのはイタリアで勉強中のことでした。著作の中でコペルニクスはアリスタルコスのモデルとピタゴラス学派の初期の思想からの影響に言及しています。彼はすでに一五一〇年に、太陽が宇宙の中心にあり、天空と惑星が、地球を含めて、その周りを回転するモデルの原理について論考を書きました。しかし、彼はその論考を数人の仲間うちで回覧するに留めました。続く数年間、何年にもわたって自身が実行した天文学上の計測の完成を含め、モデルを数学的に進展させる取り組みを続けました。彼の研究は一五三三年にほとんど完成していましたが、コペルニクスはまだそれを発表はしませんでした。しかし、それにもかかわらず、そのうわさはヨーロッパに行き渡り、論文の写しの請求と研究の完成への励ましが大陸全土から寄せられました。科学者たちは彼の理論に関する講義をいたる所で行い、ローマでは教皇クレメンス七世とその枢機卿《すうききょう》数名の御前でも講義が行われました。彼らは発見に非常に興味を示し、論文の写しと付随資料の星座表を請求しました。

教会は、一般に、自然を記述するために数学を用いることに反対はせず、神が天地創造において数学を用いたことは自明であると述べてこれを正当化しました。しかし、教会の一部、とくにプロテスタントの人たちは、コペルニクスが提案した記述に異議を唱えました。彼らの反対の理由の一つに、「日よとどまれギブオンの上に」という聖句（ヨ

1 ［訳注］ギリシャ古典期。第7節参照。

シュア記十章十二節）に基づくものがありました。そもそも、もし太陽が止まっていて動かないとすれば、それに向かって「とどまれ」と命令する必要はなかったのだというのです。コペルニクスはその批判をおとなしく受け入れることはせず、教皇パウロ三世に宛てた手紙の中で、数学に無知な人は数学的理論の適否を判定できない、そして聖なる書物はわたしたちにどのようにして天上界に至るのかについては説くが、どのようにして天上界が構成されているのかについては説いていないと、毅然《きぜん》として回答しました。コペルニクスが手紙の中で正当かつ誠実に自分の意見を述べたにもかかわらず、教会の強い勢力の反対にあい、コペルニクスは自らの発見をいち早く出版することを差し止められました。彼の理論の全容を含む書物が印刷所に届けられたのは一五四三年、そして第一刷りがコペルニクスのもとに届いたのは彼が死の床に就いているとき、彼が一五四三年五月二十四日に亡くなる数日前のことでした。

コペルニクスのモデルは、トレミーの数学的方法を継承していますが、太陽が宇宙の中心にあり惑星がその周りを回転するという考え方に整合するように修正を加えました。コペルニクスは、天界の運動は完全な円に沿っていなければならないとするピタゴラス学派にまでさかのぼる原理を受け入れました。その結果、惑星は太陽の周りの円に沿って回転するか、あるいは、それ自身が太陽の周りの円上を回転している中心の周りを巡る円、すなわち周転円上を回転します。コペルニクスはトレミーの数学的システムを精緻な方法で活用しましたが、コペルニクスの最も偉大な業績について、彼は自ら、たった三十四個の周転円と従円を用いながらトレミーに匹敵するほどの正確さのレベルに到達したことだと述べています。正確な結果を導き出すために、コペルニクスは太陽を従円の中心ではなく、中心に近いだけの位置に置いたのです。ちょうど、ギリシャのアポロニウスが地球中心モデルにおいて地球の位置を定めたのと同様のやり方で。単純性の追求こそは、コペルニクスが自身のモデルに対して抱いていた確信の理由の一つでした。彼が用いた議論の一つに、神は三十四個の軌道で十分であるときにわざわざ七十七個の軌道を使おうとはしなかっただろうというものもあったほどです。

しかし、単純性と審美性を追求するあまり、進歩が止まってしまう一面もありました。コペルニクスは完全性と審美性の理由から星の軌道は円形でなければならないと信じていたのです。神は星たちの軌道が完全でない、すなわち、円形でないような世界を創造することはできなかったし、またしようとも思わなかったのでしょう。

16 巨人の肩

自然を記述する道具である近代数学を生み出したのはニュートンです。彼は称賛を受けたとき、「わたしは巨人の肩の上に立ったのです」と返したそうです。この言葉からは一見、この後、節を追うにつれて明らかになる彼の慎み深さや寛大さの程度とは裏腹な印象を受けるかもしれませんが、彼が巨人とよんだ人たち、すなわち、ガリレオ・ガリレイ、ルネ・デカルト、ヨハネス・ケプラーの三人が数学に対して、また、自然の理解に対して人並み外れた貢献をしたことは確かです。この節ではガリレオとデカルトがニュートンの理論にどのように貢献したかを論じ、さらに次の節では、ケプラーについて扱うことにします。

ガリレオ・ガリレイは一五六四年にイタリアのピサで生まれ、一六四二年にフィレンツェの自宅で軟禁状態のまま亡くなりました。家族は宗教と医学を学んでほしかったようですが、それらの分野ではあまり精励せず、自然と数学を学ぶことに力を注ぎ、また、商売にも天賦の才能を発揮しました。オランダで望遠鏡が発明されたことを知ると、それをまねて自分でも一つ作り、それをヴェネツィアの町を脅かす敵の船をいち早く察知するのに使うためにヴェネツィア議会に寄付した見返りとして、手厚い奨学金の給付を一年間受けました。また、科学に対しても同じような天賦の才能を示しました。ガリレオは天上に望遠鏡を向けた最初の人物であり、太陽系がギリシャの人たちに知られていた天体よりも多くの構成要素からなっていることを発見した最初の人物でもありました。木星に四つの大きな衛星があることを発見したときには、鋭い政治センスからそれらの衛星にトスカーナ大公国の君主の一族であるメディチ家の人の名前をつけ、後に彼らはガリレオのパトロンになりました。また、望遠鏡を使って月面の観察も行って月に山や谷があることを発見し、その山の高さの計算までも行いました。さらに、月が地球からの反射光によって明るく照らされていることを証明し、この反射光が来る方向より、コペルニクスのモデルへの確信をますます深める結果となりました。ガリレオはまた、太陽中心モデルを裏づける新しい証拠を発見しようとも試みました。彼の「証明」の一つは、潮の満ち干の説明でした。彼は、潮の満ち干は、地球がそれ自身の軸の周りに回転しているのと同時に太陽が海水を自分の方向に引く結果として起こると主張しました。この説明が正しくないことは、もしこれが正しいとすると、満ち潮は一日に一度だけ起こることになりますが、実際には二回起こることからわかります。ガリレオは太陽中心モデルを裏づけることに熱心なあまり、説明の食い違いに対してはその場の「弁明」で対応しました。彼はまた、潮汐《ちょうせき》の原因が月であるというケプラーの説明を退けました。完全な説明はニュートンの時代になるまで明らかになりませんでしたが、それについては後の節で論じます。ガリレオはまた、望遠鏡を使って惑星の一つ、金星の満ち欠けも発見しました。金星は、完全な円から薄い三日月形まで変化し、ちょうどわたしたちが月を見るときと同じように、短い期間だけ姿を消していたのです。このことによって、ガリレオは天体の中心は太陽であるという思いをさらに強くしました。ガリレオはさまざまな発見によってヨーロッパ大陸全土で有名になり、コペルニクスのモデルの熱烈な信奉者として知られるようになりました。

長年にわたる活動の間、ガリレオは多くのさまざまなグループから支援を受け、その中には教会も含まれていましたが、内部の政治的対立とイデオロギーが結びつくと、ガリレオに著書を廃棄し、理論を放棄することを要求する宗教裁判が起こされる結果となりました。彼の有名な公判は禁固刑の宣告で結審し、判決はその後自宅軟禁に減刑されました。裁判の中で彼はコペルニクスへの支持を撤回しました。裁判の最後に彼が「それでも地球は動く」（太陽の周りを運行する）と独りつぶやいたという話が広まったのは、それから何年も経ってからでした。

ガリレオの発見に対する教会の反対を支持し、そしてある人々からは先導したともいわれるのは、その時代の最も有名で影響力のある科学者と哲学者たちでした。彼らはアリストテレスの理論を守り、教え、信じていました。それだけでなく、ガリレオの実際の発見ひとつ一つを退けました。たとえば、土星に衛星があるように見えたり金星が満ち欠けして見えたりするのはレンズを使用した結果であり、現実には存在しないと主張したことがありました。土星の月や金星の満ち欠けのように見えるものは望遠鏡の使用をやめたとたんに消失するというのです。今日に至っては、彼らの主張はばかげているように見えます。レンズはものがよく見えるようにするのに使う道具です。しかし、望遠鏡というもの自体も、その仕組みも、その機能も、当時の科学者たちにとっては新しく、未知のものであったことは心に留めておかなくてはなりません。哲学者たちはほかにも、ガリレオが月面上に発見した山の存在も同じように受け入れず、月の山のように見えるものは地上の山が月を覆っている水晶のような物質に写った影であると説明しました。このような類いの反対意見はガリレオが活躍した年月の全体にわたって終始続いたといいます。

ガリレオの天文学に対する貢献は観測の分野が主であり、理論の領域での貢献はそれほど多くはありませんでした。ギリシャの人たちの時代からコペルニクスに至る天文学者たちにとって指針となったその同じ理由から、ガリレオは天体は完全な円を描いて運動するという仮定を受け入れ、ケプラーの楕円軌道モデルには激しく反対しました。当時はまだ、天体の運動の法則は地上の運動の法則とは異なっていると信じられていました。したがって、ガリレオは星たちが完全な円を描いて運動するという仮定と時折ねじ曲がった動きを見せる地上の物体の実際の運動との間には食い違いがあるとは考えませんでした。ガリレオが厳密な制御の下で行った物体、とくに落体の運動についての実験は、その運動を記述するために彼が用いた数学的な説明とともに、ニュートンの発見の基礎となった重要な要素でした。しかし、ニュートンの発見があって初めて、その結果、地上の運動と天体の運動が一つの体系に統合されたのです。ガリレオ・ガリレイとイギリスの哲学者フランシス・ベーコン（1561–1626）は近代科学における実験的方法の主要な創立者でした。実験的方法では、新しい発見をするためにも、また科学的な理論を検査し、裏づけ、あるいは反論するためにも、制御された実験から学ぶことを提唱しています。これは、それまで受け入れられてきたエピステーメー[2]、すなわち、ギリシャの人たちによって定式化され、彼らが正しくない理論を導きやすいと考えた観察に本質的に付随するバイアスや錯覚を懸念する科学的知識の体系からの、鋭い転換でした。

ガリレオが運動体と落体に関して行った実験は、とくに革新的というわけではありませんでした。物体の運動の法則を発見する似たような実験は彼より前にもほかの人たちによって実行されていたのです。ガリレオ以前の実験家の中で有名なのは数学者ニッコロ・タルタリア（1499–1557）で、彼の影響はガリレオの著作の中で言及されています。タルタリアのほかの貢献のいくつかについては、この後で追って論じましょう（第36、37節参照）。ガリレオの仕事で何が優れていたかといえば、理論的、数学的な議論に続くそ

2［訳注］認識の基礎となるすべての前提や信念のこと。第11節参照。

の裏づけとなる実験と、自然の数学的法則に関する仮説を導く実験とを、ほとんど近代的ともいえる方法で結びつけたことです。彼は塔（どうやらピサの斜塔らしいのですが、はっきりとした証拠はありません）の先端から物体を落下させ、物体が真空中を落ちる速さがその重さに依存しないことを発見しました。最初の報告書の中でガリレオは重い物体が落ちる速さは軽い物体が落ちる速さとわずかしか違わないと述べ、そのことを使って物体が落ちる速さがその重さによって決まるというプラトンとアリストテレスの理論が正しくないことを示しました。後に、ガリレオは彼の最初の実験における落体の速さの差は空気抵抗によるものであること、真空中では物体が落下する速さには差がないことを発見しています。また、斜面を転がり落ちる玉についての実験と、地面に平行に投げ出された石の軌跡についての二つの計測とによって、彼は落ちていく物体についての加速を伴う落下運動と直線に沿って進む運動は互いに分離できると結論するに至りました。さらにこのとき一様運動と加速度運動との間に

時間の経過　$1, 2, 3, 4, \ldots$

距離の経過　$1, 4, 9, 16, \ldots$

のような数値的な関係を見出しています。言い換えると、距離は時間の平方に比例するということです。数とその平方との間のこのような関係から、ガリレオは無限の概念について考察することになったのですが、そのことについては第59節で見ることにします。こうした計測の結果から導き出した数値的な関係は、ガリレオが一般的な法則として何かを発見することを防げました。彼は隣り合う等しい時間間隔の間に物体が進む距離と距離の差は奇数の列 $3, 5, 7, 9, \ldots$ のように増加することに注目しています。実際、等式 $(n+1)^2 - n^2 = 2n+1$ を使えば、整数の平方どうしの差が奇数であることは簡単に証明できます。ガリレオはこれらの差の規則正しさに自然の法則を見出すことこそ正しいと考えていました。彼は、自然を数と数との間の関係を通して説明するピタゴラス学派の伝統的な考え方を受け継いでいたのです。斜面を転がり落ちる玉を使った実験がこれらの理論的な主張を裏づけました。（数値による裏づけがあまりにも正確であったため、後の研究者たちは数値を理論に一致させるために彼が実験結果を改竄《かいざん》したとして非難したほどでした。）

　ガリレオはまた、地面に平行に投げられた石の軌跡が放物線——ギリシャの人たちによく知られ、アポロニウスに

よって深く研究された曲線――であることを発見しました。ガリレオは、運動と数学には関係があること、とくに、放物線が運動を記述する関数であることを強調しています。ところで、ガリレオはまた、物体に働く力がなければ、運動中の物体は同じ一様な速さでその運動を継続すると述べる慣性の法則の一つの初期の形も提案しました。運動を開始させ、また持続させるために力が必要であるというアリストテレスの考え方をガリレオは否定したのです。天文学と運動の研究におけるガリレオの実証的な発見とともに、ガリレオが科学と数学の関係に及ぼした巨大な貢献――ニュートンの法則の基礎の役割を果たした貢献――は、観測結果を用いて時間と速さと加速度のような異なる要素の間の関係を導き出す方法論でした。これらの精密な数学的関係（すなわち関数）はニュートン自身の研究において役立ちました。

ルネ・デカルトは、ガリレオが提案したような公式の形で書かれた自然法則に反対しました。反対の理由は、それらの公式が根底にある物理的原理からではなく、実験から導き出されていることにありました。この意味で、デカルトはアリストテレスの伝統を引き継いでいたのです。デカルトは一五九六年にフランスのロワール渓谷にあるラ・エーの裕福な家庭に生まれました。その町は後にデカルトと改称されました。彼にとって、裕福な家庭に生まれたことは、経済的な心配から生涯にわたって開放されることを意味しました。デカルトが行くところへはどこへでも――志願兵としてバイエルン公マクシミリアンの部隊に加わったときでさえ――従者が付き添いました。この行動は、若いデカルトの冒険心と旅行熱を反映しており、実際彼はヨーロッパ全体を旅して周りました。オランダで、デカルトは数学者イザーク・ベークマンに出会いました。彼はデカルトと哲学や数学について実りの多い議論を交わし、デカルトに数学と物理学への興味を刺激する数学上の問題を問いかけました。デカルトのオランダ滞在は何年にもわたりましたが、家庭の問題を片づけるため突然フランスに戻りました。しかし、相変わらず多感で行動的な性格から、今度はスウェーデン女王からの招きに応じて彼女の家庭教師兼王国の主任科学者になりました。彼は、スウェーデンに着いてほどなくして病気に罹《かか》り、一六五〇年に亡くなりました。

デカルトの主要な貢献は一般哲学の分野でなされました。彼は近代哲学の父と考えられていますが、ここではそのことについて詳しく述べることはしません。以下では、彼が論理的方法を人生のすべての側面を包含するように拡張しようとしたという点に絞って述べたいと思います。彼の有名な言葉「我思う、ゆえに我在り」(わたしはいま考えている、ということは、わたしは確かに存在している）は、彼自身が哲学的な言明に到達するために用いられる論理の体系の基本構成要素として考案したものです。彼はわたしたちの感覚は、太陽が昇り、血が巡るなどの物理的真理を示唆することに気づきました。しかし、知性を用いることなしには、これらの「真実」も意味をもたないのです。彼はまた、感覚は時としてわたしたちを欺くことがあり、したがって、わたしたちは観察されるすべてのことを疑い、論理のすべての段階とわたしたちがたどり着くすべての結論について検証し、さらに再検証しなければならないと主張しました。すでに述べたように、人々に対してつねに疑い深くあれと要請することは、人々に人間の本性に反して――進化がわたしたちに準備させてきたことに反して――振舞うことを求めることとなるのです。

デカルトは後世の数学に代数学と幾何学の統合を残しました。ギリシャ古典期のエウドクソス以来、代数学と幾何学はほとんど共通点のない平行線に沿って発展してきました。代数学は数および代数的な方程式の解である数を求める方法を扱っていました。わたしたちが学校で出合う簡単な例は方程式 $2x+5y=8$ や、方程式 $x^2+y^2=9$ の解を求めることです。幾何学はさまざまな幾何学的な形とそれらの性質の間の関係を発見しようとしました。デカルトは幾何学的な形が代数的な方程式によって記述できることを示しました。たとえば、右に書いた最初の方程式の解は (x, y)-平面内の直線であり、第二の方程式の解は半径 3 の円を構成します。デカルトの貢献は平面やその座標という現代の用語では述べられていませんでした。平面とその座標という代数的な表現はまだ創造されていなかったのです。しかし、彼のアイデアがもととなって、今日わたしたちが知るような平面や空間に対する座標系の発達につながりました。今日すべての学校で教えられているデカルト座標系はデカルトの方法に基づいて発展してきたものであり、それゆえに彼の名前を取ってよばれています（デカルト座標を意味する英語カルテシアン (Cartesian) 座標は、彼が多くの著作で用いていたラテン名レナートゥス・カルテーシウスをもとにしています)。この後に説明するように、ニュートンはこの数学的な道具によって新しい数学を創り出し、それを用いて自然の法則を定式化することができました。

17　楕円と円

ヨハネス・ケプラーは、今日のわたしたちが知る世界像が描かれるまでにいたる、一つの重要な段階を担った人物です。最初に、世界の数学的な記述に対するケプラーの主要な貢献をなす惑星運動の三法則を書き下し、その後で、彼がこのような理解に至るまでにたどった紆余曲折《うよきょくせつ》について簡単に説明しましょう。

ケプラーの第一法則——太陽の周りの惑星の軌道は楕円であり、太陽はこの楕円の一つの焦点に位置している。

ケプラーの第二法則——各軌道上のそれぞれの惑星の速さは、楕円上の惑星の位置から太陽まで引いた線分が同じ時間周期の間に同じ面積だけ進む速さである。

ケプラーの第三法則——惑星が太陽の周りの軌道をちょうど一周するのにかかる時間の平方は、その太陽からの平均距離の立方に比例する。このことは $T^2 = kD^3$ と書くことができる。ここで、T は惑星が一周する時間、D は惑星の太陽からの平均距離で、k はすべての惑星に共通の定数である。

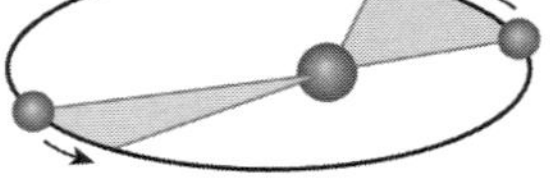

これらの三つの法則——とくに第一法則——を発表するために、ケプラーが乗り越えなければならなかった心理的葛藤はいくら強調しても強調しすぎることはないでしょう。第一法則は、幾何学の助けを借りて世界を記述する古典的なギリシャの方法論に沿って定式化されました。四百年の時代の差によって、わたしたちには円から楕円への移行が簡単なことのように見えます。実際、今日わたしたちは円を楕円の二つの焦点が収斂《しゅうれん》した特別な場合であると考えます。しかし、ケプラーの第一法則は、天空が完全であるのだから惑星の軌道も完全でなくてはならず、それ

ゆえに円でなくてはならないとする二千年間にわたって深く根ざした伝統に対する矛盾を呈していました。ケプラーは円を楕円に取り替えましたが、理由、あるいはそれに代わる目的（第９節）は提示しませんでした。彼の法則は、観察と計測に基づいていました。その当時、そのような観察は彼の主張の明確な証明とはなりませんでした。惑星が運行する楕円は円に非常に近いものであり、その当時の測定手段ではそれらを区別することはとても困難でした。しかし、ケプラーの楕円は従円の周りを回転する周転円の使用を放棄することを可能にし、それによって体系のめざましい単純化をもたらしたのでした。

ケプラーの第二法則もまた、理由あるいは目的を用いず、観察と計測に基づいていました。この法則もまた二千年来の慣習に反していました。その慣習もまた、神の完全性という目的を土台とし、それによると、惑星は円形の軌道上を一様な速さで運行しているのであり、速さを変えながら運行しているように見えるのは従円の上を回転する中心をもつ周転円の上を運行していることから起こる視覚的な錯覚の結果であったのです。再び、ケプラーは自分が発見した数式に対する理由も説明も提示しませんでした。彼は神の叡智《えいち》を無視したわけではなく、それまで創造主の叡智によって惑星は一様な速さで運行していると考えられていたのとまったく同じように、創造主の叡智によって惑星は等しい時間に等しい面積の角を描いて進むのであると主張しました。

第二法則を用いれば、軌道上の異なる位置での惑星の速さを比べることができるものの、法則は実際の速さそのものには言及していません。第三法則はその点に言及しており、それもまた観察に基づいています。ケプラーは数学的な関係――それもまた、惑星の太陽からの平均距離をどのようにして計算するのかが明らかではなかったので、正確なものではありません――の発見まで進みましたが、ここでもまた、法則がなぜ正しいかについては説明も正当化もしませんでした。法則の実験的な確認が可能であったのは、どの惑星がたどる楕円もほとんど円に近かった――半径がほとんど一定だった――からにほかなりません。

ケプラーの法則は少なくとも二つの側面において数学と太陽系の記述との間の関係における決定的な転換点となりました。一つは、惑星の目的は円形軌道に沿って運行することであるという誰も疑問に思わない仮定を放棄したことでした。二つめは、純粋に計測と観察に基づく数学的関係という形式で自然の法則を提示したことでした。これら二つの側面は、ギリシャ思想の一般的伝統との――そしてとくに、それまで争われることなく支配的な思想体系であり続けてきたアリストテレスの思想との――決別を意味していました。ケプラー自身はギリシャの伝統に強く影響されていたため、この決別は彼に深く自己を問い直させる結果となりましたが、それについては後で見ることになります。

ヨハネス・ケプラーは一五七一年にドイツの都市ヴァイル・デア・シュタットに生まれ、一六三〇年に亡くなりました。彼の家庭はいろいろな意味で問題の多い家庭でした――父ハインリヒは飲んだくれで、家族や周囲の人たちに暴力的であり、法律的な問題を抱え、冒険に魅了され、皇帝の軍隊に志願兵として加わって（自身がプロテスタントであったにもかかわらず）オランダの反抗的なプロテスタントと戦いました。その一方で、ハインリヒは妻、最初の子どもヨハネスとその弟を長い期間にわたって放置し、生計を立てるための営みを一切せず、最後は旅に出たままとうとう帰りませんでした。ヨハネスは未熟児として生まれたようで、病弱な子どもであり、生涯を病弱なまま過ごしました。母親カタリーナもまた、狂気めいた、型破りで反抗的な婦人として評判でした。母方の祖母は魔女として絞首刑になっており、母親自身もほぼ同様な運命をたどりました。ヨハネスは正規の基礎教育をまったく受けませんでした。テュービンゲン大学で正規に学び始めたとき、神学を勉強しようと思ったのですが、二十歳で卒業したとき、オーストリア－ハンガリー帝国のグラーツでの数学と天文学の教師の職を斡旋《あっせん》されました。彼は数学と天文学については乏しい知識しかもっていなかったにもかかわらず、とくに明確な理由もないまま、テュービンゲンの教師たちからそのポストを勧められたのでした。教師たちは、気に入った学生ではないケプラーを追い払いたかったのではないかと思われます。追い払おうと思ったのは、コペルニクスの仕事についてあまり知識がないにもかかわらず、コペルニクスへの傾倒を公に表明したことがあったためかもしれません。コペルニクスの見解に対する傾倒は、彼が読んだギリシャ古典期の文献――とりわけ、太陽は世界の熱源であり、したがってそれは世界の中心にあると書かれているピタゴラスの文献――の影響によるものでした。ケプラーはグラーツでの職を受け入れましたが、その理由は、何よりもまず経済的な選択肢がほかにはなかったからでした。ケプラーは、新たな職場で天文学や数学の研究に没頭し、それはやがて、すでに述べた結果を通じた貢献として実を結びました。これは、社会的に恵まれない層を出自とする科学者がこのような偉大な貢献を行った最初の例の一つでした。ケプラー以前に成功した科学者や哲学者の大多数は裕福な社会階層の出身者だったのです。

若いころから、ケプラーは数学一般、とくに占星術に魅了され、何年にもわたって占星術表の編集から主な収入を得ていました。彼はトルコのオーストリア侵攻の星占いによる予言に成功したことで評判になりましたが、実際に彼自身が占星術を信じていたかどうかはいまも明らかではありません。著作のいくつかに占星術に対する冷笑的な取り上げ方が含まれている一方で、ケプラーは惑星にはわたしたちの暮らしへの直接のかかわりがあるという信仰には根拠があり、占星術は科学的に説明できるだろうという見解を述べました。

彼は神秘的な世界に向かう学びとピタゴラスやプラトンの自然に対する考え方への傾倒から、数や幾何学的な図形と天文学的な構造との間の関係について探求するようになりました。ケプラーは幾何学における五つの完全立体の存在を自然界の五つの元素に関係づけようとしたプラトンの試みについて知っていました。研究生活のごく早い段階で、これら五種類の完全立体と古代から知られていた六つの惑星との間に何らかの関係があるという考えがケプラーの頭に浮かびました。そのことが起きたのは、楕円軌道の発想が彼の頭に浮かぶよりずっと前のことでした。仮定は、惑星はある円に沿って運行し、その円は球面上にある、すなわち、球を取り囲んでいるということでした。ケプラーのアイデアは、このような球がそれぞれある完全立体に外接しながら支え、同時に、また、別の完全立体によって支えられているというものでした――全体では五つの完全立体があって、それらが六つの惑星の軌道を分離しているのです。長い年月を費やした複雑な計算の結果、彼は惑星の軌道とそれらを分離する完全立体の詳細なモデルを提示することができました。そのモデルでは、水星は太陽に最も近い球の上にありました。その球は八面体で支えられ、その八面体そのものが金星の球で支えられ、それが今度は地球に支えられている二十面体で支えられ、その地球そのものが十二面体で支えられ、その十二面体が火星の球面によって取り囲まれ、その火星の球面は木星の球で支えられた三角錐の中に含まれています。その木星の球は土星の球によって取り囲まれている立方体の内部にあるのです。ケプラーはわざわざこの構造のブリキ模型を組み立て、その後、彼のパトロンであった時の王子に純銀の宇宙模型を作ってみようという気にさせることに成功しましたが、模型が完成することはありませんでした。

幾何学的モデルの構造を考え、精度の改善に努めた一方で、ケプラーは天体の運行に関するさらに多くの、そしてさらに正確なデータを得る努力を続けました。そのようなデータは、当時の最も有名な天文学者、ティコ・ブラーエの手中にありました。ブラーエはデンマークの貴族で、一五七二年に突如として「誕生した」星がほかの「動かない」遠くの星たち（それらは、互いに関して動いていないように見えます）の中に位置していること、すなわち、それは彗星《すいせい》のような低位の天体ではないことを観測によって証明したことで有名になりました。その当時、彗星は月よりも地球に近いと信じられ、大気中のちりの一種と考えられていました。その後、一六〇四年に現れたもう一つの新しい星（これらは、今日では超新星、すなわち、突然通常よりもはるかに明るくなる星であることが知られています）によって、新しい星の出現が続きました。これらは、その当時の天文学では大きな影響力をもつ出来事であり、星たちのいる天空は動かず変化しないというアリストテレスの考え方の根底を覆す重要な一歩となりました。デンマーク国王となったフレゼリク二世は、個人所有の島の塔の上にティコ・ブラーエのために最新式の天文台を建設しました。そこでくだんのデンマーク貴族は精密な天文データからなる膨大なコレクションを集め、それはトレミーの時代以来といえるほどの比類のない努力の成果でした。ブラーエのクリスチャン四世王子（フレゼリクの後継者）との関係は、いくらか誠意に欠けるものであり、とうとう天文学者は観測データをすべてもってプラハに旅立ち、皇帝ルドルフ二世の庇護《ひご》の下で宮廷付き数学者として仕えました。ブラーエはコペルニクスの考えを信じてはいませんでしたが、惑星は太陽の周りを回転し、太陽そのものは動かない地球を周回していると考えました。ケプラーは、コペルニクスの信奉者でしたが、自身の完全立体の理論を裏づけ、より正確なものにするためにブラーエの天文データを使う許しを請おうとプラハに向けて出発しました。

ケプラーの心中にはブラーエのデータを研究するもう一つの目的がありました。すでにピタゴラス学派の人たちは、音楽の和音の組み合わせの関係が自然数の間の関係に似ていることに気づいていました。ケプラーは、ギリシャの数学的な文献のこの部分に詳しく、また影響も受けていたので、それらの和音と惑星の軌道および軌道を分離する幾何学的な立体とを対応づけようと試みました。ケプラーはその著書『宇宙の調和』の中で、そのような対応づけを示しており、それによると、土星と木星がバス、火星がテノール、地球と金星がアルトで、水星がソプラノとなっています。このような記述には天文学的な測定値に基づいた精密な計算が伴っており、ケプラーはティコ・ブラーエによって収集された情報の助けを借りて測定値をさらに改良したいと望んでいたのでした。

ケプラーがブラーエとの研究を開始して数か月後にブラーエは亡くなり、ケプラーが宮廷付き数学者に任命されました。彼はブラーエのデータの助けによって計算を続行し、大変な努力とおびただしい省察を経てこの節の冒頭で述べた数学的な発見に至ったのです。彼のコペルニクスのモデルへの強い信頼は教会のいくつかの勢力から反発を買いました。晩年、彼は職を追われてバイエルンに戻ることを余儀なくされ、その地で亡くなりました。彼は、提案したモデルが正しいと思い込んでいたにもかかわらず、天上界と完全立体との間の調和に関する神秘的な思いつきを捨て去ることはありませんでした。彼は最後の著作の中で、今日もなお受け入れられている彼の法則――ケプラーの法則――と天上の音楽というピタゴラス学派の思想の解釈の二つがいつの日か一つに統合されることを望みながら、それらをページの左右に並べて示しました。

ケプラーの法則は、太陽中心モデルに関して繰り返し起こされてきた問題――なぜ人々は、そのように速く回転している地球から振り落とされることがないのか――に対しては解答を与えませんでした。地球が人々を引きつける何らかの力を働かせているという考えは古代ギリシャの人たちの時代に提起されましたが、主張の十分な裏づけはありませんでした。量的な理論がなければ――言い換えると、数学という基礎がなければ――地球の「引力」に関する主張は説得力を欠いていたのです。興味深いことに、この困難に対するケプラーの答えは進化に基づく思考プロセスを示唆しています。彼は回転の結果として人々が地球から外へ投げ出されないことの理由は探求せず、その代わり、人々が地球から投げ出されるような世界は人類を生かしておくことができないだろうと主張しました。したがって、人類が存在することが確かであるように、引力もまた存在するのです。地球の力の性質に関し、ケプラーは磁気的な結びつきという言葉の使用だけで済ませ、それ以上の説明はしませんでした。重力という概念に数学的内容を注ぎ込んだのはニュートンでした。

発見に導かれていった動機の観点に立つと、コペルニクスとケプラーがたどった過程はまったく正反対でした。コペルニクスがトレミーのモデルを退けたのは、それが精度に欠けているからではなく、それが簡潔性に欠けているからであり、彼は多少正確でなくてもより審美的なモデルを選び取ったのです。ケプラーが円を楕円で置き換えたのは、ギリシャの人たち以来、楕円は不完全でありしたがって審美的でないと見なされていたにもかかわらず、円では正確性に欠けているからでした。正確さと単純さのどちらを選ぶべきかというジレンマは科学の発展に絶えず付きまとってきたものであり、それは今日でも続いています。

三人の巨人、ガリレオ、デカルト、ケプラーは同時代を生きました。彼らが会談した可能性については何も知られていません。デカルトはコペルニクスの天文学を支持しましたが、そのことを公言はしませんでした。おそらく、そうすることでガリレオと同じ運命に遭うことを憂慮したからでしょう。デカルトはガリレオの運動法則に反対しましたが、それは観察と計測に基づくものであり、知的な分析に基づくものではなかったからでした。ケプラーは、ガリレオから宮廷付きの数学者として研究結果への支持を表明する手紙を認《したた》めてほしいと求められたとき、何ら躊躇はしませんでした。ガリレオは自分の研究のためにケプラーの名声と支持を利用することに関してはためらいがありませんでしたが、ケプラーから、自分のデータを改良したいのでガリレオが作った望遠鏡を一つ譲ってほしいと要請されたときには、それを無視しました。代わりに、ガリレオは作ってあった望遠鏡を数学的な才能はないが政治的な影響力のある貴族たちに献上することを選びました。ケプラーは共通の知人を通すことで望遠鏡を何とか一つ手に入れることができました。ガリレオはまた、ケプラーの楕円の法則にも反対し、完全な円の上の惑星運動というアリストテレスの公理を支持しましたが、一方で、彼自身は地上界の物体に対する別の運動法則――ケプラーの法則に矛盾しない法則――を考案していたのでした。ガリレオは、自身の科学的な著作の中ではケプラーに言及しませんでしたが、おそらくその理由は、ケプラーのピタゴラス学派の流れを汲《く》む神秘主義的な議論を程度の低いものと見なしていたからであると思われます。このように、科学的発展の三人の巨人たちの間には「調和」こそ欠けていましたが、目前に迫っていた科学と数学との関係における革命に対して、それぞれがきわめて大きく貢献したのです。

18　そしてニュートンがやってきた

アイザック・ニュートンが創始した数学は、いまもなお自然の記述における基礎をなしています。数学的な関係式の助けによって自然の法則を記述するまったく新しい可能性を世界に提出した技術上の業績を超えて、ニュートンの貢献は、数学の発展につながるその方法においても革新というべき何かを意味していたのでした。ギリシャの人たちとその後継者たちは、幾何学を初めとする既知の数学的道具を発展させていく道を選びましたが、それはほかの目的のために長年にわたって自然に発達していた数学でした。ニュートンは当時利用可能だった数学の中には彼のアイデアにふさわしいものが何もないことに気づいたので、自然を記述するために特別に誂《あつら》えた新しい数学を考案し定式化しました。

ニュートンはイングランドのリンカンシャーにあるウールスソープ農場の館で、イギリス暦に従えば一六四二年十二月二十五日に、また、ヨーロッパのほとんどの地域で用いられていたグレゴリオ暦に従えば一六四三年一月七日に生まれました。（グレゴリオ暦は一五八二年ころにカトリックの国々で、それから少し後にプロテスタントとギリシャ正教の国々で採用されましたが、イングランドおよびその植民地では一七五二年まで採用されませんでした。）ニュートンの父は裕福な農民でしたが、アイザックが誕生する少し前に亡くなりました。三年後、アイザックの母は再婚し、新しい夫と同居するために農園にいる自分の母の手にアイザックを預けて出ていきました。アイザックは農園で過ごした日々やそこでの扱いを嫌い、人生におけるこの時期が生涯にわたるどことなく非社交的な行動と異常なほど疑い深い性格に影を落としたことは明らかです。それは彼が十九歳くらいのときに母親は農園に戻りました。彼女の二番めの夫が亡くなった後のことで、それから母親は彼を農夫にしようとしました。しかし、彼は農園をひどく嫌い、母親は彼をケンブリッジのトリニティ・カレッジに送るように説得されました。彼は学生として異才を放つことはありませんでしたが、アリストテレス、コペルニクス、ガリレオ、デカルト、ケプラーの著作に没頭しました。一六六五年、ロンドンの大疫病《えきびょう》はケンブリッジ郊外にまで達し、大学は二年間閉鎖されました。ニュートンはその二年間をウールスソープ農場で過ごし、その地で、一人で、自然の数学についての独創的なアイデアを展開しました。大学が再開されると、ニュートンは教授会の若手メンバーとして迎え入れられ、有名な数学者アイザック・バロー卿とともに勤務しました。バローはニュートンの能力を直ちに見抜き、彼を昇格させて援助しました。やがてニュートンはバローが就いていた栄誉あるルーカス教授のポストに任命されました。それからニュートンが世界中から当然の称賛を受け取るまではごく平坦《へいたん》な道のりとなるはずだったのですが、主として不平の多い性格、研究成果の公表を控えさせたほどの疑い深い性格、そして、同僚への非社交的な態度のためにその道のりは陥穽《かんせい》に満ちたものとなりました。このことのいくつかの例についてはこの後で触れることになります。ニュートンは最終的にイングランドとヨーロッパにおける科学的栄誉の頂点に到達し、「サー」の称号を、その業績を考量するならば、人生の期待されるよりも遅い時期に与えられ、王立協会の会長を勤めました。彼は一七二七年三月の、イギリス暦に従うなら二十日に、グレゴリオ暦に従うなら三十一日に亡くなりました。

19 いまさら聞けない無限小解析と微分方程式のすべて

この節では、微分と積分の算法（無限小解析、小さな項に関する算術ともよばれる）と微分方程式という数学の根底にある考え方について説明してみましょう。これらの考え方を理解するためには数学の知識も経験も必要ありませんが、ほんの少し労力を注ぎ、ほんの少し辛抱して以下で登場する数学的な記号の意味を理解しておくとためになります（あるいは、別の選択肢としては、記号は無視し、説明の技術的な部分を読み飛ばしてもかまいません）。

日常生活の中では時間に伴って変化する量、たとえば、動いている乗り物の位置、商品の値段、あるいは、外気の温度などに出合うことがあります。数学では変化するものを、たとえば $x(t)$ のように、関数として書き表すことが慣例となっています。ここで変数 t は時間に関係し、すべての t に対して、すなわち時刻 t において、$x(t)$ の値は場合に応じて、動いている乗り物の位置、商品の値段、あるいは外気の温度を表します。

関数そのものだけではなく、関数の**変化の割合**に関心が向けられる場合もあります。動いている乗り物の例では、乗り物の位置の変化の割合は速度を意味します。関数がある経済圏における物価を記述している場合では、変化の割合は物価上昇率を意味します。関数の変化の割合は、それ自身が一つの関数です。その理由は、たとえば、走っている乗り物の速さもまた時間に伴って変化し得るからです。数学では、変化の割合を記述する関数はもとの関数の**導関数**とよばれ、x'と表されます。（ライプニッツは導関数を$\frac{dx}{dt}$という記号で表すことを提案し、その記号は今日でも使われています。これは純粋に記号であり、ある量を別の量で割った分数を表してはいないことに注意することが大切です。）

導関数もまた関数なので、その変化の割合に目を向けることもできます。これは、したがって、導関数の導関数、あるいは数学の用語でいえば、もとの関数の**二次の導関数**ということになり、それをx''と書きます。二次の導関数もまた日常生活の観点から見ることができます。走っている乗り物の場合では、一次の導関数は速度を与え、したがって、二次の導関数は速度の変化の割合、すなわち、加速の割合になります。物価の例では、一次の導関数は物価上昇率であり、二次の導関数は物価上昇率の変化の割合です。

さらに続けて三次、四次、そして高次の導関数を定義することもできます。時には、これらもまた、もとの関数の意味に関連する言葉によって解釈できることがあります。次に述べるのは、一九七二年の選挙戦の期間中、現職のアメリカ大統領リチャード・ニクソンが行ったスピーチからの引用です。

「物価上昇の増加率が減少しています。」

彼はこのとき三次の導関数を使っていたのです。もし、これから分析しようとしている関数が物価を定義しているとすれば、その導関数は物価上昇率を示し、二次の導関数は物価上昇の変化の割合であり、そしてニクソン大統領の声明の意味は物価関数の三次の導関数が負であるということです。一九九六年、数学者ヒューゴ・ロッシはある記事の中で大統領が三次の導関数を使って再選を果たしたのはそのときが最初だったと書きました。

ここまで述べてきた考え方を理解するために、数学的な技巧についての知識や技能は何も必要ではないといいました。実際、速さのような変数の変化の割合それ自体が変化し得ること、そして、それを導関数とよぶことが理解できれば、それで十分です。すぐ後でわかるように、これらの概念――導関数や高次の導関数――は数学と自然との間の関係を構築する基礎をなしています。これらの概念の使用を可能にするためには、微分法――すなわち、関数の変化の割合（導関数）を求める効率のよい算法――を編み出すことが必要でした。逆に、変化の割合（導関数）がわかっているとき、もとの関数を求める算法を発見する必要があります。このもとの関数は積分とよばれています。数学のこの分野――微分積分法――は、イングランドのニュートンとドイツのライプニッツによってそれぞれ独力で考案されました。それを理解するためには、数学的な技巧についての知識が必要でしたが、導関数や積分を求める算法の技術的な詳細は主として研究者と数学を使用する人たち（それから、学生たち！）の関心事です。この節の内容を理解するためは、そのような技術的な詳細はまったく重要ではありません。そのような算法のいくつかの例はこの後に追って紹介します。これらは、ニュートンの理論を裏づけるために重要でした。すぐ後で述べるように、微分積分法の最初の閃光《せんこう》はエウドクソスの取り尽くし法に見ることができ、それはアルキメデスによって著しく改良されました（第7節、第10節参照）。アルキメデスの改良には面積が簡単に計算できる幾何学的な図形の極限という概念が含まれていました。その極限こそは、まさにニュートンとライプニッツによって定義された積分にほかなりません。彼らは、しかし、さらに一歩を進め、それ以前には知られていなかった数学的概念である導関数が計算できるように方法を一般化したのです。彼らはその方法を、導関数と積分が比較的簡単に計算できる数学的規則となるレベルにまでに高めました。ニュートンもライプニッツも先人たちの知識――特定の例に対して面積や接線の傾きを求める算法――を応用しました。それは、フェルマー、デカルト、ウォリス、バローなどの著名な人物を含む同時代および先行する世代の多くの数学者たちによってすでに実行されていた算法でした。ニュートンとライプニッツの貢献は、算法を実例の集積から一般性のある数学的な理論のレベルにまで高めたことにありました。

イングランドとドイツで並行して発展したこれらの研究は、まったく平和的に、二人の男たちの間の不和なしに――数学界の全体を巻き込み、アイデアの盗用と盗作についての相互の異議申し立てを含んだ不和なしに――進行したわけではありません。微分積分法の研究を開始したのはニュートンが先でしたが、過度の不信癖のため、発見を何年にもわたって公表せず、やっと公表したときも、それは簡単に読み、理解する役には立ちませんでした。ライプニッツが微分積分法をずっと明解なスタイルで公表したことは確かであり、ヨーロッパでは、彼がこの理論体系の発見者とされました（すでに述べたように、今日なお使用されている記号 dx/dt はライプニッツによって考案されたものです）。その一方で、ニュートンは彼が流率と名づけた数学的概念を創造しましたが、これは関数の瞬間的な変化を表すものでした。ニュートンはさらに攻撃を続け、ライプニッツが自分のアイデアを盗んだとして告訴しました。真相は完全に明らかになってはいません。おそらくライプニッツは、早い段階で概念を非常に荒削りな形で思いつき、そして、彼のような天才が独自に理論を展開するのにはそれで十分だったということであったように思われます。いずれにしても、ライプニッツは研究が初期のニュートン、もしくはニュートンの研究成果との接触に基づいていることを否定し、さらにはニュートンの非難を調査するための委員会を設置することを王立協会に要請しました。委員会は設置され、数か月の調査の後にニュートンに有利となる宣言を行い、ライプニッツがニュートンからアイデアを盗用したという訴えについてライプニッツの無実を認めることはありませんでした。ニュートンが当時王立協会の会長であった事実にこの審査結果が影響されたかどうかは明らかではありません。

微分積分法の開拓におけるニュートンの「競争相手」、ゴットフリート・ヴィルヘルム・フォン・ライプニッツについてここで簡単に述べておくのが適切でしょう。ライプニッツは一六四六年にサクソニーのライプツィッヒで法と倫理の問題に明け暮れる家庭に生まれました。ライプニッツは幼少のころから今日社会学とよばれる分野に近い、倫理哲学の教授であった父の豊富な蔵書に接しました。父はゴットフリートが幼い少年のときに他界しました。父の蔵書から若きライプニッツはギリシャ古典期の文献を読むようになり、中でも倫理と哲学に関するアリストテレスの思想はライプニッツの心に深い感銘を与えました。彼の教育は母方の家族——母方の祖父は法学の教授でした——が担当しました。若いときからライプニッツは法律の話題に惹かれ、二十歳でその方面の博士論文を書き上げましたが、博士の称号を得るには人生経験が足りず、年齢も若すぎると判断されたために学位は与えられませんでした。そこで、彼はライプツィッヒを離れてアルトドルフ大学に行き、そこであっという間に数学の博士号を取りました。彼は教授としてその大学に残る道を断り、一六六七年にクリスツィアーン・フォン・ボイネブルク男爵の下で働くことを選びましたが、やがて男爵とは親しい友人となりました。一六七六年、ライプニッツはハノーファーの領主に仕えるためにハノーファーに移り、やがてヴェルフェン家の家史編纂係として公式に任ぜられました。以下で見るように、ライプニッツは数学のさまざまな分野において多大な貢献をしましたが、彼は偉大な科学者であったばかりではなく、すべての時代を通じて最も偉大な哲学者の一人でもありました。彼は一七一六年にハノーファーで亡くなりました。

微分積分法にはさまざまな分野に多くの応用がありますが、ニュートンがそれを開拓した主な理由はそれが微分方程式——彼が考案した自然の法則を表す道具——を解くのに役立ち、そうすることで自らが発見した自然法則を応用することができたからでした。数学者や数学を使用する人たちにとって微分方程式の解き方は重要な問題ですが、それらの方程式がどのようなものかを理解するためであれば数学の教育は必要ではなく、それらについて以下の説明を読み続けることを踏み止ませる理由が何もないことも確かです。

数学の発展の黎明《れいめい》から、数学者たちは利用可能なデータから未知の量を計算する助けとなる理論体系を構築しようと試みてきました。たとえば、ミレトスのターレスは、エジプトの大ピラミッドの高さをピラミッドの中心からの距離とピラミッドの頂上が見える角度を用いて計算しました。たとえば、バビロニアの人たちは、多くの直角三角形の斜辺の長さを知られているほかの二辺の長さを用いて計算しました。ギリシャの人たちは、そのような三角形の斜辺の長さをほかの二辺の長さが与えられているときに計算する一般的な法則——ピタゴラスの定理——をすでに定式化しており、それによって**任意の**直角三角形の斜辺の長さを計算することができました。未知量とデータとの間の関係を方程式を用いて表すことは、十六世紀になってやっと始まりました。相等を示す記号「=」は一五五七年と年代が記されている本の中でオックスフォード大学の教授ロバート・レコードによって提案されています。それ以来、わたしたちは実生活における状況を一般的に記述する方程式を書き、数学的な技法を用いてそれを解きます。わたしたちに最もなじみのある方程式は数に関するものです。たとえば、方程式 $a^2+b^2=x^2$ はピタゴラスの定理を用いて斜辺の長さを得るための計算を記したもので、x はわたしたちが求めようとしている斜辺の長さを表します。よく知られているもう一つの方程式は $ax^2+bx+c=0$ という形の二次方程式です。わたしたちは学校で未知数 x の値の求め方を習います。解は、あるときには一つあり、あるときには二つあり、また、あるときには一つもありません。

ニュートンは、未知の数ではなく、未知の関数とその導関数に関する新しいタイプの方程式を研究しました。今日、これらは**微分方程式**とよばれています。（この用語そのものは、ニュートンよりずっと後に使われ始めました。）アイデアは、関数とその導関数との間の関係を与える数学的な方程式を書き、数の形で解を求めるのではなく方程式を満たす関数を求めるということです。そのような方程式の一つの例は

$$mx''=-kx$$

で、ここで未知であるのは、わたしたちが扱い慣れている数ではなく、関数 $x(t)$ です。方程式は言葉で記述することができます。この方程式がいっていることは、二次の導関数の m 倍が関数それ自身を符号を変えて k 倍したものに等しいということです（k と m が何を意味するかは方程式の説明にとってはあまり重要ではありません）。解が満たさなければならない付加的な条件がほかについていることもあり、たとえば、$x(0)=0$ と指定されることがあります。数学者はこのような方程式をどのようにして解くかを学びます。解はちょうど一つあることもあり、たくさんあることもあり、また、一つもないこともあります。日々の生活の中で、微分方程式を解くための技法を知る必要は、読者がこの種の数学を用いるエンジニア、あるいは物理学者である場合、または、まだ学生である場合を除けば、一般的にはありません。

20　ニュートンの法則

ニュートンは自然界における運動の数学的な表現を与える目的で微分積分法を開発しました。実際、ニュートンの法則は微分方程式によって定式化されます。その法則はさまざまな観点から見て注目すべき成果でした。第一に、物理学そのものへの貢献です。これは、地上界と天上界の運動を記述するのに同じ法則が使われた初めての出来事でした。このことは、十七世紀にはまだ信奉されていたアリストテレスの方法論に矛盾していました。しかし、さらに印象的であったのは、微分方程式という新しい数学を法則の

定式化と結果の導出の両方に用いたことでした。ここでは、新しい数学と自然法則との間の関係について簡単に見ておきましょう。

ニュートンの第一法則、慣性の法則――物体に作用する力がなければ、物体は一定の速度で運動し続ける。

ニュートンの第二法則――これは公式 $F = ma$ によって最もよく知られている。この公式が表すことをわかりやすく表現すると、物体の加速度 a はそれに作用する力 F に比例し、その比例定数は物体の質量 m によって決まるということである。

ニュートンの第三法則――すべての力には反作用がある。物体が別の物体に力を及ぼすならば、第一の物体は第二の物体から同じ大きさで逆向きの力を受ける。

実は、第一法則は第二法則から導かれます。実際、もし加速度がゼロならば、速さは一定となります。ニュートンが一つの独立した法則としてこれを述べたのは、それが運動の原因は物体に働く力であるというアリストテレスの教義に反する「独立した」[3]運動の存在の主張であると考えたからでした。ニュートンは慣性という概念を考えた最初の人物としてガリレオを正当に評価しました。彼が速さの概念自体について――言い換えると、何を基準とし、どのように速さを計測するのかについて――説明を求められたとき、彼は天上界に固定されている星たちを基準として測るのであると答えました。第二法則の意義は数学的なものであり、その使用方法も数学的です。第二法則は微分方程式であり、物体に働く力を位置を表す関数の二次の導関数に、すなわち物体の加速度に関係づけています。

第三法則は技術的なものであり、非常に混乱を招きやすい法則です。ある昼食会で、わたしは有名な病院の診療科長である年配の医師に会ったことがあります。彼はニュートンの第三法則があったおかげで自分は物理と数学の勉強をやめたのだといいました。「わたしが壁を押そうと決めますよね」と、彼はいいました。「壁がわたしを押し返そうと決めるなどと、どうしていえるのですか?」。状況のこのような擬人化は確かに混乱のもとになりますが、それは法則の目的を見失っているからです。法則の目的は基本的に技

[3] 〔訳注〕力の作用を要しない運動。

術的なものなのです。説明のための例として、床の上に机があるとしてみましょう。地球の重力が机に働いています。したがって、ニュートンの第二法則によれば、机は地球の中心に向かって落ちていっていなければなりません。机は落ちていかず、それは床からの抗力のためです。

その抗力を運動法則の形に翻訳すると、床は机の重さによって床に働いている力と大きさが同じで向きが逆の力を机に及ぼしているという命題の形になるのです。こうして、机に働いている力の和はゼロとなり、机はそこにあり続け、動かないのです。第三法則のもう一つの例はボートです。漕《こ》ぎ手はオールで水を前に——彼の顔が向いている向きに——押し、ボートは逆向きに進みます。第二法則によれば、ボートの前進はオールの動きに対する水の反作用の力によって起こります。

ニュートンのもう一つの重要な法則——第二法則と合わせることで多くの運動が解析可能となる法則——は重力の法則です。

ニュートンの重力の法則——質量がそれぞれMとmで、距離rだけ離れた二つの「質点」（大きさをもたない概念上の質量）はすべて、それらの質量に比例し、それらの間の距離の平方に反比例する力によって互いを引きつける。このことは、方程式

$$F = k\frac{mM}{r^2}$$

の形で書くことができる。ここで、Fは力、係数kは定数である。

ここで自明なことを述べましょう——ニュートンは重力を発明したのではありません（そして、リンゴの話は明らかにニュートン自身が詮索好きで面倒な人たちを遠ざけるために作り上げたよくできた話以上のものではありません）。ニュートンの貢献は法則の根底にある数学的な関係の発見でした。バビロニアの人たちは——そして、その後に続いてギリシャの人たちは——すでに地球はわたしたちを地球の方向に引く力をわたしたちに及ぼしていると主張しており、その力に対して磁力という言葉を作り出していました。ニュートンの公式に類似の公式は以前にも提案されていたし、彼が法則を公表する前に、イギリスの指導的な三人の科学者、ロバート・フック、エドモンド・ハレー、クリストファー・レンはどのような重力であれば惑星が楕円軌道に乗って動く原因となるかという問題について論じていまし

た。三人はその力に類似した公式を提案しましたが、提案そのものを超えた法則の使い方については知ることがなかったのです。ニュートンの友人のひとりハレーは、実際、ニュートンの最初の著書の刊行の財政面を担当しましたが、重力に対するこのような公式からはどのような軌道が導き出されるだろうかとニュートンに尋ね、ニュートンが以前すでにそれを計算し、軌道が楕円になることがわかっていたことを知って満足したということです。このように、ニュートンはケプラーの第一法則が彼の（ニュートンの）法則から導き出せることを示し、それからほどなくして、ケプラーの法則すべてが彼自身の法則から導き出せることを示しました。独自な自然の法則を定式化し、ケプラーの法則が新しい法則から導出できることを証明することをニュートンに可能にしたのは、無限小解析と微分方程式という数学のツールでした。

新しい数学のツールは、それ以外にも多くのことに使えました。ガリレオは投げ上げられた物体が地球に落ちる道筋を放物線によって記述しました。ニュートンは運動法則から放物線が導かれることを微分方程式を用いて証明しました。ここでその証明の要点を示してみましょう（これは、本文の流れを中断することなく読み飛ばすことができます）。

ニュートンは、関数 $x(t)=\alpha t^n$ の導関数が $\alpha n t^{n-1}$ であることを示した。ただし、α は定数である。とくに、もし第二次導関数が固定された値 g をもてば、その積分は gt であり、さらにその積分は $\frac{1}{2}gt^2$ である。このことは、地球の重力による引力 g が短い距離にわたっては一定であることから、ガリレオが塔の先端から物体を落としたときに観察した放物線がニュートンの運動の第二法則を満たすことを示している。

ニュートンは、また、バネの振動についても調べました。バネがそれに従って振動する復元力の法則はロバート・フックによって定式化されましたが、彼はニュートンの手ごわい敵で、彼らの辛辣な言葉の応酬はイギリスの学界では周知のことでした。フックの法則は、バネが働かせる力は平衡状態からのバネの偏りに比例するといっています。もし、この法則をニュートンの第二法則に適用すると、前節の最後の段落に現れた微分方程式、すなわち $mx'' = -kx$ を得ます。方程式の解法もまた微分法を基礎としています。解法の要点を次の段落で示します（再び、これは本文の流れを中断することなく省略できます）。

ニュートンとライプニッツの微分積分法によって、もし $x(t)=\beta\sin(\alpha t)$ ならば、導関数は $\beta\alpha\cos(\alpha t)$ であり、二次の導関数は $-\beta\alpha^2\sin(\alpha t)$ で与えられることが示された。ただし、α と β は定数である。完全な証明は数学者（および学生）に任せることにするが、もし、$\omega=\sqrt{k/m}$ と書くことにすれば、関数 $\beta\sin(\omega t)$ と関数 $\beta\cos(\omega t)$ はどちらも微分方程式 $mx''=-kx$ の解であることが簡単に確かめられる。このことは振動を表す関数がサイン（正弦）関数とコサイン（余弦）関数の組み合わせであることを示している。

このようにして、ニュートンはすでにロバート・フックによって発表されていた実験的な研究成果がニュートンの法則を満足することを証明しました。このことは、ニュートンの論敵フックを大いに感銘させ、フックは、二人の間に不運な出来事があったにもかかわらず、ニュートンを公に称賛しました。ニュートンはそれに対し、「もし、わたしがほかの人たちよりも遠くを見ることができたとすれば、それは巨人たちの肩の上に立つことによってできたのです」というよく引用される言葉で答えました。ロバート・フックの身長が低かったことがニュートンの言葉の選び方に関係していたかどうかは定かではありません。

ニュートンの運動法則はすぐに快く、あるいは幅広く受け入れられたわけではなく、研究結果に関しては多くの留保が表明されました。ニュートンが亡くなってから何年も経って起きた二つの天文学上の出来事があって初めて、すべての疑いが晴れたのです。その第一は、右で言及した、ニュートンの親しい同僚で天文学者のエドモンド・ハレーに関係していました。彗星の軌道は、より大きな惑星が及ぼす重力に影響され、そのために計算が難しく、その難しさは科学者たちが彗星もまたニュートンの運動法則に従って運行するのかどうかについて疑念を表明したほどでした。ハレーは、過去における数回の出現が記録されている一つの彗星の軌道を研究し、それが一七五八年の末か一七五九年の初めに再び姿を見せるだろうと予想しました。一七五八年にそれが姿を見せると、ニュートンの方程式の正しさについての疑念は大幅に解消されました。ハレーの栄誉を褒めたたえるために、その彗星は彼の名前にちなんで命名されました。ハレー彗星が最近出現したのは一九八六年のことで、次に再び見られるのは二〇六一年になるということです。

二つめの出来事は、それまでに知られていた惑星の軌道の観察結果とニュートンの方程式に基づく予測との間に不整合が見つかったことから始まりました。この不整合がきっかけとなって新しい惑星の発見が予言され、そしてとうとう一八四六年に、その惑星——海王星——が宇宙空間に発見されたのです。

重力の法則はまた、潮の満ち干に対する満足できる説明も与えました。その説明は、月の重力による引力には、海面の高さに影響しない地球の表面に平行な成分と、地球の中心に向かって引っ張る成分とがあるということです（図を参照のこと）。その引力は地球の両側において海面の高さを低くし、したがって地球の月に最も近い側でも、また、反対

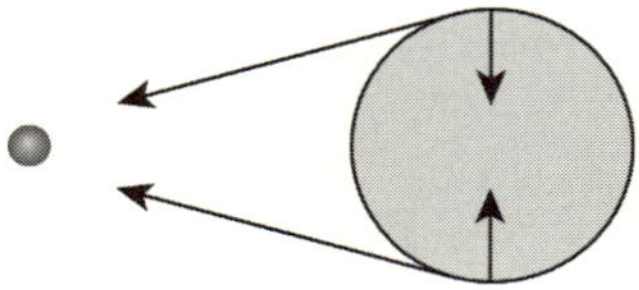

に最も遠い側でも海面の高さは上がるのです（再び、図を参照のこと）。これはまた、満ち潮が毎日二回——海面が月に近いときに一回と、海面が地球の反対側にあり、月から最も遠く離れているときに一回——起こる理由の説明にもなっています。太陽の重力による引力にも同じ作用がありますが、地球からの距離のために強さは劣ります。潮の満ち干はこれらの力の合成作用の結果です。太陰暦の一か月における異なる位相では満ち潮のレベルが異なります。すなわち、新月と一か月の真ん中では、月と太陽の重力が互いに強めあい、ヘブライ暦（太陰暦）の一か月の四分の一と四分の三が経過した期間では、太陽の重力による引力が満ち潮における月の作用を弱めます。

この説明は大変大雑把であり、一七四〇年にフランスの王立科学協会は厳密で詳細な数学的説明を展開するものに賞金を提供しました。ニュートンの法則に基づくそのような理論的説明の展開はダニエル・ベルヌーイ、レオンハルト・オイラー、コリン・マクローリン、アントニーネ・カヴァッレリによってそれぞれ別々に提出され、彼ら全員が（合同で）賞を授与されました。世界全体の潮の満ち干を記述する十分正確な数値計算は一九五〇年代になってやっと、電子計算機の出現とともに、イスラエルのヴァイツマン科

学研究所で達成されました。

ニュートンの重力の法則を記述する数学的な公式は重要な因果のつなぎ目の一つを省略しています。それは引力が作用するメカニズムについての問題です。アリストテレス以来、物質は連続していること、そしてそれが、ある物体によって別の物体に力が作用することを可能にしているという考え方が深く浸透していました。原子論的な考え方に対するアリストテレスの反対論の根底には、ほかのことはともかく、原子と原子の間が真空であるにもかかわらず力が作用する理由についての戸惑いがありました。ニュートンの重力の法則は力の大きさに対しては数学的公式を与えていますが、力がどのようにして作用するのかについては触れていません。ニュートンはこの問題を無視したわけではなく、彼はそれに答えるために、天体の運行の理由に対するアリストテレスの解答を——世界全体を満たしているあの感じることのできない物質エーテルの存在という、トレミーによって取り上げられた解答を——採用しました。ニュートンの公式が現象を予言し軌道を予測することにおいて大成功を収めると、研究の方向はエーテルの正体を探求しその存在を証明することからは逸れていきました。

ニュートンの科学と数学への貢献は右で簡単に記述したものをはるかに超えていました。その中には、白色光のスペクトル分解を含む光学の基礎への貢献があり、また数学では、たとえば、ニュートンの二項定理などがあります。彼の数学と科学における概念上の革新は、とりわけ彼が自然界の現象を記述するために新しい数学を大胆に作り出したことに由来しています。ニュートン以降、数学者たちは自然をよりよく記述するために数学の新しい分野を開拓することに躊躇しなくなったのです。

21　目的——最小作用の原理

ニュートンは、ニュートンの法則において、アリストテレスの方法が要求した目的を無視しました。その代わりに、研究の対象である要素の性質を導いたり、予想したりするのに使える数学的な法則を数学的な演算を用いて定式化することで間に合わせたのです。予言と実際の結果との比較が数学的な自然法則を裏づける論拠です。ニュートンが、法則はなぜそこに書かれているような形で定式化されるのかと尋ねられたとき、ニュートンは、神が単純明解な数学的法則に従う世界を創造したことには疑いがないと答えました。しかし、伝統と当時まで科学において支配的であった考え方は、ほかの科学者たちに単なる方程式ではなく基本原理によって自然界の出来事を記述しようとさせるほど根深かったのです。

目的の探求がたどった一つの道筋は、一つの実験的な法則から導き出されました。科学者は、ある媒質から別の媒質に進む光線の道筋が境界で屈折することを古くから知っていました。ヴィレブロルト・ヴァン・ロアイエン・スネル（1580–1626）はオランダの物理学者であり、今日スネルの屈折の法則として知られていることを実験的に発見し、定式化しました。法則で述べられているのは、屈折角のサイン（正弦）の比がそれぞれの媒質中における光の速さの比に等しいということです（左の図を参照のこと。ここで、v_1、v_2は二つの媒質中の光速を表す）。偉大なフランスの数学者ピエール・ド・フェルマー（1601–1665）は、スネルの法則は光線が空間内の一点からほかの一点にたどり着くのにかかる時間を最小化するように進むことに同値であることを示しました。別の言葉でいえば、もし光線上に二つの点A、Bを選ぶと、屈折点は光がAからBまでたどり着くのにかかる時間を最小にまで節約するような点になるのです。

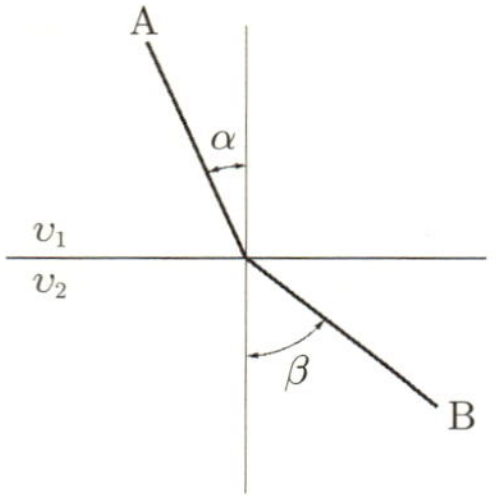

$$\frac{\sin\alpha}{\sin\beta}=\frac{v_1}{v_2}$$

フェルマーの原理を解釈する一つの方法は、光線は、結果的に数学の問題を解いているのだと述べることです――光線はある一点からもう一つの点にできるだけ速くたどり着けるルートを選んでいるのです。フェルマーは数学的な問題の解がスネルの公式で与えられることを証明しました。フェルマーもその後継者たちも、光線にはできるだけ速く目的地に到達するという目的があるとはっきり主張したわけではないことは明らかです。彼らはこの性質を数学的記述を超える基本原理であると考え、そうすることで、ギリシャの伝統の中で、最小時間の原理は自然の法則の根底にある目的としての役割を果たしたのです。

ここで、古代ギリシャの人たちが似たような理由づけをしたことに注目しておくとよいでしょう。鏡に衝突する光線の反射角は光線が鏡に衝突する角に等しい（すなわち、入射角は反射角に等しい）ことは一般に知られています。アレクサンドリアのヘロン（紀元10–70）は二つの角が等しいことから、点Aから鏡に向かう光線は鏡で反射され、AからBに（鏡を経由して）可能な最短の時間で動くように点Bに到達するという結論が導かれることを証明しました。しかし、フェルマーはヘロンの推論を逆にしました。ヘロンは、入射角が反射角に等しいことは自明であると考えて光が最速ルートを取ることを証明しました。フェルマーは、最小時間の原理を公理として——目的として——提案し、鏡で反射する光線の場合は角度が等しくなければならないと結論したのです。

ニュートンの法則が発表された時代から、多くの科学者たちが新しい法則に当てはめられるようにフェルマーの最小時間の原理を一般化しようと試みました。それらの科学者たちの中で最も有名なのは、ライプニッツ、オイラー、ラグランジュ、ハミルトンです。このタイプの原理の現代的な定式化——すなわち、最小作用の原理——はハミルトンによるものとされています。最小作用の原理では、目的は物体が通る経路に沿った積分——系の運動量とよばれる物理量（すなわち、質量と速さの積）の積分——を最小化することによって達成されます。この原理もまた実験によって裏づけられました。さらに、ニュートンの運動方程式もこの原理から導き出すことができます。したがって、少なくとも力学に関する限りは、運動方程式の直接の数学的記述と最小作用の原理に本質的に含まれている目的を用いた系の記述との間には完全な同値性が達成されていることになります。自然がこのような「効率性」を示す理由は、明快な答えのない問題です。

さらに、時としてわたしたちは、明らかに自然にはない効率性の要素を自然に対して求めてしまうことがあります。たとえば、アイスランドで撮影した左の写真に見られるように、溶岩地帯のいくつかの部分は六角形の形に固まりました。[4] ツアーガイドや、わたしがこれについて質問した科学者たちが与えた説明は、地表の一つの領域を六角形で敷き詰めることは最小エネルギー問題（それを定式化するのはちょっと難しいのですが）に対する一つの解になっているということです。蜂の巣の六角形構造も同様に説明されます。蜂は与えられた大きさで壁の長さが最小な部屋の外壁を建設するという問題を「解こう」とするのです。その意図は、必要となる蝋《ろう》の量を最小化することです。すでに

4［訳注］柱状節理。北アイルランドのジャイアンツ・コーズウェイが有名。日本では、兵庫県の玄武洞などで見られる。

古代ギリシャの人たちは六角形がこの最小化問題（蜂の巣予想とよばれる）に対する解を与えていると予想しました。多くの人たちがこの問題を解こうと試みましたが、この数学的な事実の完全な証明はやっと二〇〇一年になってミシガン大学のトーマス・C・ヘールズ（現在の所属はピッツバーグ大学）によって発表されたのでした。

　溶岩の六角形に関しては、わたしは別の説明を提案します。それぞれの六角形が隣接する六角形を支えることによって六角形の構造は最も安定した構造——変形しようとする外部からの力に対する耐性に最も優れた構造——になります。溶岩地帯が形成されたとき、それぞれの地域を埋め尽くす正方形や三角形などのような、奇妙で面白いさまざまな形が形成されました。六角形で埋め尽くされた小さな領域がその地域で起きた衝撃や地震に最もよく耐えました。そのことが、形成から何百万年も経過した今日、その形がわたしたちが見ることができる形である理由です。そのことはまた、六角形で敷き詰められた地域が溶岩地帯全体のほんの小さな部分であり、残っているほかの形で敷き詰められた領域はさらに小さな領域でしかないことの理由でもあります。蜂の巣に関しては、進化が蜂に蜂の巣問題を解くことを教えたかもしれませんが、また、安定性という側面もある役割を果たしたのかもしれません——言い換えると、進化がより安定した巣を建設する蜂を選択したのです。

22　波動方程式

　関数とその変化の割合との間の関係という形で——すなわち、微分方程式を用いて——提示された自然法則は、ニュートン以来数学を通して自然を理解するために用いられる主要な道具となりました。ニュートンが基礎を築いたのに続いて、彼の時代から今日に至るまでの間、科学者たちは彼の方法を用いてさらに多くの自然現象を記述する新しい方程式を提案してきました。実験的結果によって方程式の正しさが裏づけられたとき、方程式にはそれを提案した科学者にちなんだ名前がつけられることが慣例となっています。以下に示すのは、最近わたしが参加した数学の研究集会において行われた講演のタイトルの中で言及されている方程式のリストの一部です——オイラー方程式、リッカティ方程式、ナヴィエ―ストークス方程式、コルトヴェーク―ド・ヴリエ方程式、ブルガース方程式、スモルチョフスキー方程式、オイラー―ラグランジュ方程式、リャプノフ方程式、ベルマン方程式、ハミルトン―ヤコビ方程式、ロトカ―ヴォルテラ方程式、シュレーディンガー方程式、蔵本―シヴァシンスキー方程式、クッカー―スメール方程式など。各方程式にはそれぞれの物語とそれぞれの応用があります。一般的にいって、方程式は一つまたはいくつかの関数とそれらの導関数あるいは積分との間の関係を用いて定式化されます。方程式にはニュートンの法則が組み込まれており、エネルギー保存の法則や質量保存の法則などのほかの自然法則が組み合わされている場合もあります。方程式の名前から、科学者たちはニュートン以来、そして現在も微分方程式を使い続けていること、まだやるべきことがたくさん残されていることがわかります。

この節では、遠い過去と現代をつなぐ、一つの方程式をお見せしましょう。この方程式は数学と自然との間の関係におけるもう一つの新しい革命——次の第四章で論じることになる革命——において決定的な役割を果たしました。その方程式はそれを定式化した人の名前ではなく、それが記述しているものにちなんで、波動方程式と名づけられています。ここでは、この方程式のとくに興味深い一面、これが弦の方程式であることについて述べておきましょう。以下の説明を理解するためには数学的な背景知識はまったく必要ありませんが、数学的な記号に対して忍耐と寛容はおもちください（そして今回も、本文の理解を損なうことなくこれらを読み飛ばすことができます）。

振動（すなわち、波のような運動）は実際の海の波から、いろいろな方向に引き伸ばされた弦や膜の振動まで、わたしたちの身の周りのいろいろな物質に見ることができます。前節で述べたように、バネや振り子の運動を記述する方程式はニュートンの時代にはすでに提案されていました。ぴんと張った弦の振動や海の波の動きについて議論するとき、状況はもう少し複雑です。というのは、波の高さは一つの位置から別の位置へとその位置に沿って変化し、また、時間にも伴って変化するからです。すなわち、波を記述するには、時間と位置の関数が必要となります。波の高さを u で表すと、位置 x と時間 t のそれぞれに対して、量 $u(x,t)$ がその位置、その時間での波の高さを表します。波の高さのある固定された位置における時間に従う変化の割合と、ある固定された時点における位置に従う変化の割合を考えることができます。ある固定された時刻における位置に従う関数の変化の割合（時間の中の与えられた瞬間における波の形を思い浮かべてみるとよい）を数学では $\partial_x u(x,t)$ と書き、位置による**偏導関数**とよびます（記号 ∂ は一七七〇年にコンドルセ侯爵（1743–1794）によって数学に導入されましたが、数学者アドリアン＝マリ・ルジャンドル（1752–1833）による一七八六年の論文が最初であるとする人たちもいます）。同様に、式 $\partial_t u(x,t)$ は時間に従う関数の変化の割合を示します（与えられた位置における波の高さの増減を思い浮かべてみるとよい）。第二の導関数、つまり、変化の割合の関数の変化の割合は、数学では、それぞれ、$\partial_{xx} u(x,t)$、および $\partial_{tt} u(x,t)$ と書かれます（左に示した進行する波の図を参照せよ）。波の高さは、時間と位置に伴って変化します。その変化の法則は微分方程式によって与えられることになります。

波を記述する微分方程式の初期のものは、一七三四年にレオンハルト・オイラー（1707–1783）によって、また、一七四三年にジャン・ダランベール（1717–1783）によって示唆されました。一般の波についての、そしてとくに、ぴんと張った弦の振動についての理解における突破口はダランベールとオイラーが方程式の互いに異なる解を発表した一七四六年と一七四八年にやってきました。最終的に、二つの解は実際は同じ解であり、別の形で書いたものであることが判明しました。記述を完全にするために、方程式そのものを示しておきましょう。

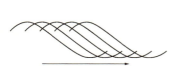

$$\partial_{tt} u(x,t) = c^2 \partial_{xx} u(x,t)$$

通常の言語でいうと、この方程式がいっているのは、測定地点での波の高さの時間に従う加速度が、測定時刻での波の高さの位置に従う変化の割合の変化する割合に比例して変化するということです。

この方程式の解き方が研究されていたとき、弦の長さとそれをつま弾いたときに出す音に関してギリシャの人たちが発見したこと——もちろん、数学的な説明はないのですが——との間に驚くべき関係が見つかりました。技術的な細部に立ち入ることを避けるために、ここでは、端が固定されて動かない長さLの弦の振動を記述する方程式に対する関係する解は、本書ですでに述べ、ギリシャの人たちに知られていたサイン関数とコサイン関数を混合したものであると述べるだけにしておきましょう。再び、記述を完全にするために、解の一般形を書いておきます。

$$\sin\left(\frac{n\pi x}{L}\right)\left(\alpha_n \cos\left(\frac{n\pi ct}{L}\right) + \beta_n \sin\left(\frac{n\pi ct}{L}\right)\right)$$

公式から各自然数nに対して（そして、すべての係数α_n、β_nに対して）特定な一つの解が与えられるので、解は無限個あります。方程式のすべての解はそのような特定な解の和であることが数学的に証明できます。数学やその応用を職業としない読者が公式そのものに興味をもつことはないでしょうが、公式から導き出される二つの結論は遠い過去と遠い将来の発展の双方に直接的に関係しています。

弦の長さLは右の式の中では分母にしか登場しないことに気づくと思います。この数学的な事実の実用上の意味は、弦の長さが半分になると、振動の頻度である振動数（サインとコサインの関数が変化する速さ）が二倍になるということです。すなわち、弦の長さを半分に縮めると、出す音は正確にちょうど一オクターブだけ上がるというピタゴラスにさかのぼる発見がいったいどこから来ているのかという謎を数学は——約二千年遅れて——解いたのです。弦の方程式によって、耳が自然に聞き取ることができる一オクターブが、弦の振動の速さを二倍にすることに結び付きました。同様にして、音の高さと弦の振動の速さに関し、ピタゴラスの時代に発見されたそのほかの結果（第10節参照）も得ることができました。

さらに方程式から示されるのは、弦の振動は$1, 2, 3, \ldots$に等しいnのすべての値に対する式で示される振動の和からなっているということです。これらの振動には、自然数 n に対して $\frac{nc}{2L}$ で与えられる「純粋な」振動数があります。これらの振動数は、弦の**自然な**、あるいは**固有の**振動数とよばれています。それらは自然の現代的な記述において重要な役割を果たしますが、そのことについては次の第四章で説明します。

23　近代の科学観

　世界の理解に向かう発達と進歩の道筋における巨大な前進に続き、科学がどのように機能し自然をどのように理解するのかに関する近代哲学の方法論が姿を現し始めました。そのような哲学についてごく手短にまとめておきましょう。第一に、数学は科学という舞台の中央部にしかるべき位置を占めました。どのような科学的発見も、それを定性的にも定量的にも記述する数学によって支えられていない限りは理解可能とは見なされなくなったのです。第二に、発見された事実を説明する数学的原理は何らかの目的を反映していなければならないとする要請が破棄されました。自然の法則が単純でエレガントな数学によって記述できるという事実そのものが一つの目的を構成しているのです。記述は自然が「解く」方程式の形であってもよく、また、たとえば所要時間を最小にしたり、あるいは消費するエネルギーを最小にしたりといった、ある種の量を最小化する「目的」の形をとることもできます。ニュートンの貢献によって、測定可能な自然現象を記述し解析するのに適した特別な、新しい数学を作り出してもかまわないことが示され、またこれにより、ニュートンは自然の法則を記述する新しい数学的体系を探求する道を切り開きました。

　イタリアのガリレオ・ガリレイとイングランドのフランシス・ベーコンによって新たに開拓された実験科学的な方法（数学的理論の展開は実験を基礎として始められなければならない）が採用され、それによると数学が与える予測は実験の結果による裏づけがなければ受け入れられないのでした。数学の本質と、数学と自然との関係のすべての局面において、すべての自然現象の基礎であると考えられたアリストテレス流の目的の探求は放棄されましたが、新しい哲学は、数学に対するアリストテレスの形式主義的な姿勢を取り入れたのです（第11節参照）。この近代初期に発達した哲学は、ある部分はより洗練されながら、今日もなおその姿を保っています。そのことについては、次の第四章で論じることにしましょう。

第四章　数学と近代の世界観

電流は何の役に立つのか●宇宙は歯車で埋め尽くされているのか●数学と物理学は同じ一つのものなのか●平行線の公理は相対性理論にどのように影響したのか●誰が公式 $E = mc^2$ を発見したのか●どうすれば光線を曲げられるのか●わたしたちは本当に波なのか●素粒子はどのようなグループに分かれるのか●人間は弦でできているのか●わたしたちは何次元の世界に住んでいるのか

24　電気と磁気

十九世紀の中ごろ、世界を記述するために数学を使用する方法において劇的な進展がありました。それは、電気と磁気に関するある実験結果を契機としてやってきました。これらの発見の数学的説明がさらに驚くべき事実の発見と、自然の数学的記述に取り組む方法における革命を呼び起こしました。ある意味で、物理現象を記述する数学が、物理学そのものになったのです。この節では、そのような革命という形で実を結んだ実験上の発見について簡単に述べてみましょう。

静電気と磁気は古代ギリシャおよび古代中国の時代において――そして、おそらくはさらにそれ以前から――知られていました。ミレトスのターレスは、琥珀《こはく》を布でこすると、軽い物体を引き寄せることを知っていました。今日わたしたちは、摩擦によって静電気が起こり、それが物体を引き寄せる力の原因であると理解しています。**電気**を意味する英語エレクトリシティーは、琥珀を意味するギリシャ語エレクトロンからきています。磁気もまた当時知られていた現象で、磁石を意味する英語マグネットは、当時ギリシャの支配下にあった小アジアの一部、現在のトルコの町マグネシアから取られました。[1] ギリシャの人たちは紐《ひも》で吊《つる》した鉄の棒が南北の方向で止まることを知っていました。その性質に基づくコンパス（方位磁石）は十一世紀にはすでに使われていました。しかし、ギリシャの伝統的な流れの中では、その現象を検証するための実験は行われませんでした。古代全体を通して磁気と電気は完全に無関係であると考えられていました。

十六世紀、ガリレオ、フランシス・ベーコンやその同時代の人たちによって起こされた近代科学革命以降になると、科学者たちは磁気と静電気を含むさまざまな自然現象を研究し理解するために、科学的に制御された実験を行い始めました。この分野の先駆者の一人に、制御された実験を行い、初めて磁石に二つの極――南と北――があることを発見したイギリスの物理学者ウィリアム・ギルバート（1540–1603）がいました。同種の極は互いに反発し、異種の極は互いに引き合います。ギルバートはまた、静電気には二つの種類があり、それらもまた磁石と同じように反発したり引き合ったりすることを発見しました。しかし、彼は静電気と磁気との間の関係には気づきませんでした。それから百年以上が過ぎ、ニュートンによる重力の法則の定式化とその応用における成功を踏まえて、科学者たちは磁力に対する定量的な表現を求めようとしました。フランスの物理学者シャルル・オーギュスタン・ド・クーロン（1736–1806）は、その名前にちなんで電荷の単位クーロンが名づけられたその人ですが、二つの磁石の間の引力や電荷の反発力が重力に似た振る舞いをすること――言い換えると、力が電荷の大きさに比例して増大し、距離の平方に比例して減退すること――を発見しました。その数式が親しみやすい形であったために、法則は比較的容易に受け入れられました。さらに、もしかするとこのことの背後でより深い意味をもつ何かが起きており、それは自然を記述する数学的形式の一様性であるという認識が結晶化を開始したのでした。電気の本質の理解をさらに一歩進めたのは、静電気に力学的な作用を起こさせる能力があることを示したイタリアの物理学者ルイージ・ガルヴァーニ（1737–1798）でした。中でも、彼は蛙《かえる》の足に静電気をつなぐと、足が引きつることを発見しました。この現象にはガルヴァーニズムという名前が与えられ、今日でもなお生徒たちは学校で実験を行っています。イタリアの伯爵アレッサンドロ・ヴォルタ（1745–1827）は、その名前が電気ポテンシャルの単位（ボルト）に使わ

1［訳注］現在のギリシャ共和国の町マグネシアが語源となったとする説もある。

れているその人ですが、静電気を帯びている物質を静電気を帯びていない物質に金属の棒でつなぐと、電気の流れが生じることを示しました。彼はまた、化学変化によって静電気を作り出せることを示し、それを用いて原始的な電池を組み立てましたが、その原理は今日でも電池産業で使われています。

十九世紀の初頭まで、電気と磁気の間の物理的な関係は何も知られていませんでした。そのような関係の最初のものは一八一九年、デンマークの物理学者ハンス・エルステッド（1777–1851）によって知られました。彼の発見——幸運を呼び込む才能によるとしか思われない発見——は、電流の近くに置かれたコンパスの針が向きを変えるということでした。言い換えると、電流はその周囲にある種の力を放出しており、それが磁石に影響を与えるのです。一八三一年ころ、アメリカのジョセフ・ヘンリー（1797–1878）と、イングランドの指導的な物理学者の一人、マイケル・ファラデー（1791–1867）は、電気と磁気の間の関係の第二の側面を発見しました。彼らは、金属ワイヤーを磁石に近づけると金属の中に電流が発生することを（互いに独立に）示したのです。余談になりますが、科学を一般の人々の手に届くものとするために努力を惜しまなかったファラデーは、ウィリアム四世による研究室訪問を受ける栄誉に浴するほどの有名人でもありました。国王は実験を見て尋ねました。「ファラデー教授、この発見はどのような用途に役立つのですか？」ファラデーは答えました。「それはわかりませんが、陛下はこの研究の結果に、きっとたくさんの税金をかけることができるでしょう。」

ファラデーの実験は周到で大がかりなものでした。彼は、電流の強さ、金属ワイヤーを動かす速さ、磁石からの距離の間の定量的な関係を式で表しました。ワイヤーが磁石の近くで繰り返し円を描いて動くとき、発生する電流の強さが、ギリシャの人たちによって知られ、天体の動きを記述するのに使われた関数、そしてまた、ほぼ百年間にわたり、振り子の動きを記述するために使われ続けていた関数、すなわち、サイン関数のような動きを見せることを発見したことはさほど大きな驚きではありませんでした。しかし、磁石とワイヤーとの間の関係の本質は明らかではありませんでした。関係を理解するために、ファラデーは彼自身が考案した概念——磁場の概念——を使いました。磁場が正確にはどのようなもので、どのように作用するかは誰も知りませんでしたが、それが及ぼしている力は計測できたので、その存在を受け入れることは困難ではありませんでした。

磁石が動いた結果ワイヤーの中に電流が生じたり、ワイヤーの中の電流がコンパスの磁石の動きを生じさせたりしている媒質についての疑問は依然として答えられないままでした。ファラデーはエーテル——すなわち、わたしたちの周りのすべての空間を満たし、かつてギリシャの人たちが天体の動きを説明するために使い、そして後にニュートンの時代になると、重力に関連して使われたのと同じ物質——が力を伝えている媒質であることを示唆しました。ファラデーが考案した公式はニュートンの方法を拡張したものであり、測ることができ、五感を通じて直接的な証拠が得られる量を記述するために使われました。磁場の概念はより抽象的でしたが、その作用がまさにその同じエーテルの中で起きていることから、受け入れることが可能でした。説明は、磁石が電気的な粒子に起こさせるある種の変形——重力がエーテルの中に及ぼしていると考えられていた変形に類似の変形——をエーテルの中に引き起こすというものでした。

ファラデーの時代の電気的、磁気的な現象の記述と測定は、電気と磁気の間の関係に関する多くの情報を生み出しましたが、そうした知識は、測定可能な実際の力の測定と、それらの間の関係の量的な記述を超えるものではありませんでした。エーテルとよばれるあの捉え所のない物質を介して作用する磁場は、力の作用に対する力学的な説明を提供する役には立ちましたが、それは近代的な時代の流れの中での数学的な説明ではありませんでした。電気的、磁気的な現象が満たす数学的な方程式はなく、それらの現象を説明する、たとえば最小作用の原理などに従って定義される目的論もありませんでした。

25 そして、マックスウェルがやってきた

ジェームズ・クラーク・マックスウェルは一八三一年にスコットランドのエディンバラで、由緒正しいとはいえ特別に裕福というわけではない家柄の家庭に生まれました。彼の父、ジョン・クラークはかなり成功した弁護士で、首都エディンバラからそう遠くないグレンレアー地区の田舎の地所を子供のいない親類から相続しました。その家族の苗字マックスウェルを引き継ぐことが条件だったのですが、父はこの条件を受け入れ、妻フランシス、長男ジェームズとともにその土地に移り住みました。ジェームズの母親は彼が八歳のとき亡くなり、就学の最初の数年間は自宅で若い家庭教師とともに過ごしました。親類たちがジェームズを

エディンバラの普通の学校に行かせた方がよいと父を説得したのは、彼が弱冠十歳に達したときのことでした。学校では彼が飛び抜けた生徒であることがわかり、エディンバラ大学で勉強を続けました。エディンバラでも抜きんでた成績を収め、修学の途中でイングランドのケンブリッジ大学に移籍し、全卒業生中二位という優秀な成績で卒業しました。主席は友人のエドワード・ラウス（1831–1907）で、彼もまた有名な数学者となり、実際、マックスウェルが基礎を築いた分野を研究しました。ケンブリッジに在学中、マックスウェルは数編の重要な論文を書き、それによってケンブリッジのトリニティ・カレッジの特別研究員の地位を得ました。二十五歳のとき、父の死によりマックスウェルはスコットランドに戻り、アバディーンのマリシャル・カレッジで自然哲学の主任教授の職に就任しました。彼はそこで土星の輪の安定性に関する重要な論文を書き、その論文によって栄誉あるアダムズ賞を獲得しました。そこで彼はまた恋人キャサリン・マリー・デュワーと結婚もしました。彼女はマリシャル・カレッジの学長の娘でした。カレッジが二つの教室を合併し、もう一つの教室から来た教授が留まることに決まったとき、血縁も科学的な名声も彼の助けにはなりませんでした。マックスウェルは離職せざるを得なくなり、イングランドに戻って、ロンドンのキングス・カレッジで職に就きました。

ロンドンでの業績は驚くべきものでした。そこで彼は、長年にわたって彼を夢中にし、虜にした色に関する研究（これについては以下で詳しく述べます）を完成させ、また、彼の最高の栄誉である電気と磁気についての研究を発表しました。成功と名声、中でも王立協会での役職によっても、謙虚で家族を大切にする人間性が変わることはありませんでした。落馬による負傷が原因の感染症で苦しんだ後、彼は一八六五年にスコットランドに戻ることに決め、グレンレアーの自分の土地で暮らしました。彼は学術研究を続け、二つの独創的な論文——一つは安定器の構造に関するもので、もう一つは今日統計力学とよばれる分野に関するもの——を発表しました。これらについても以下で詳しく説明します。マックスウェルは、セント・アンドリューズで職を得ようとして成功せず、一八七一年に、ケンブリッジのキャヴェンディッシュ実験物理学研究所の所長としてイングランドに戻ることを決めました。彼は理論研究を続け、いくつかの重要な論文と本を出版し、一八七九年にケンブリッジで亡くなりました。

マックスウェルの最も偉大な業績は電磁気学への貢献で

したが、彼が行ったそれ以外の研究がほかの科学分野においても重大な変革を引き起こしたことは注目しておくべきでしょう。スペクトルの色の合成は、長年にわたってマックスウェルの心を虜にしたテーマでした。ニュートンは、光をプリズムに通過させることによって白色光の成分——すなわち、スペクトルのすべての色——が現れることを示しました。ニュートン以降、多くの人たちが異なる色の間の関係や、さまざまな色を混ぜ合わせることによって、新しい色を作り出す規則を理解しようと試みましたが、彼が用いたイニシャルＲＧＢ（すなわち、赤、緑、青の三原色）によって知られる構造——正しい割合で混ぜ合わせれば、人間の目が知覚できるすべての色を作り出せる構造——を発見し、提唱したのはマックスウェルでした。今日でも、このシステムは、テレビ放送や写真印刷などのわたしたちの日常生活の中で使われています。マックスウェルはまた、カラー写真を作った最初の人物でもあり、それはロンドンのキングス・カレッジにいた一八六一年のことでした。彼が研究したもう一つの領域は統計力学とよばれる物理学の分野——気体の運動が従う数学的法則——の基礎となりました。マックスウェルの着想は、その後ウィーン大学にいたオーストリアの数学者ルートヴィッヒ・ボルツマン（1844–1906）によってさらに発展しました。今日、気体の運動を定める方程式は、マックスウェル—ボルツマン方程式、あるいは、ボルツマン方程式とよばれています。さらに、もう一つマックスウェルが基礎を築いた分野は、制御システムにおける安定性の理論です。彼はこれを一八六八年の論文の中で、蒸気船の技師が遭遇し、彼に援助を願い出たある工学的な問題への解答として書きました（この魅力的な話題ついては、第64節において、応用数学について議論する文脈の中で解説します）。

電磁気学の根底をなす物理法則の探求は、マックスウェルとその多くの同僚たちの心を幾年にもわたり捕らえました。集中的な研究の結果、マックスウェルは、当時計測できたすべての観測可能な現象がそれを解くことによって記述される一つの微分方程式系を構築しました。ニュートンが方程式を定式化するのに用いた数学は、彼が提唱した微積分法とその体系をさらに発展させたもの——とくに、第22節で論じた波動方程式のような偏微分方程式——に基づいていました。マックスウェルが開発した方程式は、ファラデーが示唆し両者の間の関係を提案したその同じ電場と磁場に関係しており、その方程式から実験室で観察された現象や各種の力を導き出すことができました。しかし、それらの方程式には、ニュートンの重力の法則の場合がそうであったように、電気力や磁力が力の源泉から力が作用する物体までの空間をどのようにして伝わっていくのかを説明するものが含まれていませんでした。さらに、重力の法則の場合とは異なり、エーテルは電気力および磁力の伝達に対する説明にはなり得ませんでした。理由は「技術的」なものです（だから、以下の説明は読み飛ばしてもかまいません）。電流が作りだす磁場の方向は電流の方向に直交し、一方、磁場によって電流に作用する力は磁場に直交します。そしてこれらの力は、場が強くなるか弱くなるかに従って変化するのです（電磁気学を学んだことのある読者は、きっと力の向きを説明する左手の法則や右手の法則を思い出すことでしょう）。このような法則の組み合わせは、力が力学的な応力を介して伝わる限り、どのような媒質中を伝わると仮定しても不可能です。

そこで、マックスウェルは電気力と磁力がその中を通って伝わっていく力学的なモデルを提案しました。そして、実際、マックスウェルはこの問題に丸一年以上取り組んだ結果、いろいろな大きさと向きをもつ歯車と軸受けからなる理論上のモデル――もし、空間がそれらの歯車で埋め尽くされているならば、その回転によってその当時知られていたとおりの電気力と磁力の伝達の向きが説明できるはずのモデル――を作り上げることに成功したのでした（図参照）。この軸受けのモデルを調べていくうちに、マックスウェルはこの同じ軸受けと歯車から、おそらくは彼の方程式に対する新しい種類の解――すなわち、磁場そのものの中の波――が導かれることに気づきました。彼はこれを電磁波と名づけました。

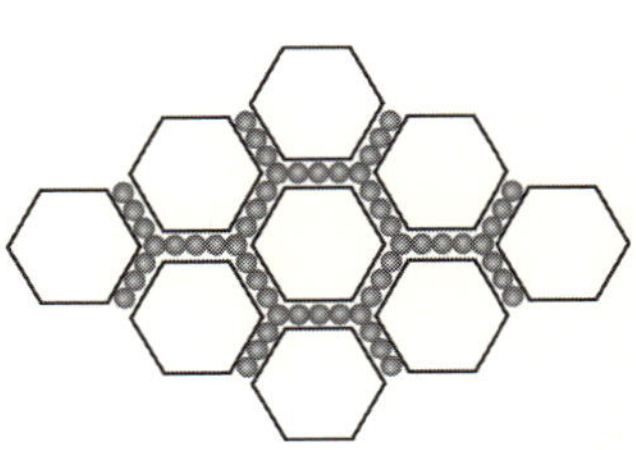

マックスウェルは自身の歯車モデルを電気力と磁力の作用を説明できる一つのモデルとして発表しましたが、歯車と同じ性質をもつ物質が実際に存在するとは主張しませんでした。それでも、彼は、新しく見つかった方程式の解――すなわち、電磁波――が現実に存在するという仮説を発表

し、さらに一歩進んで、光そのものが電磁波であるという もう一つの大胆な仮説を付け加えたのです。

光に波の性質があるという事実は、ずっと以前にクリスティアーン・ホイヘンス（この人物については、追ってもう一度出合うことになります）によってすでに発見されていました。ニュートンの時代以来、光が粒子からできているのかそれとも波のような性質があるのかを巡っては議論が続いていました。ニュートンは光が粒子からできているという意見でしたが、ほかの多くの人たちは波のモデルを支持しました。波のモデルは、主として光を狭いスリットに通したときに光のモザイクや影の帯ができることによる光の回折現象の詳細な説明を、そのモデルを用いて与えたフランスの物理学者オーギュスタン・ジャン・フレネル（1788–1827）の研究結果に基づいていました。フレネルとほかの人たちは、その同じ触れることのできない物質――エーテル――の中の波のようなものの進行として、光の回折を明確に説明できることを示しました。光を散乱する媒質としてエーテルを考えることが受け入れられていたにもかかわらず、そしてマックスウェルは、彼自身がエーテルでは彼の電磁気の理論を説明できないことを示したにもかかわらず、あえて光は電磁波であると主張したのです。

マックスウェルの予想は冷ややかに受け取られました。マックスウェルが存在すると主張した電磁波をかつて感じたり見たりした人はおらず、その働きを見た人もいなかったのです。光と電磁波の類似性は、単なる偶然として理解されました。光の散乱はエーテルを使って説明でき、エーテルの使用は光がマックスウェルの方程式を満たすという仮定に矛盾しました。彼自身は一つのメタファーとして歯車を提案しましたが、何らかの種類の歯車が実際に空間を埋め尽くしているとは主張しませんでした。彼を支持する同僚の教授たちさえ、電気力と磁力が絡み合う様子に対して代わりの説明を見つけるように勧めようとしました。ギリシャの人たちから、ニュートンを経て、十九世紀まで主流を占めていた考え方に従えば、力の作用に対する説明が受け入れられるためには、力を伝える媒質を示さなければならないのでした。

次にマックスウェルは、磁力と電気力の間の関係を記述する方程式の改良形を提出しました。それは以前のものよりさらに完全で、より多くの対称性をもっていました。方程式の改良は、エネルギーの保存などの力学の基本法則だけに依存して行われ、力が伝達されたり、エネルギーが保存されたりするメカニズムは完全に無視されました。波の存在の唯一の正当性は、それが方程式の一つの解、波のような性質をもつ解を提示しているという事実でした。しかし、海の波や音波とは異なり、それは必ずしも何らかの媒質中の運動の結果ではありません。方程式がそれを波として定義しているのです。マックスウェルは、自らの見解の中で、光は一つの電磁的な現象であると頑強に主張しました（今日使われている式は、後にオリヴァー・ヘヴィサイド（1850–1925）が考案したさらに簡略化され、改良された形のものです）。

これは自然を理解することへの、そして、数学と自然との間の関係への革命的な方法でした。ギリシャの人たちは、自然界で起こる現象を正確かつ論理的に記述し、主として誤謬や視覚的な錯覚を避けるために、彼らにとって既知である数学を援用しました。ニュートン、および波動方程式との関連ですでに言及したダランベールとオイラーを含むニュートンの後継者たちは、たとえば、弦の振動のように人間が知覚し触れることができ、それについて直観を発達させることさえもできる量や現象を記述するために新しい数学を使いました。マックスウェルの改良された方程式は、波の物理的な性質には触れることなく電磁波を記述しています。マックスウェルの方程式は二重の意味での変革でした。第一に、方程式が記述している要素が作用する仕組み、すなわち、現象の物理が、方程式の中では無視されました。第二に、方程式によって予言される結果、すなわち電磁波を、かつて誰も見たことも、聞いたことも、感じたこともなく、とくに、それらがどのような仕組みで作用するのかに関する直観はありませんでした。

遠隔作用を説明できる直観の欠如にかかわる同じ問題は、重力やニュートンの法則に関しても見かけ上存在します。ここで重要な言葉は、「見かけ上」です。エーテル――あの目には見えず、触ることもできず、それでいて力を伝えられる媒質――の存在が、重力の働きを説明しました。重力もまた媒介する物質なしに作用することが受け入れられるようになったのはマックスウェルの革命が契機でした。ニュートンの方程式によってもたらされた、たとえば、海王星という惑星の存在に関する予言は、その自然界における運動に関して確固として確立された直観を伴った既知の種類の物体に関する予言でした。マックスウェルの方程式は、物理現象を数学だけを用いて記述しました。マックスウェルは、事実上、数学によって世界が記述される様相を変えました。彼は既知の物理量に基づく物理的な説明をあきらめました。彼は、あたかもこれが物理学なのであり、物理学は本来的に数学に内在するのだと宣言するかのように、自身の方程式を発表しました。わたしたちにはほかのどのような方法でも数学的な方程式の中に現れている要素を見ることも知覚することもできないにもかかわらず、それらはそこに、自然の中に、あるのです。その物理的実体を直接肌で感じ取ることができなくても、これらの要素がほかの物体に及ぼす作用を測定したり、発生させる電気を測定したり、及ぼす力を利用したりすることはできるのです。

このような概念上の革命は心から歓迎されたわけではありません。マイケル・ファラデーは、当時、イギリスで最も著名な物理学者の一人でしたが、比較的激しい口調でマックスウェルに手紙を認《したた》めました——数学者のみなさんは、その結論が書かれた訳のわからないヒエログリフのような数学語を、物理学者でも理解できるわかりやすく直観的な言語にどうか翻訳しては下さらないでしょうか(引用は必ずしも言葉とおりではありません)。知られている限り、マックスウェルは返答をしていませんが、返答はいずれにしても否定的なものになったでしょう。物理現象はそれを記述する数学の中に本来的に内在しているのです。

マックスウェルの理論の受け入れにくさは、方法が革命的だったことに加えて、その当時方程式の正しさを支えていた測定可能なすべての要素は、すでに知られ、受け入れられていた物理的、数学的な関係を用いてもまた説明できたことにありました。すべての現象を組み込み説得力をもつ一つの方程式はなかったにもかかわらず、マックスウェルが提唱した包括的な方程式には当時の手段では物理的な根拠がなく、そして、そこから予言される現象はかつて誰も見たことがないものだったのです。マックスウェルの研究の発表から、ボン大学にいたドイツの物理学者ハインリヒ・ヘルツ(1857–1893)が一八八七年に実験室の中で電磁波の発生に成功するまでに二十五年の歳月がかかり、それは、彼の死の八年後のことでした。この物理学上の発見の重要性について詳述する必要はないでしょう。ほどなくして、光はわたしたちにとって知覚できる——すなわち、見える——振動数をもつ電磁波であるというマックスウェルの主張が実証されました。その用途には、ラジオ放送、テレビ、携帯電話、電子レンジ、レントゲン写真、そのほか多くのものが含まれ、これらはすべて電磁波を基礎としています。

マックスウェルはエーテルには言及することなく自身の方程式を提示しましたが、エーテルが存在しないとは主張しなかったことは注目しておくべきです。エーテルの存在は、たとえば、ニュートンの重力のための媒質として、まだ「要請」されていました。マックスウェルは、ただ、それが満たす数学的な方程式を用いれば波の本質について説明することなく電磁波がどのように伝播《でんぱ》するかを論じることができると主張したのでした。

マックスウェルの貢献は、自然を記述するために数学を採択したギリシャの人たちの貢献に、そして、自然を記述するために新しい数学を作り出す勇気をもったニュートンの貢献に匹敵するものでした。マックスウェルは、自然の数学的な記述のパラダイムを大きく変えました。感覚が直接に、あるいは計器を通して知覚する実体の定量的な定式化は、もはや進むべき唯一の方向ではなくなりました。むしろ、計測可能な現象を説明しているという単にその事実だけによって存在が正当化される抽象的な量の数学的な取り扱いが、完全に受け入れられることになりました。マックスウェルの貢献はまた、物理学者の定義も変えました。今日、会話や講義の中で、わたしがマックスウェルについて数学者として言及すると、何人かの同僚はわたしの発言を訂正し、彼は物理学者だったと主張します。しかし、ファラデーは、マックスウェルの時代に生きていた最も偉大な物理学者の一人ですが、マックスウェルのことを自分の主張を物理学の言語に翻訳しなければならない数学者の一人として言及したのでした。その翻訳をする代わりに、マックスウェルは物理学の定義を変えたのです。ハインリヒ・ヘルツは「マックスウェルの理論は、マックスウェルの方程式である」という発言――現代物理学の本質をよく伝える発言――を行いました。物理学はそれを記述する数学の中に本来的に備わっているのです。

26 マックスウェルの理論とニュートンの理論の間の矛盾

マックスウェルの方程式は、その後に起きた発見を予言したという点において驚くべきものでした。そして、それらの発見に関連して行われた観察や計測とも一致していました。ニュートンのもともとの方程式、およびニュートンが考案した数学的道具を用いて導き出されたそのほかの方程式も、マックスウェルの方程式と同様に物理的現実に完全に一致しました。それでも、二人の方程式の間には食い違いが――両者が同じ物理的な世界を描写しているのだろうかと疑いたくなるほどの食い違いが――ありました。その食い違いとはどのようなものだったのでしょうか。

ニュートンの第二法則 $F = ma$ は、物体の加速度 a はその物体に作用する力 F に比例すると述べています。法則は、力が物体に作用しつつあるときの物体の速さには関係せず、その加速度、すなわち、速さの変化に関係しています。重力の法則も物体の速さには関係しません。物体に働く重力は、その物体が動いていても止まっていても変わりがありません。物体の速さに対する非依存性は、数学者と物理学者にとって、そして、もちろん工学者にとっても福音です。なぜならば、力が加わった結果生じる速さの変化を測るとき、それを地球を基準として測っても、進行している電車のような別の座標系を基準として測っても違いがないからです。ニュートンは、世界には絶対的な座標系があり、それは運動するすべての物体の速さを測定するのに使えると考えました。わたしたちにはこの座標系を正確に同定することができませんが、幸運なことにそれはまったく重要な問題ではないのです。というのは、速さを測るときに、絶対座標系に関して一定である別の速さを基準として測っても、運動法則は変わらないからです。そのような系は慣性系とよばれます。ある慣性系から別の慣性系に移っても、運動法則は変わりません。

この性質はマックスウェルの方程式には欠落しています。一つの座標系から別の座標系に移行するとき、第二の座標系が第一の座標系に対してもし一定の速さで動いていたとしても、その結果方程式は変わってしまうのです。ここではマックスウェルの方程式を具体的には書きませんでしたが、なぜ一つの系からもう一つの系に移行することによって方程式が変わるのかを理解するためには、その詳細を知る必要はありません。電磁波を記述するマックスウェルの方程式では波の速さが使われています。速さが方程式の中に具体的な項として現れている場合、速さを測る基準となる座標系を取り替えることによって方程式は変わります。言い換えると、マックスウェルの方程式は、ニュートンの方程式で定式化されている慣性系に関する不変性とは相容れないのです。

その当時の物理学の状況を要約すると、次のようになります――わたしたちの感覚との間に矛盾がなく、その関係が何百年、あるいはさらに何千年にもわたって受け入れられてきた幾何学に関係するニュートンの方程式は、空気や水のような地上界の媒質中の波の伝搬を含めて、運動の物理的な側面の多くを正確に記述していました。方程式が記述する運動は、物体の運動に関するわたしたちの直観――人類の発展過程の中で形成された直観――に合致しています。一方、マックスウェルの方程式は、波がその中で動く媒質を示すことなく波の存在を予言し、その定式化は人々によく知られ親しまれている幾何学とは整合していません。しかし、その方程式もまた、関係する物理的な現象の予言では驚くほど有効でした。

わたしたちはここからどのような方向に進んでいけばよいのでしょうか。一つの可能性は、二つの立場を両立させようとはしないことです。二つの方程式系の間には食い違いが見つかっていません。それらは異なる物理現象を記述しているのであり、物理における異なる現象を包括するただ一つの数学的理論があるとは誰にも保証できないのです。第二の可能性は、その方程式系の一方をその構造が第二の方程式系の構造と矛盾しない別の方程式系に取り替えようと試みることです。実際、食い違いを取り除くために、比較的新しい方のマックスウェルの方程式を別のものに置き換えようとする数多くの試みがなされましたが、どれも成功はしませんでした。次にアインシュタインがやってきて、驚くべき第三の解決法を提案しました。彼は世界の幾何学的描像を変えた——すなわち、わたしたちがそうであると感じているものとは異なるが、二つの方程式系を両立させる世界の幾何学の描像を示唆した——のです。アインシュタインの貢献は画期的な大事件でした。それはまた、この後第28節で論じる物理学の結果と、世界の幾何学に関する長年にわたる数学的研究を踏まえたうえで現れたということもできます。その数学的研究の際立った諸側面については、次の節で述べることにします。

27　世界の幾何学

アインシュタインの相対性理論を正当な視点に立って記述するために、話を二千年以上過去に戻さなければなりません。ギリシャの人たちにとって公理が何を意味したかをもう一度振りかえってみましょう。公理とは、そこから論理の力を用いて数学を推し進めていくことができる基本的な作業仮定でした。公理そのものは、何ら説明や実証を要しない自明な事実、物理的な真理、あるいは、理想的な数学上の真理でした。わたしたちが住む空間の幾何学はもちろん数学的に検証することができ、ユークリッドは幾何学に関する数学をその著書『原論』にまとめました。その本の中で、彼は、ギリシャ古典期に定式化されていた幾何学的空間の公理を提示しました。ユークリッドは、二点が与えられたときそれらを結ぶ直線が存在することや、平面上の一点とそこからの与えられた長さによってその点を中心とし与えられた距離を半径とする円が定義されることなどの「自明な」公理を含む十個（現代の定式化では十四個）の公理と公準を定式化しました。ユークリッドはやがて平行線の公準となった第五公理を、次のように定式化しました（左上図）。

もし、二本の直線を横切る一本の直線がその一方の側で二つの角を作り、その和が二つの直角の和より小さい（すなわち、一八〇度より小さい）ならば、二本の直線はその側で交わる。

今日受け入れられている平行線の公準の定式化では、次のように述べられます（左下図）。

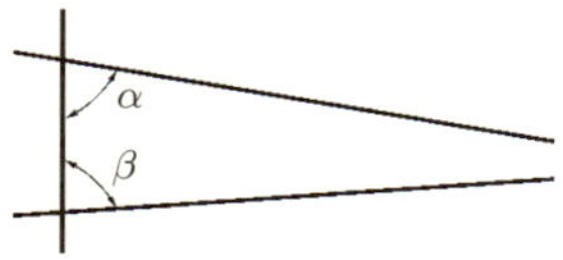

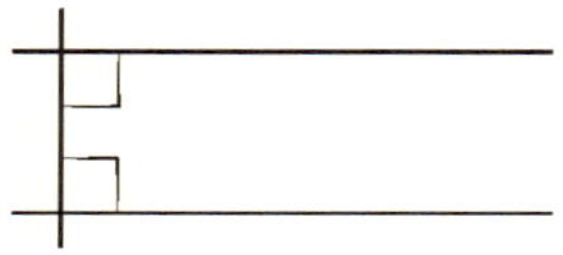

直線とその上にない点が与えられたとき、その点を通り最初の直線に平行な直線がただ一本存在する。ただし、平行とは直線の延長が決して交わらないことを意味する。

ユークリッド自身は平行線、すなわち、決して交わらない直線に言及することはありませんでした。理由は、おそらく、端のない、無限の直線が存在するという仮定を避けたかったからでした。第7節で書いたように、アリストテレスは無限と可能無限とをはっきり区別しました。彼は、可能無限は存在し、したがって、たとえば、いくらでも好きなだけ長い直線を描くことはできると主張しましたが、無限の存在は退け、したがって、無限の直線が存在することは否定したのです。ユークリッドは彼の本の中でそのような立場を採用し、無限の量を提示したり扱ったりすることを避けました。

第五公理はユークリッドのいた時代にも問題視されました。批判家たちは、第五公理は最初から明らかでも自然の観察から明白でもなく、したがって公理として含めるのは適切ではないと主張しました。そのため、ほかの自明な公理を用いてその性質を証明しようと試みられましたが、どれも失敗に終わりました。この問題への関心は数百年続きました。とくに注目に値するのは、ペルシャのウマル・ハイヤーム（1048–1131）とその学派による貢献と議論でした。それは、ユークリッドのもともとの第五公理が、今日でも受け入れられている平行線の公準に置き換えられた場所でもありました。そこでも、無限に延びた直線の存在を仮定すれば、二つの定式化が同じであることが証明されました。

数学と自然との間の関係がいかに複雑であるかを示す興味深い研究が、パヴィア大学にいたイタリアの数学者ジローラモ・サッケーリ（1667–1733）によってなされました。論理的な議論が引き起こしやすい困難を示すために、この事例の詳細を述べてみましょう。サッケーリは背理法、すなわち、矛盾による証明を用いました。すなわち、彼は平行線の公理が正しくないと仮定する道を選び、その仮定とほかの公理を使って証明できるほかの命題との間に矛盾を得ようと試みました。その方法によって、彼は公理が正しくないという仮定から導き出される矛盾が存在し、したがって、平行線の公理がほかの公理から導けることを示そうとしたのです。わたしたちは以前、第一章で矛盾による証明は自然なものではないことを示しましたが、実際、以下で示すように、サッケーリを導いた論理はその段階を一歩一歩追うことすら難しいのです。

平行線の公理は、二つの主張に分けられます。第一は、最初の直線に平行な直線が存在することであり、第二は、その直線上にはない与えられた点を通る平行線が二本以上存在しないことです。サッケーリは最初にその点を通る平行線が一本もないと仮定し、その（平行線がないという）仮定とほかの公理から得られる結果との間に矛盾を見つけることに成功しました。彼はもとの直線上にない点を通りもとの直線と平行な直線が少なくとも一本存在すると結論しました。彼は次にその点を通る平行線が二本またはそれ以上あると仮定しました。しかし、それら二本の平行線に基づく作図によって、彼は、非常に奇妙な——わたしたちの周りに見られる物理的空間の中には存在しないことが明らかであると思われるほどに奇妙な——性質をもつ平面を見つけました。そのことはサッケーリを確信させるには十分でした。こうしてサッケーリは、探していた矛盾が見つかったこと、そして（正しくないと仮定して矛盾が見つかるならば、それは正しいので）平行線の公理がほかの公理から導かれることを宣言しました。

しかし、サッケーリは、奇妙な性質がわたしたちの空間では存在しないという事実がユークリッドのほかの公理から導き出せるかどうかについては、検証する労を取りませんでした。それがなされたときに初めて矛盾があると結論できます。そうでない場合に引き出せる結論は、ユークリッドの公理はまた奇妙な空間の存在も許しているということだけです。その瑕疵《かし》は、もちろん、公理はわたしたちの周りの空間を記述しているのであり、そして、矛盾を確立するためには、わたしたちの物理的空間にはないある性質を見つけてその性質が数学的な空間の中には存在しないと結論づければ十分であるという信念から導き出されたものです。ほどなくして、サッケーリによって発見された性質とほかの公理との間には数学的な矛盾がないことがわかり、平行線公理がほかの公理から導かれるかどうかという問題は未解決であると宣言されました。

ドイツの数学者ゲオルク・クリューゲル（1739–1812）がこの問題を解決するために行った貢献は、概念上のものでした。ドイツのゲッティンゲン大学での彼の博士論文は、平行線公理と、それをほかの公理と調和させるための、それまですべて失敗に終わってきたさまざまな試みについての詳細な論考に当てられていました。クリューゲルは、ユークリッドの第五公理はわたしたちの感覚的な経験に基づいており、したがって正しくはないかもしれないという仮説によって論文を締めくくりました。言い換えると、ほかの公理は満たしながら平行線公理だけは満たさない幾何学があり得るということです。その宣言そのものをきっかけとして、研究者たちはその公理が成り立たない幾何学を構築しようと試み、これは迅速に行われました。一人はアブラハム・ケストナー（1719–1800）で、彼は百年ほど前にサッケーリによって発見された幾何学に類似する性質をもつ幾何学を構成しましたが、今回は結論が反対でした。すなわち、平行線公理は幾何学のほかの公理には依存しないということであり、その意味は、ほかの公理は成り立ちながらその公理は成り立たない数学的な空間が存在するということです。導き出された結論は、ユークリッドの公理系は物理的な空間を完全には記述していないということ——もし、その考えがサッケーリの頭を掠《かす》めていれば、問題が約百年早く解決へと導かれていたかもしれない可能性——でした。

当時ケストナーやほかの人たちが考案した幾何学は、自然の描写という文脈からは縁遠いことが明らかであると思われるほど奇妙な性格をもっていました。明らかな結論は、ユークリッドの元来の公理系にわたしたちが日常的に体験する空間を特徴づける新しい公理が付け加えられなければならないということでした。このような試みはケストナーの学生の一人、カール・フリードリヒ・ガウス（1777–1855）――すべての時代を通じて最も偉大な数学者の一人――によってなされました。生涯のほとんどにわたって当時ドイツのハノーファー王国にあったゲッティンゲンで研究したガウスは、貧しい家庭に生まれましたが、年少にしてすでに顕著であった並外れた数学的能力がブラウンシュヴァイク公爵の目を引くところとなり、公爵は自身のゲッティンゲン大学への影響力を行使してガウスを学生として受け入れさせました。ガウスが数学に対して行った貢献は莫大《ばくだい》なものでしたが、ここでは割愛せざるを得ません。彼の研究の多くは数論に関係していましたが、それ以外の分野での貢献も目覚ましく、また、彼は偉大な自然哲学者の一人でもありました。ガウスは指導教授であったケストナーから、平行線公理はほかの公理からは導かれないと学びましたが、少なくとも初期の段階ではまだ公理がわたしたちを取り巻く世界を記述していると考えていました。ガウスは、そこから平行線公理が証明できる「正しい」公理――すなわち、自明な公理という意味ですが――を示そうと何年もの間試みました。数年間の試みが不成功に終わると、彼の確信は揺らぎ、平行線公理に代わる新たな公理を探し始めました。彼は、平行線公理、すなわち、平行な直線は交わらないという性質は、わたしたちの日常的な経験――小さな距離の計測に基づく経験――の中では成り立つと考えました。すなわち、わたしたちを取り巻く世界を記述する幾何学は、小さな距離を扱うときには平行線公理に類似の性質に従います。たとえば、平行線公理から、三角形の角の和が一八〇度であるという結果が導かれます。平行線公理ではなく、別の公理を満たすことがわかる幾何学では、三角形の角の和は一八〇度よりも大きくなりました。ガウスは、三角形が小さくなればなるほど、角の和は一八〇度に近づいていかなければならない、あるいは、別の言い方でいうと、小さな距離に対しては、幾何学はわたしたちが日常的に経験する幾何学に似たものでなければならないという要請を付け加えました。平行線公理を除いて平面の公理を満たす幾何学でそれ以前に発見されたものはどれもそのような要請を満たしませんでした。

ユークリッドの公理系とガウスの新しい要請から平行線公理が証明できるのか、あるいは、もしかするとその新しい要請を使っても平行線公理は成り立たないのではないかという問題はまだ答えられないままです。後者の場合、物理的空間の真の幾何学は何かという問題はいっそう差し迫った問題として立ち現れてきます。このことに関係して、ガウスにまつわる次のエピソードが伝えられています。ガウスは、数学者として、国土の測量技術を開発しました。そこで彼は国家の公認測量師たちの指導に従事し、また自身も実際に測量を行いました。歴史的に実証されていないその話によれば、ガウスはドイツの互いに遠く離れた位置にある三つの山でできる三角形の角を測ろうとしたということです。もし、三角形の角の和が一八〇度を越えるのに十分なほどそれらの山の間の距離が大きいことがわかれば、ユークリッドの数学的な幾何学が物理的な現実を正しく記述していないことが証明できたはずでした。測量ではそのような三角形は見つかりませんでした。もしそうであったとしても、この話は、ガウス自身が、たとえその新しい条件を適用しても平面の公理系からは平行線公理が証明できないことを示すことで未解決問題を解決した事実とは矛盾しませんが、ガウスはその新事実を胸に秘めたままにしておきました。ガウスは、平行線公理が物理的な世界で成り立つと考えるか、成り立たないと考えるかについて口外することはありませんでした。

ガウスが提案した新しい条件を含めた平面の公理をすべて満足しながら、平行線公理だけは満足しない幾何学が存在し得ることを示す例が、二人の若い数学者によって互いに独立に発見されました。一人はカザン大学出身のロシア人、ニコライ・ロバチェフスキー（1793–1856）で、もう一人はハンガリー人でハンガリー軍の将校であったボーヤイ・ヤーノシュ（1802–1860）でした。ボーヤイの父はかつてガウスと文通したことがある有名な数学者で、この世界の幾何学に関する疑問を書き綴《つづ》ったガウスの手紙を受け取っていました。ロバチェフスキーとボーヤイは、どちらも、求められていた性質をもつ幾何学、すなわち、小さな三角形の角の和は一八〇度に近く、大きな三角形についてはこのことが当てはまらない幾何学を構成しました。若いボーヤイが自身の発見をガウスに知らせたとき、ガウスは彼に自分――ガウス――がすでにそのような幾何学に到達していたことを示しましたが、ガウスは寛大で、その発見者として認められる権利を主張はしませんでした。

数学的な問題は解かれました――空間は小さな距離の範囲内ではわたしたちが日常生活の中で経験するように振舞わなければならないという要請を加えても、平行線公理はユークリッドの公理系からは導かれないのです。しかし、物理的な問題は残っています――公理に従う可能なさまざまな幾何学のうち、どれがわたしたちの世界に適用できる幾何学なのでしょうか。これは取るに足りない問題ではありません。ニュートンの理論は、彼のもとの方程式とニュートン以来のすべての方程式やそのほかの発展を含め、すべて平行線に関する公理を含むユークリッドの公理系によって定義される空間に基づいていたことを思い出さなければなりません。この数学から導かれることすべてが物理的な空間には無縁であるなどということがあり得るでしょうか。

ここで、ベルンハルト・リーマンが登場します。短い生涯（彼は一八二六年に生まれ、四十歳の若さで亡くなりました）にもかかわらず、彼が数学と物理学に果たした貢献は画期的なものでした。ゲオルク・フリードリヒ・ベルンハルト・リーマンはガウスの学生でしたが、すでに学生のころから独自に研究を開始しました。貧しい家庭に生まれた彼はとても病弱な子どもであり青年でした。彼は当初、神父になろうと考えて神学を学び始めましたが、それと同時に数学において素晴らしい才能を発揮し、聖書の研究を数学と統合しようと試み、創世記を数学の観点から検証することまでも企てました。若いベルンハルトの数学的才能を認めた父は、ゲッティンゲン大学に志願するように勧め、彼はガウスの指導のもとで博士の学位を目指して研究することにしました。定められた勉学と研究の方法に従って受験者は三つの研究テーマを提出し、それを指導教授と論文審査委員会が承認することになっていました。次に指導教授と委員会は、学生がそのテーマについて論文を書くためにあらかじめ定められた期間を設定するのでした。リーマンが提出した三番めのテーマは、彼が死去してから何年も後になって、世界の幾何学についての認識を一変しました。

リーマンの方法もまた公理を定式化するものでしたが、わたしたちが見たり感じたりするものを記述する公理を探し求める代わりに、彼は物理的な空間が満たす「べき」である公理系を作り出しました。ここで、「べき」とは、「最も近い」や「最も短い」という概念が公理系の中で意味をもつことを意味します。その手法は線や面に対して定まる角度の構造、そして、いろいろな面の曲率に関係しています。数学のこの分野は、微分幾何学とよばれています。

この分野の根底にある概念を理解するためにこの分野を専攻する必要はなく、そしてその概念とは測地線――二点を結ぶ最も短い線――の概念です。ユークリッド空間においては、直線が二点を結ぶ最短径路です。一般の幾何学では、必ずしもそうであるとは限りません。ある種の幾何学では、ユークリッドの意味での直線は存在しないが二点を結ぶ最も短いルートは存在するということもあり得るのです。説明のために、次の例を考えてみましょう――地表の幾何学では直線はありませんが、測地線はあります。ほぼ同じ緯線に沿う二つの町――たとえばサンフランシスコと東京――の間を飛ぶ飛行機はずっと北に向かうルートを選びます。それが最短だからです。一般の空間における測地線は、リーマン幾何学の基本要素を構成します。リーマンがこのような構造を定義するひらめきをどこで得たのかは明らかではありませんが、ただ、明らかなことは、彼は自然の幾何学を記述したり決定したりすることの難しさを知り、指導者であるガウスの研究に精通していたことです。同時に、彼は最小作用の原理やそれに先行するフェルマーの原理についてもよく知っていました。したがって、彼が最短距離と最小作用の原理を適用できる一般の――必ずしもユークリッド的ではない――幾何学を構築したいと思っていたことは明らかでしょう。リーマンはその意図を明らかにできる前に亡くなりました。彼が後世に残した数学的な道具――とくに、最短距離に基づく幾何学――は、アルベルト・アインシュタインが自然の新しい幾何学を構築するときに役立ちました。

28 そして、アインシュタインがやってきた

十九世紀が終わりに向かう時代に、数学による自然の記述がどのような状況であったのかを思い起こしてみましょう。一方では、算術[2]とユークリッド幾何学を基礎とするニュートン力学が、天上界の力学と地上界の工学的な問題の双方においてすでに計り知れない成功を収めていました。ニュートン力学の成功のある部分は、神秘的な物質――エーテル――の存在に起因するとも考えられます。その一方で、マックスウェルはすでに電磁波の存在を予言する方程式を提示し、その電磁波は実際に見つけられていました。エーテルはそのような波が移動する媒質とはなりえず、また、それ以外の媒質も知られていませんでした。加えて、もし、マックスウェルの方程式をニュートンの幾何学の中で適用すると、ニュートンの理論の非常に重要な一つの要素――すべての慣性系で観測が行えること――が欠落するのでした。同時に、その時代の数学者と物理学者は、ユークリッド幾何学がわたしたちが住んでいる世界を記述するためにふさわしい幾何学であるのかどうかについて疑問を抱き始めま

[2] ［訳注］微積分法を含む。

した。その感覚は——そして、ガウスは実際にはっきりと述べているのですが——算術は自然を記述する道具として信頼できるが、自然の幾何学がどのようなものであるかは明らかでなく、幾何学はそのような道具としては信頼できないということでした。

これがアインシュタインもよく理解していた状況でした。さらにいくつかの発見や仮説も提示され、それらからの影響も受けたかもしれませんが、彼がどの程度までそれらに触れ、また、知っていたのかは明らかではありません。このような発見の一つは、アメリカの二人の物理学者、アルバート・マイケルソンとエドワード・モーリーによる有名な実験でした。その当時、科学界は力が作用する媒質としてのエーテルの存在をまだ信じていました（マックスウェルの理論はまだ受け入れられておらず、マイケルソン—モーリーの実験が行われたのは電磁放射線が実験室で発見される以前のことでした）。提起された問題の一つは、エーテルは地球に対してどちらの方向に動いているのかということでした。実験のアイディアは、エーテルは光の波が伝播する媒質であるという事実を利用することでした。

原理は単純であった。光線が地球上の光源Aから点Bにある鏡に向かって進み、戻ってくると仮定する。ただし、鏡はAからBに向かう方向が地球の軌道の方向となるように調整する。同時に、別の光線が同じ光源Aから点Cにある鏡に向かって送り出され、戻ってくる。ここで、AからCに向かう方向は地球の軌道の方向と直角になるようにする。簡単な計算で示されるように、最初の光線は二番めの光線よりも後に戻ってくることになる。この主張はまったく直観的ではないので、計算が必要である。それが正しいことを理解するために、光速が地球が動く速さのちょうど二倍であると想像しよう。その場合、第一の光線がAからBに行くために移動しなければならない距離は、実際の二点間の距離の二倍である。その時間に、第二の光線はすでにAに戻ってきていることになる。すなわち、先に光源に戻るということである。現実には、光速は地球の速さの二倍よりずっと速く、それぞれの光線が光源に帰ってくる時間の差はごくわずかだろう。

マイケルソンは測定を実行に移すために必要な一連の精巧な事前実験を一八八一年に開始しました。一八八六年にモーリーが加わり、二人の協働の結果、光線が光源に戻ってくる時間には差がないことが示されたのでした。この実験の結果、エーテルは光が伝搬する媒質であるという仮説に疑いが起こりました。

オランダの物理学者ヘンドリック・ローレンツ（1853–1928）は、マイケルソン－モーリーの結果にうまく合致する力学を記述する数式を提案しました。その式は、わたしたちの感覚による知覚に基づいているためにそれまでずっと自明であると考えられていた仮定に修正を加えるものでした。その仮定というのは、もし物体Fが物体Gに対して速度v_1で運動し、物体Gが物体Hに対して速度v_2で運動しているならば、物体Fは物体Hに対して速度$v_1 + v_2$で運動しているというものです。ローレンツはこの公式を別のもの（その詳しい式は現在の議論にとって重要ではありません）で置き換えることを提案し、その公式によれば、速度が小さいときは、物体Hに対する物体Fの速さはわたしたちの感覚が知覚するもの、すなわち$v_1 + v_2$に非常に近いのですが、物体Fが物体Gに対して非常に速く、たとえば光速に近い速さで運動し、かつ、物体Gは物体Hに対して光速に近い速さで運動しているときは、物体Fの物体Hに対する速さも光速に近いこと（そして、ニュートンの理論から推論されるような、その速さの二倍ではないこと）が示されました。ローレンツはまた、もし彼の公式をマックスウェルの方程式に適用すれば、すべての慣性系において同じ方程式が得られるとも述べました。

当時、世界で最も有名な数学者の一人であったフランスのアンリ・ポアンカレ（1854–1912）は、ローレンツの公式はニュートンの法則とマックスウェルの方程式の違いに対する最良の説明を与えていると述べました。ポアンカレ自身はローレンツの変換から導かれる力学を展開し、すでに一九〇〇年に、そして、後に追加して発表した数編の論文の中で、後に特殊相対性理論として知られるようになった理論を完全な形で発表し、その中には質量とエネルギーの間の関係の一つの形、すなわち、$E = mc^2$が含まれていました。ローレンツが提示した公式のポアンカレによるこれらの発展は、以下で述べるアインシュタインの特殊相対性理論にきわめて近いものでした。しかし、実際に一九〇二年に物理学でノーベル賞を授与された有名な物理学者であったローレンツも、ポアンカレも、それらの公式を使ってニュートンとマックスウェルの理論の統合を試みたそのほかの人たちも、公式から正しい結論を引き出すことはありませんでした。そのことを行ったのはアルベルト・アインシュタインでした。

アインシュタイン（右で述べたように、これらの発展についての知識がどの程度だったのかは知られていません）は、ローレンツの公式を採用し、そこからわたしたちの日常的な経験に基づく直観に完全に矛盾するある物理的な性質を抽出しました。その性質とは、光速がすべての慣性座標系において一定であるということです。そのことを言い換えると、もし光がある物体Gに対して速さcで進み、物体Gはある物体Hよりずっと速く、たとえば、光速の半分で進んでいるとしても、光は物体Hに対してやはり速さcで進むということです。このことから、物体を光速より速く動かすことは不可能であるという結論が導かれます。ある意味で、アインシュタインは、世界の幾何学は、速さを合成する公式を含めて、ニュートンの公式よりローレンツの公式を用いる方がうまく記述できると主張したのです。右で述べたように、比較的低い速さではローレンツの公式はニュートンの公式に非常に近いということ、そのことこそが、比較的低い速さだけからなる日常の経験に基づくわたしたちの直観がニュートンの公式を世界を記述するものとして受け入れるようにわたしたちを導いた理由です。

位置と速さとの間の新しい関係を記述する数学は、かつて一度も思い描かれたことのない——そしてとくに、わたしたちの直観に反する——ものである可能性をアインシュタインに気づかせました（マックスウェルの基礎的な貢献を契機として、数学がまったく新しい現象の発見につながることがあるという認識は、すでに受け入れられていました）。方程式から、質量がエネルギーに変換されるという結論が導かれます。これは物理的には意味のない数学的な言明として、テクニカルで数学的な結論の領域に留まることになっていたかもしれません。しかし、アインシュタインは、方程式を物理的な真理であると解釈し、質量とエネルギーの間の交換が可能であるという結論を（その時点では、この可能性を制御したり利用したりする方法はわからなかったにもかかわらず）引き出しました。彼はさらに、質量とエネルギーの等価性の方程式から、（いくつかのより複雑な形の式を経た後に）有名な公式 $E = mc^2$ を導き出すことさえもしました。アインシュタインはこれらの発見を一九〇五年に現れた二編の論文で発表しました。三年後の一九〇八年、アインシュタインがスイスのチューリッヒ連邦工科大学の学生だったときの指導教授の一人、ヘルマン・ミンコフスキー（1864–1909）は、時間の座標に特別な地位を与えずに空間のほかの座標と同じように扱う新しい幾何学を提示しました。この新しい幾何学の規則を書き下すために、ミンコフスキーは、ニュートンの導関数の体系をより込み入った関係にまで拡張した、テンソル解析とよばれる理論を開発しました。こうして特殊相対性理論は、物理的な側面とその基礎となる数学的な側面の両面から確立されたのです。

興味をもたれる疑問は、右で触れたように特殊相対性理論の本質は公式 $E = mc^2$ を含めてすでにアインシュタインよりも前にポアンカレによって発表されていたにもかかわらず、なぜアインシュタインがこの理論に対するすべての名声を受けとったのかということです。時折起こる陰謀説を無視するなら、答えは二つの部分からなっています。アインシュタインの理論とポアンカレの理論との間の第一の違いは概念面での違いです。ポアンカレは新しい数学を展開しましたが、その数学が新しい原理をもつ物理学であることには気づかなかったか、あるいは少なくともそのように明確に宣言し強調することはありませんでした。アインシュタインは、もちろん数学は使いましたが、その研究の焦点は新しい力学が導き出される物理的原理にありました。したがって、新しい物理学をアインシュタインの業績とすることは完全に正当な考えなのです（アインシュタインが彼の理論に取り組んだのはベルンの特許局にいるときのことであり、それは彼がポアンカレの結果の全容を知る以前のことでした）。解答の第二の部分は、ポアンカレの論文は緻密に書かれており読みづらいのに対し、アインシュタインはただちに本質的な部分と新しい論点に議論を集中し、理論をほとんど直観的なスタイルで提示したということです。たとえば、ポアンカレは、質量の対エネルギー比率を $m = E/c^2$ で与えましたが、この式は一般によく知られているスタイルよりも理解しにくいのです。単純なものには明らかな利点があります。

特殊相対性理論は、ニュートン力学をマックスウェルの電磁力学と統合しました——言い換えると、双方の物理現象を結びつける共通の数学的体系を与えたのです。光速より著しく低い速さについての数学的な解析は、事実上ニュートンの理論に一致します。相対性理論が関与する効果は、光速に近い速さにおいてのみ出現するのです。古典的な工学の場面では、ニュートンの公式の使用は十分に正確であり、何年もの間、理論の中で相対性が関与する部分は科学者だけの領域の中にありました。たとえば光速通信が誰の生活にもかかわっている現代には、相対性を記述する方程式は広く工学分野の用途に用いられています。

ニュートンの自然法則の一つである重力は、特殊相対性理論の数学的枠組みからは外れています。さらに、ニュートンの第二法則と重力の法則は、どちらも質量に——同じ質量に——関係しています。もしこれらが異なる法則であるなら、両方の法則に同じ物理量が登場する理由はありません。アインシュタインは、二つの法則が同じ現象の二つの側面であることを示唆しました。彼が論拠として示した例は、エレベーター内の自由落下、すなわち、綱が切れて自由落下しているエレベーターでした。その中では、乗客は重力によって加速しつつあるのに、どのような力が働いていることにも気づきません。すなわち、力の作用もまた相対的なものなのです。特殊相対性理論の場合は必要な数学がすでに用意されており、アインシュタインの主な貢献はその物理的な解釈を示すことでしたが、重力の研究ではアインシュタインは最初に物理的な仮説を設定しました。しかし、数学を伴わない仮説に科学的な価値はありません。アインシュタインは、重力とそれ以外の力を統合する数学的な理論を見つける試みに数年の研究期間を充て、部分的な結果を含む論文を何編か発表し、そしてついに一九一六年、一般相対性理論を提示する決定的論文を発表しました。再び、その解決には世界の幾何学の新しい提示が必要でした。アインシュタインが使用した数学的な枠組みは、それより六十年ほど早くリーマンが提唱したもの（前節参照）であり、この幾何学的世界を舞台として力学を記述する数学的な道具はミンコフスキーが特殊相対論の世界の幾何学を示すために開発したテンソル解析でした。

アインシュタインは、ガリレオとニュートンによる慣性の概念を採用しましたが、彼が採用したのは、力が作用していない物体は測地線——すなわち、空間の二点間の最短線——に沿って運動し続けると述べる形によるものでした。次に、アインシュタインは、物理的な空間の幾何学では、二点間の最短線はニュートンの意味での直線ではなく、ニュートンの空間内では曲線のように見える線であると主張しました。そして、曲線の曲率を引き起こしている要因は質量の存在なのです。この記述に従えば、重力による引力は、幾何学的性質の結果にすぎません。たとえば、わたしたちは太陽が地球を引き付け、そのために地球は直線に沿う運動を続けずに太陽の周りを回ると考えますが、実際に起こっていることは、太陽が空間を変形させた結果、空間の幾何学における最短径路であるという意味では地球の楕円軌道が事実上の「直線」であるということです。これは単なる言葉の遊びでしょうか。それとも、わたしたちはこれまでに感覚が一度も知覚したことのない物理的な性質を論じているのでしょうか。それを判定するのは、理論がほかの方法では説明できないことを説明できるかどうかであり、そして、もし理論がそれまでにはなかった新しい事実を予言できるなら、信憑性はさらに増すことになります。

新しい幾何学を使ってアインシュタインが説明した自然の一つの側面は、水星の軌道について発見されたごくわずかな変化（近日点移動）でした。その変化に対し、天文学者たちは未発見のもう一つの惑星の影響などの別の説明をすでに提案していました。アインシュタインもまた、新しい予言を提案しました。もし決定要因が幾何学であるとするならば、通常の重力が働かないとされる物理的実体はニュートンの意味の直線ではなくアインシュタインが予言する曲線をたどるはずです。光そのものはそのような物理的実体です。もし物理空間が太陽の付近で曲がっているのなら、太陽の付近を通過してわたしたちに届く星の光は曲がった進路をたどって届くことになり、わたしたちには違う位置にあるように見えるでしょう。一般的には太陽の方向から来る星の光は見えません。光がやってくる方向を確認し測定する千載一遇のチャンスは皆既日食の間です。いくつもの科学観測隊が、数年にわたりアインシュタインの予言を確かめようと試みましたが、あるときはちょうど日食のときに空が雲で覆われてしまうなどの悪い気象条件のために、またあるときはドイツとロシアの戦争の真っ最中に日食が起こり、観測隊の天体観測用機材がスパイを警戒するロシア当局によって没収されるなどの政治的事件のために、いずれも失敗に終わりました。

確認の瞬間は一九一九年五月二十九日、ほぼ七分間続く最も長い皆既日食の一つが起こったときにやってきました。日食はブラジルで始まり、南アフリカに移っていきました。イギリス王立協会によって二隊の観測隊が組織され、一方はブラジルに、もう一方は南アフリカ沿岸の小さな島に向かいました。どちらの観測隊も測定に成功し、アインシュタインの一般相対性理論を裏づけることができました。後に、彼らが用いた機材は彼らが到達した結論を引き出すのに十分な精度があったのかという疑いが表明されました。いずれにしても、それ以来一般相対性理論は何度も確認されています。[3] アインシュタインの方程式は世界の幾何学を

[3]［訳注］一九一六年、アインシュタインは一般相対性理論に基づいて重力波の存在を予言した。百年後の二〇一六年二月、カルテック、ＭＩＴ、ＬＩＧＯは、ブラックホールの連星が合体するときに放出された重力波の直接観測に成功したと発表した。

正しく記述しているのです。特殊相対性理論の場合と同様に、一般相対性理論も、何年もの間、科学者にしかかかわりのないものでした。今日、たとえば、ＧＰＳ（全地球測位システム）などのための宇宙空間の利用が広がるにつれて、一般相対性理論に含まれる現象が工学にも関係してきています。

　しかし、数学の直観的解釈の名人であるアインシュタインでさえ、直観の錯誤からは逃れられませんでした。一般的な認識は、究極的には重力が宇宙に崩壊を引き起こすというものでした。アインシュタインの直観は彼に宇宙は安定していると囁《ささや》いたので、彼は方程式にある定数――方程式を安定化させる宇宙定数――を加えて修正しました。後にエドウィン・ハッブル（1889–1953）は、宇宙は実際には膨張していること、そして膨張は一定の比率で起こっていることを発見しました。アインシュタインは方程式から宇宙定数を取り除き、この定数を書き加えたことは自らの科学者人生における最大の誤謬だったといいました。この言葉は、もし彼がもとの方程式を信じていたならば、宇宙の膨張をそれが実験データの解析によって発見される前に予言できていたかもしれないといっているものと解釈できます。最近、膨張そのものが加速されていることが発見されました。このことは、宇宙定数を方程式に――ただし、今回は膨張の加速に合わせるために――戻すことによって説明できます。つまり、定数を方程式から除いたことはアインシュタインが犯した第二の間違いであったことがわかったということもできます。

　アルベルト・アインシュタインは、誰もが認める現代における最も有名な科学者であり、それゆえにまた、その人について最も多くの書物が書かれている科学者でもあります。ここで、彼の人生と研究に関する主な事柄のいくつかについて、わたしたちの説明に関連する範囲で触れておきましょう。アインシュタインは一八七九年、当時ドイツ帝国の一部であったヴュルテンベルク王国の町ウルムで生まれ、一歳のとき両親とともにミュンヘンに移りました。子ども時代から青年期まで、彼は学生としてとくに目立つことはありませんでしたが、かといって（後にうわさされたほどに）ひどく遅れを取ったわけでもありませんでした。十五歳のとき、家族は経済的理由からイタリアに移りました。アルベルトも家族についていきましたが、新しい環境にうまくなじめず、中等教育課程を修了するためにスイス北部のアーラウに送られました。一八九六年、彼はチューリッヒにあるスイス連邦技術専門学校（現在のスイス連邦工科大学）に入学を許可され、一九〇〇年に卒業しました。大学の勉学でも、主として自分に興味がある科目である物理学、数学、哲学に集中したため、とくに秀でることもなく、これらの科目でも勉学自体を辛抱してやり抜くよりは自分の時間とエネルギーを自主的な読書に向けました。勉学を終えて数年間は教育職のポストを得ようと試みましたが、うまくいかず、結局、一九〇二年にベルンにあるスイス特許庁で審査官の職を与えられました。職場で彼は工学分野での使用が着実に増えつつあった電子機器に関する特許申請を数多く審査しなければなりませんでした。

アインシュタインは、かつて勉学の中で出合ったマックスウェルの理論に興味をもち続け、とくにその理論の科学的側面に没頭し続ける一方、ほかの科学的な科目や哲学的な科目にも没頭しましたが、学問の形式的な枠組みには捉われませんでした。同時に、彼はチューリッヒ大学で学びながら研究を行い、一九〇五年に博士号を授けられました。その同じ年、まだ特許審査官として働きながら、彼は現在、科学に深い足跡を残した四編の画期的な論文を発表しました。最初の論文は光電効果に説明を与えるもので、次の節でこの話題に戻ります。論文のうちの二編では、現在では特殊相対性理論とよばれているものを――初めの論文では右で述べた新しい幾何学から導かれる力学の法則を、次の論文ではエネルギーと物質の等価性を――扱いました。第四の論文では、ブラウン運動に類似した粒子の運動の数学的基礎について記述し、これらの一連の論文によって一九〇五年はアインシュタインの「奇跡の年」とよばれるようになりました。ブラウン運動はさまざまな状況において報告されている微視的な粒子のランダムな運動で、十九世紀のスコットランドの植物学者ロバート・ブラウンにちなんで名づけられました。アインシュタインのこの論文は、ランダム・ウォーク（酔歩）とよばれる数学の分野――今日でもなお活発な興味がもたれている数学の中の一つの領域――にとって踏み切り台の役割を果たしました。

これらの傑出した貢献によって、アインシュタインに広範囲から学術的称賛が集まり、チューリッヒ大学から准教授の職位を提示されるまでになりました。しかし、彼の学術的な世界での名声が一般の人々にまで浸透するのには時間がかかりました。一九〇九年、奇跡の年の四年後、チューリッヒ大学からの教育職の申し出のためであると説明してアインシュタインが特許庁を辞職したとき、事務所の上司は、「アインシュタイン君、ばかをいいふらすのはやめて、辞職の本当の理由をいいなさい」という言葉で応じました。そのとき、彼はすでに重力の理論に関する研究に着手しており、一般相対性理論を提示する論文を一九一六年に発表するまでの約十年間をその研究にあてました。その間に、プラハ大学とチューリッヒのスイス工科大学で、短期の間、教授として勤務しました。

一九一三年、アインシュタインはその当時の世界で最も有名な二人の科学者――物理学者マックス・プランクと化学者ヴァルター・ネルンスト――から個人的な招待を受け取りました。彼らが、ベルリンのカイザー・ヴィルヘルム物理学研究所の所長の職位を受け入れるようにアインシュタインを説得するためにチューリッヒにやってきたので、アインシュタインは一九一四年にそちらに移りました。前節で述べたように、一九一九年に一般相対性理論の正しさが実証されたことはアインシュタインの名声を世界中にとどろかせる事件となりました。

彼は一九二一年にノーベル物理学賞を授与されましたが、受賞の理由は相対性理論への貢献ではなく、光電効果の理解に対する貢献でした。スウェーデン王立科学アカデミーは、もちろん、特定の業績に対して賞を授与しない理由を公にすることはありませんが、非公式な説明によれば、アルフレッド・ノーベルの遺志に従って、賞は人類の幸福に資する実用的な価値の達成に対して贈られることとされており、相対性理論にそのような価値があるとは考えられないということでした。このような偏狭な指針ですら、相対性理論に関していえば正鵠《せいこく》を逸していたことは明らかです。別のうわさによれば、スウェーデン王立科学アカデミーのノーベル賞委員会のメンバーの中に、その業績の偉大さは認めるものの相対性理論が正しいことを納得できなかった人が何人かいたということです。

アインシュタインはベルリンでの時間を、主として重力の力学とそのころまでに発展してきていた量子論の両方を説明する統一理論を見つける試みの研究に当てました。彼はこの試みを、一九三三年のナチスの政権就任のために移っていたアメリカでの最後の数年間まで続けましたが、大きな成功は得られませんでした。政権交代の時点で彼がドイツにいなかった（アメリカを訪問中であった）ことは幸運でした――ナチス政権下で彼の財産は没収され、ドイツ市民権を失い、彼の理論は間違ったユダヤ的な理論であると宣言されたのです。彼は、ロサンジェルスから遠くないカリフォルニア工科大学（カルテックの名でも知られる）パサデナ校でしばらく過ごした後、ニュージャージー州のプリンストン高等研究所にスタッフとして加わりました。彼は一九四〇年にアメリカ市民となりました。

質量とエネルギーの等価性の実験的確証はやっと一九三〇年代になって達せられました。第二次世界大戦の勃発は、質量をエネルギーに変換する技術の加速度的な開発を促し、その開発の頂点にあったのが原子爆弾の製造でした。原子爆弾が広島と長崎に投下されたことにより、戦争は終結しました。

一般に、アインシュタインは政治からは距離をおいていましたが、自らの自由主義的な平和主義の見解を表明することにはためらいませんでした。それにもかかわらず、第二次世界大戦中、彼はドイツの人たちよりも先に原子力を手に入れるために原子爆弾の開発に賛同する手紙にサインしました。生涯を通じて非宗教的なユダヤ人であったアインシュタインは、自らがユダヤ人であることに対し、そしてユダヤの人々に対し共感し、イスラエル国の創設を支持し、初代大統領ハイム・ヴァイツマンの死去にさいしては、次期の大統領になるようにとの要請すらも受けました。彼はその地位にふさわしくないと考えたので、自分は「人民を適切に扱い、公的執務を遂行する生まれついての才能と経験の両方」を欠いていると述べて、その申し出を丁重に断りました。一九五五年、彼はプリンストンで亡くなりました。

29 自然の量子状態の発見

アリストテレスは、物質は切れ目なくつながっていると考えました。レウキッポスとデモクリトスを筆頭とするほかのギリシャの科学者たちは、物質は分割不可能な原子からできていると主張しました。原子論的な構造を支持したギリシャの人たちの立場は哲学的な思索に基づいたものであり、実験的な証拠はありませんでした。原子論の反対論者たちの立場は、わたしたちの感覚による理解に整合していたために、十六世紀まで続きました。その世紀の終わりから十七世紀の初めにかけて行われた実験の結果から、物質は連続していないという認識が芽生え始めました。この新事実に対する最も著名な貢献者は、原子を同定し、原子から構成される分子の概念を導入したイギリスの化学者であり哲学者でもあったロバート・ボイル（1627–1691）と、すべての物質は原子から構成され、原子の類型が物質の性質を決定しているという理論を考案した同じくイギリスの化学者であり物理学者でもあったジョン・ドルトン（1766–1844）

でした。ドルトンはまた、分子を構成している原子の相対的な重さに基づく分子量の概念を導入しましたが、それによってわたしたちはさまざまな物質を同定し、時には精製することができます。

もう一つの重大な発見がロシアの化学者、ドミトリ・メンデレーエフ（1834–1907）の手によってなされました。彼は、元素の周期表を初めて構築したのです。メンデレーエフの時代には、六十種類の元素が知られており、それらの元素の性質に基づいて彼は部分的な表を作り上げ、その表にない化学元素の存在を何とか予言しましたが、その後ほどなくしてそれらの元素は発見されました。メンデレーエフの物語は本当に素晴らしいのですが、わたしたちの視点では彼の発見が審美性、対称性、単純性の仮定に基づいていたのを指摘することが重要です。彼はこの周期性に対する物理的な説明は示しませんでした。電子——現在ではその軌道によって周期表が説明される——はまだ知られておらず、原子は分割できないと信じられていたのです。

負の電荷をもつ粒子——すなわち、電子——の発見によって様相は一変しました。電流は電子の運動からなっていること、その電子は原子の内部から来ていること、したがって原子には異なる部分からなる内部構造があることがこのとき理解されました。さらに、異なる原子では電子の個数が異なりますが、一般にその電荷は陽子とよばれ、正の電荷をもつ同じ個数の粒子によって平衡が保たれています。陽子の個数ではいろいろな原子からなる分子の重さ（分子量）の比を説明できませんでした。一九〇八年に化学でノーベル賞を授与されたイギリスの物理学者アーネスト・ラザフォード（1871–1937）は、一九一〇年に電荷をもたない粒子（中性子）の存在と、原子のモデル——今日なお使われている陽子と中性子をその中にもつ核とその周りを運動する電子からなるモデル——を提案しました（中性子の存在は一九三〇年まで実験的には検証されませんでした）。

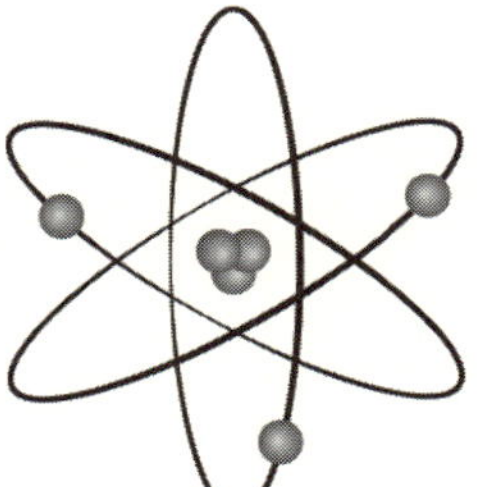

陽子と電子の個数が原子の電気的性質を決定し、一方、中性子の個数は原子の重さ（原子量）と陽子の個数との間の差を説明しています。ラザフォードは彼のモデルととも

に適切な数学的計算を提示しましたが、それは状況の説明に役立つ数学的モデルであるというよりは、むしろ、太陽系から導き出される直観に基づいたメタファー的なモデルでした。（もし、トレミーのモデルがまだ優勢を保っていたなら、ラザフォードがどのようなモデルを示唆していたか、考えてみると面白いでしょう）。そのようなモデルの必要性は明らかです。人間の脳にとって、関連のある情報は規則的なパターンの中に配置する必要があり、それらのパターンの枠組みは既知のパターンから取るのが一般的です。

　ラザフォードのモデルには、しかし、いくつかの重大な欠陥がありました。主も大きな欠陥は、もし電子が通常の電荷をもつ粒子であるならば、つねに核の周りを回転することによってエネルギーの放出と損失を生じ、やがては核に衝突するはずですが、現実にはそのようなことが起こっているようには見えないということでした。ドイツの物理学者マックス・プランク（1858–1947）は、広い範囲に影響力のある仮説を提案しました。彼は電磁放射の研究の中で驚くべき事実に遭遇したのです。彼が発見したのは、エネルギーは、今日なおプランク定数とよばれている一つの基本的な量の整数倍でしか伝搬されないということでした。彼は、エネルギー量子の発見により一九一八年にノーベル賞を授与されました。

　そのアイデアは、アインシュタインがこの仮説を光電効果の説明に使うまでは受け入れることが困難であると思われたほど革新的でした。その現象というのは、光線が金属板を照らすと、金属板から電子が飛び出しますが、それは連続的にではなく、光のエネルギーが変化する幅に応じて起こるということです。アインシュタインの説明は、原子核の周りにある電子はあらかじめ決められたエネルギーレベル――プランク定数の整数倍――でのみ存在でき、そして、光そのものが同様なエネルギーレベルをもつ離散的な光子《こうし》からできているというもので、この説明によってアインシュタインが一九二一年のノーベル賞を受賞したことはすでに述べました。

　アインシュタインの説明に、さらにほかの実験の結果を合わせることによって、デンマークの物理学者ニールス・ボーア（1885–1962）は改良された原子モデルを提案し、一九二二年、ボーアはこの研究でノーベル賞を授与されました。ボーアのモデルでは、電子は原子核の周りのあるエネルギーレベル、すなわち、ある軌道上でのみ見つかり、電子はそれらの軌道上ではエネルギーを失いません。一つのレベルから別のレベルへの移行は外部とのエネルギーのやり取りに依存し、その量はプランク定数の整数倍です。ボーアはさらに、各レベルにおける電子の個数やいろいろなレベルそのものの計算へと進んでいきました。計算が当時までに得られていたデータに適合し、さらには実験結果の予測にも使われたことによって、モデルの信頼性は自然に増していきました。ボーアのモデルは粒子としての光子と電子に着目したもので、光の波のような運動は無視されていました。フランスの科学者ルイ・ヴィクトル・ド・ブロイ（1892–1987）は、この乖離に橋を架けようと試み、物質にはその類型によらず波と粒子の双方の性質があり、物質のサイズが大きくなるにつれて物質の粒子としての性質が優勢になると主張しました。彼はさらに、元素の大きさから波の波長を決める公式も与え、大きな物体に対する波の波長は実際には知覚できないほど小さくなることを示しました。[4] これは、わたしたちはみなある程度まで波であるのに、そうであるとは感じないという事実を説明する重要な結果でした。ド・ブロイは一九二九年にノーベル物理学賞を授与されました。

これらの結果と洞察のすべては、観察に一致する数値的な計算を含めて、原子と粒子の構造について知られている事実の詳細な記述を与えました。しかし、モデルは数学的な説明を与えてはいませんでした。そして、数学がないところに理解はないことは何度も強調しているとおりです。

30　驚異の方程式

量子現象の数学的説明を提出したのは、ドイツで研究し、生活もしたオーストリアの物理学者で数学者でもあったエルヴィン・シュレーディンガー（1887–1961）でした。彼はチューリッヒ大学の教授であった一九二六年に書いた論文の中で、後にシュレーディンガー方程式とよばれるようになる方程式を提示し、それによって、一九三三年にイギリスの物理学者ポール・ディラック（1902–1984）と共同でノーベル賞を授与されました。後に彼はベルリンに移りましたが、一九三三年に反ナチの態度表明としてドイツを離れ、イギリスに移りました。彼はイギリスからさらにアメリカへ渡りましたが、プリンストンに短期間滞在した後イギリスに移り、それからスコットランドに移り、そして最

4［訳注］波長の検出は大きな物体ほど難しい。二〇〇二年、ウィーン大学のナイルツ、アルント、ツァイリンゲルは、炭素原子六十個で構成されるサッカーボール状の構造をもつフラーレン C_{60} の波長の測定に成功したと発表した。

後に、一九三六年に、オーストリアに戻ることを決心してグラーツ大学に向かいました。グラーツで彼は三年前に発表したナチス批判の撤回声明を公示することを余儀なくされました。それでも、グラーツでの職は解かれ、一九四〇年に第二次世界大戦の間中立国だったアイルランド共和国に移り、そこでダブリン高等研究所を設立しました。後に彼は、本心ではないにせよナチズムを支持する姿勢をとったことに対しアインシュタインに謝罪しました。アインシュタインはそのときも、そして終生にわたって彼とは親友であり続けました。

さまざまな現象に対してシュレーディンガーが提示した説明は、もしそうよんでもかまわなければ、波の微分方程式、あるいは、弦のタイプの方程式（第22節参照）であり、その意味でマックスウェルの方程式に類似していました。シュレーディンガーの方程式は自然の記述においてより複雑で新しい数学的な要素を含んでいました（その詳細は、ここでの話には関係がありません）。波動方程式に「純粋」で、自然で、固有の振動数をもつ解があるのと同じように、シュレーディンガーの方程式にもそのような解があります。もとの弦の方程式の固有解は、わたしたちに感じることができる現象——たとえば、楽器の弦の「純粋」な振動——に関係しています。エルヴィン・シュレーディンガーは、彼の方程式の固有解は原子に属する電子を記述しており、その固有振動数はエネルギーを記述している一方、波長は電子の運動量——すなわち、速さと質量の積——に関係していると提案しました。ちょうど弦の方程式の異なる要素が異なる弦に対応しているのと同じように、シュレーディンガーの方程式の異なる要素は異なる粒子に対応しているのです。知られている原子に対してシュレーディンガーが提案した方程式の数学的な解析は、当時までに得られていたすべての結果および実験的計測との完全な一致を示しました。

再び、情報はその形式の中に——マックスウェルがその基礎を定めた形式の中に——あります。すなわち、得られる情報のすべてが一つの方程式を用いて説明され、その妥当性は明らかではありませんが、その解は新しい現象が予言されることを可能にしているのです。もし電子がシュレーディンガーの方程式の解ならば、それは波です。しかし、電子の波を見た者はそれまで誰もいませんでした。いったい、「電子が波である」とは、何を意味するのでしょうか。その波が伝播していく媒質は何でしょうか。答えはこういうことです——電子が波であるのは、それがシュレーディンガー方程式の解である限りにおいてそうなのであり、そして、その解ですら、わたしたちはそれを五感では知覚できず、ただ波の振動数とその運動量、すなわち、波が揺れているという事実に関係するある種の量を計測することができるにすぎないのです。しかし、すでにシュレーディンガーの時代の科学界は、物理学とは、感覚では直接に知覚できず、間接的な効果を介してのみ理解できる現象を記述する数学であることに違和感を感じなくなっていたので、方程式は物理を記述する方程式として受け入れられ、それは、方程式が物理として受け入れられたことを意味したのでした。

人間の脳は、しかし、直観的イメージなしに抽象的な量を理解し、扱うことはできず、そして、そのような直観は、既知の概念の上にしか築けません。このような制約によって、シュレーディンガーの方程式に対する解の性質を明らかにしようとする試みが起こりました。シュレーディンガー自身は、電子が波に似た関数で記述されることは電子の電荷が実際には核の周りに広がっていること、そして、波が電荷の広がりの様子を記述していることを意味しているのだと解釈しました。もう一つの別の解釈――革新的で独創的な解釈――がドイツの科学者マックス・ボルン（1882–1970）によって与えられ、彼はそれによって一九五四年にノーベル物理学賞を獲得しました。彼が示唆したのは、波は特定の場所で電子が見つかる確率を表しているということでした。確率そのものは、それぞれの場所での波の高さの平方で与えられます。こうして、ボルンは自然の記述に完全に新しい要素を導入し、それはランダム性であり、決定論の不在でした。ランダムに見える現象を現出させているものは知識の欠如ではなく、統計力学において個々の粒子をすべて解析することが不可能であるという理由から統計が使われていることと同様な意味での統計的近似でもなく、自然そのものの中に本来的に備わっているランダム性です。さらに、ボルンによれば、たとえば位置を測定するときのように、電子に力が作用するときには、ランダム性が消失します。電子は粒子のように振る舞い、波はその粒子の正確な位置で収斂――あるいは、物理学者の言葉では、「崩壊」――します。

引き出される結論の一つは、電子は二つの穴を同時に通過できますが、その位置が測定されているときは電子はその性質を失い、どちらの穴を通過したかを「決める」ということでした。このような性質を理解するのが難しい理由は、それが日常的な物体の言葉で言語化されており、そして、わたしたちの日常生活ではそのような性質には出合わないからです。理由は、電子はそれについて直観をどのように発達させればよいのかを進化がわたしたちに教えてきた物体ではないということです。

ボルンの解釈は、疑問の余地なく受け入れられたわけではありませんでした。たとえば、アインシュタインは、「神はさいころで遊ばない」といってボルンの解釈に強く反対しました。しばらくすると、アインシュタインが量子論全体に反対したという考えが一般向けの読み物の間に広がりました。それは正しくありません。反対に、前節で見たように、彼は量子論の父なる創立者の一人であり、そして実際に物理をありのままに記述する方程式としてシュレーディンガーの方程式を完全に受け入れたのです。アインシュタインはただ、ボルンによって提案された解釈——ランダム性を許容する自然法則を仮定した解釈——に反対したのでした。それでもなお、ボルンの解釈は、物理を解析するための、そして、検証された仮説を引き出す情報源として、信頼できる道具であることがわかりました。今日、ボルンの解釈は自然——もちろん、原子の構成要素のレベルの自然ですが——の正しい記述として受け入れられています。

ボーアとボルンの学生であるドイツの科学者ヴェルナー・ハイゼンベルク（1901–1976）が実行した数学的な解析によって不確定性原理が生み出され、彼はこれによって一九三二年にノーベル物理学賞を獲得しました。この原理が述べているのは、電子の位置あるいは運動量のどちらかは正確に決定することが不可能であるということでした。わたしたちの日常生活の解析さえも含めて、山のような解釈や帰結がこの原理から導き出されてきましたが、その大部分には論理的根拠がありません。原理は数学的なものです。原理を数学的に定式化するためには、本書の範囲を越えるいくつかの概念を用意することが必要です（読者の中の数学者のためにいいますと、原理は位置の演算子と運動量の演算子が交換可能ではないという事実から導かれます）が、その物理学にとっての意味を描写することはできます。

電子には波と粒子の両方の性質があります。電子は粒子としてはある特定の位置にありますが、その運動量を計算するにはその波を全体として考えることが必要です。電子の位置が測定された途端に、電子は波であることをやめてしまい、その運動量が正確には決定できなくなるのです。運動量を計算しているときには、電子の波としての面が使われ、その正確な位置は知られないのです。このことは電子やそのほかの粒子に当てはまります。このことは、同時に波でありかつ粒子でもある状況や物体だけに関係することです。原理は、信号処理などのように、現象が二つの相補的な側面をもつほかの状況にも関係しています。信号は、周波数スペクトルによっても時間発展によっても記述できます。両者は、粒子の位置と運動量に平行する概念で、不確定性原理が述べるところによれば、両者を同時に正確に記述することは不可能です（数学者のために述べると、関数の二次のモーメントとそのフーリエ変換との積は下に有界であるということです）。これらは数学の応用場面で解釈できる数学的な原理ですが、ほかの状況で適用しようとするときには注意深く行うことが必要です。

その時代に現れ発展した、自然、数学、自然の記述の間の関係性の新しい体系については、繰り返し述べ、強調するだけの価値があります。根底にあるのは自然そのものです。わたしたちはそれを数学的な方程式を用いて記述するのです。方程式は、その性質がわたしたちには直接到達できず、それについての知覚も感覚もない量を記述できます。方程式の正しさを正当化する理由は、純粋かつ単純に、方程式が予言する現象と実験結果との間に一致があり、さらなる発見へとつながる情報源となっていることです。方程式の解の振る舞いを解析するために、わたしたちの脳は、脳がイメージできる言葉による解釈を必要とします。解釈が「正しい」のは、その助けによって方程式の解の解析が行える範囲においてのみです。わたしたちは、わたしたちが発達させた解釈を用いて自然について学ばざるを得ず、それ以外の選択肢はありません。しかし、いつも心に留めておくべきであることは、それは自然を記述する数学の解釈でしかないということです——自然そのものは、いつでも驚きを生み出す力を秘めているのです。

31　粒子のグループ

一九三〇年代初頭の原子内部の状況は比較的単純でした——原子は原子核からできていて、その内部には中性子と陽子があり、その周りを波でもあり粒子でもあるもの、すなわち、電子が回っているのでした。光の粒子——すなわち、光子——もまた知られていました。しかし、ほどなくして、原子内部の現実はこれよりもはるかに複雑であることが明らかになりました。第一に、放射線の振動数を解析する正確な実験に続いて、電子は一種類だけではないことが発見されました。実際、二つの種類があります。電子は原子核の周りを回転しながら、またそれ自体の軸の周りにも回転しており、この運動の方向――右回りか左回りか――が放射線の種類の違いを決定づけているものであると考えることにより、電子が放出する二種類の放射線の違いが説明されました。物理学者たちはそれ自体の軸の周りのこのような回転を「スピン」とよびました。ここでも再び、波でもある電子の粒子が実際にそれ自体の軸の周りを回転している保証はありません。ただ、この性質を使えば、二種類の電子の違いがうまく説明できるのです。

次に陽電子――電子に似た粒子で正の電荷をもつもの――が発見されました。陽電子が発見されたのは、ディラックの方程式を数学的に解析した結果でした。ディラックの方程式はシュレーディンガーの方程式を電子に合わせて少し変形したもので、電子以外に、正の電荷をもつもう一つの解があるのです。この解は「反物質」粒子が存在する可能性を示唆しました。もしこの粒子が「物質」粒子に出合えば、どちらも消失し、エネルギーになります。時を経ずして、この数学的な解――どことなく風変わりな解と言い添えてもよいでしょう――が実際に自然界の現実の粒子――陽電子――によって実現されていることが発見されました。数年以内にほかの「物質」粒子（と「反物質」粒子）が発見され、合わせて素粒子と名づけられました。これらの粒子はもともと宇宙線や、宇宙からの粒子が地上の原子に衝突した結果を調べることによって研究されました。宇宙線には大きなエネルギーがありますが、その大半は大気の中に吸収されてしまいます。そのために、当時、素粒子の研究は、写真乾板を非常な高さにまで持ち上げ、宇宙線と地上の粒子との間の衝突を記録することによって行われました。後に泡箱や、さらに後には粒子加速器のようなほかの手段が開発され、加速された粒子とほかの粒子との衝突や、衝突によって起こる新しい粒子の発生などの変化が記録されました。これらの粒子は、エネルギー、波の振動数、質量、スピンによって特徴づけられましたが、それらのレベルは増え、いまでは方向を反映するだけではなく二分の一、三分の一などの値も与えられました。原子内部の世界の描像を組み立てていく物語は魅力的ですが、本書の範囲を越えています。ここでは、ある素粒子のリストが作られたが、その根底にある秩序を理解するためには数学が必要であったと述べるだけで十分です。シュレーディンガーの方程式、そこから発展したほかの方程式、ボルンの解釈、およびそれらから導き出された結果は、粒子の性質を記述するためには十分でしたが、粒子のさまざまな性質による相互の役割関係を説明してはいませんでした。そのために、それまでこの分野では使われたことがなかったある数学的な要素――すなわち、群――が組み込まれました。

さまざまな粒子を性質によって分類した結果、それぞれの種類に従って粒子を表に並べることができました。ある特定の種類の粒子はハドロンとよばれます。カリフォルニア工科大学のマレー・ゲル-マンと、一九六一年当時ロンドンのインペリアル・カレッジにいてその後にテル・アビブ大学に移ったイスラエルのユヴァル・ネーマン（1925–2006）の二人の科学者が、どちらもその年、互いに独立に、ハドロンをスピンの特徴に従っていくつかの表の中に配置するとどの表もちょうど八個の粒子からなることに気づきました。さらに、各表の中の粒子の間の関係は、数学者たちが長い間 *SU*(3) とよんできた群（三次の特殊ユニタリー群）に一致しました。[5]

> 物理的な状況を記述するうえで群が果たす役割を理解するためには、群論に深く立ち入る必要はない。群とは、数学的な要素の集まりとそれらの間の関係のことであり、例として、平面を九十度、一八〇度、二七〇度、あるいは、三六〇度回転することを取れば（ただし、このうちの最後の回転を受けることによって出発の位置に戻るものとする）、これは回転を要素とする群であり、すべての二つの要素の間の演算は、連続する二回の回転で得られる回転である。つまり、その関係とは、一八〇度の回転の後に二七〇度の回転が続くことは九十度の回転一回に等しいなどということである。このような回転を記述するのに、それらを群とよんだり、高度な数学を使う必要がないことは明らかである。数学的な用語の利点は、それによってより複雑なシステムを記述できるようになることである。たとえば、さいころを三つの軸のうちの一つの周りを一方の方向に九十度回転することによってもっと複雑な群が定義される。数学では、これよりもっと複雑な群や、要素間の関係がもっと込み入っている群を研究する。

十九世紀にノルウェーの数学者ソフス・リー（1842–1899）は、いろいろな微分方程式の対称性を記述する群を見つけました。これらは今日リー群とよばれており、その一つが

5 ［訳注］陽子と中性子と六個のクオークの間の関係を図示したものと、数学者が *SU*(3) のウェイト・ダイアグラムとよんでいる図との間に「奇妙な一致」が見られた。

SU(3) という群――ゲル-マンとネーマンがハドロンの並び方の基礎となっていることを示唆した群――です。

しかし、この群のすべての要素がゲル-マンとネーマンが仮説を提示した時点に知られていた粒子で表されたわけではありません。とくに、ゲル-マンは現在最大の粒子加速器を備えているジュネーブの欧州原子核研究機構（CERN）で行ったある講演の中で群 SU(3) とその性質を説明した後、一つの粒子が見つかっていないことに言及しました――彼はそれをオメガ・マイナスとよびました。もし、その粒子が見つかれば、群のモデルは完成するはずでした。さらに、もしその存在がわかれば、日本の研究者たちが提案していたハドロンを分類するもう一つのモデルとは、著しい矛盾が提示されるはずでした。しかし、ゲル-マンは、当時進められていた実験に関する資料にあまり精通していなかったように思えます。ゲル-マンの講演に参加した人たちの一人にカリフォルニア大学バークレー校のルイス・アルヴァレズ（1911–1988）がいました。彼は、その後一九六八年にノーベル物理学賞を受賞した有名な科学者で、多くの科学的業績がありますが、隕石《いんせき》が地球に衝突したことによって恐竜が絶滅したという仮説を提出したことで有名です。アルヴァレズは、欠けている粒子オメガ・マイナスは、イスラエルのレホヴォトにあるヴァイツマン科学研究所の物理学者イェフダ・アイゼンバーグによって七年前に確認されていると述べました。アイゼンバーグは、写真乾板を大気圏の高さに設置する技術を使ってこのことを発見しましたが、それは数学的な説明による裏づけのない孤立した現象だったので、この実験による粒子の発見はとくに大きな注目を集めることはなく、ただ粒子のリストに登録されただけでした。ゲル-マンの講演に続いて、いくつかの実験科学者のグループが泡箱の技術を使ってその同じオメガ・マイナスを再び探索し始め、そしてとうとう一九六四年に、ニューヨークのブルックヘブン国立研究所のニコラス・サミオスが率いる物理学者のチームが見失われていた粒子の確認に数回成功し、こうしてアイゼンバーグの発見は確証を得ることになりました。

したがって、事実が起きてから過去を振り返って考えると、ある意味で、その粒子の存在は群論によって予言されていたのだと主張することができます。こうして、素粒子を特徴づけ分類するために群論を援用することは最初の成功を収めました。素粒子が記録される順序は単なる表であった段階から数学的理論へと昇格し、それに伴って、より高度な予言を提案し、検証できるようになりました。

ただ、さらにもう一つ注意しておかなければならないことは、群論と素粒子の構造が互いに一致するという事実に対する根源的な、あるいは論理的な説明はないということです。観念論的な視点からいうと、その一致は、プラトンが世界およびその構成要素である自然界の四元素と五つの完全立体との間に見つけた対応、あるいは、ケプラーが六つの天体の軌道と完全立体との間に見つけた詳細な計算を伴う対応をわたしたちに思い出させるかもしれません（第10節と第17節参照）。わたしたちは、現在においてケプラーの完全立体のモデルを評価するのと同じように、将来において素粒子の記述における群論の役割を評価することになるのでしょうか。

すでにある数学、物理的原理、物理学の実験技術の統合の結果として、おびただしい数の素粒子の構造および相互作用の発見、対応づけ、理解が得られました。すでに知られている二つの力――すなわち、重力と電磁気力――に加えて、二つの新しい力が発見されました。強い核力と弱い核力です。ゲル‐マンは、数学的原理を使い、陽子を構成する部分であって分数電荷をもつ粒子が存在するという仮説を提唱しました。これがクォークで、その組み合わせによっていろいろな陽子ができるのです。クォークは単独では検出できませんが、その存在はみじんの疑いもなく証明され、このことによってゲル‐マンは一九六九年にノーベル物理学賞を獲得しました。

それ以来、状況は拡大し、ほかの実験的な結果だけでなく多くの数学的な道具立てがそこに加わってきています。それでも、状況はいまだに完結したとも、最終段階に達したともいえません。目下、ジュネーブの粒子加速器では、莫大な資金をかけて、ヒッグス粒子（あるいはヒッグス・ボゾン）とよばれる粒子――この粒子の存在をすでに一九六四年に予言したイギリスの物理学者ピーター・ヒッグスにちなんでつけられた名前――を見つけようと一つの実験が進行中です。最初の報告は、ヒッグス粒子として予言されている質量とエネルギーの範囲内に新しい粒子が発見されたことを示しています。ヒッグスおよび彼と独立に同じ予言を行った物理学者フランソワ・アングレールは、二〇一三年のノーベル物理学賞を勝ち取りました。もし最初の結果が確認されれば、このことによって標準モデルとよばれるモデルが裏づけられることになります。また、もし、発見された粒子がヒッグス粒子ではないことが明らかになった場合、物理学者たちは原子内部の世界の状況を考え直さなければならなくなり、そして、おそらく、そのために新しい数学を採用しなければならなくなるでしょう。

32 弦よ、再び！

素粒子を扱う物理学者たちは、これらの粒子からなる原子内部の世界の描像を完成させることに取り組んでいますが、彼らが研究しているモデルは、これらの粒子の集まりと重力理論との間で成り立っている秩序と整合的ではありません。さらに、それぞれの粒子を記述するためには、シュレーディンガー方程式をそれぞれに合わせた異なる形に直したものを使わなければなりません。互いに異なる理論を一つに統合する数学的なモデルを発見した過去の成功に照らして、今日の物理学者たちは、原子内部の世界全体を説明できる一つの理論——一つの方程式——を見つけなければならない責務を感じています。原子内部のすべての現象を一つの方程式の中に組み込む試みは、弦理論とよばれる新しい数学的な体系の研究です。

数学と自然との間の関係という視点で見れば、弦理論はもう一つ先に進んだ段階を示しています。マックスウェルの革命が提示した数学は、その構成要素を直接は知覚できないけれども、ほかの物理量に及ぼす影響は測定でき、そして、電磁波の存在のように、そこから引き出される予言を実証あるいは反証することができる物理現象を記述する数学でした。弦理論は、その構成要素は知覚できず、ほかの物理的な要素に与える影響もまた現段階では測定できない物理現象を記述する数学です。さらに、現時点では、この理論から実証あるいは反証できるような予言は提示されておらず、そして、予見できる将来においてそのような予言を提示できるとは見込まれていません。これが世界の描像でしょうか。これが物理学なのでしょうか。

わたしの同僚の物理学者のうち何人かの人たちは、これが物理学であることを否定し、理論に取り組んでいるのは数学者だけだといっています。ほかの人たちは、そのような集団を物理学の傘下に含めることにやぶさかではありません（それは、また、彼らが行っている研究が理論研究であり、高価な研究資源を巡って競合することがないからでもあります）。また、そのような状況は現時点では想像することすら難しいにもかかわらず、弦理論を実験的方法で検証し、そこから恩恵を得る方法が見つかる日がやってくるかもしれないと信じている物理学者もいます。

それで、弦理論とはいったい何でしょうか。弦理論の数学的体系は、本質的に、素粒子の世界を定義している理論体系に類似しており、そこに幾何学的な要素を組み込んだものです。ここで提示される方程式系の解が、理論の基本的な構成要素になります。脳は認知可能なメタファーなしには数学を分析できないので、弦理論はそれらの解の解釈を通じて記述され、検証されます。わたしたちもまた、理論の解釈だけに限定して話を進めましょう。

弦とは、まず第一に、ミニチュア・サイズの粒子です。それらは素粒子よりも数十万倍小さいのです（このことによって弦が知覚できない理由が説明できます。実際、極微の粒子を知覚する手段は素粒子に基づいているのですから）。これらの弦は波動解ですが、たとえば、電子が原子核の周りを回転する点粒子として記述されるのとは異なり、弦は長さをもった実体として記述され、その全体が波のように振動し動いています。その名前である「弦」はここから来ています。粒子に長さがあることを許すと、そこからただちに起こってくる疑問は、端は輪のようにつながっているのか、それとも、ある面に取り付けられているのか、それとも、自由に動けるのかということです。わかることは、これらすべてが方程式の解――さまざまな種類の弦を与える解――であるということです。いろいろな弦が作り出す構造から、原子内部の構造が導き出されると期待されています。しかし、それらの構造が存在するためには、物理的空間にはある驚くべき性質がなければならないことが明らかになっています。たとえば、空間にはわたしたちが知覚できる四次元――すなわち、空間の三次元と時間――より多くの次元がなければなりません。これは実際の物理的な方向を意味していますが、各方向に沿う距離は小さすぎるので、どのようにしてもわたしたちには感じたり測ったりすることができません。追加される次元の数は個々の理論に依存します。最も新しい理論では十次元、あるいは十一次元が使われています。さらに、弦を記述するそれらの方程式には、また、もう一つ別の種類の解――巨大な大きさをもつらしい薄い膜のようなもの――もあります。このような解には、物理的解釈、あるいはもしかするとさらに物理的実体があるのでしょうか。もしそうならば、その薄い膜はわたしたち自身の世界だけでなく、わたしたちには知覚することも通信しあうこともできない複数の世界――わたしたちとそれらの世界との間の距離は極微であるにもかかわらず――を含むことができることになります。さらに、それらの世界どうしが衝突する可能性もあり、もしかすると巨大な爆発を――エネルギーの質量への転換を引き起こし、そして、受け入れられている理論によれば、わたしたちが今日知っている世界を創造したビッグ・バンのような爆発を——引き起こすかもしれません。

ここまで読んだ反応が「わたしには理解できない」である読者に対して、それはあなただけではないといっておきましょう。この文章を書いている筆者自身が、あなたに比べてそんなに多くのことを理解しているわけではないのです——もし、理解することがメタファーを現実的な意味のある数学的言語に翻訳できることを意味するならば。この「理解」は、わたしたちの周りの世界についての直観——数百万年にわたる進化に沿った発展を基礎とし、それゆえにわたしたちの感覚による制約を受けている直観——と、わたしたちの感覚が教えるところからはあまりにも縁遠い状況を記述するようになった数学の成果との間に橋を架けようと試みることを意味します。この数学は現実世界を記述するというチャレンジにいつか立ち向かうことになるのでしょうか。答えは時間が——おそらくはとても長い時間が——語ってくれるでしょう。

33 プラトン哲学を再考する

ここで、数学と自然との間の関係についての議論に話を戻し、まず最初に、自然の記述としての数学の本質に対するプラトンとアリストテレス（および、彼らの後継者たち）の立場の主な違いについて読者に思い出してもらいましょう。プラトンは、数学は観念の世界において独立した存在性をもち、そこでは数学的真理は絶対であると主張しました。人間は論理を経由してこの真理を明らかにすることができるのです。真理を明らかにする研究の出発点は公理であり、それは自然から導き出されなくてはなりませんが、心に留めておかなければならないのは、自然そのものは理想的な数学の真理をただ模倣しているだけであるということです。一方、アリストテレスは、数学そのものには独立した意味も、あるいは存在性すらもないと主張しました。自然の真理を反映する公理を見つけたら、数学の形式的論理を用いて引き出せる結論は自然の記述に適用できるでしょう。とくに、公理が自然の真理に近ければ近いほど、数学が導き出す結論は自然を記述するのにより適したものになります。プラトンとアリストテレスは、数学の結論と自然の実際の観察との間には違いがあるだろうということには同意していました。プラトンにとって、この違いは好ましくないものでした。アリストテレスにとって、この違いは不正確な公理——あるいは、より現代的な用語でいえば、数学的なモデル構築の不正確さ——から導き出される帰結であるということになります。彼らはどちらも、数学と自然との間の違いの本質については論じていません。

数学の応用に対するアリストテレスの立場は、**数学は自然の非常に優れた近似である**という言明に要約できます。そして、数学的モデルがありのままの自然を記述していないときは、モデルを修正するべきです。ここで述べたように、これがアリストテレスの方法であり、それに従えば、数学には独立した存在性はないのです。自然の正しい記述に到達するためには、近似的なモデルから出発し、モデルから導き出される結果を経験的なデータと比較することによって、現実と整合するようにモデルを修正します。

数学とその応用についての新しい研究によって、数学と自然との間の関係に対するもう一つ別の見方——どちらかというとプラトン主義に近く、「応用プラトン主義」とよぶことができる見方——が示唆されています。この立場は、**自然は数学の非常に優れた近似である**という言明に要約できます。さらに、いくつかのケースでは、観念の世界におけるプラトン的な数学は、自然の基本法則に対して本質的に矛盾を含んでいます。それにもかかわらず、自然は数学を真似ようとし、その結果自然には数学を近似する以外に選択肢がないのです。以下に示すのはこのような例です。

自然界の運動の根底にある目的としての最小作用の原理についてはすでに言及しました。同じように、エネルギー最小化の原理も目的としての働きをもっています。自然界の物体は最小エネルギーの状態に——少なくとも局所的な最小の状態に——到達しようと努力します。言い換えると、物体は外部から力を受けない限り局所的な最小状態に留まろうとするのです。イングランドのオックスフォード大学のジョン・ボールとアメリカのミネソタ大学のリチャード・ジェームズは、応力を受けている弾性物体の構造を調べました。彼らが取った方法は数学的なものでした。彼らは応力を受けている物体のエネルギーを表す式を書き、エネルギーを最小にする構造を求めました。彼らはこの数学の問題を解くことに成功し、結果は、数学的な解は自然界には応用できないということでした。数学が要求したのは、弾性物体内の分子が同時に二つの異なる並び方で並ぶことだったのです。明らかにそれは自然界では不可能です。そのことは、エネルギー最小化の原理がこのケースでは正しくないことを意味するのでしょうか。実験室での実験は驚くべき解答を与えました——自然界における物体の構造は数学的な結果の近似であるということです。分子は物体が占める空間の領域を分割してできる微視的な各部分において、数学的な解を構成する形のうちのどちらか一つの形に並びます。そして、比較的大きい微視的な各部分では、最小エネルギーを構成する二つの配置が両方とも現れ、そしてそれらは正しい比率で——すなわち、巨視的な曲面の全体にわたる平均が、数学的な最小に非常に近くなるような比率で——現れるのです。自然は数学が求めた理想的な解に近づこうとしますが、それは到達不可能です。

　このような現象——すなわち、自然が物理的な側面からは不可能である数学的な解に**できる限り近寄ろうとする**こと——は、それ以来多くの状況の中で見つけられ、また、以前に観察された現象に対して数学的な解釈を与えてきました。この手法はまた、実験室の中で後になって確認された新しい現象を予言することにも成功しました。このような数学的な成果の一つがプラハのハーヌシュ・サイネルの実験室で撮られた次の写真に示されています。写真の下の部

ハーヌシュ・サイネルの厚意による画像

分が示しているのは二つの状態が交互に並ぶ金属の微視的な層——両方の層が同時に現れる数学的に要求される解への微視的な近似をなしている層——を示しています（写真の長辺が実長でおおよそ二ミリメートルを表す）。写真の左上の部分は、金属の古典状態を示しています。数学的な近似と金属の古典状態との間に接合が生ずる（すなわち、それらが境界を共有する）可能性は自明ではありません。一つの状態からもう一つの状態への遷移はジョン・ボールとその同僚たちの手によって数学を使って予言され、そしてサイネルの実験室で検出されました。

34　科学的方法——代替はあるか？

これまで見てきたように、数千年にわたって物理的な世界を記述するために発展してきた科学的方法は、数学に基づいています。数学へのこのような依存は、科学的な世界のすべての部分に共通しています。二〇一〇年、ドイツのマックス・プランク研究所のヘルベルト・イェックレ教授は、ある大学の生物学科の研究水準に関する評価報告書の中で、次のように書いています。「目標は、物理学がすでに行ったように、最終段階に進むこと——理論展開を数学的な用語で記述し、体系をモデル化すること——である。さもなければ、わたしたちはその過程をまだ理解してはいないのであり、その過程は一つの現象、一つの奇跡として放置されたままだったのである。」これは、数学を使わなければ自然界に見られる現象は理解できないという見解の絵に描いたようなわかりやすい言い換え——アリストテレスによる主張の一つの変奏——です。

そうであるとはいえ、疑問は起こります——自然を記述する別の方法、数学的モデルだけに頼るのではない方法はあるのでしょうか。また、類似した疑問もあります——現在の数学では十分にうまく記述されていない、あるいは数学を適用することすらできない現象を理解するためには、既存の数学的方法をさらに発展させるべきなのでしょうか、それとも、もっと適切な新しい数学が発見されるべきなのでしょうか。あるいは、そのような現象を理解するためには、もしかすると非数学的な方法を採用すべきなのでしょうか。

これらの疑問に対し、はっきりとした答えを与えることは困難です。数学的方法がまだすべて尽くされていないことは明らかであり、また、新しい方程式や最小作用の原理のような新しい判定条件の発見を超える新しい数学的方法が開発される余地があることも明らかです。

さまざまな研究者によって試みられつつある一つの新しい方法は、自然の状態を記述する方程式を自然のその状態を現出させるアルゴリズムに置き換えることです。ダーウィンの進化論は、自然のアルゴリズム的な法則の一つの例です。ある特定の時点において自然の状態がどのようであるかを予言するには、シミュレーションを実行することが必要になるでしょう――もちろん、コンピューターの助けを借りて。この方法はまだ初期の段階にあります。

もう一つの最近の方法は、いわゆるフラクタルを利用することです。この幾何学的対象には、部分――たとえ小さな部分であっても――が全体の縮図のように見えるという性質があります。そのような物体は自己相似であるといわれます。もちろん、線の一部分は自己相似ですが、早くも二十世紀初頭にはこのような幾何学的な図形が非常に複雑な構造をもち得ることが発見され、その数学的な性質が研究されました。このような図形の現実世界に存在する物体への類似性を発見し、フラクタルという言葉を作ったのは、ポーランドで生まれ、パリとアメリカで教育を受け、科学者人生の大半にわたってＩＢＭに勤務したブノワ・マンデルブロ（1924–2010）でした。マンデルブロは、たとえば、雲、森、海岸線はすべて、対象の一部分が対象全体に似て見える性質があると指摘しました。もちろん、自然界の自己相似な物体には、数理解析学が要請するような、どんなに小さな部分も全体と相似であるという性質はありません。雲の極端に小さな部分には数個の分子しかなく、したがって雲には似ていないでしょう。それでも、数学的なフラクタル理論は、現実の物体に対するわたしたちの理解に役立ちます。これを応用プラトン主義のもう一つの例であると考えてもよいでしょう――自然は、可能な限りの範囲においてフラクタル構造を模倣しようと努めているのです。この方法には自然の物体の単なる記述を超えるいくつかの具体的な成果があります。たとえば、岩場が多い海岸線の自己相似性の結果、長さの素朴な定義では海岸線が無限に長くなってしまうために、その長さは定義することすら難しいのです。理論からは、それに代わる曲線の尺度であるフラクタル次元が示唆されます（それをここで解説するのは、技術的すぎるのでやめておきます）。将来、フラクタルの理論からもっと役に立つ道具が提供され、自然界の複雑な構造を調べるのに役立つことがあるかもしれません。

数学を別の方法によって補完し、あるいはさらに代替する可能性に関し、わたしたちはまず最初に、自然の記述において数学が到達した状況は、簡単に、あるいは競争なく達成されたわけではないということを述べておきましょう。数学が現在の状況に到達したことは、ほとんど進化の生存競争の一部分としてであるとさえ主張できるかもしれません。たとえば、古代における競争では、さまざまな神託がその相手でした。後に、ライバルは占星術になりました。予言に到達するには、従わなければならないルールがあります。占星術を使用する営みは、ある意味で科学的活動への前兆を示しています。信頼性に関する統計検査に合格しているという主張によって実証されている予言さえあるのです。占星術に「足りない」ものは数学的なモデル――惑星系がどのようにしてわたしたちに影響を与えているのかを説明するモデル――です。そのような欠陥があるにもかかわらず、今日でもある人々はまだ占星術を信じ、自然現象を含めて、さまざまな現象を説明し、予言することに使っています。占星術の妥当性を支える議論として、その擁護者たちは近代初期の――そして、近代後期に至ってさえも――最良の科学者たちが占星術を信じていたことを指摘しています。それは正しいのです。しかし、占星術は成功しなかったために科学によって棄却されたという事実をその議論は無視しています。

数学的モデルの方法を補完する別の方法を定立するいくつかの試みが長年にわたってなされてきました。一つの例はイマヌエル・ヴェリコフスキー（1895–1979）の試みです。ヴェリコフスキーはロシアで生まれ、エルサレムのヘブライ大学で物理学を修め、ジークムント・フロイトの指導のもとで精神医学を修めました。彼は科学的方法を否定したのではなく、それに別の要素――その核心は、聖書を含む古代の文学や宗教の原典と考古学的発見への信頼でした――を付け加えることを提案しました。彼の遠大な仮説の中で最も有名なものは、金星は太陽系のほかの惑星とは異っているという主張でした。理由は、金星は太陽系の残りの部分と同時に創造されたのではなく、以前は銀河の中をさまよう天体であったものが太陽の重力によって捕らえられたものだからということです。「日よとどまれギブオンの上に／月よとどまれアヤロンの谷に。」という聖書の物語は、ヴェリコフスキーによれば、彼の主張を支える物理学上の出来事であると理解されました。加えて、ヴェリコフスキーはいくつかの物理学的な予言を行い、そのいくつかは測定により実証されました。たとえば、金星の温度に関するすべての仮説の中で、それが金星に送られた宇宙船によって測定される以前には、ヴェリコフスキーのものが最も正確だったのです。そうはいっても、科学的研究に対する彼の立場は受け入れられませんでした（控えめな表現を用いました——実際は、科学界の権威筋によってきっぱりと拒否されました）。反対者たちは、インスピレーションを得るためなら古代の原典資料、あるいはほかのどのような手段を使うこともまったく間違いではないが、それらのテキストが理論の証拠物件として用いられることは許されないといいました。

数学的モデルがいまだその力量を発揮せずにいる分野は生命科学の分野です。生物学および生物系の諸科学に対して数学的な方法を適用する試みにはこれまで多くの労力が傾注され、そのうちのあるものは大きな——といっても、まだほんの部分的な——成功を収めました。実験の結果は生物学は物理学よりはるかにずっと複雑であることを示しています。これは生物学的現象を記述するのにふさわしい数学が発見されるまでの間の一時的な状況なのでしょうか。ケプラーやニュートンが現れるまでは、天体の物理現象は単純な数学的枠組みとは無関係な莫大な結果の集まりのように見えていたことを思い出さなくてはなりません。しかし、生物学における複雑さは、わたしたちが知っている単純な数学を使っては解くことができず、数学が成功裏に適用できるようになる以前に、生物学における新しい原理が解明される必要があるのかもしれません。

数学はまた社会科学や人文科学においても、ほんの部分的な成功しか収めていません（以下の章で、その方法のいくつかを紹介します）。ここでもまた、互いに競合する複数の理論があり、心理分析を用いた人間の精神状態の診断のように信頼されるものもあれば、筆跡による性格判断や手相による未来予測のようにあまり信頼されないものもあります。これらのあるものにはまたある種の「科学的」な側面と見かけ上の統計的根拠もあります。そのような根拠は科学によって基礎づけられていません。というのは、方法の基礎としてメカニズムが——望むらくは数学的なメカニズムが——示唆されるまでは、根拠に科学的妥当性がないからです。このような方法（とくに、信頼されている方法）の存在は、次の問題を提起しています——数学的方法は、社会科学や人文科学を解析するための正当な唯一の方法なのでしょうか。

第五章　ランダム性の数学

鳥は確率が計算できるのか●中断した試合の勝算はどうすれば計算できるのか●神の存在を信じることに価値はあるのか●アムステルダム市当局はなぜ破産寸前に陥ったのか●O・J・シンプソンの元妻は誰に殺されたのか●恐竜はなぜ粉塵《ふんじん》に耐えられるえらを発達させなかったのか●アヤロン高速道路が水浸しになる確率はどれくらいか●バスケットボールの「ホットハンド」は本当にあるのか

35　動物界における進化とランダム性

この節にはこのようなタイトルがついていますが、ここでは進化の過程のランダムな（無作為な）部分を扱うのではなく、この本を通して扱ってきたランダム性が何らかの役割を果たしている状況を、直観的に分析し理解する能力が、進化によってわたしたちに備わっているのかという問題を扱います。これはもっともな疑問です。実際、不確実性とランダム性は生きものが暮らす環境にはつきものなので、進化の生存競争の中で不確実性についての直観が養われてきたと仮定することができます。

まず、話を先に進める前に、ランダム性と不確実性との違いについてもう少し詳しく見てみましょう。不確実な状況とは、ある出来事の結果がどうなるかが読めず、出来事の起きている最中も、起きている状況について何もわからない状態のことをいいます。ランダム性は、これから起こることについて確かなことはわからない代わりに、次に何が起こるかがある与えられた確率に従ったプロセスによって制御されていることは知られています。たとえば、六つの面をもつさいころを振るとき、どの目が上になるか振る前にはわかりませんが、六つのどの目が上になる確率も同じであることはわかっています。同様なことはコイン投げについてもいえ、「表」と「裏」のどちらの面が上になって落ちる確率も等しいのです。ランダムに起こる出来事も、結果がいつも均等になる必要はありません。たとえば、四面が青く二面が赤い立方体では、ランダムに投げた場合に青い面が上になる確率は三分の二、赤い面が上になる確率は三分の一となります。確率は同じではありませんが、プロセスはランダムです。一方、不確実な状況下では、一般に結果が確率のプロセスによって決定されるとは限りません。たとえば、ある委員会で何か決めようとしているとき、決定までの流れは、誰にもわからないものとします。このように、合意に至るプロセスに、確率をあてはめることができないのが、不確実性の状況です。

不確実性一般、とくにランダム性への関与の仕方が進化に根ざしているかどうかを検証する方法としては、動物の世界での同じような状況への反応を調べることがあります。わたしたちは、第2節で算術的な能力を調べたときと同じ手法を使います。ランダム性に関する結果は、非常にはっきりしています。動物たちはランダムな状態を察知することに長けているのです。さらに、動物たちは置かれている状況を改善するためにランダム性を利用することすらあります。また、ランダム性とは無縁な不確実な状況を察知することもできます。そればかりではなく、動物たちは、わからないことが起こっていると察知すると、人間と似たような行動をとります。結論としては、ランダム性や不確実性に対処する能力は進化に根ざしているということです。この結論を裏づける実験はたくさんありますが、そのうちのいくつかを紹介しましょう。

動物がランダムな状況に正しく反応することを調べる実験は次のように行われました。長時間にわたりAとBの二つの部屋を用意し、その片方にだけ餌が置かれるようにします。どちらの部屋に餌を置くかはランダムに選ばれますが、たとえば、部屋Aは四十パーセントの確率、部屋Bは六十パーセントの確率というように、異なる確率を設定します。餌が用意されたことは、ベルを鳴らして動物たちに知らせますが、どちらの部屋に餌があるかは教えません。そして、動物が餌のない部屋に行った場合には、食事にはありつけません。

実験対象となったラットやハトなどの動物の多くは、プロセスがランダムであることに素早く気づき、部屋Aより部屋Bを選ぶ回数の方が有意に多かったのです。

餌をランダムに探し出したり、餌を探す場所をランダムに抽出したりする戦略の採用は、ランダム性の一つの重要な側面です。餌の在りかがランダムでありかつその確率がわかっている場合、検索の最適戦略を立てるのには数学的な計算が役立ちます。そのような計算の裏づけにより、多くの例においてランダムな検索が最適であるということになります。動物たちの間に見られる餌探しの戦略について広範囲に研究した結果、実際に動物たちは最適なランダム検索を採用していることが示されました。しかし、それは驚くことではありません。最適検索の数学を学んだり使ったりしなくても、進化は最適検索の方略を採り入れた動物を有利に導きました。最適検索の方略を採り入れた動物に進化の生存競争における優位性があったので、自然選択はランダム性を正しく扱う能力を発達させた動物に対して優先権を与えたのです。

　ランダム性に関して、さらに高度な行動を示す鳥がいます。たとえば、アメリカのマサチューセッツ州やメイン州の州の鳥ともなっているアメリカコガラというシジュウカラの一種です。ほかの鳥たちと同様に、身を守るためにアメリカコガラはその生活時間のほとんどを深い茂みの中で過ごしますが、餌は開けた場所で啄《ついば》まなければならないので、せっかく身を守ってくれている植え込みを離れなければならないときがあります。そのために餌を探しているときは、さまざまな肉食動物、とくに、茂みには入ってこられない大型の猛禽類の群れなどの天敵の危険にさらされます。アメリカコガラが餌を探すために毎日変わらない日課に従って茂みを離れれば、猛禽類はすぐにそのパターンを学習してしまい、生きて戻れる公算は低くなるでしょう。観察したところ、アメリカコガラは安全なすみかからランダムに離れていることがわかりました。そうすることで捕食者にはアメリカコガラがいつ無防備になるのかを予測することが困難になります。天敵の方も、またランダムな戦略を採ります。そうしないと、アメリカコガラの方が天敵の狩りのパターンを習得し、敵がいないときにだけ安全な植え込みから離れるようになるからです。アメリカコガラが茂みを離れる平均度数や、「アウェー」で過ごす時間の長さなどの戦略には、天敵の鳥たちの狩りの戦略が組み込まれています。たとえば、もし猛禽類の平均出現時間が短ければ、アメリカコガラはすみかを離れる時間を長く取れます。インディアナ州立大学の生態学者スティーブン・リマは大変面白い一連の実験を行いました（結果は一九八五年に発表）。リマは、肉食の鳥が餌を探す戦略のパラメーター、たとえば、ある場所にいる確率などがときどき変わる状況の中に、アメリカコガラを置いてみました。アメリカコガラはすぐに肉食の鳥の狩りの変化に気づき、すみかを離れるランダム・パラメーターをそれに合わせて変えました。言い換えると、進化の過程においては、ある与えられたランダム・パラメーターの環境の中でいかに振る舞うべきかを知っているだけではなく、ランダム性を定義しているパラメーターの変化を察知し、かつ、その変化に合わせて行動を変えられる鳥の種が発達したのです（これについての詳細や関連の情報は、マンゲルとクラークのモノグラフに載っています）。

ランダムな状況において、人びとは明確さの欠如から導かれる不確実な状態で行うのとは異なる振る舞い方をします。たとえば、勝算は低いのに、宝くじを買おうとする人はたくさんいます。しかし、当たりくじがどのように選ばれるのかがわからない場合には、くじを買う前に躊躇するでしょう。デューク大学のアレクサンドラ・ロザティとブライアン・ヘアによるチンパンジーとボノボ（ピグミー・チンパンジー）に関する研究（二〇一〇年に発表）によって、猿が人間と同様な行動パターンを見せることが明らかにされました。猿は、確率の法則に従うランダム性によって起こる確実な知識の欠如の状況と、必ずしもランダム性には関係しない不確実な状況とを区別することができました。さらに、これらの二つの状況に対する猿の反応は人間の反応と似通ったものだったのです。つまり、明確さの欠如からはランダム性に対するよりも、さらにためらいを見せる反応が導かれたのです。

ニューヨーク州立大学バッファロー校のデイヴィッド・スミスとジョージア州立大学のデイヴィッド・ウォッシュボーンによるマカクザルとイルカに関する一連の実験は、この二つの種が、自分たちの知らないものがあるという事実に気づいていることを示しました。イルカの研究では、ある基準の音よりも高い音あるいは低い音が聞こえたときに、二つあるペダルの片方を押して反応するように訓練する研究でしたが、音の高さが明らかでない場合には第三の「わかりません」のペダルを押すこともできるようにしました。イルカは第三のペダルを押すべきときに正しく押しただけではなく、その行動や身振りには戸惑いや決定できないことを示す兆候が現れていました。

このように、不確実性やランダム性に直面する場面を理解し、それに対して直観的に反応する能力が進化によって多くの動物の種や、もちろん人間にも備わっていることが示されました。しかし、以下の節では、ランダム性には動物もわたしたち人間もうまく順応できていない側面があることを示します。

36　古代における確率と賭け事

数千年に及ぶ人間の歴史の中で、ランダム性が最も顕著な形で現れる人間行動は、賭け事や賭博に関係するものです。古代における賭博に関する証拠は豊富に残されています。距骨《きょこつ》とよばれる羊の足首の小さな骨はエジプトやアッシリアの人たちによって賭博のために使われました。今日のわたしたちがさいころを振るのと同じように、骨をランダムに投げ、どの面が上に現れるかに賭けました。骨は四つのどの面でも落ちることもありましたが、各面の上に落ちる公算は同じではなく、また、骨によっても変わりました。ゲームのために磨かれたり整形されたりした約六千年前の骨を含む考古学的発見が、古代文明においてこのような賭博が行われた証拠を示しています。古代ギリシャの人たちも賭博を取り入れ、骨を転がして遊ぶ男女をかたどった像の中に骨の形が現れています。ローマの人たちにもこのような骨を使った遊びがあり、その骨はタリとよばれました。

現代なら、骨がそれぞれの面を下にして落ちる確率とよんでいますが、それを古代の人たちがいくらになるかを引き出す方法を知っていたことは数学的な観点から興味がもたれるところです。直接的な証拠ではありませんが、予想が正しかったときに与えられる賞金の金額に対応する数表があったのです。これらの計算は、特定の結果についての公算や確率という概念の意識もなく行われたのです。このような概念は、十七世紀になってやっと現れました。古代の人たちが、それらの数をどのようにして計算したのかはわかっていません。計算は観察記録から、そして、骨を投げるところを何度も何度も注意深く見ることで得られた直観を用いて行われたと考えるのが妥当ですが、賞金を計算するのに使われた秩序立った方法に関しては何らの証拠も残っていません。

ギリシャの時代になると、今日知られている六面のさいころや、四つの面からなり各面が正三角形であるピラミッド型などの、ほかの幾何学的な形をもつさいころが現れ、ローマの人たちの間ではこれらの形がさらに一般的になりました。これらのさいころには動物の骨、石、象牙、鉛などのさまざまな材料が使われています。最大限の対称性が得られるように、さいころを磨いたり細工を施したりすることに多大な労力が払われましたが、これはもちろんどの面が出る確率も等しくなるようにすることを意味していたものと解釈されます。やがて、六面のさいころの各面には一から六までの数がふられ、そして最も広く行われたのは、今日でもよく行われている競技ですが、その目的はさいころを転がして最高得点を得ることでした。このような賭けごとは、ギリシャやローマでは一般大衆だけでなく支配層の人たちも魅了しました。賭け遊びは神話にも登場しましたし、さらに、さいころ遊びの中毒になり、そのための調度品を出掛ける先々へ運ばせたり勝敗を計算したりする助手を雇おうとした支配者さえもいたという記録も残っています。賭博や、ランダム性を作り出すために石を投げることが広まったため、『申命記《しんめいき》』十八章十節から十一節に「あなたがたのうちに、自分の息子や娘を火の中に投じてささげる者、占いや魔法を行う者、神のお告げを伝える者、妖術を事とする者、くじを引く者、霊媒、降霊術者、死者に伺いを立てる者があってはならない」と書かれているように、ユダヤ教ではそのような行為をはっきりと禁ずる必要があると考えました。ここで、「くじを引く（cast lots）」は、まさに立方体のさいころを投げてその結果を当てる行為を指しています。賭け事をしてはならないという戒めがあったということは、その当時すでに賭け事が社会問題となっていたことがわかります。

これとは対照的に、聖書にはランダム性を役に立つメカニズムとして利用する例も記載されています。たとえば、『箴言《しんげん》』十八章十八節には、「くじは争いをとどめ、勇者たちを分かつ（優劣に決着をつける）」と書かれています。これは、訴訟当事者間の争いがさいころを投げることで解決できることもあるという意味です。トーラー[1]でも、ランダム性が公平な決定に到達するための道具となっている話が詳しく述べられています。イスラエルの土地がそれぞれの部族に分け与えられたときのことは、トーラーでは次のように書かれています（『民数記』三十三章五十四節）。「それぞれの家が相続する土地は、くじによって分け与えるがよい。大きな家には広い土地が、小さな家には狭い土地が与えられなければならない。それぞれの者が引いたくじで当たった地所の土地がそれぞれの財産となり、父祖の部族に従って、それを受け継がなければならない。」ここでの「くじ」とはくじ引きを意味し、相続財産としての土地の部族間の割り当ては、くじ引きで決められたのです。[2] トーラーは

1 ［訳注］旧約聖書のうち、モーセが神から授かったといわれる律法について書かれた最初の五書をトーラーという。

2 ［訳注］英語 lot には「くじ」という意味のほかに、「土地」という意味もある。

くじを引く具体的な方法はとくに定めていませんが、タルムード（後に書物として編纂された口伝律法であるミシュナと、その聖句についての解釈や解説であるゲマラからなる）では、くじ引きがどのように行われたかが詳細に記述されています。ミシュナとゲマラが約二千年前に書かれたことは、注目に値します。そのくじを引く手順（バーバ・バトラ篇一二二、イェルシャルミ、ヨーマ篇四の一などを参照のこと）の記録を見ると、二つの陶製の壺《つぼ》が人々の前に示され、一つには部族の名前、もう一つには土地の区画の名前が入り、それぞれの壺からランダムに一つの名前が取り出され、その組み合わせによって、土地の割り当てが決められました。なぜ部族の名前が入った一つの水差しだけでは十分ではなかったのかと尋ねる人がいるかもしれません。そうすれば、それぞれの土地の区画に対して一つの名前を引くだけでよかったはずです。今日の数学的な確率法則の面からいうと、二つの方法には違いがありません。明らかに当時もそのことは理解されていました。タルムードの解説書によると、その意図は方法の公平性を担保する（あるいは、やや政治的に正しくない言い方では、いかさまをやりにくくする）ことであったということです。いずれにしても、聖書でもその解説書でも、くじ引きは公正な方法と見なされていたことがわかります。

古代ギリシャのようにほかの文化でも、公正を保つためのくじの働きが理解されていたことがわかります。アテネのアゴラ博物館には、たくさんの穴が彫られた大きな石が展示されています。その石は町で開かれた裁判の陪審員を選ぶために使われました。まず、町の男たちはめいめいの木片を穴にはめ込みます。次に、最初の段階には臨席していなかった町の代表者がやってきて、ちょうど陪審員の必要人数に見合う個数の木片をランダムに割っていきます。このとき木片を割られた人は、誰であろうとその日の陪審員としての務めを果たさなければならないというわけです。次の章では、人間行動の数学に関する公平性を達成するメカニズムとしてのランダムな過程の使用についてさらに話を広げます。

いままでの二つの例と合わせて、また、公平性を達成するためのもの、賭けに関連するものを含めて、ランダム性へのほかの例においても、論理的で数学的な基礎づけをもたない直観的な理解に基づいて言及されていました。一方で、数学的な分析のための論理的な方法や公理の使用は非常に発達していました。ある理由から、同時代の科学者たちは確率が数学的な分析に値するとは考えていなかったのです。「起こりやすさ」の概念はアリストテレスの時代までさかのぼるほど文明の初期から使われていましたが，それに関連する数学を展開したり定式化したりしようとする試みすら，きちんとは行われていませんでした。確率に関する数学的な分析がない状態は，近代の幕開けまで続きます。多くの要因が重なった結果として，確率的な現象のもつ性質への興味が高まり，その興味は最終的に数学的な確率論の始まりを到来させました。

賭けの人気は何年もの間衰えることなく続き，十五世紀から十六世紀になると賭博場がヨーロッパ中に広がりました。賭博師たちの中には何人かの有名な数学者も含まれています。賭博師たちは自らの算術の能力を使って裕福になりたいと考えたようです。数学者たちは確率の概念はまだ存在しませんでしたが，確率の概念に関する準備的な段階の問題，たとえば，二つのさいころをある与えられた回数だけ投げたうちで，目がそろって六になることはどれくらいの頻度で起こるだろうかといった問題は，すでに登場していました。三つのさいころを投げるゲームでは，十一も十二も同じ個数の小さな数の組み合わせから得られるのに，賭博師たちが目の和が十二になるよりも十一になる方に好んで賭けようとすることについてガリレオは質問を受けたことがありました。同じように，賭博師たちは目の和が九になるよりも十になる方に好んで賭けようとするのでした。ガリレオの答え，それは正しい答えでした——は，求める合計の値が一から六の間の三つの数の和として書かれる場合の数は重要ではなく，問題は，三つのさいころを投げたときに与えられた和が現れる回数の相対頻度であるというものでした。両者の計算は同じではありません。それは賭けをする人たちの行動，経験を通して発達した行動の数学的な説明でした。

イタリアのミラノから近いパヴィアにいた数学者ジェロラモ・カルダーノ（1501–1576）は，このような問題を扱う公式を作り出すことに長けていました。カルダーノはパドヴァ大学で学び，医師で占星術師で数学者で，また常習的な賭博愛好家でもありました。数学の分野では，三次と四次の方程式を解く方法を探求したことにより，とくに有名でした。カルダーノは，それらの方程式の解法を教えてくれたニコロ・タルタリア（1499–1557）と仲たがいしました。カルダーノは，タルタリアから教えてもらったことは隠しませんでしたが，解法は公表しないことをタルタリアから誓わせられていました。それなのに，その誓いを破ってしまったのです。当時は方程式を解く公式競技があり，優勝すると賞金を稼げるので、タルタリアには不利になってしまいます。

カルダーノはまた金銭的に苦しんでもいたので、賭け事や賭博でお金を得ようとしていました。そして、その目的のためにさいころを投げたときに出る数の相対度数と今日よばれるもの、六の目がペアで出る回数や、たとえば右でも触れた、どれほどの頻度で二つの上の面の和が十を超えるのかなどを計算する数学的な方法を考案したのです。カルダーノはこれらの方法や賭博に関するそのほかの研究を集め、本にするための覚え書きにしましたが、それは彼の死後まで公表されませんでした。カルダーノや当時の人たちの方法は計算法に限られていました。言い換えると、論理的、数学的な根拠を何らもたずに、直観を算術に翻訳したのです。この状況はほどなくして変化しました。

37 パスカルとフェルマー

確率論の数学的な基礎が定められたのは、一六五四年、当時最も有名な数学者であったブレーズ・パスカル（1623–1662）とピエール・ド・フェルマー（1607–1665）の二人の間で交わされた文通によってであると一般的に考えられています。その考えには誇張の要素も含まれてはいたものの、この後で述べるように、数か月にもわたったその文通と、その後続いて発表され、後にパスカルの賭けとして知られるようになった議論は、確率論にとって概念上の基本的な土台になったことは間違いありません。

先に手紙を出したのはパスカルの方で、賭けに関するある問題に対して数学的な解答を示し、フェルマーの意見を求めたのでした。パスカルはこの問題を数学を趣味としギャンブルの愛好者でもあった、知り合いのメレの騎士という貴族の称号をもつアントワーヌ・ゴンボーに見せてもらったのでした。問題は何年も前から公表されていたもので、中でもイタリアの数学者ルカ・パチョーリ（1446–1517）の『算術と代数と比例に関するすべて』と題する本によって知られていました。本が出版されたのは一四九四年でしたから、パスカルとフェルマーの文通より一五〇年以上も前のことです。その数学的な問題には、「中断した試合」という名前がつけられました。ここではもとの問題を少し言い換えたコイン投げに関係する問題を示しますが、パチョーリの本やパスカルとフェルマーの書簡に出ているものがこれに比べて特別に複雑だというわけではありません。この問題を解くさいの難しさは計算上の難しさではなく、概念的な難しさであることが以下の説明からわかります。問題は次のようなものです。

二人が百ドルの賭け金を巡って勝負しようとしていました。二人はコインを五回投げることに決めました。もし、その五回のうちで表の方が多く出たら、一人が全額をもらい、裏の方が多く出たら、もう一人が全額をもらうことにしました。二人はコインを投げ始めましたが、三回投げて表が二回、裏が一回出た後に、勝負を続けられなくなりました。さて、この途中結果を踏まえると、二人は賞金をどのように分ければよいかというのが問題です。この問題に答えるためには、問題文の中にある「よいか」という言葉の意味をまず定義しておかなければなりません。これは明らかに、手続きの進行が中断されたので賭けはなかったことにすべきだというような、道徳や法律上の問題ではありません。問題がパチョーリ、そしてパルカルとフェルマーによってどのように定式化されているかを見れば、勝負が中断されるまでの結果に基づいた賞金の公平な分配の仕方が話題となっていることは明らかです。

もし、現代の確率論の理解があるなら、答えは簡単です。最初の三回のコイン投げの結果を踏まえて、勝算の見直しをしなければなりません。最初は、二人のうちどちらにとっても勝算は同じなので、もし、最初のコインを投げる前に百ドルを分配するとすれば、それぞれが五十ドルを受け取っていたことになります。最初の二回を投げて表が一回、裏が一回出た場合も状況は同じです。より一般の場合についても、勝てる公算の計算はそれほど複雑ではありません。たとえば、もし、問題に示されている状況で、四回めのコインを投げたとすれば、表が出る公算は五十パーセント、裏が出る公算も五十パーセントです。もし、表が出たら、一人めが全額を取りますが、もし、裏が出てきたら、決着をつけるために五回めも投げなければなりません。五回めに投げたときは、再び表と裏の出る公算は等しくなります。このように、四回めに投げたあとは、(五十パーセントの勝算で) 裏が出たときにだけ、五回めも投げなければなりません。したがって、四回めでは、すでに二対一で表の回数がリードしているとして、表には、また次も表が出たときに優勝する五十パーセントのチャンスに加えて、四回めに出たのが裏で五回めで表が出たときに優勝する二十五パーセントのチャンス (つまり、合計して七十五パーセントの勝算) がありますが、一方、裏には二十五パーセントの勝ち目、すなわち、四回めと五回めに投げた結果が両方とも裏である場合の勝ち目しかありません。そういうわけで、最初の三回を投げ終わった時点での公平な分配方法は、第一のプレイヤー（表に賭けているプレイヤー）に七十五ドル、第二のプレイヤー（裏に賭けているプレイヤー）に二十五ドルを与えることになるのです。

右の分析では、勝算というパスカルとフェルマーの時代には存在しなかった概念が使われています。パスカルとフェルマーの文通以前にも数多くの有名な数学者がこの問題を論じました。その中には、完全な解答まで達しなかったカルダーノや、カルダーノの宿敵で、解答を出しはしたもののそれが誤っていたタルタリアもいました。タルタリアは、これは数学的な問題ではなく、法律的な問題であるとも主張しましたが、数学的な議論に基づく合意された解答には誰も到達しませんでした。

その後、第一通めの手紙（いまはもう残っていません）の中で、パスカルはフェルマーに対してこの問題を記述し、一つの正しくない解答を提出したのでした。パスカルが示した解答というのは、もしゲームを五回めに投げるときまで完全に続けたとすれば、四回めおよび五回めに投げた結果を示す次の図の中に黒丸で示したように可能な結果が三つ考えられるというものでした。したがって、もし四回めに投げて表が出てくるなら、表がゲームに勝ったことになります。四回めで裏が出て、次に五回めでも再び出てきたら、裏がゲームに勝ちます。最後に、四回めで裏が出てきて、五回めで表が出たら、表が勝ちます。したがって、パスカルに従えば、ゲームに勝つ可能性が表は裏の二倍高いので、表に賭けた人は預かり金の三分の二を、裏に賭けた人は三分の一を、それぞれ得るべきだということになります。この解答ではそれぞれの結果の起こりやすさが考慮されていないことに注意してください。

フェルマーがそれに対して書いた返事はとても理路整然としたもので、四回めに投げてゲームに決着がつく場合であってもコイン投げの可能な結果すべてを考慮に入れて考えるべきであると述べたのですが、それをいまの言い方でいえば、四回投げて決着がつく場合に対してはより大きな五十パーセントという重みを与えるべきであるということになります。パスカルはただちに自分の誤りに気づきました。数か月という短期間の手紙のやりとりではありましたが、その中で確率の理論の基礎となる概念が生み出されたのです。そのときでさえ、二人の手紙の中に確率の概念がはっきりと現れたわけではありませんが、関係する数学の本質は提示されました。

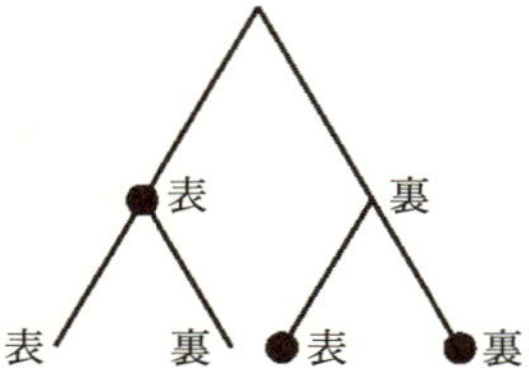

ここで、パスカルとフェルマーがどういう人か述べてみましょう。ピエール・ド・フェルマーは本業は弁護士で、数学の方はアマチュアだと自分でもいっていました。彼は数学で生計を立てていたわけではなかったので、暇な時間にする研究の分野を好きなように選ぶことができました。また、研究成果をどうしても発表しなければならない差し迫った必要性も感じませんでした。フェルマーの最終定理という名で知られる問題がつい最近にやっと解かれましたが、その証明は一九九五年にアンドリュー・ワイルズによって完成されたのです。フェルマーは自分の蔵書の中の一冊の余白に、自分はこの定理の証明をもっているが、この証明を書くにはこの余白は狭すぎると書き込んでいたといわれています。余白への書き込みの話が本当だとしても、フェルマーが実際に定理の証明をもっていたと信じることは困難です。確かに、整数論はフェルマーの興味の中では主要な分野でしたし、その分野に対してすばらしい貢献もしたのですが、この定理の証明にはその当時は利用できなかったいくつかの技法が必要だからです。第三章で述べましたが、フェルマーはまた、最終的にニュートンとライプニッツによって微積分法として展開された話題に関する問題などの、ほかの数学的な問題についても論じました。わたしたちは第21節では、スネルの屈折の法則の根底にある数学を説明するフェルマーの原理にも触れました。このようなことから、フェルマーは当時のヨーロッパで最も著名な科学者の一人となったのです。

パスカルは、フェルマーとの文通を行った時点ではまだそれほど知られておらず、フェルマーには敬意を抱きながら近づきました。そして、中断した試合の問題に対するフェルマーの解答を理解するにつれて、あこがれの気持ちはますます大きく膨らみました。パスカルはフェルマーにぜひとも会わせてほしいと請い願ったのですが、実現することは一度もありませんでした。ブレーズ・パスカルの父は役人で、裁判官であり、税務を担当していました。若いパスカルは父の税務官吏の仕事を助け、仕事に必要な計算を助けるために、歯車式の計算機まで発明しました。彼は同じ機械を何台か作り、起業してそれらを販売しようとしましたが、あまり儲けにはつながりませんでした。パスカルは、数学者としていろいろな分野で能力を発揮しましたが、哲学にも没頭し、患っていた病気のせいもあったと思いますが、短い生涯の後半ではますます信仰に意識を向けるようになり、数学の研究に携わることからは遠ざかりました。しかし、神学上の仕事でさえ、どことなく数学的な雰囲気が加わっていました。その中の一つでパスカルは神の存在の問題に触れているところがありました。

パスカルは後に**パスカルの賭け**の名で知られるようになったある主張を推し進めました。神が存在するか否かについて究極的な証明が存在しないことは認めるが、しかし、わたしたちは神の存在を信じるかどうかを決定しなければならない。わたしたちの決定から起こる帰結を検証することにしよう。もし神が存在しないなら、神の存在を信じるか信じないかの二つの決定の間の違いはほんのわずかに異なる生活様式、つまり、戒律を守り、祈祷《きとう》を行うなどの小さな変化で表されるだろう。他方、もし神が存在するならば、神の存在を信じるか信じないかの決定の間の違いはとてつもなく大きなものになるだろう。それは天国での永遠の命と地獄での永久の苦しみの間の違いを意味するのである。したがって、賭けにおける賭け方についての決定と同様に、もしたとえごくわずかでも神が存在する公算があるとすれば、そして、上述したように神が存在しないことの確かな証明がないのであれば、そこからの自明な結論は、神の存在を信じることには価値があるということである。

議論の中のパスカルの興味は当時としてはきわめて目新しかった神学的な側面にあったのですが、賭け事とのアナロジーはパスカル自身が書いたテキストの中に実際にあったものです（とはいえ、そこではまだ確率の概念へのはっきりした言及はありませんでした）。これはおそらく、神を信じるか否かの、一回限りの決定についての分析が、数学の助けによって——そして、わたしたちが確率論的概念とよぶ概念を使って——なされた初めての出来事でした。パスカルの分析は、それが書かれた形で出版される一六七〇年、彼の死から約七年後より以前に人々に知られることになりました。

38　めざましい発展

フェルマーとパスカルが提出した、中断した試合の問題の分析はまさにランダム性を記述できる数学の必要性が増大しつつあった時代に現れました。ランダム性の概念が使えるさまざまな可能性により、ますます多くの数学者がその分野にかかわることになり、フェルマーとパスカルによって提案された理論的な側面はランダム性の数学の急速な発展において中心的な役割を果たしました。

この分野へ興味が急増した理由が三つあります。一つは、先に触れたギャンブルや賭け事の広がりで、参加した人たちの中には数多くの科学者や数学者も含まれていました。

二つめの理由は、ヨーロッパの多くの都市が、負担しなければならなかった年金や引当金の支払い債務の結果、財政破綻したことに関係していました。ヨーロッパの、主としてオランダとイングランドの政府や地方自治体は、長い間にわたって住民から借金をすることによってその費用の財源に当てるという慣習に従ってきていました。ただし、その引き換えとして貸し主には生涯にわたり一定の金額を支払うことを約束したのです。問題は返済の適正な金額を計算し、そしてとくに、借り主が対応できないほどの債務を招くことを避けるために必要な数学がその当時には存在していなかったことでした。定期返済の金額は直観で、あるいは、より多くの資金を集めたい借り主の欲望にとらわれた計算をもとに決められました。たとえば、毎年の返済が貸し主の生存中はずっと続いたにもかかわらず、イングランド政府は一五四〇年に、借金の年間返済額は借り入れ総額が七年間のうちに返済されるのに相当する額でなければならないものとする条例を発布しました。貸し主の年齢や潜在的な貸し主の余命は考慮に入っていませんでした。一六七五年、ニュートンは講義の中で二項公式を使って利付き預金の現在価値を計算する方法（今日の資本還元）について記述し、後にそれを短い論文として発表しました。支払いを保証する側の誰もが支払いを受ける側の平均寿命に注意を向けることの必要性について、ニュートンはほのめかすことすらありませんでした。このような慣行の結果、ますます多くの地方自治体が破産しました。いうまでもなく、その当時には知られていなかったこのことに関連する数学の分野は、今日、アクチュアリー（保険数理専門家）が業務として行っている貸し主を母集団とする期待寿命の計算、そこから導かれる将来の支払いにおける期待債務、それらの債務と期待税収との比較です。これらの計算に必要とされるデータ、たとえば各町の死亡表などはすでに存在していました。これらは好奇心や利害関係から、そしてとくに、ヨーロッパでさまざまな疫病が流行し死亡率にどのような影響があったかを理解するために、多年にわたって集積されていたのです。しかし、確率と期待値の基本概念は知られていませんでした。地方自治体が次々と財政的に貧窮し、破綻にすら至っていた状況の中で、何とかして問題の解を求めなければという圧力が生まれ、確率と統計についての数学の研究に拍車がかかりました。

確率概念の発展の三つめの理由は法理学の発達でした。その当時のヨーロッパでは、あらゆる合理的な疑いを超えて有罪あるいは無罪の判決を導き出す法理学的な証明を得るのはほとんど不可能であるという認識の増大とともに、法律上の議論の効力についての意識も増していました。法律の議論における確率の考察はすでに古代にも見受けられましたが、社会の進歩につれて訴訟の当事者が自らの立件の論拠を示すのに、立件が正当である確率の定量的な評価に基づく必要が生じました。いずれにしても、そのような定量化に役立つ用語と分析方法を開発する必要性が高まっていたのです。

支払いを確実なものにするための公算とリスクの分析で生じる問題は、たとえば、法的権利の主張で生じるものとはまったく異なります。賭け事や保険、世論調査などについての主張は、多くの可能性の中でランダムに起こる出来事や大きな母集団からのランダムな標本抽出、すなわち統計に関係しています。一方、法的要求は、一般的には単独の繰り返しのない出来事、あるいは、ある種の議論の正当性の信頼度に関係しています。同じ理論と同じ数学的方法がどちらのタイプの状況にも等しく適用できると期待する明らかな理由はないのですが、それにもかかわらず、反復される出来事と一度限りの出来事の分析の両方に確率論における同じ用語が使われます。これは確率論と統計学が本質的に抱えている二重性であり、理論の開拓者たちはこのことに気づいていました。このことについては、このあと詳しく論じることにしましょう。

パスカルとフェルマーの間の文通から数年後、一六五七年に、クリスティアーン・ホイヘンス（1629–1695）は確率論に関する自身の研究と、そのときまでに集積されていた この分野に関する知識をまとめ、本として出版しました。出版を勧めたのは、パスカルのパトロンでもあったロアンヌ公爵、アルテュ・グフィエ・ドゥ・ボワジでした。パスカルはその当時、数学よりも神学の方に没頭していたため、ホイヘンスは何度もパスカルに会おうとしましたが、努力も虚しく実際にはパスカルと直接会うことはかないませんでした。しかし、ホイヘンスはパスカルの業績を熟知していました。ホイヘンスの本は確率の分野に関して出版された最初のものであり、賭博、借金の返済などに関係するランダム性の分析といった統計的な側面に当てられていました。その本の中で、とくに、乱数を用いた無作為抽出や、順列や組合せなどの概念を用いた数え上げの計算方法などに関係する、数学者が長年にわたって研究してきた計算法について書きました。ホイヘンスはオランダ人で、その時代では最も尊敬され、崇拝された数学者、物理学者、天文学者の一人でした。ホイヘンスはほかのさまざまな分野における貢献に加えて、波の方程式が定式化される以前の波の伝播の説明で有名です。ヨーロッパ大陸と英国を広く旅行し、一六六三年には英国王立協会の、その後にはアカデミー・フランセーズの会員に推挙されています。

ホイヘンスの本はまた、平均や期待値という考えについて論じた最初の書物でもありました。そこで使われた「期待値」という言葉は、ホイヘンス彼がラテン語で新しく作った言葉です。いまでは、あちらこちらでいつでも統計データを目にするのですが、十七世紀中ごろまで平均の概念が統計量として広く用いられていなかったことは想像しにくいことです。その時代、物理学者によって、統計解析のためではなく、たとえば、天体の軌道のような不正確な測定値からよい推定値を得るために平均は使われていました。賭け事や将来に見込まれる支払いの数学的分析から、平均という概念が自然に生み出され、使われていきました。平均の概念についての筋道の通った説明が現れたのは、ホイヘンスの本が最初です。

ホイヘンスの議論は洞察力に優れています。たとえば、次のようなことがありました。クリスティアーン・ホイヘンスの弟ルードウィッヒはその当時すでに存在していた死亡表を用いて、ロンドン生まれの人の平均寿命が十八歳であることを知りました。「この数字からどのような意味が読み取れるのだろう」ルードウィッヒは兄に尋ねます。幼児の死亡率がとても高くて、多くの子どもが六歳になる前に亡くなるが、その一方で、その年齢を生き延びた子どもは五十歳あるいはそれ以上まで生きることが知られていることをクリスティアーンは主張します。実際、この質問の着眼点は優れていて、もしわたしたちのいまの時代であれば、異なる目的のためには異なる統計指標が使われるという回答になるでしょう。しかし、クリスティアーン・ホイヘンスは、研究ではこのような状況は扱わずに、賭けの話題に焦点を絞りました。そして、勝算に応じて重みをつけて計算した期待支払額の値である期待値は、賭けの価値を見積もるのに最適な尺度であるという自説に執着しました。

ここで、期待値の正しい数学的な定義を復習しておこう。ある抽選で賞金 A_1、A_2、……、A_n がそれぞれ確率 p_1、p_2、……、p_n で当たるとき、このくじ引きの期待値は $p_1 A_1 + p_2 A_2 + \cdots + p_n A_n$ である。平均の概念についてもそうであったように、期待値の概念の正当性と解釈に関しても疑問が盛んに投げかけられた。それは、確率の概念がまだ十分明らかになっていなかったからである。期待値は相対度数が扱われる文脈においてのみ受け入れられた。言い換えると、定義の中の p_1 は、多数回くじを繰り返して引くときに A_1 の勝ちが起こる近似的な割合である。

これらの確率はどうやって生まれたのか、また、それらはどのようにして計算されるのかという基本的な問題が浮かび上がりました。たとえば、さいころを投げるときには、一つの面だけがほかのどの面よりも上に現れやすい理由はないので、各面が上にくる確率は計算できるが、ある特定の疾病に罹ったり、ある事故で負傷したりする確率はどのようにして計算できるのだろうかとホイヘンスはすでに自問自答していたのです。

現実的な用途に対して概念が適用できることは、概念を定義づけることが難しいにもかかわらず明らかでした。第一の用途は統計解析でした。統計学を意味する英語のスタティスティックス（statistics）という語は、国を意味するステイト（state）という言葉から派生しています。そして、実際、統計学は主として国の経営に関係する問題を扱ったのです。統計解析の研究の最もめざましい進展が見られたのはオランダですが、借金の返済金額の設定という問題が発端でした。このことは、オランダの政治的命脈を担う指導的な人物であり、その問題に責任もあった政治家のヨハン・デ・ウィットと、非現実的な支払いを約束したばかりに痛手を受けた町、アムステルダム市のブルハマスター（市長）、ヨハネス・フッデとが、とに優れた数学者であったことにあります。二人ともデカルトの座標幾何学に取り組み、その分野に貢献もした人物です。二人は当時アムステルダムにいたホイヘンス本人に助言を求め、一六七一年にデ・ウィットは本を出版します。その本の中でローン返済の理論だけでなく、さまざまな条件下での計算の実践面についても述べ、例題には詳しい計算をつけました。計算が正しいかどうかはフッデが確認しました。この手法はほどなくしてヨーロッパ中に広まります。ヨーロッパ中の国々の中でこのような理論の使用を採り入れるのが最も遅れたのは、イングランドでした。イングランドの政府当局は百年後になってもなお妥当な数学的原価計算に基づかない価格で年金を売り続けていました。

ランダム性の数学の実用的、統計的な使用の発達と同時に、確率と法的証拠との関連に関する理論にも進展がありました。ライプニッツがこの分野における指導者であり、一六六五年に確率と法に関する論文を発表し、一六七二年にはそれをさらに詳しくした改訂版を発表しました。確率についてのライプニッツの解釈はアリストテレスが捉えた見解である、ある出来事の部分的情報を踏まえた確からしさに類似していました。ライプニッツは法律家の家系の出身だったことから、法的な主張の正しさの定量的な尺度を提案しようと考えました。彼はパリを訪れ、そして、フェルマーとパスカルの書簡やパスカルの賭けについて知るようになってから、ある主張またはある証拠が正しいのか正しくないのかの確率を一度限りの、非反復的なものであっても見積もらなければならない場合にも、類似した分析が使えることに気づきました。ライプニッツは裁判官の前に提出された情報の根底にある論理を分析し、結論の起こりやすさを0（結論が明らかに誤りである場合）から1（結論が疑いなく正しい場合）までの間の値を与えることによって算定することを提案しました。このようにしてライプニッツは出来事の起こりやすさとランダムに繰り返される状況についての数学との間の類推の基礎を築きました。フェルマーとパスカルの書簡、およびパスカルの賭けが及ぼした影響の大きさの秘密は、どうやらこのあたりにありそうです。二人は、途中で中断された賭けのような、反復が可能な事象だけではなく、神の存在問題のような、非反復的な出来事についての議論にも数学の同じ道具立てを使ったのです。しかし、ライプニッツや、また、起こりやすさや確率の概念に取り組んだほかの人たちも、このような確率が何から導き出されるのか、あるいは、確率がどこから形成されるのかについて、何らかの共通の理解や合意に到達することはありませんでした。

39　予測と誤差の数学

期待値の概念と統計の実用的な使用との間の結びつきを確立する上で決定的な一歩を踏み出したのは、数学に絶大な足跡を残した一族の中で最も著名な人物の一人、ヤコブ・ベルヌーイ（1654–1705）でした。ベルヌーイは、コインはどちらの面を下にしても落ちる公算が等しいものと仮定して、コイン投げの繰り返しについて分析しました。ベルヌーイはニュートンの二項公式を巧妙に使って、次の問題を分析しました。それは、コイン投げを繰り返した場合にコインが表などある特定の面を上にして落ちる公算は、コインを投げた総回数の五十パーセントに近くなるかどうかを検証したのです。すると、コインを投げる回数が大きければ大きいほど、その公算はますます確実さに近づくことがわかりました。ある与えられたコイン投げの系列の中では、投げる回数全体に対する表の面の出る回数の割合は0と1の間のどのような値にもなり得ることは明らかです。それにもかかわらず、ベルヌーイが示したところによると、投げる回数が増えるにつれて、表の面が出る回数はほぼ確実に投げた全回数の五十パーセントに近づいていくのです。

このような試行の繰り返しは、今日でも**ベルヌーイ試行**とよばれ、その数学的法則は**大数の弱法則**とよばれています（大数の強法則が定式化されるには、その後の二十世紀の数学の発展を必要としました）。

ベルヌーイやこの革新的な研究の道筋に貢献した人たちは、コインを繰り返し投げる場面だけでなくさらに一般の場面へと、つまり大きな母集団から標本抽出を繰り返し行う場合や、不正確な測定で生じるランダムな誤差にまで、この結果を拡張しました。すでに触れましたが、物理学者たちは測定誤差を伴う物理量を算定するために多く測定した平均を使いました。数学的な結果が裏づけたのは、反復、あるいは測定の回数が大きくなればなるほど、そして、それらの反復が互いに完全に独立に行われるという条件の下では、すべての測定の平均は真の値に近づいていき、その確からしさはだんだんと増大して確実性に向かって収束していくということでした。同時に、ベルヌーイは何がそれぞれの確率を生み出し、その数値的な値にはどの程度の確信がもてるのかという問題を論じました。おそらく、実験の条件から計算したり導き出したりすることができる事前確率と、実験を何度も繰り返して実行した後にわかる事後確率をはっきり区別した最初の人物であったといえるでしょう。ベルヌーイは事後確率を計算する方法の開発を一つの研究目標として捉えなおし、そのことはその後の発展において重要な役割を果たしました。

ベルヌーイの大数の弱法則は、大きな標本や多数回の試行の繰り返しの統計的側面を扱う極限公式の一つです。すでにその当時、大きな数について主張されていることと人間の直観との間には食い違いが見つかっていました。直観とランダム性の数学との間の食い違いについては追ってより詳しく論じることにして、ここでは例を二つだけ示しておきましょう。

最初の食い違いは一般に**賭博師の錯誤**とよばれているものです。賭博師の多くは、たとえ負けが込んでいても、賭け続けようとします。大数の法則によって結局いつかはつぎ込んだ資金が返ってくることが保証されていると信じているからです。この人たちの誤りは、法則が述べているのは平均であって、勝率が期待値に近づいていくだろうということだけであり、勝ち負けの量に関しては何も伝えていないということにあります。たとえある一連のゲームにおける勝ち負けの平均が一ドルであったとしても何度も賭けを繰り返した場合、損失は、例の多くでは、一万ドル、あるいは百万ドルにまでなることもあります。平均と実際の値との間のこのような差は、裕福で、確率が好転するまでの損失に持ちこたえるだけの資金力がある賭博師にはひどく好都合です。その差は、十分な資金がない多くの賭博師たちを破産に導きました。進化はわたしたちに大きな数を扱うさいの平均と実際の値そのものとの違いを直観的に理解する力を授けてはくれませんでした。理由はおそらく、人類が進化の過程で、事象がそのように多数回にわたって繰り返される例に出合わなかったからでしょう。

直観と確率概念との間の二つめの食い違いはヤコブ・ベルヌーイの甥《おい》、ダニエル・ベルヌーイが問題をその町の帝国学術アカデミーに提出したことからサンクトペテルブルクのパラドックスとして知られています。ここで、ホイヘンスはくじ引きの期待値をくじの参加料の公正な尺度と考えたことを思い出してください。その方法は、ローンの返済金、あるいはくじの参加料を計算する会計計算の基礎として本領を発揮しました。ここで、コインをたとえば百万回などの多数回投げる賭けを考えてみましょう。この賭けで、もし、初めてコインの裏が上になって落ちるのがn回めのコイン投げであり、$n-1$回めまでは立て続けに表が上になって落ちたなら、参加者は2^nドルを受け取ります。ある簡単な計算によって、期待獲得金額は百万ドルであることにもなるのです。みなさんはこの賭けの参加料として十万ドル、あるいは一万ドルであっても、支払うことに同意しますか。わたしの知る限り、同意する人は誰もいません。理論と実践とのこのような違いはパラドックスです。ダニエル・ベルヌーイにはこのことに対する現実的な説明がありました。それについては次の章で論じます。もう一つの異なる説明についてもまた、この後で説明するつもりですが、これは数学と直観との間にある溝です。直観に従えばコインが何度も何度も同じ側に落ちることはなく、直観はそのような出来事が起こる可能性、たとえ獲得金額が高くても確率は低い可能性を無視します。

あらかじめ与えられる情報が不完全である状況において確率を計算する方法を求めるという、ヤコブ・ベルヌーイによって提起された研究テーマは、**中心極限定理**という名で知られる数学的な定理に基づく手法の発展につながりました。そのような方向への最初の動きはフランスの数学者アブラーム・ド・モアブル（1667–1754）によって進められました。ド・モアブルは、フランスで起きたユグノー派迫害の結果、亡命し、何年もイングランドで暮らしましたが、その時間の多くをニュートンとともに過ごしました。ヤコブ・ベルヌーイが平均値の期待値からの偏差の広がりを検証し、偏差の多くはゼロの周りに集中していることを示したのに対して、ド・モアブルはそれらの偏差の分布である、偏差全体が比較的大きな偏差と、中程度あるいは小さな偏差とにどのような比率で分かれるのかについて研究しようと考えました。ド・モアブルはベルヌーイのコイン投げの実験に着目し、その実験で、たとえば表が出たときは賞金額1がもらえ、裏が出たときには何ももらえない場合を考察しました。ド・モアブルは、数学的な計算によって、期待値からの偏差の大きさを投げた回数の平方根で割ると（すなわち、コインをn回投げた後で期待値からの偏差を求めるために、勝った回数をnで割る代わりに、彼は$\sqrt{n}$で割ったのです）分布はある釣鐘の形にどんどん近づいていくことを発見しました。もし、コインが均等にできていなければ、たとえば、表の確率がpであるとすると釣鐘の形はこのpの値に依存しますが、その場合はもし結果を$\sqrt{p(1-p)}$で割れば——これはやがて時代とともに標準偏差とよばれるようになりますが、得られる分布はpの値にはよらない釣鐘型になります。ド・モアブルはこうして得られる式（この式は本書の現在の目的には重要ではありません）とともにに図に示した釣鐘の形を実際に計算したのです。

ド・モアブルの発見が統計の理論とその実践にとってどのような意味があるのかを彼自身が理解していたかどうかは明らかではありませんが、何人かの有名な数学者がド・モアブルの極限法則を一般化し、それがはるかに広く応用できることを発見しました。研究はピエール＝シモン・ラプラス（1749–1827）によって頂点に達しました。ラプラスは中心極限定理のより広い応用可能性を証明しただけではなく、統計解析における応用に対してもその基礎を築いたのです。ラプラスはフランスのノルマンディーで生まれ、家族は彼が僧侶になることを望んだのですが、最後は数学を選択する気持ちの方が勝り、ダランベールの下で研究することを認められました。またある力学の研究プロジェクトを完成させ、その功績によってパリの陸軍学校で数学教授ならびに砲兵士官に任命されました。そこで彼はナポレオン・ボナパルトと友人になりましたが、ラプラスにとってその親交は当時のフランスの政治的に荒れた雰囲気の中では確かに害にはなりませんでした。ラプラスは控えめな態度を貫くことによってフランス革命を生き延び、アカデミー・フランセーズの会長にまでなりました。彼は一八一二年に出版した確率の解析的理論に関する本をナポレオンにささげました。

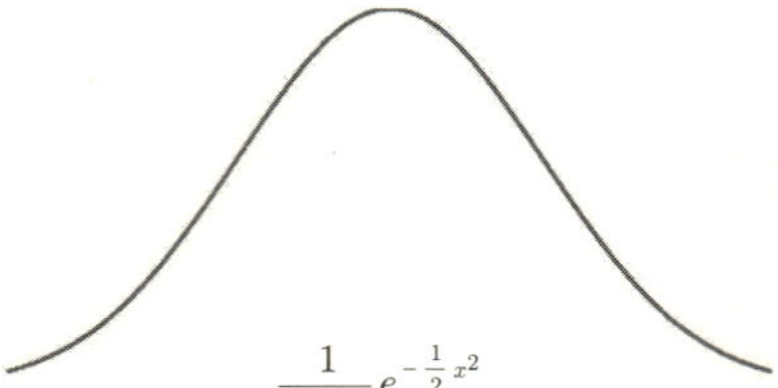

$$\frac{1}{\sqrt{2\pi}}e^{-\frac{1}{2}x^2}$$

　ほぼ同じ時期、一八〇九年に出版した本の中でガウス自身が同じ極限法則を発表しました。明らかにド・モアブルの仕事を熟知していたガウスは、ラプラスとは異なる側面に光をあてました。ガウスは測定の結果、そしてとくに、ランダムな測定誤差を伴う測定において正しい値に最も近い値をどのようにして見つけ出すのかという問題に非常に興味をもっていました。そのようなことを念頭に、ガウスは今日なお最小二乗法とよばれている体系的な方法を編み出し、計算における誤差がランダムで独立であるという仮定に基づいて、平均が正しい値を最大限の正確さで予測する値であることを示しました。ガウスはこの方法をさらに複雑な計算にまで拡張し、その枠組みを使うことで中心極限定理までも証明してしまいました。釣鐘型の分布は今日正規分布とよばれていますが、また、ガウスの貢献を顕彰する意味でガウス分布ともよばれています。

ラプラスもガウスも、そして同じ研究を行ったほかの多くの人たちも、統計的な方法が賭博やコイン投げという限られた分野に止まらない問題に答えるために使えることに気づきました。もしある特定の結果がランダム性を伴う多くの出来事の結果であり、それらのランダムな出来事が互いに独立ならば、その結果の分布は結果の平均値を中心とする正規分布に似たものになるのです。天文学にも関心があり大いに貢献もしたラプラスは、この技法を各惑星の軌道平面の偏差を分析することに使いました。太陽を巡る各惑星の軌道平面はほとんど一致し、中央に想定される一枚の平面からの偏差はごくわずかです。それらの偏差はランダムに決まっているものなのでしょうか、それとも別の要因があるのでしょうか。ラプラスは自らが開発した統計的手法を用いて、偏差は中心極限法則に基づいて期待される分布の非常によい近似であり、したがって、それらが一つの軌道平面からのランダムな偏差である可能性がきわめて高いことを示しました。ここで、「可能性がきわめて高い」という表現は、これが統計的な結果であり、数学的な確実性を意味してはいないことを示しています。同時に、ラプラスはさまざまな彗星《すいせい》の軌道平面が中心極限法則に基づいて期待されるパターンには従っていないことを示し、このことから、それらの偏差は一つの平面からのランダムな偏差によって生じたものではないと結論づけました。ガウスもまた天文学的計算に最小二乗法を使いました。当時、ある軌道上を運動する小惑星ケレスが発見され、太陽の向こう側に消えました。問題は、それが再び太陽の反対側から現れるのはいつなのかということでした。その軌道に関しては、計算されていたデータがほとんどなく、存在したものには多くの測定誤差が含まれていました。ガウスは自らの方法を適用し、ケレスのその後の軌道を驚くべき精度で予測しました。それは、当然のことながら、ガウスに世界的な名声をもたらした予測なのでした。

ガウスとラプラスの研究は、ランダム性の数学とその統計学への応用を科学の中心的地位に立たせました。それ以来現在までに、中心極限法則は、ラプラスとガウスによって分析されたよりもさらに一般的な場合にも、わずかな修正によって正しいことがわかっています。とくに、ロシアの数学者パフヌティ・チェビシェフ（1821–1894）とその二人の学生、アンドレイ・マルコフ（1856–1922）とアレクサンドル・リャプノフ（1857–1918）を取り上げないわけにはいきません。この三人は十九世紀後半に活躍し、平均からの偏差を生じさせるランダムな事象が等しい分布をもつこと、つまり同じランダム性の特徴をもつことを仮定せずに、中心極限定理を揺るぎなく確立しました。このような一般的な規則は、自然において出現するさまざまな状況に対して中心極限法則を使用することを正当化するために重要でした。自然におけるランダムな事象の間に相互依存性が欠けていることは正当化できますが、ランダムな特徴がすべての事象に対して等しいという仮定を正当化することはより難しいのです。ロシアの数学者たちの研究は、数学的な定理とその可能な応用との間の距離を縮め、そのことによって中心極限定理は、ほかの極限定理とともに、統計のさまざまな応用のための標準的な道具となりました。

極限定理の主要な用途は、ランダムな不正確さをもつデータの平均や分散などの統計的な量を見積もることです。一般に、誤差がランダムであるかないかを評価することは困難です。しかし、誤差がランダムであっても、高度に発達した数学の使用のために要求される手法を理解し、咀嚼《そしゃく》することには困難が伴い、そのこと自体が誤りの原因になり得ます。再び、ここでも、困難はわたしたちの直観がデータを理解する仕方に起因するのです。以下では、そのような困難の例を二つ紹介しましょう。

わたしたちは毎日の生活の中で膨大な数の統計的調査の結果を目にしています。調査結果は公表されると、通常、以下のような表現形式が用いられます。調査によれば、有権者の（たとえば）四十七パーセントがある特定の候補者に投票しようとしていることが明らかになりました。なお、この調査に伴う誤差はプラスマイナス二パーセントです。しかし、調査レポートでは結果に関する条件や留保事項の一部しか提示されません。実際、調査の正しい結論は、その特定の候補者を支持しようとしている有権者の割合が四十七パーセントプラス二パーセントと四十七パーセントマイナス二パーセントの間に入る公算が九十五パーセントある、といったものになるでしょう。九十五パーセントという信頼度の限界を用いることは、統計の実際の使用ではきわめて一般的です。調査から導かれる評価が正しい確率が九十九パーセント（そうすると調査の実行にはより多くのコストがかかります)、あるいは、ほかの百未満の任意の数となるように調査を立案することは可能です。九十五パーセント、あるいは九十九パーセントという条件は公表されません。なぜでしょうか。公表される結果の限界である、四十五から四十九パーセントまでという推定結果の区間が、九十五パーセントの確率でしか当てはまらないという事実には、大きな重要性があるはずです。理由は、定量化を理解することの難しさであるかもしれません。

統計標本には理解しにくいもう一つの側面があります。たとえば、イスラエルでランダムに抽出された五百人の人たちを対象とする世論調査が、ある結果を調査誤差プラスマイナス二パーセントで(信頼度は九十五パーセント)保証するのに十分です。イスラエルの人口は約八百万人です。三億二千万人の人が住んでいるアメリカで同等レベルの信頼度を達成するのに必要な標本サイズはどれほどでしょうか。イスラエルでの標本サイズの四十倍でなければならないのでしょうか。このような質問が出ると、直観的にアメリカではイスラエルよりもずっと大きな標本が必要であるとほとんどの人は答えてしまうでしょう。どちらの場合でも必要な標本の大きさは同じであるという答えが正解です。標本抽出を行うさいには、母集団の大きさは標本をランダムに抽出する手間に影響するだけです。標本抽出を正しく行いさえすれば、標本を正しく抽出しきれていない(そして多くの調査の誤りは、標本を正しく抽出しきれていないことに起因するのですが)、調査誤差の大きさは標本の大きさだけで決まります。これは、人間の直観と数学的な結果とが一致しないもう一つの例となっています。実際、進化は大きなサイズの標本に正しく対処できる力を授けてくれなかったのです。

40 経験から学ぶ数学

再び時代をさかのぼり、十八世紀になって開花した、独特な論理のオーラを放ち、その理論の応用における深刻な誤謬の「原因の一端を担っている」ある理論の発展の様子に話を移しましょう。前節で記述した統計的な方法は、前提となるいろいろな確率が知られていて、そこからある特定の事象が起こる確率を計算する場合、あるいは、もし可能ならば、統計的なパラメーターを評価するだけでよい場合に役に立ちます。ただ、この技法では、新しい情報が加わったときにすでに行った評価をどのように修正すればよいかまではわかりません。ランダム性を取り扱う方法に関する著書の中で、新しい情報が加わったときにどのように対処すべきかという問題を提起したのはド・モアブルでした。この問題に解答したのはトーマス・ベイズでした。彼がその基礎となる部分を提起した体系は現在、ベイズの方法として知られています。

　トーマス・ベイズ（1702–1761）はイングランドで生まれましたが、スコットランドのエディンバラ大学で数学と神学を学びました。神学への興味の方が強く、ロンドンの長老派教会の牧師であった父親の跡を継いでイングランドのケント州タンブリッジウェルズにあるシオンの丘教会で父親と同じような地位に就きました。生涯の間に出した本は二冊だけで、一冊は宗教的な問題に関するものでした。もう一冊は、流率には論理的な根拠がないと主張する厳しい攻撃に対してニュートンの無限小解析の方法を擁護しようとする試みでした。この批判は有名なアイルランドの哲学者、ジョージ・バークリー主教（カリフォルニア大学バークリー校の校名の由来となった人物）によって発表されました。ベイズは自分が生きている間に自らの公式を発表することは適切ではないと考え、公式は遺言によってベイズの著作を譲り受け、その研究の重要性をよく理解もしていた友人のリチャード・プライスの手によってベイズの死後にようやく公刊されました。

ベイズの公式についてのしくみを理解するのは難しくありませんが、これを咀嚼して自分のものとし、直観的に使えるようにまでなることはとても困難です。この後の節でこの理由と、深刻な結果を招いてしまう例を示します。ここでは、ベイズの公式そのものを手短に提示し、説明するだけにします。（計算は読み飛ばすことができ、それによって全体像を見失うことはありません）。

> 二〇一〇年にイスラエルの大学入学試験で出題された確率の問題に基づく例から始めよう。三つの箱があり、一つめの箱には銀貨が二枚、二つめの箱には銀貨一枚と金貨一枚が、三つめの箱には金貨が二枚入っている。一つの箱がランダムに選ばれ、その中のコイン一枚がランダムに選ばれる。まず簡単な問題は、箱の中に残されている硬貨が銀貨である確率はいくらかということである。この問題では、二種類の硬貨の役割を区別できないので、対称性の理由によって、確率は五十パーセントであると結論できる。この解答は、（その当時存在しなかった「確率」の概念を用いていないことから）フェルマーとパスカルによって考え方が大きく変わった革命以前にもあり得たかもしれない。ま

た、次のような計算を行ってもよい――箱にはそれぞれ選ばれる確率が三分の一ずつある。一つめの箱が選ばれたときは、箱の中に残された硬貨が銀貨である確率は一（すなわち、確実な事実）である。二つめの箱が選ばれ、一つの硬貨がランダムに選ばれたときは、残った硬貨が銀貨である確率はちょうど半分になる。三つめの箱が選ばれたときは、硬貨が一つ選ばれた後に残っている硬貨は銀貨ではない。ここで、$\frac{1}{3}+\frac{1}{3}\times\frac{1}{2}$ を計算すると、1/2となり、確率は五十パーセントであることが得られる。

さて、ここでもう少し込み入った問題を出してみよう。ランダムに選んだ箱から一枚の硬貨が取り出され、それは金貨であることがわかったとする。箱の中に残されている硬貨が銀貨である確率はいくらか。問題を数式に直せばたやすく解けるのだが、ここでは（確率の授業で習ったことがあるかもしれない公式は使わなくてもよいものとして）直観的な答えを出してみてほしい。箱から金貨が取り出されたという情報から、簡単な分析によって、選ばれた箱は（二枚の銀貨が入っている）一つめの箱ではなかったと結論してよいことがわかる。残りの二つの箱には選ばれる確率が同じだけ、すなわち五十パーセントずつある。二つめの箱が選ばれたときは、残っているコインは銀貨になる（金貨は取り出されてしまっているので）。三つめの箱が選ばれたときは、残っている硬貨はその箱の中の二枚めの金貨になる。このように、ランダムに選ばれた箱から金貨が一枚取り出されたと記述される状況においては、残っている硬貨が銀貨である確率は二分の一である。この分析は簡明ではあるが、正しくない（ド・モアブルがこのような問題の解法に関する疑問に対して満足できる解答に到達せず、それを自らの本の中に未解決問題として残したことにはそれなりの理由があっ

たのである）。以前の節で記述したように、この誤りはフェルマーに宛てた最初の手紙の中でパスカルが犯した誤りに似ている。言い換えると、この「解答」はそれぞれのシナリオの中で金貨が選ばれる確率を無視しており、したがって解答のために情報から引き出すべき正確な意味を取り違えているのである。正しい分析は次のようになる。選ばれた箱から引き出された金貨は、二つめの箱（金貨と銀貨が一枚ずつ入っている）から $\frac{1}{3} \times \frac{1}{2} = \frac{1}{6}$ の確率で選ばれたか、あるいは、三つめの箱（金貨二枚が入っている）から $1/3$ の確率で選ばれたかのどちらかである。これらの二つの可能性のうちで最初の場合にのみ残っている硬貨は銀貨になる。最初に引いたときに金貨が選ばれるという事象の回数の中での、そのような出来事の重みは $1/6$ を $1/2$ で割った $1/3$ になる。

この計算の根底にある原理は簡単です。新しい情報に基づいて結論を引き出したいときは、得られている情報を引き起こす可能性がある要因をすべて考慮に入れ、それらの要因すべてにそれぞれの確率に応じた重みを付けて考えなければならないのです。とくに、この例に関連して、事象 A が起こったことが知らされているものとして、B が起こる確率を求めたいと仮定しましょう。それには、まず最初に、B が起きているときに A が起きたと知らされる確率を求めます。次に、B が起きていないときに A が起きたと知らされる確率を求めます。その後で、A が起こったと知らされる確率全体の中で、B が起こったときに A が起こったと知らされる出来事が占める重みを計算するのです。このスキームは公式の形でも書くことができます。これについては次の節で詳しく説明します。このときに用いる重みづけの根底にある原理がベイズのスキームの本質です。この後で提示するほかのいくつかの例によって、状況はさらに明らかになるでしょう。

ベイズが提案した原理によって、新しい情報を受け取ったときにはいつでも確率を新しいものに更新することができます。理論的には、正確な評価が得られるまで確率は何度でも計算され更新していくことができるのです。ベイズのスキームをそのように精密化することは、ラプラスによって考案されました。ラプラスは、明らかにベイズとは独立に類似した公式にたどり着き、その後、ますます精度を高めて更新する完全な公式を考案しましたが、ベイズによる以前の研究のことを耳にすると、その方法にベイズの名前を付けました。その名前、すなわち、ベイズ推定あるいはベイズ統計学は今日でも広く使われています。

しかし、その方法には根本的な欠点があります。ベイズの公式を適用するためには、公式の中で触れられている事象が起こる確率を知る必要があります。問題は、一般にわたしたちの日常生活では、これらの確率に関する情報は知られていないことです。だとすれば、わたしたちはどのようにして経験から学ぶことができるのでしょうか。これに対するベイズの解答は、もし A が起こるか、あるいは起こらないかの確率についてまったく見当がつかないならば、両者の公算は等しいと仮定してよいという、物議をかもす解答でした。最初の確率（事前確率ともよばれる）を仮定しさえすれば、新しい確率（事後確率とよばれる）が計算でき、それは高い精度をもちます。ここで疑問が生じます。事前確率の値に関しては、恣意的な仮定を使用しても許されるのでしょうか。

この手法を支持する人たちとしない人たちの間の論争は時と場所を選びませんでした。度数と標本の統計学にはしっかりとした理論的な基礎がありましたが、その応用には同じランダムな出来事を非常に多数回にわたって繰り返すことが必要であり、このタイプの統計学は非反復的な出来事の統計的評価には応用できないのでした。ベイズ統計学は孤立した出来事を分析するためのツールですが、事前確率に関する信頼できる情報がなければ、結果は主観的な評価に依存してしまい、科学的な発見を押し進める信頼できる基礎とはならないと反対する人たちは主張しました。この方法が提示している利点を利用しないよりは、むしろ主観的な評価に頼る方がよいと支持する人たちは答えました。さらに、情報を多く付け加えていけばいくほど、恣意的な仮定の影響は薄れていき、やがては最小に達するのであり、この事実によって、ベイズの方法に科学的正当性が与えられるのだと支持する人たちは付け加えました。この論争は個人的なレベルにまで及び、何年にもわたって二つの方法論が並行して発展しました。今日でも統計学者はベイズ派と反ベイズ派に分かれていますが、いまでは二つの方法論の境界と限界はいっそう明確化され、それぞれが本来あるべき範囲の中で力を発揮しているように思われます。

41　確率論の形式体系

確率論の概念が数学的に整備され、統計的手法がますます広く使われるようになった結果、二十世紀初頭には数学的理論の実践における優れた専門的知識の集積が起こりました。しかし、この発展には、多くの不安が伴いました。そのような不安の根拠については以前触れました。第一に、研究対象の二重性がありました。事象が起こる合計回数の割合として確率が解釈できる反復的な事象の分析だけでなく、非反復的な事象の確率を評価する場合にもまた、同じ用語と考察方法が使われました。二つめに、確率のもとになる根拠に関してそれまでどのような理解にも合意にも達していませんでした。コイン投げの実験でさえ、どちらの面が上になって落ちる確率も等しいと考える唯一の理由は、確率が等しくないと考える理由がないからというものでした。はたしてそのような議論には、計算に自然を代弁する資格があると確信させるほどの説得力があるのでしょうか。加えて、ランダム性の数学を扱うための一般的かつ論理的な数学的枠組みはありませんでした。たとえば、独立性という概念の正確で一般的な定義はまだ誰も提案していませんでした。みなさんはきっと「独立」という用語がすでに本書で何回か使われていることに気づいていると思いますが、このように直観的な感覚とは、形式的な定義がなくても、事象がいつ独立なのかは知っているということです。しかし、その感覚は、数学的な解析には十分ではなく、数学の厳密な基準を満たす定義は存在していなかったのです。

イギリスの数学者であり哲学者でもあったジョージ・ブール（1815–1864）は、一般的な数学的枠組みを提示しようとしました。ブールは、数理論理学、そして、中でもとくに、情報を表現するための集合の結び（合併）と交わり（共通部分）は、確率を伴う事象の分析に適していると主張しました。この目的のために、ブールは集合の使用によって論理学の基礎を構築し、今日ブール代数とよばれているものを定義しました。しかし、このような努力は結果としてはあまり報われたとはいえません。それにはいくつかの理由がありましたが、ブールの研究には、彼が使ったモデルにおける整合性の欠如に由来する欠陥が含まれていたことがとりわけ大きな理由でした。たとえば、ブールは独立性の概念に対して、異なる、互いに衝突する方法で扱いました。ある場合には、独立性は一方の事象からもう一方の事象についての結論を引き出せないことを意味し、また別の場合には、事象どうしの間に重なりがないことを意味しました。このように、二十世紀初頭では、ランダム性の数学は確率を伴う事象を分析する方法についても、それらの確率が決まってくるもとになる根拠についても、満足できる解答を与えることができなかったのです。

理論の完全な枠組みを提案したのは二十世紀の卓越した数学者アンドレイ・コルモゴロフ（1903–1987）です。コルモゴロフは数学研究への貢献に加えて、学校における数学教育にも関心をもち、さらにいくつかの大学やロシアの研究機関においてさまざまな行政的な仕事にも就きました。コルモゴロフはフーリエ級数、集合論、論理学、流体力学、乱流、複雑性の解析、この後ですぐに述べる確率論といった幅広い数学の分野で重要な貢献をしました。スターリン賞、レーニン賞を含むたくさんの賞や叙勲を受け、一九八〇年にはかの誉れ高きウルフ賞も受賞しましたが、実はその授賞式には出席しませんでした。コルモゴロフの欠席をきっかけとして賞の規則が変更され、受賞者は授賞式に出席しなければならないという条件がついたというエピソードも残っています。

コルモゴロフはギリシャの人たちの方法を取り入れました。それまで直観的にしか使われてこなかった概念を説明できる公理のリストを書き上げたのです。これから、まずそれらの公理について説明してから、公理と自然とのつながりについて考えてみることにします。コルモゴロフは一般的な方法として数十年前のジョージ・ブールの提案、すなわち、確率を記述するために集合の上の論理演算を使用するというやり方を採用しました。コルモゴロフが一九三三年に著書の中で述べた公理は以下に示すような至って単純なものでした（公理は数学的な予備知識がなくても追えますが、もしそれらを読み飛ばしても、その後の文章の理解に支障はありません）。

1　一つの標本空間を選び、それをΩ（オメガ）とよぶことにする。これは任意の集合であり、その要素は**試行**あるいは**標本**とよばれる。

2　集合の集まりを一つ選ぶ。それらの集合はすべて標本空間Ωの部分集合である。いま選んだ集合の集まりをΣ（シグマ）で表し、その中に含まれる集合を**事象**とよぶことにする。この集合の族Σにはいくつかの性質がある——すなわち、まず、集合Ω自身はその中にある（すなわち、Ωは事象である）こと。また、もし集合（すなわち、事象）の列がその中にあれば、それらの事象の結び（合併）もまたその中にあること。そして、もしある事象が集まりの中にあれば、その補集合、すなわち、Ωからその事象を引いたものも事象であることである。

3 事象の集まりに対して**確率関数**を定義し、それをPと書くことにする。これによって、各事象に対して（事象の確率とよばれる）0と1の間の数が割り振られる。この関数には、どの二つも交わらない事象の列の結び（合併）の確率は個々の事象の確率の和であるという性質がある。また、事象Ωの確率は1である。

数学に特有な用語や言い回しになじんでいない人のためにいいなおすと、二つの事象（二つの集合）は、両方の事象に共通して含まれる試行（Ωの要素）がないとき、交わらない（排反である）といいます。また、二つの集合の結び（合併）とは、両方の集合の要素を含む集合のことです。そこで、第二の公理は、とりわけ、二つの事象の両方に共通に含まれる試行を含む集合はそれ自体事象であることもいっています。

事象（集合）の集まりΣが必ずしも標本空間Ωのすべての部分集合を含んではいないことには理由があります。その理由は本質的に技術的なものであり、本書のこの後の説明を追うためにはとくに理解の必要はありません。（理由は、もしΣがすべての部分集合からなっているとすると、標本集合が無限集合である場合、三つめの公理の要請を満足する確率関数を見つけることが不可能になるかもしれないことです。）

公理の革新的な特徴の一つは、確率がどこで生まれたかという問題を度外視していることです。公理は確率の存在を仮定し、それがコモンセンスが指し示すある種の性質をもつことを要求しているにすぎません。ギリシャの人たちの方法に倣って、ある状況を分析しようとするとき、公理を満足し、かつ状況を記述する標本空間を設定しなければなりません。もし設定が正確なら、その先を続けることができ、数学の力によって正しい結論にたどり着けます。しかし、コルモゴロフはギリシャの人たちよりもさらに先に進みました。ギリシャの人たちは「正しい」公理は自然の状態に従って決まると主張しましたが、コルモゴロフは同じ確率的なシナリオから出発してまったく異なる空間を新しく構築することを許すのです。例をあげてみましょう。

公理系によって規定される枠組みによって、数学的な分析を適切に行うことができるようになる。その例として、たとえば確率$P(A)$をもつ事象Aの部分事象だけを含む標本空間において、ある事象Bの確率を計算したいとする。Bのこの新しい確率はBのうちでAと共通な部分（わたしたちに関心があるのはBのうちのその部分だけである）の確率をAが起こる確率で割ったものに等しくなる。これは次のような式で書くことができる。まず、AとBに共通な部分を$B \cap A$で表し、「A交わりB」とよぶ。すると、Aの中にあるBの部分事象の確率は$\frac{P(B \cap A)}{P(A)}$となる。これを**条件付き確率**とよぶ。二つの事象が**独立**であるとは、一方の事象の存在から二つめの事象の存在に関してどのような結論も、確率論的な結論さえも、引き出せないことをいう。独立性は、数学的には、事象Bの更新された確率がBのもとの確率に等しいこと、すなわち、$P(B \cap A) = P(A)\,P(B)$で定式化できる。こうして、わたしたちは独立性という概念の数学的な定義を得たことになる。同じことは、確率論で使われるほかの概念についても行うことができる。

　ちょうどよい機会なので、一つ注意をしておこう――多くの教科書では条件付き確率の式$\frac{P(B \cap A)}{P(A)}$をAが与えられたときのBの確率とよんでいる。このことが誘引となって次に出現するのは、条件付き確率の新しい解釈、すなわち、Aが起こったと**知らされた**ときのBの更新された確率であるとする解釈である。後でわかるように、このような解釈は、公式の適用に伴う誤りを誘発する可能性がある。平易な言語では二つの表現、「与えられた」と「知らされた」の間にはそんなに大きな違いはないが、応用の場面では、ある出来事について知らされた場合、その情報がどのような状況の中で明らかになったのかを考慮に入れなければならない。Aが起こったと知らされたからといって、Aが与えられたときのBの条件付き確率がBの事後確率を表していると自動的に結論づけることは決してできないのである。

　さて、ここで、かねて約束したように、ベイズの定理を示すことにしよう（この部分を読み飛ばしても、以下に続く本文の理解には支障がない）。いま、事象Aが起こったことを知っており、そして、そのことから事象Bの起こりやすさを知りたいとする。例として、ここでは$P(B|A)$で表される条件付き確率が、Aが起こったことを知っているときの、求めるBの確率を記述しているものと仮定する。前節で言葉で説明したベイズの公式は

$$P(B|A)=\frac{P(A|B)\,P(B)}{P(A)}$$

という公式である。

さらに、右で説明したように $P(A|B)$ は $P(B\cap A)$ を $P(B)$ で割ったものである。（もし、前節で説明した原理の言い回しとの整合性に配慮したいならば、分母を $P(A|B)\,P(B)+P(A|\overline{B})\,P(\overline{B})$ と書けばよいだろう（これは多くの教科書でなされている書き方である）。ただし、$\overline{B}$ は事象 B が起こらないことを示す。複雑そうに見えるだろうか。おそらくそうだろうが、この枠組みによって、ランダム性の解析に適切な数学的基礎が与えられるのである。

ここで仮定されたことに注意しよう――状況は、$P(B|A)$ が正しい事後確率であるということである。もし、その仮定が正しくなければ、前節で記述したベイズのもともとのスキームに頼ればよいだろう。すなわち、A が起こったと知らされる確率全体に対する B が起こったと知らされたときに A が起きている確率の割合を計算すればよい。多くの応用では、この仮定は成り立たない。すなわち、A が起きたと知らされる確率は $P(A)$ ではない。

ここで示した枠組みが確率の構成法の骨格となりますが、これらの公理に登場する事象には必ずしも現実に、同定し、計算可能である意味があるとは限りません。たとえば、コインを一回投げる場合を取り上げてみましょう。標本空間は同じ確率をもつ二つの記号、たとえば、a と b からなっていると考えてよいでしょう。もし a が起こったら、これはコインが表を見せて落ちたことを意味し（**この本の中だけ**の決め事です）、もし標本から b が現れたら、それはコインが裏を上にして落ちたことを意味すると宣言するのです。そうすれば、コインを一回投げることに対する一つのモデルが得られたことになります。この標本空間の枠組みの中ではコインを二回続けて投げることは分析できません。なぜならば、コインを二回投げたときは可能な結果が四つあるからです。その場合には別の標本空間を構成してやらなければなりません。コインを複数回投げることが許されるモデルに達するには、標本空間をさらに拡張しなければなりません。一般にコインを任意の回数だけ投げることを可能とするには、無限に広い標本空間が必要になるでしょう。その技術的な詳細は、数学に取り組む人たち（学生さんも含む）の興味を引くと思いますが、ここではその説明は割愛します。ただ、コインを無限に投げ続けられるような標本空間では、確率ゼロの事象が起こるということだけは述べておきましょう。

これは確かに直観的な話です。連続した円の上を回転している玉が、ある点で止まるとします。玉があらかじめ決められた点で止まる確率はゼロですが、ある点からなる集まりの上で、たとえば、ある区間全体の上で止まる確率はゼロではありません。このような結果まで見据えて、コルモゴロフはほかの目的のためにすでに展開されていた、長さのない点からできている線分が長さをもつことができる理由を説明する数学を使いました。その説明は、類似した問題に出合ったギリシャの人たちには利用できなかった説明でした。さらに、コルモゴロフのモデルはベルヌーイの大数の弱法則（前節参照）を説明し、証明するために、そしてさらに、次に示すようにもっと強い法則を定式化し、証明するためにも使うことができます。コインを連続して投げるものとします。これによってさまざまな結果の系列が作り出されます。投げる回数を増やしていったときに投げる回数全体に対する表の数の割合が五十パーセントに近づかない結果の系列について考えてみましょう。このような系列の集合の確率は、**大数の強法則**によれば、ゼロです（数学の授業でコルモゴロフの理論を習った経験がある注意深い読者はきっと、その事象は確率がゼロであるとはいえ、やはり起こり得ることにすでに気づいていると思います。実際、割合が二分の一に近づかないような標本もあり得るのですが、それらは無視できるのです）。

コルモゴロフの公理系のもう一つの側面は、多くの反復の結果の頻度という意味での確率と、繰り返しのない出来事の起こりやすさの評価という意味での確率の二つのタイプの確率に対して同じ数学を使用することにお墨付きを与えているということです。この二重性のどちらの側面も、同じ公理系によって記述されるのです。実際、右に示した三つの公理をもう一度振り返ってみれば、コモンセンスは確率のどちらの解釈も受け入れられるだろうということがわかるでしょう。数学はただ公理だけに基づいているので、同じ数学がどちらの場合にも役立つのです。

では、繰り返しのない出来事の確率を評価するとはどのような意味なのでしょうか。数学的な解答は、公理とそれらから導き出されることの中に与えられています。日常的な意味は解釈の問題であり、それは主観的なものになりがちです。コルモゴロフ自身が、晩年には、繰り返しのない出来事に関係する確率論的な解釈に関して疑念を表明したことは興味深い事実です。しかし、彼は確率のその側面の分析に使える新しい数学の理論を提示することはできませんでした。

コルモゴロフの著書は、数学がランダム性を扱う方法を一変させました。それまで単なる直観であると思われていた概念が明確な数学的定義と分析の対象となり、直観に頼って証明されていた定理がいまや厳密に証明されるようになったのです。時を経ずして、コルモゴロフのモデルは数学界全体によって受け入れられたモデルとなりました。とはいっても、いままでこの数学に出合ったことがなかった読者には推察できるように、コルモゴロフが示唆した方法は容易には使えませんでした。さらに、この定式化によってもランダム性の直観的な扱いにおける多くの難しさや誤りを克服することはできませんでした。それは人間の脳が直観的に受け入れるようにはできていない論理的な定式化であるからです。

42 直観とランダム性の数学

ランダムな事象を伴う状況に対処するときは、人類が数百万年にわたる進化を経て発達させてきた直観を使います。第一章で主張したように、進化は論理を伴う状況について直観的に考える道具をわたしたちに与えてはくれませんでした。それは、論理的な思考が使用すべき正しい道具である状況において直観的な評価を使うことが難しいというだけではありません。直観の素朴な使用は、誤りや、さらには第8節で検討した錯視に類似した心理的な錯覚を誘発する可能性があるのです。この節と次の節では、ランダム性にまつわるよくある誤りと錯覚のいくつかについて分析します。

まず身近によくある例から見てみます。献血の場合、血液はもちろん、ドナーがエイズの原因になるＨＩＶウイルスに感染していないかどうかを確認する検査が行われます。検査のミスはごくわずかですが、皆無ではなく、約〇・二五パーセントあります。その意味は、ＨＩＶ感染者が正しく同定される確率が九十九・七五パーセントあるが、検査が誤った結果を出し、感染者が誤って健常者であると宣言される確率が一パーセントの四分の一あるということです。そして、完全な健康体である人が誤ってＨＩＶ感染者であると診断される確率も同じく一パーセントの四分の一だけあります。さて、ある献血室で、ドナーになろうとしている一人の人を検査したところ、結果はその人がＨＩＶ感染者であることを示しました。その人が実際に感染者である確率はいくらでしょうか。

この質問に回答したほとんどの人は（わたしはこの質問をさまざまな受講者層からなるいろいろなフォーラムで行ったのですが）は、検査を受けた人が感染者である確率は九十九・七五パーセントであると評価します。つまり、検査の実行時エラーの発生確率に合致する数字を答えるのです。確率をほんの少し小さく評価する人はわずかしかいませんが、一般になぜその人たちの評価がここで述べた誤り率の数字より低いのかについて説明することはまれです。その人たちはおそらく、正しい答えは九十九・七五パーセントではないと考えています。そうでなければ、なぜそのように明らかに簡単な問題を聞かれなければならないのでしょうか。実際に正解できたのはほんのわずかの人たちです（しかも、その人たちは、この問題や類似の問題をやったことがあるのです）。正しい答えは何でしょうか。正しい答えにたどり着くためには、この検査で陽性の結果を生み出す可能性についてまず検討しなくてはなりません。被検者は実際にＨＩＶ感染者であるかもしれず、その場合に検査が陽性の結果を与える確率は非常に高く、九十九・七五パーセントです。しかし、被検者がまったく健康な人かもしれず、その場合に検査が誤った陽性の結果を与える確率は非常に小さく、〇・二五パーセントです。しかし、健常者の人口はＨＩＶ感染者の人口に比べて大きく、したがって、誤って感染者と同定される人たちの数は非常に大きく、実際の感染者全体の人口よりも大きくなり得ます。試料が実際に感染者のものである確率を評価できるためには、もう一つ追加の事実を知ることが必要であり、それは全人口に対する感染者の割合です。世界保健機構（ＷＨＯ）によって発表された数字が示しているのは、先進国ではＨＩＶ感染者は人口の約〇・二パーセントを構成するので、五百人に一人の感染者がいるということです。もしこの数字を受け入れるならば、前節で記述したベイズの公式を使うことができます。公式によれば、健常者であるか感染者であるかにかかわらず、誰もが検査で感染者であると判定される確率全体と比較して、感染者が検査で感染者として同定される確率が占める重みを求めればよく、その計算式は

$$\frac{0.9975 \times 0.002}{0.9975 \times 0.002 + 0.0025 \times 0.998}$$

となります。これを計算すると約〇・四四という確率が得られ、すなわち、陽性の結果が感染者を正しく検出する確率はたったの四十四パーセントでしかありません。もし感染者が人口の〇・一パーセントだけであったとすると、確

率はさらに約二十八・五パーセントまで落ちます。

ここでは、ある一人のドナーの血液サンプルが検査されるという事実、言い換えると、その試料、すなわちドナーが、ほとんどランダムに選ばれたものであるという設定が、以上の分析にとって重要な事実です（それは前節で公式を導入したときに行った仮定に関係しています）。もし試料が検査に回されたのが彼がＨＩＶ感染者であると疑われたためである、たとえば、何らかの症状を示したためであるとするなら、実際に感染者である確率は異なったものになるでしょう。それを求めるためには、ベイズのもとのスキームを用いればよいのです。

なぜ問題を出された多くの人たちは検査で陽性の（感染者としての）結果を受け取った人が実際に感染者である確率が九十九・七五パーセントであると考えるのでしょうか。理由は、脳が状況を分析する方法にあります。それは数学的、論理的な理解とは整合しない方法なのです。脳は何らかのデータを受け取ると、どのデータが重要かを直観的に、実際に情報を順序立てて分析することなく決めます。脳は欠落している情報を探し出そうとはしません。進化は、一般に、問題の厳密な分析に必要な労力を払うことには価値がないという認識をわたしたちの中に、より正確には、わたしたちの無意識の心の中に植え付けました。したがって、脳は一つの目立った情報である、誤りの確率が一パーセントの四分の一しかないということに注意を集中します。

この種の誤りは、医療検査だけには限りません。裁判所は殺人を自白する人に対して、それを裏づける証拠がなくても有罪判決を下す傾向があります。裁判官が与える理由は、犯していない殺人を自白する確率は無視できるほど小さいということです。その事実は正しいのですが、統計的な結論は正しくありません。たとえば、犯していない殺人を自白する人が十万人に一人しかいないとします（被疑者が受ける警察の取り調べの状況を考慮に入れると、その仮定が過大評価ではないことは確かです）。また、四十万人の人口からランダムに誰かが逮捕され、かつその人はその前日に犯された殺人を自白するとします。その人が本当の殺人犯である確率は、二十パーセントにすぎません。本当の殺人犯が見つかった確率は五人に一人でしかないのです（殺人犯自身が自白するならばそれが一人で、全人口のうちの、殺人を犯していないにもかかわらず自白する人が残りの四人）。人口がもっと多くなれば、確率はさらに低くなります。裁判官が犯す誤りは、犯していない犯罪を認める傾向をもつ人が逮捕される確率だけしか検討していないという事実にあります。ところが、ひとたび容疑者が自白すると、その確率には意味がなくなるのです。ひとたび被疑者が自白すると、問題は、嘘《うそ》の告白をする人と本当の殺人犯をどのようにして見分けるのかということになります。それは追加の証拠や疑わしい状況を使えば可能ですが、裁判官が無意識にこの違いを見落とします。モルデチャイ・ハルパートとボアツ・サンジェロは、二〇一〇年にイスラエルの雑誌『法律研究』に発表された記事の中でスリマン・アル-アビドの事件、ある少女の殺人事件を分析しています。この男が犯人であることを匂わせる独立した状況証拠はほとんどなかったのですが、有罪判決を受けてしまいました。最終的に、誤って有罪判決を下されていたことがわかりました。記事は裁判官が犯した確率の誤りを明らかにし、ほかにも法律の分野からの例をいくつか引いています。

次の例の前振りとして、面白いエピソードがあります。ある男がスーツケースの中に爆弾を入れて飛行機に搭乗しようとし、空港で捕まります。この男の言い分は次のようなものでした。「飛行機を爆破しようと意図してはいない。ただ、面識のない二人の人が二人とも飛行機に爆弾を持ち込む確率は、一人だけがそうしようとする確率よりも格段に小さいと聞いたので、飛行機が爆破される確率を低くするために爆弾を持ち込んだ」というのです。明らかに、この乗客が援用している論理には瑕疵がありますが、その誤りを的確に指摘することはたやすいでしょうか。しかし、このような間違いは、冗談としてではなく、日常生活の中で実際によく起こります。では、もう一つの例を見てみましょう。

次の例は有名なアメフト選手のO・J・シンプソンの裁判で起こったことです。O・J・シンプソンは元妻とその男友だちを殺したことにより告訴されていました。この事件を立証するために、検察側はO・J・シンプソンが、以前、元妻に殴るなどして暴力を振るっていた事実と、殺してやると脅迫していたことを証拠としてあげました。シンプソンの乱暴な振る舞いと脅迫に関しては、事件が起こる前から警察が把握しており、二人の間に仲裁に入ったり、O・J・シンプソンを元妻の家に近寄らないようにさせたりしていました。ところが、弁護団側は次のような確率の話を反論として持ち出します。何千もの事件を網羅している信頼のおける統計で、警察に記録されている例のうち、配偶者に暴力を振るった人の中で、殺してやると脅迫のことばを吐いている人で、実際に殺そうとした人は十分の一より少ないことを弁護団は示しました。さらに、本当に配偶者を殺してしまった人数はもっと少なく、百人に一人よりも少ないのです。弁護団によると、結論は、O・J・シンプソンが実際に元妻を殺した可能性は一パーセントにもなりません。これは疑いを構成する根拠となり得る確率です。陪審員たちは弁護団の主張を受け入れました。また、裁判官でさえ、弁護団の基本的な間違いに対して何もいわず、被告人であるO・J・シンプソンに無罪を言い渡しました。ある分析から、弁護団から示された確率については、基本的な事実が欠けていることがわかりました。O・J・シンプソンの元妻が**殺された**という事実です。もし、まさに否定できない明白な事実が考慮されていれば、また、被害者の女性が元夫に脅されていたのかどうかの質問がなされていれば、元夫から殺される確率はいくつになるでしょうか。それは弁護団が提示したものとはかなり異なっていたと考えられます。陪審員が、教育を受けていないのではないか、あるいは、知識がない人たちだったのではないかと結論づけるのは間違っています。というのは、論理的な議論での主張を正しく分析する力を、進化は与えてくれていないのです。

　さらによくありそうな例を考えてみましょう。六人の優劣がつけられないほど素敵な少女が美少女コンテストの最終選考会に残りました。それぞれが優勝する確率は同じです。優勝者はすでに選ばれているのですが、誰であるかはまだ発表されていません。少女たちはいま優勝宣告の舞台に向かって歩いているところです。舞台へ向かう列の最後、六人めの少女は早く結果を知りたくてうずうずして、優勝者が誰であるかを知っている警備員に教えてくれるように頼みます。結果を教えることは禁止されていると答えますが、一人めの少女が優勝者でないことは告げてしまいます。六人めの少女はうれしくなりました。自分の優勝するチャンスがこの瞬間に六分の一から五分の一に跳ね上がったと思ったからです。この人の考えは正しいでしょうか。この問題を尋ねられた人々のほとんどは、この人は正しいと答えるか、あるいは、確率はもとの六分の一のままであるといいます。第一の人たちが示す議論では、五人の出場者が残っており、一人めが優勝者ではないという事実はそのほかの人たちに関して何らの情報をも加えるものではないので、残っている出場者たちの確率は均等で、したがって、五分の一であるということです。ほかの人たちが論じるところによると、警備員は優勝していない出場者を一人挙げなければならなかったのであり、彼が優勝していない人のうちの一人を指し示したという事実は何ら新しい情報を加えていないので、残る出場者たちの確率は以前のままであるので、六分の一であるということです。これらは直観的な解答です。非常にわずかな人たちが一つの決定的な情報で、しかもそれなしにはどのような信頼できる答えを与えることもできない情報が欠けていることに気づきます。この話では、警備員が採った方法、従って行動したアルゴリズム、非優勝者として一人めを指し示すことになる事前確率を決定した公式が明らかにされていません。ベイズのスキームで必要とされるものを補おうとしてみれば、それを用いるためには不十分な情報しかないことに気づくでしょう。警備員が優勝を逃した参加者として一人めの出場者を指し示すことになる可能性についての詳細な情報がなければ、問題に答えることは不可能です。確率が六分の一のままとなるように警備員の行動を記述する物語を考え出すことは簡単です（たとえば、警備員は優勝していない者たちの中から六人めの少女を除いてランダムに選んだ少女を選択するものとするのです。計算は割愛します）。しかし、警備員の行動に関して確率を五分の一まで増加させるような別の物語を考え出すこともまた可能です（たとえば、警備員は優勝していない者の中から壇上に最初に上がった者を選ぶなど）。さらに、それ以外の結論を導き出す別のシナリオを描くことも可能です。人間の脳は欠けている情報を検索するようには作られていません。そのような検索は進化の観点からはむだが多いのです。脳は出来事についての物語から欠落している部分をそれらしいデータで埋め合わせます。これが正しいことが後からわかる場合もありますが、また、そうではない場合もあります。脳のこのような効率性はほとんどの日常的な問題においては正当化されますが、数学的な解析の整合性からはまったくかけ離れています。

論理的で数学的な分析と、脳が確率のそのような問題を扱う直観的なやり方との違いから導き出される誤りには、時として重大なしっぺ返しが含まれていることがあります。多くの論文、および本書の巻末に挙げた文献の中で、ドイツの心理学者ゲルト・ギーゲレンツァーはショッキングな医療処置の失敗例と、実験室での検査後の経過や結果に関する誤った情報の結果として患者の心に残ったトラウマを例に引いています。ゲルト・ギーゲレンツァーらのメッセージは、医師、経済学者、政治家などの意思決定や政策立案にかかわる者には、不確実な状況においてどのように行動すべきかが、言い換えると、ベイズ流の思考プロセスをどのようにして身に着け、実際に使うかについて教えられなければならないということです。そのようなことは可能でしょうか。ギーゲレンツァーの見解は、確率事象の概念を用いて問題を分析する代わりに、状況の反復の枠組みの中で考える訓練をすれば、ベイズ流の論理を学び取ることは可能であるというものです。言い換えると、コルモゴロフのモデルにおけるような事象の概念はあきらめ、その代わりに、相対度数の考察に転換するべきなのです。たとえば、ギーゲレンツァーによれば、もし、血液のドナーと血液検査についての右の例において、一人の個人について考える代わりに、多くの試料から構成される系列を検査すれば、その多く、半数以上が検査の誤りによって感染者であると見なされた健常者の試料であることがわかるだろうというこ とです。ギーゲレンツァーは実際にランダムな状況をこのような方法で分析することを学習した医師たちのグループにおいて大きな改善が見られたことを示す数字を示しました。

ギーゲレンツァーの結論を受け入れることはなかなか難しいことです。誤りは根源的なものであり、直観的な思考に根ざしていると考えられるからです。ある一つの状況において誤る人たちは、まったく同じ状況に再び遭遇すれば、同じ誤りを犯すことは起こりにくくなります。しかし、もし不確実性がほんの少し異なる形で現れたときには、判断が改善されることはないのです。検査によって感染者であるとして記録される試料のほとんどが実際は健常者の試料であることに気づいている人は、ベイズのもとの公式を同じ程度まで使いこなすことができるでしょう。誤りの問題に対してわたしが思いつくことができる唯一の解決策は、エラーによって大きな損害が生じるおそれがある場合、とくに医療、経済、知能検査のデータの評価などにおいては、数学的なツールを積極的に用いて状況を厳密に分析し、直観的な思考を避けなければならないということです。正しい答えにたどり着くことはとくに重要ではありません。すなわち、もし起こり得る誤りが受忍できる程度のものであれば、進化がわたしたちに教えてくれている反応の仕方は受け入れることができ、好ましく、より効率的ですらあるかもしれないのです。それはいくつかの例では誤りに導くかもしれませんが、ほかの状況に対しては正しい解答を与え、時間と労力の節約になるかもしれないのです。

43　直観とランダム性の統計学

論理的な因子を操って不確実な状況を直観的に分析する能力は、進化によってわたしたちに備わってはいませんが、統計的な状況に対しては正しく対応できると考えることができます。進化のプロセスの全体を通じて、人類は絶えずランダムな出来事にさらされてきました。とはいっても、そのような場面であっても統計的なランダム性に関係する誤りは幾度となく繰り返されます。そのいくつかについては予測と誤差の数学について述べた第39節で触れました。誤りのいくつかは進化そのものによって説明可能です。いくつかの例を示しましょう。

イスラエルにはテルアビブとその郊外を結んでいるアセロン高速道路というのがあります。この高速道路ができたおかげで、市内を移動する時間が短縮されました。高速道路の中心的な区間が、しかるべき壮麗な式典とともに開通して間もないころ、豪雨のためにアヤロン川が氾濫し、高速道路が浸水しました。このため、深刻な交通渋滞が起こり、アヤロン高速道路会社の最高責任者はテレビ局に呼ばれて洪水の理由を番組の中で説明しなければならなくなりました。説明には説得力がありました。起こり得るあらゆる洪水に耐えられる高速道路を建設するには法外なコストがかかるだろうということです。そこで技術者たちはリスクを計算した上で、路側帯を広くとりました。そうすれば洪水が起こるのが二十五年間に一度だけであると期待され、誤差の可能性に対しても十分な安全率を掛けたうえで建設したのです。道路が落成した直後に今回の洪水に見舞われたことは、説明によると、運が悪かったというよりほかにはないが、それがランダム性の本質なのであるということでした。視聴者を安心させるために、今後は長い期間にわたって道路上の洪水に悩まされずに運転できることが期待できるだろうと続けました。ところがちょうど三週間が経過して、高速道路は再び浸水しました。最高責任者は再びテレビ局に呼ばれ、ばつが悪そうな顔つきで独立事象と従属事象に関することを何かつぶやきましたが、このような状況下でも技術者たちの計算は正確であったことをインタビューアーに納得してもらうことはできません。誤りの理由は明らかに次の通りです。最初の報道において最高責任者は、最も重要な情報である、高速道路は浸水したばかりであることを十分に強調しませんでした。もし洪水が極端な豪雨によって起こるのであれば、土壌は水で飽和しており、少し雨が降っただけで洪水を起こす可能性があります。言い換えると、第二の洪水は第一の洪水と独立な事象ではないのです。

確率法則によってさまざまな事象に与えられる数値がもつ意味に対して、どのような態度で臨むかは、一様でも整合的でもありません。何年か前、ガリラヤ湖の水が溢《あふ》れて岸辺が洪水に見舞われそうな危険がありました。イスラエルの河川管理部門の最高責任者はテレビでそのような洪水の確率は六十パーセントであると説明し、さらに続けて、洪水を避けるには奇跡が起こるしかないといいました。四十パーセントの確率で起きる出来事が奇跡であるといえるでしょうか。わたしはそうは思いません。そして、実際、その年に「奇跡」は起こり、ガリラヤ湖の洪水はありませんでした。同様に、医師たちの中には、患者が回復する見込みが八十パーセントであることと九十七パーセントであることはたいして変わらないと感じている人も多くいるようです。しかし、患者の中で確率の法則を理解している人にとって、両者の違いは甚大です。九十七パーセントの治癒率が意味するところは、わずかな例外を除いては治療が成功するということです。二十パーセントの失敗の可能性が示しているのは、失敗の可能性は構造的に避けられないということです。

非常に低い確率で起こる出来事に対する態度もまた整合的ではありません。一方で、人々はそれにかかる手間や暇が期待される賞金額を上回っているにもかかわらず、宝くじを買い求めます。なぜかというと、当たりにくいことがわかっているにもかかわらず賞金を得る可能性に期待する個人の積極的な思い入れにあることは明らかです。その一方で、直観による傾向は、実現される見通しがほとんどない出来事には目を背けようとします。この傾向は、とくに金融、経済、政治に関する、あるいはそれに類する局面において命運を左右するところで見られます。起こりそうにない出来事は無視するというこの傾向もまた、進化的な起源にまでさかのぼることができるかもしれません。生き残りという大きな枠組みの中では、小さな出現確率をもつ出来事への対策は、生存競争に必要な多大な努力を犠牲にして講じられます。たとえば、もし恐竜が細かい塵だらけの空気を呼吸できるえらを発達させていたとすればどうなっていたでしょう。隕石の衝突のさいに舞い上がった粉塵は地球環境を完全に変え、恐竜を絶滅に追いやったと一般的には考えられていますが、そんな恐竜は粉塵の中を生き延びたのではないでしょうか。その一方で、日常的な生存競争を犠牲にしてまでそのようなえらを発達させるために命をかけた恐竜の種は生き残ることができず、隕石が地球と衝突する前に絶滅してしまっていたかもしれません。進化のための闘争はいま・ここでの戦いです。それは現在の条件だけを考慮に入れ、可能な未来の出来事、あるいは起こる確率が低い出来事を考慮しないのです。この事実は実現する確率が低い危険に対してわたしたちが反応する仕方にまで影響を及ぼしています。

心理的錯覚とよばれる間違いは統計データの解釈に関係するもので、これも進化的な起源をたどってみることができます。第4節で説明したように、パターン認識は生得的な能力です。さらに、パターンを認識しすぎるという方向での誤りはより好ましいのです。存在しないパターンを認識してしまうことからくる損害に比べると、存在するパターンを認識し損なうことには重い代償が伴うかもしれません。心理学者で意思決定論の専門家でもあるエイモス・トヴェルスキー（1937–1996）は、共同研究者のトーマス・ギロヴィッチとロバート・ヴァローネとの研究で、バスケットボールでの「ホットハンド」信仰を検証することを決めました。この現象については、バスケットボールファンなら誰でも知っています。あるプレイヤーが連続スローで何点か得点すると、そのプレイヤー自身、コーチ、対戦チーム、観客の全員が彼に「ホットハンド」が回ってきていると感じ、このままあと何点かは得点することを試みるべきだと感じます。ホットハンドの法則を確率法則の言葉で説明すれば、バスケットボールで何回かシュートに成功すると、その試合の中でそれまで同じプレイヤーが同じ条件の下で得点しなかった場合と比較して、次のシュートでも成功する確率が高まるということです。この状況は次のように説明することができます。成功の連続が続いて起こると、選手に自信が湧いてくることと心理的な効果との相乗効果によるというのがよくある説明です。

トヴェルスキーと彼の共同研究者たちはホットハンドの概念について検証を加えることに決め、全米プロバスケットボール協会（NBA）のあるシーズン全体を通して、その当時最も強いチームの一つ、フィラデルフィア・セブンティ・シクサーズの試合に注目し、試合での一つひとつのシュートを記録して成功したシュートが連続したかどうかを調べました。その結果、驚く人も多いでしょうが、ホットハンドは錯覚であり、迷信であることを発見したのです。ランダムな系列においては、次のシュートでの成功の確率が増加していなくても、成功の連続はやはり起こり得るのです。セブンティ・シクサーズの試合における成功したシュートの連続（あるいは「流れ」）は、ランダムな系列におけるそれと変わりませんでした。系列のパラメーター、すなわち成功したシュートのパーセントは、プレイヤーごとに、そして試合ごとに異なっていましたが、同じ条件の下ではシュートが成功する確率は、成功したシュートが連続した後でも増加していませんでした。

ここでわかったことは、すぐに活かされるべきでしょう。なぜなら、選手のホットハンドは、もしそれが迷信であれば、試合中にコーチがどのように指示を出して、チームを率いていくかに直接かかわってくるからです。トヴェルスキーと共同研究者たちの発見に対する受け止め方は複雑でした。この発見は、ホットハンドの存在を信じ続け、それに従って行動し続けた観客、選手、あるいはコーチに対しては、何の影響もありませんでした。しかし、科学者の間の意見は分かれています。ある人たちは発見を額面どおりに受け止めましたが、ホットハンド現象は確かに存在はするのだが、これとは異なる形で表現されるのだと考える人たちもいました。はたしてホットハンドが実際に存在するのかどうか、わたしにはわかりませんが、理由が錯覚であれば簡単に説明できます。パターンを探し、見つけ出そうとする欲求はわたしたちの遺伝子の中に余りにも深く組み込まれているため、わたしたちは成功が連続したり、バスケットボールで運よく連続してシュートが決まったり、平年よりも暑い年が何年か続いたり、証券取引で利益が続いたりするようなランダムな出来事の統計学と整合する事象の連続を、ランダムではなく意味のある出来事として解釈するのです。

第六章　人間行動の数学

消費者物価指数が太陽黒点の原因なのか●最適な結婚はあるのか●ゲーム理論か、それとも敵対の理論か●百万ドルの獲得が期待される宝くじにあなたならいくら払うか●札束をゴミ収集箱に投げ込むことは理性的ではないといえるか●何でも信じる人は「単純」なのか●人間は先入観をもたずに決断に到達できるのか●進化合理性とは何か

44　マクロな考察

歴史の黎明期以来、人間の行動は、文学、芸術、法律、そして政治や哲学の研究など、さまざまな領域で分析と議論の対象になってきました。しかし、人々の行動や決断を記述し分析する数学的方法の使用は、十八世紀も終わりへと向かうころになってやっと始まりました。本章では、これらの発展のいくつかについて述べることにします。

人間行動、とくに経済問題における行動は、個人の行動と集団の行動とに分けられます。もちろん、個人の行動が集団の行動を決めるので、両者はつながっています。しかし、経済の問題では、個人の決定からグローバルな経済変数がどのように導かれるのかについて、量的な予測を提示できる数学的モデルを求めることはいまだに困難です。**見えざる手**という新語を考え出したのは、スコットランドの哲学者であり経済学者でもあったアダム・スミス（1723–1790）でした。彼は一七七六年に出版された著書『国富論』（原題は、諸国民の富の性質と原因の研究）の中でこの概念を提示しました。この本の中で、スミスは資本主義理論の基礎を次のような言葉によって築いています——すべての個人は、公共の利益に顧慮することなく、自己の富を最大化しようとする。すると、ある見えざる手の力によってそれらの個人の行動が変換され、社会の状況を改善するのである。見えざる手の本質については説明されませんでした。最初

の説明が現れたのは、やっと一九五〇年代になってからのことで、それは、経済学者たちが資本主義の理論を明確な基礎の上に体系的に構築し始めたころでしたが、しかし、この方法からはごく限定的な成功しか得られませんでした。

一見したところ、各個人が自分のことだけにかかわる状況での行動は、ダーウィンの進化の概念と極度に整合しているように見えます。なぜなら、進化の生存競争によって優位な行動が導き出されるからです。しかし、さらに詳細に検討すると、自然界における競争は個体間の競争ではなく、種と種との間の競争であることに気づかされます。勝利する種とは世代を越えて生き残る種のことであり、それは必ずしもすべての個体が自立している種とは限りません。種の中には、そこに属する個体が共通の利益のために自らを犠牲にすることをいとわないことによって生き残ることができているものもあり得ます。個体の行動と集団の成功との間の関係を示すこのような進化論的な分析は、共同体の経済行動に関してはまだ存在しません。さらに、巨大経済圏の動向は、その大部分が、多数の意思決定者個人の決定の結果であり、そのそれぞれにはごくわずかか、あるいは無視できるほどの影響力しかありません。この意味では、自然の数学的な記述との類似性もあります。波の性質をもつ素粒子をニュートンの法則を満たす要素に結びつけている定量的なメカニズムは、見えざる手に対してはまだ発見されていません。

マクロ経済的な動向の分析に現在用いられている数学的な道具立ては、自然がどのように振る舞うかを理解するために発達したものと本質的に異なるものではありません。これらの道具立てには、さまざまなタイプの方程式——たとえば、消費、貯蓄、利子率のような経済学的な量を扱う微分方程式やそのほかの方程式——が含まれます。方程式の意図は、経済がどのように動くのかを記述することであり、あるべき経済の好ましい姿を記述することではありません。モデルを分析することで、望ましい目的を達成するために財政や金融政策の立案者が進んでいくべき段階の理解に役立つこともあります。しかし、モデルそれ自体は、経済の姿をあるがままに記述しているにすぎません。社会では、厳密に制御された実験は行えないので、経済学者は統計局が提供するデータを使います。これらの指標の分析に使われる手法は**計量経済学**とよばれ、前章で述べた統計学から発展した分野です。経済分析を目的として開発された手法は非常に進歩していますが、その方法は長年にわたって自然科学や技術で使用するために開発されてきたものと本質的に異なるものではありません。マクロ経済学的な行動の記述における数学の成功は、物理学およびその技術への応用の記述における成功の水準からは大きく出遅れています。これは単なる時間の問題であり、ギャップは存在するモデルの改善に伴って縮まっていくのでしょうか。それとも、もしかすると、人間行動を記述する新しい数学の必要性があるのでしょうか。明確な答えはありません。

ここでは、マクロ経済学のモデルについて詳しく述べることはせずに、社会科学に特有な考察の例を二つだけ紹介しましょう。どちらの例も、二〇一一年のノーベル経済学賞の受賞者に関係しています。賞の公式名称は、「アルフレッド・ノーベルを記念する経済科学におけるスウェーデン国立銀行賞」（スウェーデン国立銀行はスウェーデンの中央銀行）です。アルフレッド・ノーベルは、賞を授与する分野の一つとして社会科学を明記しませんでした。これら二つの例を引用するのは、数学を使って人間行動の複雑さを記述するその方法が特異であるためであり、これらがマクロ経済学における数学の使用の全範囲を反映しているわけではありません。

人間の意思決定に特徴的な一つの要素は将来に起こりそうなことに対する評価であり、その多くの場合において、個人は自分が将来に及ぼす影響を無視できる程度であると考えています。マクロ経済学的な発展が将来に関する個人の期待に影響されることについては、長年にわたり一定の理解がありましたが、その理解が方程式を構成する一つの要素に翻訳されることはありませんでした。一九九五年にノーベル経済学賞を受賞したシカゴ大学のロバート・ルーカスと、二〇一一年にノーベル経済学賞を受賞したニューヨーク大学のトーマス・サージェントを含む数名のグループは、**合理的な期待**の理論を展開しました。彼らは、経済指標の発展過程を決定する方程式の中に、市場の期待を組み込む数学的な方法を見出したのです。これらの期待はモデルにおける変数の一部となっています。すなわち、それらはほかの変数に影響を及ぼし、またほかの変数からの影響も受けるのです。市場の発展に影響を与える市場の期待は明らかに社会科学に特有のものです。将来の発展におけるそのような期待の役割を数学的な言葉で記述する定式化が経済学者たちによって採用され、その結果、いまでは多くのマクロ経済学モデルにおいて不可欠の要素となっています。

二つめの例は単なる事例報告であり、計量経済学における研究実践の全体を代表していると考えるべきものではありません。この例を選んだのは、それが数学と応用との間のつながりについて、何かをわたしたちに語ってくれているように思うからです。二〇一一年のノーベル経済学賞をトーマス・サージェントと共同受賞したのは、プリンストン大学のクリストファー・シムズでした。表彰状には、シムズの時系列分析、すなわち、時間に伴って変化する統計系列に対する貢献のことが書かれています。統計系列一般、そして、とくに、時間に伴って変化する系列の分析は、長い間科学者たちの関心を引いてきました。これらの系列における誤差分析の数学的手法の基礎は、カール・フリードリッヒ・ガウスの時代にまでさかのぼります。さまざまな発展の中で、とくに、二つのデータの系列が相関しているかどうかを調べる手法が開発され、それにより、相関の度合いに対する量的な指標が得られました。しかし、自然科学への応用では、二つの系列のどちらが主因なのか、すなわち、どちらがもう一方の系列の変化の原因なのかに関して、疑問が起こることはありませんでした。たとえば、地球の自転と潮の満ち引きとの間には因果関係があります。しかし、何が原因で何が結果なのか、潮の流れが地球を自転させる原因なのか、それとも逆なのかという問題の答えを求めるために二つのデータ系列を調べた人はいませんでした。答えは自然の法則そのものから導き出されます。一般に、自然科学では、原因と結果を二つのデータ系列そのものから導き出そうとすることはなく、基礎にあるモデルから引き出そうとします。残念ながら、社会科学的、あるいは経済学的な事象の数学的モデルには、同様の分析が実行できるほどの信頼性がないのです。したがって、系列そのものから原因を導き出し、二つの系列のどちらが主因かを決定する試みがなされることは自然です。時系列を理解するためのシムズの貢献の中には、経済学における二〇〇三年のノーベル賞受賞者で、イギリスの経済学者であるクライヴ・グレンジャー（1934–2009）によって提案された方法のシムズによる改良が含まれていました。その方法は、二つのデータ系列のどちらがもう一方の原因なのかを決定するものとされていました。その判定法はグレンジャー—シムズの因果検定として知られ、社会科学や経済学の多くの分野において因果律を検査し、検証するために使われています。

一九八二年に、二人の経済学者リチャード・シーアンとロビン・グリーブスは、太陽黒点の出現と、国民総生産（GNP）と物価指数の双方に関係するアメリカ経済の景気循環との間の因果性の可能性を検証するためにグレンジャーーシムズの因果検定を使用した結果を発表しました。記事は、サザン・エコノミック・ジャーナル（第四十八巻、七七五ページから七七七ページ）に掲載されました。結果は統計的に有意であり、アメリカ経済の景気循環が太陽黒点の原因であることを示していました。この結果が信じがたいことは明らかです。しかし、はっきりいっておきますが、この結果は統計的な検査が不適格であることを示しているのではありません。このことから学ぶべきことは、独立のモデルによる裏づけのない統計的な検査には頼るべきではないということです。GNPの太陽黒点への影響に立脚したモデルがないことから、このことを検証するために統計的な分析を適用することはできないのです。統計的な検査のこのような使用には限界があります。正しいやり方は、まず因果関係を表すモデルを先に提案し、そして次に、モデルの立証または反証を統計学の手に委ねることです。因果関係そのものに関する可能なモデルなしに単なる統計的検査だけに頼れば、根本的な誤りに陥ることがあり得ます。

45　安定な結婚

さて、以下では、人間集団が取り得る行動に関する数学的分析の例を示しましょう。ここでは、取り得る行動という言葉を使い、望ましい行動、あるいは推奨される行動という言葉は使いません。その理由は追って後で説明することにし、ここでは、自然科学と技術における数学の応用が成功した経験に続いて、多くの人たちが社会科学においても、社会の進むべき進路を数学的な分析が示してくれることを期待したと述べておくだけにします。人間行動に関する数学の現状は、そのような期待に応えられる状態からは程遠いのです。

例は、わたしたちの生活におけるさまざまな状況下で起こる問題に関係しています。医学部の卒業生は自分の専門分野を活かして働ける病院を探し、病院は新しいインターンを探しています。卒業生には病院に関してそれぞれに応じた独自の好みがあり、一方で、病院にはインターンとして迎え入れたい人に関して病院ごとの好みがあります。両者の希望はどのようにすれば一致させることができ、また、どのようにして一致させるべきなのでしょうか。同じような問題はほかにもあります。大学の教育職のポストの候補者はどのようにして選考されるべきであり、フットボール選手はどのようにしてチームのメンバーとして採用されるべきであり、また、さらには、花嫁と花婿は仲人の手によってどのようにして取り持たれるべきなのでしょうか。

　このような文脈で自然に発生する問題は、空いているポジションを埋めるのに最適な方法は何かということです。これに答えるためには、「最適」に対する判断規準を定義し、その後で解にたどり着く方法を見出す必要があります。二人の有名な数学者、カリフォルニア大学バークリー校のデイヴィッド・ゲール（1921–2008）と、カリフォルニア大学ロサンゼルス校のロイド・シャプレー（1923–2016）は、以下のような数学的方法を用いてこの問題に挑みました。シャプレーはこの研究によって二〇一二年のノーベル経済学賞を獲得しました。

　これは数学の守備範囲内にあるので、最初に議論の枠組みを明確に定義しておかなければなりません。ここでは一つの特殊な例に限って議論しますが、解に到達したら、それをより現実に近いほかの場合に拡張することは難しくありません。女性N人のグループと男性N人のグループがあり、一方のグループのそれぞれのメンバーを他方のグループの一人のメンバーに対応づけることがわたしたちの使命であるとしましょう。それぞれの男性には潜在的なパートナーに備えていてほしいと思う資質に関して優先順位があり、また女性についても同様です。グループのメンバーの選好の間には必ずしも相関はなく、もしランダムに縁組みするとしたら、多くの人たちが不幸になるでしょう。実際、この人たちをどのような方式に従って縁組みしても、何人かの男女は理想的な連れ合いと添い遂げる結果にならないばかりか、当初の選好から遠くかけ離れた人と縁組みされる人も出てきそうです。このような状況において、最適な縁組みとはどのようなものなのでしょうか。この文脈において、「縁組み」は、男女全員にわたる全体的な組み合わせを意味しています。

　ゲールとシャプレーによる最初の貢献は、何と、問題をすり替えることでした！　最適性の判定規準を求める代わりに、彼らは縁組みが満たさなければならない条件——古代ギリシャ人の時代には公理とよばれていたもの——を定式化したのです。彼らはこれを安定性条件とよびました。それは簡単に次のように述べることができます。もし、ある方式が提案したパートナーよりもお互いにより好ましいと思う男性と女性が見つけられるなら、その縁組みは不安定であると考えられるでしょう。ゲールとシャプレーが設定した条件とは、縁組みは安定していなければならない、すなわち、不安定であってはならないということです。その条件に対する理由は明白です——安定していない縁組みは長続きしないでしょう。一緒になることによって自分たちの状況を改善できる男女はそうするでしょうし、そうすれば、すでに縁組みによって決定されていた秩序は乱されることになります。次の段階は、縁組みが最適であるとは、すべての男女が安定した組み合わせの中で可能な最良の相手と縁組みされている場合であると定義することです。言い換えると、まず最初に縁組みは安定していなければならず、次に、縁組みはどの男性にとっても、またどの女性にとっても、安定な縁組みの中で最良でなければならないということです。一九六二年に発表された「大学入学と結婚の安定性」と題する論文の中で、ゲールとシャプレーは安定な縁組みを導き出すアルゴリズムを提示しました。アルゴリズムは数式や方程式を使わずに述べることができ、結果が安定な縁組みとなることの証明も同様です。アルゴリズムは、コンピューターの時代なら非常に大きな人数が絡む場合でも一瞬のうちに提示できることは明らかですが、ここではそれを絵コンテ風に示すことにします。

第一段階では、どの男性も自分の優先順位リストで先頭にいる女性の隣りに集まります。男性が二人以上隣りに立っている女性がいるかもしれません。各女性は自分の隣りに立っている男性の中から最も好ましい男性を一人選び、それ以外の人たちにはもとの席に戻ってもらいます。次の段階では、自分が最初に選択した相手、すなわち自分の優先順位でトップの女性に拒否されたすべての男性が、自分の優先順位リストで二番めの女性の傍らに立ちます。再び、何人かの女性の近くには男性が二人以上いるかもしれず、このような女性のそれぞれはそれらの男性たちの中から最も好ましい男性を選びます。彼女が選ぶ男性が第一段階で彼女が選んだ男性と同じその人であるかもしれませんが、また、彼女の周りに新しく来たうちの一人が今度は彼女のリストのトップを占めているかもしれません。それ以外の人

たちにはもとの席に戻ってもらいます。それぞれの女性の隣りにただ一人の男性がいるようになるまでこのことが続いていきます。アルゴリズムが終了すると、結果は安定した縁組みとなっています。そのことの証明は、いずれかの女性のそばに少なくとも二人の男性がいる限り、拒否される人は次の段階では彼の選好の順位においてより低位の女性のところに行くことになることからわかります。すべての男性の優先順位におけるそのような「格下げ」の回数は有限であり、したがって、それ以上の格下げがあり得なくなったとき、すなわち、それぞれの女性のそばにただ一人の男性がいるときに、手続きは完了するのです。安定性は、各段階で女性は、以前に彼女を選んだ男性と一緒にいるか、あるいは、彼女自身の選好の規準においてより高位の男性を選ぶかのどちらかであることから導かれます。もしある男性が手続きの最後に自分と縁組みされていない女性の方が好ましいと思っているとしても、実際は彼はすでにそれ以前の段階で彼女にプロポーズしたけれども、彼女は彼女自身の優先順位の中でより高位の男性と一緒にいることを選んだということなのです。したがって、その女性は、手続きによって決まった相手よりも彼の方が好ましいと思うことはなく、よって、安定性があるといえるのです。

右で定義した、安定性についての条件である最適性条件についてはどうでしょうか。ゲールとシャプレーは、最適な組み合わせを見出すことができない例があることを示しました。二人は、また、右に述べたアルゴリズムには部分最適性という特徴があることを示しました。その意味は、どの男性も、安定的な縁組みの範囲内で相手として選ばれる可能性がある女性たちの中で彼の選好の順位が最も高い女性を得るということです。ここにもまた、この提案に付随する独特な難点があります。もし、最初にすべての男性が好ましいと思う女性の方に近づいていく代わりに、すべての女性が彼女のリストの先頭にある男性にアプローチし、以下もそのようにして決めていったとすると、その手続きが生み出す組み合わせもまた、安定な縁組みになるでしょうが、その結果はわたしたちが右に述べた手続きの最終結果とは異なるかもしれません。どの女性も、ある安定な縁組みの一部として選ばれたかもしれない相手の中で、彼女の選好リストでの優先順位が最も高い男性を得るという意味では、この結果も部分的最適性の条件を満たすことになるでしょう。二つの可能性のうち、どちらがより好ましいのでしょうか。数学はその問題に答えることをしません。数学はただ可能ないくつかの組み合わせの案を提示し、それらの特徴について述べるだけなのです。

ゲールとシャプレーの分析とアルゴリズムは、人員配置と選択の問題に対する理論研究だけでなく、実用面にも注目すべき影響を及ぼしました。基本的なアルゴリズムとその結果に対しては、改良や改善の提案が生まれ、より複雑でずっと現実問題に近い枠組みにまで拡張され、また、概念的にも拡張されました。たとえば、このアルゴリズムが使われるとき、本当の優先順位を明かさないことは男性または女性のどちらの側にとっても、何のメリットもないことは簡単に見て取れます。このことは、自分の個人的な選好について嘘をつくことがプロセスに参加している誰かにとって価値をもつような社会行動におけるさまざまな状況とは対照的です。

新しいインターンを選考する病院を含めて、いくつかの組織はゲールとシャプレーの提案に整合する配置と選別の手続きを採用しました。右の二つの事例のいずれにおいても、組織側は候補者側の——すなわち、インターンや受験生の——立場からみて最適なアルゴリズムを採用することを選択したことは注目に値します。この選択に対する組織側の理由は明らかに社会的なものでした。組織は、候補者が安定性の定義に整合する可能な最良のポストを獲得したのだと感じることの方が、組織そのものがそう感じるよりも重要であると評価したのです。ほかの組織は、候補者を異なる方法で選択しています。たとえば、アメリカの大学は、教育職のポストの候補者に、返答しなければならない期間を比較的短く設定した応募書類を送りますが、そうする理由は、大学が教授陣として選んだ人材を他大学からより好ましい条件を提示される前に採用するためです。結果は不安定性であり、これはゲールとシャプレーによる基本的な仮定の説明の中ですでに述べたとおりです。

二〇一二年のノーベル経済学賞のもう一人の共同受賞者はハーバード大学のアルヴィン・ロスでした。彼は、その後スタンフォード大学へ移籍しています。彼は、臓器移植患者の候補者に移植が可能な臓器を、マッチングの質、成功の確率、個人の履歴などを考慮に入れたうえで橋渡しするために、ゲールとシャプレーの方法を応用したシステムを開発しました。ロスの研究では、マーケット・デザインの問題、すなわち、臓器移植にかかわるルールや手続きの検討も扱われていました。目指していたのは、公共の信用と信頼を視野に入れながら、一方で潜在的なドナー数を増やすルールで、この自明ではない目標があったことによって、数学的な原理の応用研究はより深いものとなったのです。

また、人間の夫婦にとっての住居や鳥のつがいにとっての巣のように、カップルが自分たちの経済基盤を確立するために少なくとも労力を投資しなければならない場面において、数学者によって導き出されたアルゴリズムを、自然が進化の過程を経由して到達した組み合わせ問題に対する解決策と比較してみるのも興味深いでしょう。そのことが、何年も自分の連れ合いと一緒にいる動物の多くの種や、最初に選んだ連れ合いが生涯のパートナーとなるさらに極端なケースにおいて、安定性という特性が観察できる理由です。しかし、自然は、安定性に到達する、ゲールとシャプレーによって提案されたアルゴリズムとは異なる方法を見出しました。多くの種類の動物において、安定性は、動物の遺伝子の中に一人のパートナーへの忠誠という形で埋め込まれています。いまではすべての種が関係の安定性を維持する特徴を備えていることから、関係を維持した種が生き残ったことがわかります。もう一つの方法――人間社会において一つの先鋭化された形で見られる方法――は、パートナーとの関係を裏切ることに対して経済的困窮や罰金を課すことです。もしパートナーと離別する行為そのものが、不誠実な個人、あるいは離婚を決めたカップルにとって不愉快な状況を生じさせるなら、安定性を保持しようとする傾向はさらに強まることになります。

46　選好集計と投票システム

ここで紹介する二つめの例の起源は、人間行動を理解するための数学の使用の起源にまでさかのぼります。高貴なド・カリタ家のコンドルセ侯爵、マリー・ジャン・アントワーヌ・ニコラ（1743–1794）は、フランスの数学者であり、社会科学を探求した政治哲学者でした。彼は、早い年齢からとび抜けていた数学への興味とともに、社会と経済の問題に没頭しました。同時代の多くの政治的指導者や思想家とは対照的に、彼は女性や黒人の平等権への支持を含めて、急進的な自由主義者の見解を公に表明しました。彼は高名なアカデミー・フランセーズの事務局長という高い地位まで登り詰め、また、フランス革命の指導的支持者の一人でもありました。彼は、当時、イデオロギーの問題で革命の指導者たちの何人かと対立するようになり、多くの知識人の同僚と同様に当局から逃れ、身を隠さなければならなくなり、そしてとうとう最後に逮捕されました。コンドルセ侯爵は謎に満ちた状況の下で獄中死しましたが、殺害されたと考えるのが自然でしょう。

侯爵の数学的な素養は、社会や経済に関する著述に顕著に現れており、彼を社会的および経済的な問題への数学的方法を創始した人物と考えることは、ある程度正当であるといってよいでしょう。時代の流れの中で、コンドルセは民主主義におけるさまざまな選挙制度を検証しようとしました。彼は自らの著作の中で、よい選挙制度について合意することの難しさを示す非常に基本的な例を構成し、提示しました。その例は、**コンドルセのパラドックス**とよばれることがあります。彼が検証した状況は、ある投票者の集団が数名の候補者たちから選ばれる一人の人物について合意にたどり着かなければならないという状況でした。多数の意見によって決定を下すという議決方法について検証してみよう、と侯爵はいいました。言い換えると、一人の候補者は、選挙人の大多数が彼あるいは彼女を選好するときにほかの候補者たちよりも好ましいと考えるのである。このような選好関係は勝利する候補者を決定するだろうか？

コンドルセは自身の答えの中で、以下の例を述べています——三名の選挙人が、三名の候補者の中から一名の代表を選ばなければならないとし、それらをここではA、B、Cで表すことにする。選挙人はそれぞれ、三人の候補に関して独自の序列を付けている。一人めの選挙人は、AをBより高く、そしてBをCより高く評価している。二人めの選挙人は、BをCより選好し、CをAより選好している。三人めの選挙人は、CをAより選好し、AをBより選好している。さて、我々が設定した判定条件から起こる結果を見てみよう。我々の判定基準に従うなら、AはBよりも相応しく（一人めと三人めの選挙人、すなわち、多数がAよりもBを選好している）、BはCよりもふさわしく（一人めと二人めの両方の選挙人、すなわち、再び多数による選好）、そしてCはAよりも相応しい（二人めと三人めの選挙人、すなわち、多数に従えばであるが）ことが簡単に見てとれる。結果は、それぞれの選挙人が選好順位を明確に定義しているにもかかわらず、多数による決定というシステムからは三つどもえの位置関係が導き出され、勝利する候補者が示されることはないということである。

コンドルセのパラドックスは、多数による決定という規準を採用することに伴う本質的な難しさを例証しています。侯爵自身は多数決制度を支持し、それが適用できる状況下では促進しようとしました。侯爵は、もしこの基準に従って好ましい候補者、すなわち、ほかのいずれの候補者よりも好ましい候補者がいれば、その候補者が選ばれる状況に導いていくようなアルゴリズムの採用を提案し、強く主張すらしたのです。

侯爵と同時代の論敵、ジャン＝シャルル・ド・ボルダ（1733–1799）は、これとは別の方式を提案しました。彼は、すべての選挙人はそれぞれの選好に従って候補者をランクづけし、その点数の合計、あるいは何らかの合意された方式に基づいて重みづけされた和によって、勝ち残る候補者を決めるべきであると提案しました。この方法は候補者が選挙人の選好に従ってランクづけされなければならないさまざまな状況において、現在でも使われています。ボルダの方法がコンドルセの規準に整合しないことは明らかです。

より優れた、すなわち、より公平な制度を見出す試みは、多年にわたって続けられ、そして、一九五一年にスタンフォード大学の数理経済学者ケネス・アローは、選好集計の問題を、驚くべき新たな視点から考察する結果を提出しました。アローは、さまざまな貢献の中でも、この結果によって一九七二年のノーベル経済学賞を授与されました。アローの結論は、また、複雑な状況の中に置かれた個人にも関係しています。この解釈については、本節の最後の方で説明しましょう。

アローは公理主義的な方法を選びました。アローは、実際の選択システムを提案し分析する代わりに、選好集計のシステムが満たさなければならないいくつかの要件を定式化したのです。状況の設定はコンドルセ侯爵のものと類似しています。すなわち、それぞれの選挙人には候補者に対して独自の等級づけがあるということです。システムは、最終的に選挙人集団の意志を反映するような候補者の点数評価を生み出さなければなりません。以下に挙げる要件は、中でもごく最小限のものです。

1 **無関係な選択対象からの独立性**——もし候補者の一人が立候補を取り消し、そしてこのことが、残った候補者に関するどの投票人の評価にも影響しないならば、システムが残った候補者に与える評点もまたもとのままであって変化しない。

2 **全会一致性**——もし集団の全員が候補者Aを候補者Bより選好するならば、システムが生み出す集団ランキングも、AをBより選好しなければならない。

3 **非独裁性**——いかなる選挙人個人も、システムがつねに、ほかの選挙人の選好にはよらずに、その個人（ここでは独裁者とよぶ）の選好に従って選択するような地位にはない。

これらの要件に関しては付帯条件が示されることもありますが、これらが真に最小限の条件であることは心に留めておくべきでしょう。たとえば、要件2を満足することは、コンドルセの平行する要件——それに従えば、選挙人の過半数がAをBよりも選好することがそれが集団の選好となるために十分である——を満足するよりずっと容易です。アローは、もし**すべての**選挙人がAをBよりも選好するならば、それが集団の選択となるとしか要求していません。もし集団のメンバーが全員一致でAをBより選好するのでなければ、二つめの要件は最終得点に関し何らの制限を加えるものではないのです。同様に、もし候補者の一人の辞退が選挙人のうちの誰かの評価を実際に変化させるならば、一つめの要件は最終得点に関し何らの制限を課すものでもありません。非独裁性の要件は、ほかの選挙人の人数がいかに多く、独裁者の選好とは異なる選好をもつ場合であっても独裁者の選好が決定要因となる事態を避けています。

アローの不可能性定理とよばれる驚くべき結果は、三つの要件を満足する選考システムは（少なくとも三人の選挙人と少なくとも三人の候補者がいる場合）存在しないと述べています。

この結論は、その数学的な証明はまったく難しくないのですが、社会科学者たちに大きな衝撃を与えました。数学は達成が可能なものの境界に線を引きました。もちろん、さまざまな方向に向かって研究は続けられています。たとえば、ここで議論した枠組みでは、可能な個人の選好順位のすべてが考慮に入れられています。ある種の優先順位だけが考慮されるような枠組みを考察することも可能なはずであり、その場合には、アローの公理を満足することが可能になるかもしれません。ほかの公理系を使用しようとする試みもなされています。一方で、不可能性定理がアローによる限定された選択方法の例より遥かに広範囲にわたることを示す一般化も考え出されています。また、選挙人のほとんどの選好に関して公理が満たされる選択方法を提示するいくつかの試みもありました。このテーマは社会科学の数学の中で人気の研究分野となり、**社会選択理論**とよばれています。その研究は、理想的な選択ルールについてはまだどのような明快な結論にも達していないのですが、与えられた状況のそれぞれに対し、さまざまなシステムがどの程度妥当であるかを検証するのに有効な道具立てを提示するようになってきています。

さまざまな選択方法の研究は、日常の生活に影響があったのでしょうか。それほど大きな影響はありませんでした。

いくつかの事例、とくに、政策立案者が専門家に相談する様子を取った場合には、選択方法の限界が考慮されている様子がうかがわれることは事実です。しかし、多くの事例ではそうではありません。わたしが勤めている機関の科学研究協議会は約二百名の教授からなっており、どのメンバーもそれぞれの科学的分野においては指導的な研究者です。あるとき、この会議が二つの提案のうちどちらを採択するかを決めなければならないことがありました。そして議論の様子からは、どちらの案も選ばれる可能性は五分五分であるように見えました。一人の教授が、彼にとって好ましいと思われる動議をより魅力的なものにしたいと思い、提案の文言に小さな修正を加えることを提案しました。議長もまた、同じ動議に賛成でしたから、すぐにその考えを受け入れ、選択は三つの可能性の中から選ばれるものとし、最も多く得票した提案を採用することにすると宣言しました。議長はそうすることによって彼が好ましいと思う選択が採用されるチャンスを明らかに妨げていることに気づいていませんでした。つまり、その選択を支持する人たちの票が二つの類似する提案(もとの二つの提案の一方と、そのわずかな修正案)とに分かれることになるからです。議論の中で誰かが三つの選択肢について採決を行うのは公正とはいえないだろうと指摘しましたが、そのために起きたどよめきの中では理由を説明することは不可能でした。提案された採決の実行を回避するのに役に立った議論は、国会との比較でした。議長に向かってなされた説明によると、国会ではいつでもある提案を受諾するか拒否するかの二つの選択肢から選ぶのだということで、科学研究協議会は国会のように動きました。しかし、選択はつねに二つの選択肢から一つを選ぶというやり方にも欠点はあります。たとえば、提案が投票に付される順序は結果に対して目立った影響があります。もう一度、コンドルセ侯爵の例に戻って考えてみましょう。最初の投票はAとBの間で行われるとし、そしてその勝者が二回めの投票でCと対決するとしましょう。結果はCが勝つでしょう。最初の投票がBとCの間で行われ、その勝者がAと対決する場合は、Aが勝ちます。このことにより、誰が議事進行を決めるにせよ、その人に相当の権力が与えられることになります。

アローの結果の解釈の中には、かなり行きすぎているものもあります。論理的な面から見るとアローの結果と同値でありながら、定理を使う人の意識をまったく異なる方向にそらしてしまいかねない結果の述べ方に対して、問題があると指摘できる場合があります。右に挙げた三つの要件をすべて満足する投票制度はないと主張する代わりに、もし要件1と2を満足させたいとすれば、ただ一人の選挙人——すなわち、独裁者——によって評点が決められてしまうことに同意せざるを得ないと主張することもできるのです。公理3に比べて公理1と2があまりにも基本的であることから、その違いが意味しているのは、独裁者の出現を容認するか、あるいは数学的分析を無視するかのどちらかの選択肢しか残されていないということなのだと解釈されてしまいます。このことはわたしが見聞きした現実の事例で示すことができます。

一九七六年のイスラエル大衆の社会風潮から、「変革を求める民主化運動」という新しい政治運動が起こりました。その運動団体の設立の過程で、設立に熱心な人たちは、ほどなく予定されていたクネセト（イスラエルの立法府）の選挙で運動が擁立する候補者リストに人選する方法を決めなければなりませんでした。彼らは最良の制度を選ぶのにさいして数学者や物理学者たちに助言を求め、これらの助言者はある精緻な制度を提案しました。ここでは提案されたシステムの詳細については述べませんが、ただ、その方法をほんの少し眺めただけでも、党内の組織化されたグループにとっては、それが実際に占める人数に見合うよりもずっと強力な代表権を候補者リストの上で達成することは容易であろうことが理解できたことだけは述べておきたいと思います。このことをシステムの設計者に持ち掛けると、彼らはそれをぶっきらぼうにはねのけ、アローの結果を気にする必要はないというここで述べた主張を繰り返しました。というのは、もしその定理を認めると、候補者のリストが一人の独裁者によって選ばれるという結果になってしまい、それは新しい民主的な運動を起こすというこの運動の発起人たちがはっきりと掲げている目的とは真っ向から対立することになるからです。彼らはさらに続けて、起こり得る結果についてのシミュレーションをすでに行ってみたが、少数派のグループが実権を握るような兆候は見られなかったともいいました。党内選挙が実際に行われてみると、二つのグループがシステムのうまみを活かして運動内部で彼らが占めていた人数比をはるかに上回る代表権を手にしました。民主化運動は、一般選挙でクネセトに選出された候補者数の上ではかなり成功したものの、結局はこのことが原因となって、やがて分裂に向かっていくことになりました。運動の設立者の一人がある本の中でこの一連の出来事を総括し、申し合わせた複数のグループがあり、彼らがこちらの思惑とおりに投票しなかったというのに近いことを書きました。実際は、彼も、そして一緒にシミュレーションを実行した仲間たちも、選挙のさまざまな方法についてあまり理解してはいなかったようです。

すでに述べたように、アローの数学的な定理は、個人が複雑な状況の中で自身の選好を決定しなければならない状況に対しても解釈することができます。評価しなければならない候補のリスト——たとえば、次の休暇に先立ってチェックした訪問場所のリスト——を扱う一つの方法は、選択肢を評価する判定基準のリストを書き出すことです。判定基準には、おそらく費用、それによって得られる楽しみの量、そこに行くのに必要な物理的な労力などの要素が含まれるでしょう。可能性のリストには各判定基準に対応する点数をつけていき、それぞれの判定基準に対してつけた評価に基づいて総合評価を決めなければなりません。このとき、アローの要件は次のような形になるでしょう。

1 **無関係な選択対象からの独立性**——もし選択肢の一つが残りの選択肢のどの判定条件の評価にも影響することなく取り消されるならば、その方式が残りの選択肢に与える評点もまたもとのままであって変化しない。

2 **全会一致性**——もしすべての判定基準において選択肢の一つ、たとえばAが、Bよりも高く評価されているならば、システムはAをBよりも高く評価する。

3 **非独裁性**——どの判定条件も単独では独裁的ではない——すなわち、最終的な評価がほかの判定基準による評価にはまったくよらずに、つねにその判定基準における評価に一致するということはない。

三つの要件の解釈は選択の場合に与えられたものと類似しています。ここでの例では、三つめの要件には社会的な側面やそれによる影響はありません。実際、もし判定条件の一つ、たとえば価格が支配的であり、それで総合的な評価が決まるほどなら、評価の問題は簡単になります。アローの定理が述べているのは、三つの判定条件が同時に満足されるように選択肢を評価することは不可能であるということです。それでは、選択肢をどのように評価すればよいのでしょうか。選択に関するこれまでの議論がここでも適用できます。たとえば、それぞれの基準ごとに点数を決め、それらのさまざまな評価の得点を組み合わせることによって全体のランキングを得るボルダの方法を使うことができます。それがわたしたちが通常出合うほとんどの総合評価において広く使われている方法ですが、その方法でもアローの条件のすべてが満たされているわけではありません。

47 対立関係の数学

本節では、人間の個人としての意思決定の方法の数学的分析について論じます。社会的な枠組みにおいて際立って特徴的であるのは、特定のどんな人の決定もほかの人たちの活動と衝突するかもしれず、意思決定を行う人は同僚や対抗者たちの行動を考慮に入れなければならないことです。ここでは、二つの異なるシナリオを区別して考えることが必要です。一つは、たとえば市場の状況のように、個々の意思決定者の行動が与える影響が無視できる場合であり、もう一つは、個々の意思決定者それぞれの行動が最終結果に影響を与え得る場合です。

最初の場合では、意思決定者は直面している状況を評価し、その状況に照らして自分が採り得る決定の結果を評価し、その中から最良と思われるものを選びます。このプロセスにおける数学の役割は、定量的な分析が可能な数学的モデルを構成し、最適な決定にたどり着く方法を提案することです。この分野の数学は最適化理論とよばれています。この分野で使用される数学的方法は以前に述べたものと本質的に異なるものではないので、その手法についての詳しい説明を展開することはここでは控えたいと思います。しかし、そのような数学的研究の中で資本市場における意思決定に決定的なインパクトがあった注目すべき例については触れておきましょう。ここで述べるのは、資本市場での投資において発生するリスクとチャンスを分析するブラック―ショールズ・モデルとブラック―ショールズ方程式です。[1]

二人の経済学者フィッシャー・ブラック（1938–1995）とマイロン・ショールズは、一九七三年に発表した論文の中で、資本市場におけるオプションに投資することに含まれるリスクを分析することを可能にする数学的な枠組みを提唱しました。その論文の後、ロバート・マートンは、そのシステムを拡張し、株式市場の投資家たちが道具として使える水準の数学を展開しました。モデルの中で援用された数学的な道具は、微分方程式であり、わたしたちはそれについて自然現象のモデルの議論において遭遇しましたが、違いは変数が位置、エネルギー、速さではなく、物価や利率な

1 ［訳注］ブラック―ショールズ方程式の導出には、伊藤清らにより創始された確率微分方程式の理論が用いられている。

どであるということです。モデルは、株式市場の投資家によって日常的に利用され、一九九七年にマートンとショールズはノーベル経済学賞を受賞しました。ブラックは一九九五年に亡くなっていました。

右に概説した二つのシナリオの二つめでは、意思決定者は、ほかの個々の意思決定者の反応を考慮して、自分の意思決定を行います。ほかの意思決定者たちもまた、ほかの人たちの行動に対する自分の評価に照らして行動します。この状況下では、「最適」という語の使用は誤解を招くことがあります。たとえば、何人かの人々がそれぞれに個人の意思決定を行い、結果は彼らの決定を組み合わせた総体によって決まるという状況を取り上げてみましょう。この場合における最適化とは何でしょうか。一人の参加者にとって最適であることが、別の参加者にとってはひどく不快であるかもしれません。もしグループのメンバーの一人がほかのメンバーたちの決定について知っているか、あるいはそれらの可能性について評価を下しているならば、その人は右に述べたような最適化の問題に向き合うことになるでしょう。しかし、そのとき、ほかの人たちそれぞれが同じ個人の選択を推量し、自分の選択をそれに従って変えることができます。その場合、最初の人は新しい状況に照らして自分の決定を変えることができ、その後も同様です。このような場合、最適な決定が何であるかは明確ではありません。このような状況を分析する数学の分野が**ゲーム理論**です。この分野の数学は非常に深刻なテーマ、対立関係の分析を扱っているので、このかなり単純化した名前には確かに誤解を引き起こす可能性があります。しかし、**ゲーム理論**という名称が一般的になった結果、この文脈では**ゲーム**という用語が対立あるいは敵対を意味することは広く了解されています。

ここで記述した状況は、また、日常生活における意思決定者どうしの対立関係だけでなく、チェスのような社交のためのゲームにも関係しています。チェスというゲームの中での理論的な可能性の数学的な分析は一九一三年にドイツの数学者エルンスト・ツェルメロ（1871–1953）によって実行されました。ツェルメロの「チェスというゲームの理論への集合論のある応用について」と題した論文はその分野の研究に新しい概念を導入し、**ゲーム理論**という名前の起源となりました。ほかにも何人かの有名な数学者たちがこの分野の研究を続け、その中には、一九二一年に混合戦略の概念を導入したフランスの数学者エミール・ボレル（1871–1956）や、一九二八年にミニマックス定理を証明したジョン・フォン・ノイマン（1903–1957）も含まれていました。後に本節の中で再びこれら二つの概念に遭遇することになります。社交のためのゲームを扱ったツェルメロの論文は、私的な個人であるか、会社経営者であるか、あるいは、軍事・政治の指導者であるかを問わず、個人の意思決定者の間の対立関係を分析する分野の発展を促しました。ゲーム理論が到達した洞察力は、それ以来、人々や企業の状況を分析し、動物間の利害相反を理解するために使用されてきました。動物については、意識的な意思決定を確認することはできませんが、プロセスそのものはあたかも誰かが意図的な意思決定をしているかのように進行します。とくに、進化の闘争そのものを種の間の対立関係として眺めることは、進化のプロセスを分析するのに役に立ちます。

数学が現象を記述し説明するために扱うほかの専門領域におけるのと同様に、それらの領域を扱う前に、数学のどのような枠組みの中で考えようとしているのかを正確に指定しなければなりません。ゲーム理論のモデルの一つは**戦略型ゲーム**とよばれています（もう一つのモデル、すなわち協力ゲームについては、この節の少し後でごく簡単に触れます）。これは数名のプレーヤーの間のゲームで、各プレーヤーは戦略とよばれるある与えられた個数の可能性のうちから一つを選ばなければなりません。選択は同時に行われ、各参加者が自分の決定をするときは、ほかのプレーヤーたちが何を選んでいるかはわかりません。ゲームはすべてのプレーヤーの決定が受理されたときに終了します。次に、各プレーヤーは行われたすべての決定の組み合わせによって決まる「利得」を受け取ります。すべてのプレーヤーは、利得やそれが戦略に依存していることを前もって知っています。利得は金銭的なものでもよいのですが、ほかの形にすることもできます。ただし、プレーヤーは受け取ることができる利得に対する完全な選好の評価をもっていると仮定します。明らかに、戦略型モデルは、プレーヤー間のあらゆる対立状態をカバーしているわけではありません。ここでは、各プレーヤーが選択を迫られている戦略の個数が有限であるという条件を課すことによって、数学的な分析に制限を加えることにします（これは、単なる説明の便宜です――専門的な文献では、無限の可能性がある状況も分析されています）。ここでのわたしたちの目的は、数学が提案できることについての理解に概念的なレベルで到達することであり、その目的は簡単なモデルによっても果たせるのです。結果を日常的な状況を分析するために使いたい場合は、状況が数学的モデルにどの程度まで合致しているかを検討する必要があるでしょう。

ゲームの定義を提示するこの段階で、すでに、プレーヤーの可能な決定がもつ「明白な」性質について提案することができます。たとえば、あるプレーヤーが、彼が直面している戦略の一つ、たとえば戦略Aに対して、ほかのプレーヤーによる可能ないかなる動きに対しても、戦略Aがもたらす利益が最も高いという性質を認めていると仮定しましょう。このとき、戦略Aを取るという決定を最適な決定とよんでもよいでしょう。ゲーム理論では、そのような戦略を**支配戦略**とよびます。選択を迫られている選択肢の中に支配戦略があることを認識したプレーヤーはその戦略を取るだろうと推論することは合理的です。もしプレーヤーのそれぞれに支配戦略があれば、そのゲームは「解けた」のです。しかし、プレーヤーがつねに支配戦略をもつとは限りません。そのようなケースでは、敵の動きに対する最良の対応は異なる戦略によって達成されます。

プレーヤーが選択できるもう一つの可能性は、ミニマックス戦略を探すことです。言い換えると、プレーヤーは、あらゆる戦略がもたらすかもしれない最低の利得を計算し、それらの低い利得のうちで最良のものを選ぶのです。この概念はあるかもしれない損失を最小化することで妥協する、あるいは、最悪ケースのシナリオへの懸念を反映する行動を記述しています。多くの状況において、このような戦略の使用は合理的な結果をもたらしません。

戦略型ゲームにおける可能性の分析において決定的な一歩を踏み出したのは、アメリカ合衆国ニュージャージー州にあるプリンストン大学のジョン・ナッシュ（1928–2015）でした。ナッシュは主として、後に映画にもなった本、『ビューティフル・マインド』によって、一般大衆に知られています。シルヴィア・ナサーによって書かれたその本は、一九四八年のプリンストン大学の大学院での研究から、病気のこと、研究の世界からの失踪、そして、一九九四年のノーベル経済学賞の受賞までのナッシュの生涯について、詳しく物語っています。ほかの多くの数学の分野でも重要な貢献を行ったナッシュは、次のような定義を提案しました。

すべてのプレーヤーが自分に許されている戦略の中からそれぞれ一つを選ぶと仮定しよう。この戦略の集ま

りが均衡状態にあるとは、ほかのプレーヤーがもとの戦略を保ったままでいるときに、自分が戦略を変更することでより高い利得を稼ぐことができるプレーヤーがいないことをいう。

ナッシュの定義の根底にある理論的解釈は、もしプレーヤーたちが均衡状態にある戦略の選択に同意したか、あるいは、どのような方法によってかはさておいて、ほかのプレーヤーたちが均衡状態にある戦略を選ぶことがわかったならば、プレーヤーの誰にもその戦略を一方的に変えようとする誘引がないということです。

ナッシュは何もないところからたった一人でこの定義を考えついたわけではありません。正確に同じ概念が、百年以上前に、経済理論のいくつかの領域で価値ある貢献をしたフランスの数学者で経済学者であるアントワーヌ・オーギュスタン・クールノー（1801–1877）によって、提唱されていました。クールノーは、複占（すなわち、二企業が市場をコントロールしていること）を形成している二企業間の均衡の概念を定義しました。クールノーは比較的複雑なモデルの中で概念を定式化したため、彼の定義にはナッシュの定義にある単純明快さが欠けていますが、それでも多くの人たちはクールノーに敬意を表してこの概念をクールノー–ナッシュ均衡とよんでいます。クールノー以降、ほかの人たちもさまざまな形で同じ概念を使いましたが、この概念への認識を高め広く使用されるように導いたのはナッシュによる正確な定式化でした。ナッシュはさらに進んで、この少し後で述べる枠組みの中で均衡状態の存在を証明したのですが、まずその前に、どの標準的なゲーム理論の教科書にも書かれている均衡の概念の三つの例を与えましょう。

最初の例は**囚人のジレンマ**として知られています。耳目を引く名前とは裏腹に、そのゲームはわたしたちが貿易、経済、社会生活などで頻繁に出合う状況を反映しています。ジレンマは、双方の参加者をある程度までは利する協力と、相手の犠牲のもとに一方の参加者だけに好都合となる非協力との間に生まれます。それは実際によくある状況なのですが、このゲームでは、参加者はもう一人の参加者と一切のコミュニケーションなしに決断しなければなりません。物語の数学的な説明は二人の容疑者についての話になります。彼らは犯罪を犯したのですが、警察は一方の容疑者がもう一方の容疑者の罪を告発しない限り、有罪判決に十分な証拠が得られません。そこで警察は、もし一方の容疑者が他方の容疑者に不利となる証言をし、かつ他方の容疑者が無罪を主張し続けた場合、捜査に協力した容疑者は釈放され、他方の容疑者は、あらかじめ法で定められたとおり禁錮四年の罰が言い渡されるという取引条件を提示します。もし双方がどちらも相手に不利な証言に同意しなければ、二人に容疑がかけられている重い罪については立証が不可能になりますが、軽微な犯罪では一年の禁錮刑を伴う有罪判決を双方に受けさせることができます。もし二人が双方とも取引を受け入れ、それぞれが相手に不利な証言をすることに同意すれば、二人とも有罪判決が下されますが、証言をしたことが斟酌《しんしゃく》されて判決は三年に軽減されることになります。各容疑者は二つの可能性、すなわちゲーム理論の用語でいえば、二つの戦略に直面しています。一方の選択肢は証言することであり、他方の選択肢は取引に応じないこと、すなわち、容疑を否認することです。それぞれは相手がどうするかを知ることなく決断を下さなければなりません。問題の可能性の全体は次のような表の形に集約する慣習になっています。

　表の横の行は一人めの容疑者が迫られている可能性、すなわち、戦略を示し、縦の列は二人めの容疑者の戦略です。上の行は一人めの容疑者が二人めの容疑者に不利な証言をするときの立場を示し、下の行は彼がそうすることを拒否するときの状況です。左の列は二人めの容疑者が一人めの容疑者に不利な証言をすることに同意するとき、右の列は二人めの容疑者が証言を拒否し無罪を申し立て続けるときの立場を示しています。表の欄の中にある二つの数は、それぞれの容疑者が彼らの決断の結果として下される判決の年数を示しています——左の数は一人めの容疑者について、右の数は二人めの容疑者についてのものです。

	囚人 2	
囚人 1	3,3	0,4
	4,0	1,1

　読者は、この表が右で言葉で述べたことを反映していることがすぐにわかるでしょう。各容疑者は、刑務所で過ごさなければならなくなる年数を最小にしたいと思っています。右で述べた概念が適用されるとき、どちらの容疑者にとっても相手の容疑者に不利な証言をすることが支配的な

戦略であることが簡単にわかるでしょう。言い換えると、各容疑者にとって、相手に不利な証言をすることは相手がどのような行動をとろうと決断するかによらずに価値があるのです。とくに、各容疑者が証言をすることに同意する戦略の組み合わせは均衡状態を作ります。右に述べた支配的な戦略の記述に従うと、わたしたちはゲームを解いたことになります。各容疑者は相手に不利な証言をすることに同意し、その結果は、それぞれが三年の刑に服することになるでしょう。しかし、その一方で、もしどちらも証言に同意しなかったとすれば、それぞれが一年間服役するだけで済んだはずです。

　そうであるとすれば、わたしたちはゲームを正しく解いたのでしょうか。この問題については後ほどもう一度立ち返ることとして、ここでは、わたしたちは数学的なゲームを解いたのですが、その数学的なゲームは、わたしたちが日常生活の中で遭遇する対立の多くの側面を無視しているのだということにだけ注意しておきましょう。

　二つめのゲームは**男女の争い**として知られています。表の形で表すと次の図のようになります。状況は、夫婦がその晩一緒に出掛けることに同意していたということです。夫は二人の共通の行先としてフットボールの試合が好ましい

	妻	
夫	2,1	0,0
	0,0	1,2

と思い、妻は夫婦がオペラに行くことが好ましいと思っています（行は夫を、列は妻を表している）。どちらも、その晩は違うイベントに行かず、一緒に過ごすことが好ましいと思っています。以前の表と同様に、それぞれの欄の左側の数は横の行で示された人（この場合は夫）への「リターン」であり、右側の数は妻（列で表されている）へのリターンです。各人はできるだけ高いリターンを望んでいます。簡単にわかるように、このゲームでは均衡状態になる可能な結果が二つあり、それは一緒にフットボールの試合に行くか、あるいは一緒にオペラに行くかです。数学は、これらのどちらがよりよい選択であるかは示してくれません。

　三つめのゲームは、よく知られ親しまれている**表か裏か**というゲームの一つの変形版です。一人のプレーヤーが相手にわからないように、表あるいは裏のうちどちらかを選

んで書き留めます。二人めのプレーヤーは一人めのプレーヤーの選択を推察しなければなりません。もし彼の推察が正しければ、一人めのプレーヤーは彼に、たとえば一ドルを支払います。もし彼の推察が間違っていれば、彼がもう一人のプレーヤーに一ドル支払います。このゲームでは表は次のようになります。

		プレーヤー 2	
プレーヤー 1		−1,1	1,−1
		1,−1	−1,1

このゲームにおいて均衡戦略がないことは、きわめて簡単に証明できます。利得が単に一人のプレーヤーからもう一人のプレーヤーに移るだけなので、このゲームはゼロサムゲーム、あるいは定和ゲームとよばれます。表に見られるように、それぞれのセルの中の利得の合計はゼロ、つまり、一方のプレーヤーの収益が、他方のプレーヤーの損失となります。

これまでに、三つのゲームを示しました。一つめのゲームには均衡状態が一つあり、二つめのゲームには均衡する結果が二つあり、三つめのゲームにはありませんでした。以前与えた均衡状態の説明はここでもある程度までは成り立ちます。たとえば、男女の争いにおいて、もし夫婦がオペラの会場で落ち会うことに同意したならば、一方が前もってそのことを他方の人と調整することなく別の興行の場所に到着することは、その人にとって意味がありません。ゲーム理論は、オペラとフットボールの試合のどちらが好ましいかという問いに答えるものではありません。二つの選択肢そのものをランクづけすることはないのです。また、ゲーム理論は均衡する戦略の採用を、たとえ、それが均衡する唯一の戦略であっても、推奨するものでもありません。ここに、このことを反映するゲームの表があります。

セルの中の数は、たとえば、金銭的な利得を示しています。一人めのプレーヤーが上の行を選び、二人めのプレーヤーが左の列を選ぶという戦略が均衡状態にある唯一の戦略ですが、しかし、二人のプレーヤーがほかの行と列を選ぶことに自ら限定すれば、双方の状態は改善されること、そしてさらに彼らがもとの戦略に戻る誘引がないことも明らかです。

ゲーム理論は戦略型で提示されるゲームのプレーヤーに対しもう一つの行動の道筋を考案しました。それは**混合戦略**——子どもが表か裏かで遊ぶときに自然にやっている戦略——を用いることです。表か裏のどちらを選んだかをライバルに見透かされることを避けるために、コインをはじいて選択がランダムになるようにします。このことの数学的表現は、特定の戦略を決めるのではなく、選ばれる戦略を引くくじをプレーヤーが決める確率分布に従って決めるということです。そのような場合、利得とは何でしょうか。実際の結果が決まるのはすべてのくじが引かれてからのことであり、そのときにどの戦略がくじで引かれたのかがわかります。決断の段階でプレーヤーが知っているのは自分がどのくじを選んだかということだけであり、ほかのプレーヤーにとっても同様です。どのくじを選ぶべきかを決めるために、わたしたちはゲームの結果は利得の（確率論的な意味での）期待値——プレーヤーがあらかじめ決めた確率に従う期待値——であると決めます。最終的にプレーヤーはさまざまなくじの結果である利得を受け取りますが、仮定は、さまざまな戦略の中から一つを選ぶくじを決定する段階で、プレーヤーは可能な最も高い期待値を達成することに関心をもっているということです。この仮定の妥当性については次の節で検証しましょう。

すでに述べたように、混合戦略の概念はエミール・ボレルによって導入され、彼はまた多くのゼロサム・ゲームの例に対してもそのような均衡状態にある戦略の計算法を示しましたが、この方法ですべてのゲームを解くことが可能であるとは信じていませんでした。ところが、ジョン・フォン・ノイマンはこのようなゲームでは均衡状態にある混合戦略がつねに見出せることを証明しました。このとき利得の期待値はどの均衡戦略が選ばれたかにはよらずにすべての均衡状態において等しく、その利得はゲームの価値とよばれています。戦略では、二人のプレーヤーの可能な損失をそれぞれ別個に最小化することで均衡状態が見出されることから、この定理はミニマックス定理とよばれています。表か裏かのゲームでは、ゲームの価値はゼロであり、子どもが選ぶ戦略、すなわち、等しい可能性で表か裏を選ぶことが実は均衡状態にある戦略となります。ジョン・ナッシュはさらに研究を進め、すべての戦略的ゲーム（すなわち、すべてのプレーヤーが有限個の戦略をもつゲーム）において、均衡にある混合戦略が存在することを証明しました。

もし混合戦略の可能性を取るならば、均衡の存在が確かであるばかりか、ある状況下では、より妥当な均衡に到達する可能性が起きてきます。たとえば、次の3×3の表における均衡は、それが唯一の均衡ではあっても、ゲームの解として妥当でないのはなぜなのかを説明しました。混合戦略を許し、プレーヤーが自分の期待利得を最大化したいと考えていると仮定するならば、新たな均衡が明らかになります。このことは、各プレーヤーが残りの二つの選択肢から、すなわち、一人めのプレーヤーの場合は下段の二行から、二人めのプレーヤーの場合は右側の二列から一つを等しい確率で選ぶときに得られます。

プレーヤー2

プレーヤー1	1,1	0,0	0,0
	0,0	3,4	4,3
	0,0	4,3	3,4

混合戦略を用いることによって、わたしたちはプレーヤーが金銭的なものであれ、牢屋《ろうや》に入る年数であれ、何であれ、実際の利得を受け取る状況から、利得がいくつかの可能な現実の利得の間のくじである状況へと移行したことに注意しましょう。以下に続く二つの節では、不確実性の状態、とくにくじを使うことに対する人々の態度について論じます。

均衡戦略を探すという方策は、たとえば囚人のジレンマの場合におけるように、不安を引き起こすこともあります。もしあるプレーヤーに支配戦略があれば彼はそれを使うだろうということは、抽象的なレベルでは同意できますが、しかし、日常の類似する状況下では、わたしたちは支配戦略を選ぶよりもむしろ協力することに価値を見出します。通常の日常生活でのそのような選択に対する理由はここで提示した限定的なモデルでは反映されていません。たとえば、わたしたちのモデルは、何年も牢屋に入れられるという判決を下された容疑者の友人たちが、犯罪の相棒を裏切った容疑者に対してどのようなことをしそうであるかについては考慮していません。このことは、意思決定者が考慮に入れなければならない非常に重要な要素が数学的ゲームでは明らかに欠けていることを例証しています。研究者たちは、このような側面に気づいていなかったわけではなく、表そのものには示されていない反応を考慮に入れたモデルを提示しました。そのようなモデルの一つでは、すべての容疑者がほかの容疑者の将来の決断——現在の協力の欠如に対する報復を含むことが十分にあり得る決断——を考慮に入れるように、無限あるいは不特定回数のゲームの繰り返しを許します。そのような繰り返しゲームの分析は、二〇〇五年のノーベル経済学賞をエルサレムにあるヘブライ大学の数学者ロバート・J・オーマンに与えた表彰状に審査委員会が書いた授賞理由の一つでした。

ゲーム理論の概念はほかの分野にも取り込まれつつあり、たとえば経済学では、資源の配分はさまざまな生産物の価格を均衡状態に導いていく市場を経由して起こります。そのようなモデルを提案したのは、前に述べたケネス・アローとカリフォルニア大学バークリー校の数理経済学者で一九八三年のノーベル経済学賞を受賞したジェラール・ドブリュー（1921–2004）でした。

このような理論の発展の結果、均衡の概念はゼロサムゲームのようなゲーム理論の中で発達したほかの概念と同様に、一般の人たちの会話の一部としても登場するようになりましたが、必ずしも議論に参加する人たちがつねに適切な結論を導き出しているとは限りません。たとえば、人々または会社にとって調印された協定を順守する誘引となるものは、その協定を破った場合に起こる懲罰——その懲罰が懲役や罰金のように、法廷によって課されるか、あるいは、将来の排斥によるかを問わず——です。違反に対するどのような報復あるいは予期される懲罰も欠けている場合には、協定は意志の表明以上のものではなく、当事者の一方にとってその協定を破ることに価値がある状況になったとたんに破られるでしょう。したがって、国際的な協定の多くがそうであるように、罰則制度がないケースでは、合意それ自体がナッシュの均衡特性を可能な限りもつように見守っていくことは合意の当事者双方の努力に任されています。それは言い換えると、協定を一方的に破棄することによって便益を得る当事者がいないようにすべきであるということです。もともとゲーム理論に由来するこのような基本的な洞察があるにもかかわらず、協定の——しばしば国家の命運にもかかわる協定の——調印者である政治家たちはこのことを考慮に入れようとすらしていないように見受けられます。

これまで分析してきたモデルは、わたしたちとは利害が対立しているかもしれないほかのプレーヤーたちとの対立関係あるいは協力関係の中で決断を下さなければならない状況について考察し，分析するためにゲーム理論によって示唆されている多様な可能性の中の一つでしかありません。一つの基本的なモデルは**協力ゲーム**です。この方法の詳細については述べませんが，ただ，ここでは，ゲームはプレーヤーが取らなければならない戦略によってではなく，プレーヤーどうしが形成してもよい同盟への利得によって，決まるということだけ述べておきましょう。異なる同盟の形成からは，異なる——たとえば富の——配分が生じます。この理論で研究されるのは，たとえば，どのようなものが安定な結果となるか，すなわち，与えられた同盟の崩壊という結果にならないか，あるいは，あるプレーヤーが加わることができるさまざまな同盟に基づくプレーヤーの強さを測るにはどのようにすればよいのかといったことです。その理論は，ジョン・フォン・ノイマンとその同僚オスカー・モルゲンシュテルン（1902–1977）によって大いに進展しました。二人は，一九四四年に出版された本『ゲームの理論と経済行動』の中で理論の多くを示しました。協力型のゲームの理論にはそのとき以来多くの貢献が積み重ねられてきました。フォン・ノイマン自身がこの理論に，物理的世界を分析するための基礎的要素である無限小解析に匹敵するような，人間行動を数学的に分析するための正当な基礎的要素を見ていた（とくに，彼は戦略型ゲームをあまり好まなかった）ことは付け加えておいてよいでしょう。近年，戦略型ゲームの方がより魅力的であることが判明したように思われますが，協力型のゲームモデルは，協力型のゲーム理論によって得られる示唆に基づく市場デザイン（前節で述べたアルヴィン・ロスに与えられたノーベル賞を思い起こしてみて下さい）を含めて，まだ葬り去られるどころか，実りある研究分野であり続けています。

数学は，ここで述べた状況の分析において，決定的な役割を演じています。しかし，これから何が起こりそうかを予測できる自然科学の数学とは違い，対立の状況にある意思決定者の数学は，これから何が起こり得るかを指し示すことも，どのように行動すべきかをアドバイスすることもありません。現在のモデルは，現実生活における対立関係の複雑さの正確な記述からは程遠いものです。この数学が産み出すものは，対立しているものについてのよりよい理解を意思決定者に与えるために提案された概念や方法からなっています。数学は，時には，「全員にとって最良のもの」

が意味するものを表現する判定条件に到達する方法を指し示すことがあるかもしれません。その場合、数学は最良の行動の発見に結びつくかもしれません。数学は、時には、モデルのどの性質が意思決定者の行動を制限しているかを示し、そして、もし可能ならば、ゲームのルールの変更に結びつくことがあるかもしれません。ここで示した数学的分析は、参加者たちが理性的であり、最良の結果を達成するために行動しているという仮定に基づいています。ここで、最良とは、もちろん、主観的な選好による最良を意味します。個人であるか、あるいは、国家レベルで重要な決定を下す人たちであるかを問わず、意思決定者が実際にそのような合理的なやり方で行動しているのかどうかは深刻な問題であり、それについては次節で述べることにします。

48　期待効用

本節の内容はやや専門的です。本節の目的は、人々がくじ引きに関して受け入れている合理的な思考を記述することなのですが、一方で、次節で見るように、直観的に行動しているとき人々はそれに従うことはしません。

ゲーム理論は意思決定者が自身の主観的な選好に従って行動することを許容しています。混合戦略、すなわち、意思決定の手段としてくじを用いる場合、主観性には、意思決定者のくじに対する態度も反映されていると見てよいでしょう。それにもかかわらず、前節では、各プレーヤーにとってのくじの価値は期待利得で決まると仮定したのでした。この仮定は現実を反映していません。ある人たちは、自分はいつもくじ運が悪いと確信しており、したがって、くじの価値を利得の期待値で決めることには同意しないでしょう。ほかの人たちはリスクを愛好し、その人たちにとってくじには期待される利得以上の価値があるのです。

ジョン・フォン・ノイマンとオスカー・モルゲンシュテルンは、前述した本の中でこの問題を研究しました。二人が提示したのは以下のような解です。ゲームの表に並べられている利得を、利得の順位を変えることなく、ほかの数値に置き換えてみましょう。ただし、新しい値は以前定めた期待の条件を満たすものとします。言い換えると、フォン・ノイマンとモルゲンシュテルンがくじの効用とよんだくじの価値が新しい利得の期待値に変わるということです。くじに関するプレーヤーの選好を反映する期待値をもつ数値を見出すことがいつでも可能である理由があらかじめあるわけではありません。しかし、フォン・ノイマンとモルゲンシュテルンは、プレーヤーの行動が思慮深い人ならだれでも妥当なものとして受け入れるであろうある単純な特性に従っているものと仮定すれば、そのような効用を見出すことが可能であることを証明しました。最初に、人々はフォン・ノイマンとモルゲンシュテルンが定めた特性に一致するように行動するわけではないことを断っておきましょう。そのことについては次節で論じます。しかし、それらの特性を抽象的、合理的に調べ上げていくなら、そこにはわたしたちがどのように行動すべきかが記述されていることとは明らかです。ここでの議論の道筋に沿うなら、その特性――ギリシャ数学の流れに沿って公理とよぶことができる特性――は、次のとおりです。

1　プレーヤーは、くじによって定義されているものも含めて、可能な二つの利得のうち、どちらが自分にとってより好ましいかを知っているか、または、それらが等しいと決定できる。この関係は推移的である。すなわち、もしオプションAがBより望ましく、かつBがCより好ましいならば、そのときAはCより好ましい。

2　もしあるくじにおいて、あるプレーヤーに、ある利得を彼自身にとってより好ましいもう一つの利得（くじである利得を含む）と取り替える可能性が与えられたならば、彼はその申し出を受け入れるだろう。

3　確率が変わらない限り、くじが実行される方法、すなわち、確率が形成される方法はくじの価値に影響を与えない。

4　すべての三つの利得（ただし、AがBより望ましく、それはCより好ましいとする）に対して、ある正の確率（それをpで表すが、pはとても小さいかもしれない）が存在して、確率pでCを、確率$(1-p)$でAを得ることがBを得ることよりも望ましくなる。

これらの公理には確かに説得力があります。迷信によって動機づけられていない人であれば、誰にとっても、二つめと三つめの公理を受け入れない理由はありません。一つめの公理は理論的には正しいのですが、おそらく現実的ではないでしょう。しかし、フォン・ノイマンとモルゲンシュテルンは、新たな効用がもし存在すれば、それを計算する方法を示唆しています。四つめの公理もまた納得できます。利得Cを得ることに対する留保の気持ちがとても強いので、利得Cを受け取ることになるかもしれないようなほんの小さないと主張することができるでしょう。リスクpでさえも引き受ける気はさらさらないと主張するどんな人に対しても、わたしたちは次のように指摘することができるでしょう。すなわち、そのような人であっても、自分の家を離れ、自動車あるいは電車で旅行し、そして、時には飛行機にさえ乗ることがあるでしょうと。それらの活動が深刻な、あるいは致命的な怪我を負うかもしれないというリスク――小さいかもしれないが確かにゼロではないリスク――を抱えているという事実にもかかわらずにです。

右で言及した性質、すなわち、くじの効用は期待効用であるという性質をもつ効用は、この概念を開発した人たちの名前を取って**フォン・ノイマン－モルゲンシュテルン効用**とよばれています。右に述べたように、もし公理が満たされるならば、フォン・ノイマン－モルゲンシュテルン効用は存在します。現実の利得を、新たな価値の期待がくじの参加者にとっての価値を反映するようなほかの利得に取り替える可能性は、実は、第39節で言及したサンクトペテルブルクのパラドックスに関連してダニエル・ベルヌーイによって提案されました。パラドックスに対するベルヌーイの説明は、非常に大きな貨幣的利得の価値は額面上の値ではなく、もう一つの別の値によって反映されるのであるというもので、ベルヌーイはそれをすでに効用とよんでいました。その効用は、貨幣の量の増加に伴って非常にゆっくりと増加する関数です。ベルヌーイによれば、サンクトペテルブルクのパラドックスのくじの価値はその関数の期待値によって測るべきなのであり、それによってなぜ人々がそのくじに参加するために大きな金額を支払うことをためらうのかが説明されます。

49　不確実な状況下での意思決定

この節では、不確実な状況の下で人々はどのようにして意思決定を行うのかという問題と、第40節、第42節、第43節で論じた誤った考えに焦点を当てます。また、本節では決断は、数学的な分析を用いることに逆らって、どのようにして直観的になされるのかという一般的な問題についても論じます。意思決定がなされる方法が、数学あるいは秩序立った論理的な分析が推奨するものとは必ずしもつねに整合しているわけではないことを発見することは驚くことではないかもしれません。その理由のいくつかを理解することを試みてみましょう。いくつかの疑問は、なお答えられないまま残ることになります。たとえば、つねに合理的とは限らない人間行動を記述する数学を構築することは可能でしょうか。人に合理的に行動することを教えることはできるのでしょうか。そのようにしようとする試みには価値があるのでしょうか。真に重要な問題に直面するとき、意思決定者は合理的に行動するのでしょうか。

ある行動が不合理であると宣言するときにわたしたちが何を意味しているのかを明らかにすることには価値があります。人が異なれば、目的も異なります。自分に苦痛を与えたり、お金を失おうと決める人のことを不合理であるということは誤りでしょう。資産を所有したいという欲望は一つの主観的性格であり、お金がひどく嫌いな人にとっては、逆にお金を捨てることが合理的であることは明らかです。同様に、自分自身を傷つけようと選択することは、もしその人がそうしたいと思うのなら、合理的な行動です。実際の主観的な選好を表すのに使われる一般的な表現は**顕示選好**、すなわち、行動によって顕示される選好です。この方法論に従えば、どんな行為もその本人の観点からは合理的となります。

ここで定義しようとしている不合理性はこれとは異なります。わたしたちは、あるとき、ある人の行動が、基本的な仮定や公理から外れることに気づきます。それらの公理は主観的なものではなく、そして、意思決定者自身が行動の指針であることに同意しています。それにもかかわらず、彼は時としてそれらの公理に反するやり方で行動するのです。なぜでしょうか。わたしたちの主張は、この種の不合理性の理由は、かなりの程度まで、進化によるものであるということです。わたしたちが考え、反応するやり方は数百万年にわたる進化によって形成されたものであり、進化は、わたしたちがいま記述したばかりの用語でいうと、不合理な意思決定の方法へわたしたちを導きました。しかし、このような行動を根底で支えている一つの論理があり、したがって、わたしはそのような行動を**進化合理性**を反映するものとして記述することを提案します。不合理な行動の多くの事例で、根底にある進化合理性を発見することが可能なのです。

不確実な文脈における人間行動、および意思決定一般を理解することに貢献した主な人たちに、エイモス・トヴェルスキーとその同僚ダニエル・カーネマンの二人がいます。彼らは、エルサレムのヘブライ大学で研究を開始し、その後、スタンフォード大学とプリンストン大学で研究を続けました。カーネマンは二〇〇二年にノーベル経済学賞を受賞し、委員会の授賞理由にはトヴェルスキーとの共同研究のことが言及されています（トヴェルスキーは一九九六年に死去しました）。トヴェルスキー、カーネマン、エルサレムのヘブライ大学のマヤ・バーヒレルらの発見や説明をここで要約することはできませんが、いくつかの例を引用しましょう。

フランスの経済学者で、一九八八年のノーベル経済学賞の受賞者であるモーリス・アレ（1911–2010）によって示された結論から始めましょう。アレは、ある簡単に再現できる実験を行いました、そして、わたし自身、自分の講義のいくつかでそれを使っています。その実験は、簡単に同意できる行動が合理性の基本原理から外れていることを示すものです。合理性からの偏向を理解するために、最初にいくぶん抽象的な例から論じることにしましょう。

ある人が、次の二つの選択肢から一つを選ぶように求められています。

(i)　七十五パーセントの確率で景品A、二十五パーセントの確率で景品Bがもらえるくじに参加する。

(ii)　七十五パーセントの確率で景品A、二十五パーセントの確率で景品Cがもらえるくじに参加する。

さらに、その人は景品Bよりも景品Cが好ましいと思っていることがわかっているとします。二つの選択肢のうち彼はどちらを選ぼうとするでしょうか。

合理的な人は、二つめの選択肢を選ぶでしょう。そして、すべての人ではないにしても、ほとんどの人たちもそうするでしょう。わたしたちは、たとえば、選択肢Cがより価値の高い資産あるいはより高額のお金を表すとはいわなかったことに注意してください。意思決定者の選好がお金を失うことであるかもしれないからです。意思決定者の優先順位の中では、選択肢CがBよりも高い、言い換えれば、BとCとの間の選択では彼はCを選ぶとしかいいませんでした。これは前節で述べたフォン・ノイマンとモルゲンシュテルンの第二の公理です。もし、わたしたちが、ほかのいかなる構成要因においても利得を悪化することなしに、くじの構成要因の一つにおいて意思決定者の状況を改善するならば（すなわち、彼の目から見て改善するならば）、合理的な人は改善された利得を選ぶでしょう。わたしたちは、くじの期待値に関する考察について論じてはいないことに注意しましょう。話の中の景品は、数値的な測度をもたないかもしれないのです。

アレが見出した行動はいまここで記述した合理的な選択

からは外れていました。彼の例は次のようなものでした。

何人かの人たちが以下の二つの選択肢のうちから一方を選ぶように求められました。

1 百パーセントの当選確率で三千ドルか、0パーセントの確率で0ドルがもらえるくじに参加する。

2 八十パーセントの当選確率で四千ドルか、二十パーセントの確率で0ドルがもらえるくじに参加する。

同じ人たちは次に以下の選択肢から選ぶように求められました。

3 二十五パーセントの当選確率で三千ドルか、七十五パーセントの確率で0ドルがもらえるくじに参加する。

4 二十パーセントの当選確率で四千ドルか、八十パーセントの確率で0ドルがもらえるくじに参加する。

(最初の選択肢において百パーセントの確率を設定したのは、三千ドルが当たることとの確実性はこの例ではとくに意味がないことを強調するためです。実際、確率0の事象も起こり得ます。）ほとんどの解答者は、最初の二つのうちでは選択肢1を選び、後の二つのうちでは選択肢4を選びました。顕示選好の原理に従って、わたしたちはどちらの可能性がよりよいかを決定することはなく、また、誰であれ自分と異なる選択をした人のことを、あえて合理的に行動していないと主張することは決してしません。

さて、ここから話は意外な方向に展開します。選択肢1と4を選んだ人たちはわたしたちがここで同意したこと、すなわち、よい方の選択肢——この具体的な例を提示する前の抽象的な例における選択肢(ii)——が、合理的な選択であるということに反して行動していたのです。同様に、右記の例において選択肢2と3を選んだ人たちもまた、彼らが同意している右記の結論——この具体的な例を提示する前の抽象的な例における選択肢(ii)が選択するべきものであるということ——から外れているのです。選択肢1あるいは選択肢2のどちらを選ぶことも不合理ではないのですが、しかし、選択肢1を選び、その次に選択肢4を選ぶことは、ここで示した意味で不合理性を反映しているのだということを強調しておきたいと思います。議論は、確率論的な意味では選択肢3は選択肢1が二十五パーセントと0を受け取る残り七十五パーセントの確率からなっており、一方、選択肢4は選択肢2が二十五パーセントと0を受け取る残り七十五パーセントの確率からなっているということです（確認には少し計算が必要だが、ここでは省略する）。したがって、もし選択肢4を選択肢3より好ましいと考えるなら（そして、もし抽象的な例においてつねに選択(ii)を選ぶのなら）、選択肢1より選択肢2を選ぶほうが好ましいと考えなければなりません。例がややこしく、計算が複雑であるために、意思決定者が理論的には同意する原理からの偏向を説明することが彼自身にとって難しいのであると主張することよって、合理性からの偏向の言い訳を試みることは可能です。このような議論では、しかし、参加者がなぜいつも決まって選択肢1と4を選ぶのかということが説明されていません。

結局のところ、このような傾向には理由があり、それはわたしたちが確率を表現している数への関わり方に内在する本質的な傾向であるというのがわたしの意見です。第43節で、進化はわたしたちを確率の低い出来事を無視するように導いたという原理について論じました。そのことは、進化の観点からはまったく合理的であり、ほかの種だけではなく人類が進化の闘争の中で生き残るのにも役立っています。ほとんどの回答者は、選択肢1と選択肢2との間に二十パーセントの差があることから、ほぼ確実な三千ドルの獲得を四千ドルが当たる八十パーセントのチャンスを取ることでリスクにさらそうとはしないのです。一方、五パーセントの確率で起こる結果は直観的には無視できるので、選択肢3と選択肢4との間にある「たった」五パーセントのリスクは妥当なものです。意思決定の観点からは、その五パーセントがもう一方の選択肢における二十パーセントと同値なものであるという数学的事実を、直観は把握しないのです。

確率が低い事象の重要度を過小評価するという形で表現される進化合理性は、幾度となく繰り返し出現し続けます。こういった姿勢のすべての側面を不合理な行動の範疇《はんちゅう》に含めることは難しいのですが、それと数学的な計算との間の食い違いの存在は、何度も何度も繰り返し現れるのです。たとえば、成功のチャンスが六十パーセントある一回の試行を行うか、あるいは、成功のチャンスが毎回九十パーセントある同じ試行を独立にあと五回繰り返す（つまり、全部で六回行う）かのどちらかを選択する権利が与えられた人がいたとします。もしこの選択を数学的な文脈、たとえば、確率論の授業の中で行うなら、その場にいるほとんどの人は計算を実行し、〇・九の六乗が〇・六よりも小さいことを確かめたうえで、一つめの単独試行の選択肢を選ぶでしょう。もし、同じ状況と確率がある出来事の記述に含まれ、必要とされる数学的な訓練が強調されず、かつ、決断が計算ではなく、「第六感」によって下されるならば、決定結果は毎回の成功確率が高い反復試行の方に大きく傾くでしょう。同様に、もし、毎回ごとの失敗の確率が低い障害を数回克服することと、失敗の確率がより高いより困難な障害を一度乗り越えることのうちで、どちらかを選択するチャンスが与えられると、ほとんどの人たちは数学的な計算とは関係なく一つめの選択肢の方を選択します。

確率が低い出来事を無視する傾向があるという事実と、勝算が非常に小さく微小ですらあると知りながら人々が国営くじのチケットを買ったりスポーツイベントの結果に賭けたりし続けるという事実との間には食い違いがありません。説明はくじ一般に対する姿勢にあり、それはリスクを追い求めるのか、リスクを回避するのかの傾向を反映しがちで、異なる状況下では異なる形で現れることもあります。理性的な人であっても、勝ち取れる高額の賞金に比べて期待される損失が小さいこと、そして、また、当選番号が発表されるまでの間に、勝つかもしれない可能性から得られる気分のよさを理由として、宝くじを買うことはあり得ます。たとえ獲得できる賞金が何十万倍も大きくなるとしても、同じ人がそのようなくじに全財産を賭けようとはしないでしょう。場合に応じてリスク嫌悪型であったり、リスク愛好型であったりすることは、合理的な行動とは矛盾しないのです。

行動および確率的評価と数学的論理との間の食い違いは、また、ほかのタイプの状況下でも明らかになっています。一九八〇年代に、カーネマンとトヴェルスキーによって実行された実験において、二人は以下のようなことを発見しました。何人かの人々が、一人ずつ、二〇一八年にロシアがアメリカとの外交関係を断絶する確率がいくらかぐらいであるかを評価するように求められました。同時にほかのグループの人々は、これも一人ずつ、二〇一八年にロシアがウクライナと対立関係になり、アメリカが介入し、その結果ロシアがアメリカとの外交関係を断絶する公算がどれほどであるかを評価するように求められました。数学的な論理によれば、最初のシナリオの確率は二つめの確率より高くなります。[2] 一方、実験的に得られた証拠は、人々は二つめ

2 [訳注] 第二のシナリオは第一のシナリオよりも詳しいので、第一のシナリオに含まれる。よって、その確率は第一のシナリオが起こる確率以下でなければならない。

のシナリオの方がより高い確率をもつと考えるということでした。説明は人々が評価に到達する仕方にあります。二つめのグループは、ロシアがアメリカと外交関係を断絶することに結びつくもっともらしく、現実的なシナリオを提示されましたが、最初のグループはそのような明快なシナリオを提示されませんでした。より現実的に聞こえる可能性が論理に勝ったのです。進化合理性が合理性に勝ったのです。カーネマンとトヴェルスキーは、これらの偏向の結果を引き起こすメカニズムを、利用可能性ヒューリスティック、および、代表性ヒューリスティックとよびました。これらによって起こる偏向は、ほかの分野でも見られます。

不確実性へのかかわり方が、必ずしも論理的で数学的な議論によってではなく、先入観によって影響を受ける例を少しだけあげてみましょう。すでに見たように、聖書の時代や古代ギリシャ時代には、公正かつ公平な——少なくとも、確率的な意味において公平な——結果に到達するためにランダムな事象を使用することが推奨され、そして実際にも利用されました。その方法の公平性を大衆がどのように見ていたかについて知る方法はありません。現代、そのような方法は、いつでも適切な学問的平静さを伴って扱われるわけではありません。

抽選は、陸軍の新兵募集の公平な道具として、長い間、アメリカを含むいくつかの国々によって使われてきました。一九七〇年のベトナム戦争の徴兵では、中央で執行された誕生日の抽選があり、決められた年齢層に入る若者のうちで抽選でその誕生日が引かれた者が、陸軍に徴兵されることが決まりました。その結果が徴兵という考え方全体への強い反発を招きました。そのやり方では、可能なすべての日付を表す伝票が一つの容器に収められました。また、一から三六五までの数が二つめの容器に入れられました。それから、日付が書かれた伝票が最初の容器から、数が書かれた伝票が二つめの容器から、一つずつ引かれました。その数で徴兵の順序が決まりました。たとえば、二つめの容器の数八といっしょに一つめの容器から引かれた日付に生まれた人は、徴兵リストの八番めの位置になるという具合で、必要な新兵の募集人数に達するまでこれが続いていきました。明らかに、数の大きい人が徴兵されることはまったくありませんでした。一つの容器だけを使い、たとえば誕生日だけを引き、引かれた順序が招集の順序を決定することに合意するのではない理由は、タルムードとその解説書（第36節参照）の中で述べられていたものと同じ理由、すなわち、方法の公平性を担保しやすいということだったように思われます。一九七〇年の抽選の結果は、制度に対する批判の根拠となりました。次の表は、各月に生まれた人たちの抽選で出てきた募集リストにおける平均順位の数値を示しています（このデータは、『サイエンス』誌一九七一年一月号のスティーヴン・ファインバーグの記事から取っています）。

一月	201.2
二月	203.0
三月	225.8
四月	203.7
五月	208.0
六月	195.7
七月	181.5
八月	173.5
九月	157.3
十月	182.5
十一月	148.7
十二月	121.5

このように、たとえば、徴兵を待つ列の中で、一月に生まれた人たちは、平均して、二〇一・二番めのポジションにいたのに対して、十二月に生まれた人たちの平均順位はわずか一二一・五だったのです。一年の前半に生まれると得なのでした。一年全体を通じた平均は一年の日数の約半分、すなわち一八三です。表が明らかに示しているのは、七月から十二月までに生まれた人たちの徴兵を待つリストにおける平均ポジションである約一六一は、一年の前半の月に生まれた人たちのポジションである約二〇六よりも、有意に低いということです。それは、七月から十二月に生まれた人たちの方が徴兵されやすいことを意味します。

このことは手続きが不公平であることを意味しているのでしょうか。必ずしもそうではありません。偏りは伝票を容器に入れるときの入れ方の細部から生じた結果なのですが、ここではそうしたことには立ち入らないことにします。しかし、抽選が始まる前には、引き出される公算がすべての月に正確に同じだけあったのです。公平さや平等性についての数学的な主張は助けになりませんでした。結果は徴兵制度のランダム性に対する批判を呼び起こし、一九七一年の徴兵において制度を見直す試みがあったものの、制度そのものへの強い反対が、抽選による徴兵義務の廃止と職業軍人を基本とする陸軍の編成へと社会を導いていく要因の一つとなりました。

もう一つの例は、世論調査に関係しています。たとえば、薬物使用者、アルコール依存症患者、脱税者などについての信頼できる統計データを集めることは非常に困難です。人々は自分たちの回答の秘密が保たれるとは信じていません。統計学者たち、とりわけ、世論調査の企画場面における心理学的な側面の考察の開拓者の一人であるブラウン大学とストックホルム大学のトーレ・ダーレニウス（1917–2002）は、この不信を克服する方法を示唆しました。質問は「あなたは脱税者ですか?」であると仮定しましょう。質問に回答する前に、データ提出者は人に見られないように個人的なくじを引きます。くじは、たとえば、赤か黒のどちらかを引くものとし、その確率は、たとえば、五十一パーセントと四十九パーセントであるとしておきます。もし赤が出たら、真実の回答をします。もし結果が黒ならば、嘘を答えます。脱税の疑いに関してはどのような個人情報も——税務当局でさえ——引き出せません。しかし、大きな人口に対して信頼できる統計データを得るには、五一と四九という小さな差で十分なのです。この統計的合理性が一般大衆を納得させることはありませんでした。このような世論調査に協力を依頼された人たちがこの方法を信頼することはなかったのです。

ランダム性に基づいた意思決定への無理解については、もう一つの例があります。イスラエルの国会に当たるクネセトの議員の選挙は、投票者が自分が選んだ政党名を書いた票を封筒に入れ、次に封筒に封をすることによって行われます。封筒に二つ以上の票を入れた場合、それらが異なる政党のものであるときはもちろん、同じ政党のものである場合でさえ、封筒は失格となり、投票は無効となります。しかし、ここで詳細を説明する必要のないさまざまな理由によって、イスラエルの投票者にとってどの政党が自分が票を入れるのに値するかを決めることは簡単ではないこともよくあります。さらに、もし投票システムが、すべての投票者が封筒に票を五枚入れるという制度であったとすれば、ある投票者はすべて同じ政党の票を封筒に入れるでしょうし、ほかの投票者はその人の意見と好みに応じて三枚を一つの政党に、そしてほかの二つの政党に一票ずつ入れるかもしれません。このことは概念的な観点からも論理的でしょう。選挙はクネセトの議会構成を決定し、投票者のほとんどは一つの政党に全幅の信頼を置いているわけではなかったり、二つの政党に等しい権力を与える方が好ましいと思ったりするからです。しかし、そのように票を分割することは認められていません。何回か前の選挙のとき、わたしは自分の票を分割したいと思う人たちに対して、次のようなやり方を提案しました。いま、あなたは、もし票を分割できるとすれば、一つの政党に三分の二を、もう一つの政党に三分の一を入れたいと思っていると仮定しましょう。あなたが好ましいと思う政党に二枚、二つめに選ぶ政党に一枚の票を取り、三つの中から一つをランダムに——たとえば、それらをかき混ぜてから後ろ手で一枚を選ぶことによって——選び、それを見ないで封筒に入れます。それから、残った二枚を、それも見ずに、捨てます。そうすれば、あなたは自分が希望する割合で自分の票を分割しただけではなく、あなたがその手続きの最後にもっている情報は選んだ割合に関するものだけになるのです。もしあなたがどの政党に投票したかを聞かれたら、その割合、すなわち、確率の分け方だけを答えればいいのです。主観的には、あなたは自分の票を分割したのであり、そして、この場合には主観的な側面こそに意味があります。なぜなら、投票ブースに行く理由はかなりの程度まで主観的な感覚であるからです。もしあなたがわざわざ投票に出掛ける手間に抗して投票に何か効果がある見通しを天秤《てんびん》に掛けてみようと思うくらいなら、おそらく、わざわざ出掛けたりはしないでしょう。イブサム・アズガドという名前の才能のあるジャーナリストがわたしのアイデアを聞き、それについてハ・アレツ新聞に記事を載せました。選挙の前日、わたしは実際に短いインタビューのためにテレビ局のスタジオに招かれ（その当時、政治家は選挙の前日にテレビのインタビューに応じてはならず、そのためテレビは数学者やその類いの人たちで間に合わせなければならなかった）、自分のアイデアについて言葉と図で説明しました。反応は驚くべきものでした。プラスの面からいうと、わたしは提案した方式に関して称賛を受け、友人の多くや、また、わたしがそれまで知らなかった人たちまでもが、わたしの方法を取り入れたと知らせてくれました。一方、逆の面では、反対した人たちもたくさんいました。あるラジオ番組の視聴者はスタジオに電話をしてきて、「それで、もしも自分が嫌いな政党の票を引いてしまったら、どうするのですか？」と怒りながら訴えました（彼は具体的な政党名まで口にしました）。彼は明らかに提案されている方式——とくに、投票者は、自分の票をどのような重みで分割するかを自分で決めるということ、そして、自分が好かない政党の票はくじに含めないに違いないこと——を十分に理解していないのでした。その電話の主にとって、抽選は抽選なのであり、その結果として何が起こるかは見当もつかないということなのでしょう。もう一人、ある政党の活動家である知人もシステムに反対でした。そして、「誰がわたしたちのリーダーになるかをくじに決めさせたがっている」ことでわたしに腹を立て、責め立てました。彼女にとっては、ランダム性に基づくいかなる決定も不適切なのです。

50　進化合理性

さて、人々がどのようにして決断するのかについての分析を、必ずしもランダム性が支配する状況ではない場合に拡張しましょう。ここでも、わたしたちが決定し行動する方法と、わたしたちの脳が考えたり分析したりする方法に進化の影響が見られます。意思決定はつねに合理的であるとは限りませんが、進化合理性を認めることはできます。本節で、わたしたちは再び、人間の心がそれに従って活動する構造を突き止めたエイモス・トヴェルスキーとダニエル・カーネマンやそのほかの人たちの貢献から恩恵を受けるでしょう。

以下に、トヴェルスキーとカーネマンが**アンカリング**（係留）とよんだ傾向について説明しましょう。あるグループの人たちの前で一から百までの数が書かれたルーレット盤が回され、玉がどの数字のところに落ちるかが完全にランダムであることは誰の目にも明らかです。たとえば、玉が八十の位置に落ちたとしましょう。次に、人々は、ある地理上の領域、たとえば、インドネシアの西ジャワ州に住んでいる人たちの数が、百万人単位で、玉がルーレット盤に落ちた数よりも大きいか小さいかを評価するように求められます。言い換えると、西ジャワ州の人口は八千万人よりも多いでしょうか、それとも少ないでしょうか。わたしたちは、人々が一度は耳にしたことがあるかもしれませんが、質問の正しい答えについては見当がつかないことが確かであるようなどこか遠くの土地を選んだのです。すると、彼らの答えは、それぞれの人ごとの独自の方法による思慮深い計算や推察に基づくものになります。第二段階で、同じ人々が、その州の人口が何人であると考えたか、その数字を与えることを求められます。ここでも再び、その答えは、知的な推測の域を出ることはできません。すると、ここから一つの驚くべき事実が現れるのです。二つめの問題に対する答えの中で与えられる数は、人々がルーレット盤の回転の中で見せられたランダムな数に影響されるのです。言い換えると、ルーレット盤の上に出てきた数が高いとき、たとえばわたしたちの例にあるように八十であるときには、当てずっぽうで出した西ジャワ州の人口は、出てきた数が、たとえば二のような、低い数であった場合よりも高くなるのです。出てきた数が完全にランダムであることは実際に参加者全員が目の前で見て、かつ確信もできていたにもかかわらず、そうなるのです。最初に人口について尋ねられたときに特定の数を見せられた事実そのものが、その数が人口の推定として与えた数に影響を及ぼすという結果となって出てくるのです。

アンカリング効果は不合理な現象に見えるかもしれません。無関係な要因は関係しない、すなわち、それが影響をもつことは意図されていないという公理は、理性的な人であれば誰にでも受け入れられるでしょう。要因がどんなときに関係があり、どんなときに関係がないかを認識することは、つねに容易であるとは限りませんが、ルーレット盤の回転のランダムな結果はいかなる場所の人口の推定に対しても絶対的に無関係です。しかし、事実は、ルーレット盤の結果が確かに影響をもつということなのです。このことはそれほど驚くべきことではありません。その効果は進化合理性を反映しています。意思決定をしなければならない人は、何が関係し、何が無関係であるかについての知的な分析に「浪費」する時間も、そのような分析の後に、無関係なデータを無視する時間もないのです。すでに述べてきたように、脳は課された条件や公理の制約の下で考えることも、あるいは、何が関係し、何が無関係かを論理的に検証することもできません。脳は、決定に関連して現れてくるどんなデータでも探し出し、それらのデータの関連性の程度の詳細について確認したり明確化したりすることなく、それらのデータに従って決定します。この方式は、行動や決断が要求されるほとんどの場面において費用対効果の観点から明らかにより効率的であり、したがって進化によって人間行動に深く根づいているのです。

右の例は、行動や決定が要求されるときに脳が作用するメカニズムの一つを示しています。**脳は、状況の全体像をすでに保持している情報で補完し、それらの情報の関連性や論理的影響を注意深く確認することはありません。**わたしたちは前章の第42節で直観によって与えられた解答を、ベイズの公式に基づいた計算に従って与えられた解答と比較しながら検証したときにも、そのような分析の例を見たのでした。質問には問題を解くのに本質的な情報が欠けていたにもかかわらず、質問された人たちが直観的に解答したときにはそのことに気づきませんでした。脳は答えを出せるように全体像を補完します。

次に示すのは、脳がすでに知っていることに関する主張が、注意深い論理的な検証を経ずに意味してしまうことについてのもう一つの例です。この例は言語学から取りました。次の文を、意味は変えずに、わかりやすい文に言い換えてみてください。

無視するには小さすぎる脳損傷はない。

この命題を目にする人たちの大多数は、それがすべての脳損傷は、どんなに小さなものであっても、処置すべきであるということを意味していると理解します。命題がいっているることの詳細な検証によって、主張していることはその反対、すなわち、まったくどのような頭損傷も処置する必要はないということであることが明らかになります。[3] 何がこの混乱を引き起こしているのでしょうか。まず、前に第5節で主張したように、脳にとって、「〜はない」で終わる文や、否定を本質的に含む「無視する」という言葉を含む文のように、否定を本質的に含む主張を分析することは困難です。同時に、脳は脳の損傷に関する警告にしばしば出合ったことがあるために、主張の（意味ではなく）内容を認識します。したがって、脳は主張の一般的な内容を脳がすでに知っていることに結びつけ、論理的な分析をスキップするのです。進化合理性がこのような反応を命じているのです。

意思決定のもう一つの特徴は、脳の構造にも関係しています。**脳は、先入観**（偏見とは違います）**なしに問題を分析することはできません。** 問題あるいは質問に直面する場面では、ただちに先入観が利用され、それはしばしば質問の文章上の表現や与えられている情報に依拠し、それに依存します。たとえば、回復する見込みが八十パーセントあるという医者の予測に対する病人の反応は、一生治らない見込みが二十パーセントあるという知らせに対する反応とは異なります。合理的な心は、八十パーセントの成功の見込みと二十パーセントの失敗の見込みとが同じであることを認識できるでしょう。進化的に合理的な方法だけによって行動する心は、その同値性を認識できないでしょう。そのような認識は、すべての場合において事実を比較し分析するのに必要とされる努力には値せず、したがって、わたしたちはすでに脳内にある概念や態度に固執するのです。わたしたちは先入観なしに問題を検証できるという一般的な信念は正しくないのです。

だいぶ昔のことですが、イスラエルの元治安担当大臣の一人が、警察から州の検察庁に送検される犯罪事案はそれまでつねにそうであったように、容疑者が告発されるべきかどうかについての警察からの勧告をもはや伴うべきではないと提案しました。大臣は、受け取った文書に基づき先

[3]［訳注］命題は、論理規則によって、「すべての脳損傷は小さすぎ、かつ、無視できる」と言い換えられる。

入観なしにそれ自身の決断を下すことは、州の検察庁に委ねられるといいました。誉れ高い大臣は、明らかに、「先入観なしに」などということがないことに気づいていなかったのです。容疑者の起訴に関してもし警察が意見を与えなければ、州の検察庁での議論は別の先入観から始まることになり、たとえばマスコミの報道に基づく、信頼性の低いものになることは確実です。

進化に根ざしているもう一つの行動パターンは、**聞いたことを信じる**という初期設定です。自分が目撃した出来事の新聞記事が正確でもなく、信頼もできないことは、わたしたちのほとんどがよく知っています。しかし、同じ新聞で、自分にはその正確さを検証できない事件の記事を読むと、わたしたちは書かれていることを信じるのです。再び、その理由は進化合理性です。聞いたことを疑うことは、ときにはそこから不合理が導かれることがあっても、効率的ではないのです。

ここに、奇異な話と考えることもできますが、興味深い行動パターンを教示してくれるある実験の記述があります。ある猿の集団が檻《おり》に入れられ、檻の中のポールのてっぺんにバナナがありました。一匹の猿がバナナを取るためにポールを登り始めたとき、すべての猿に小さな電気ショックが与えられました。猿たちは電気ショックを感じるのがいつであるかをすぐに学び、一匹の猿がポールを登り始めるときはいつでも、ほかの猿たちは、殴打と威嚇によって、その猿を止めようとするのでした。次に、猿の一匹が檻の外にいる別の猿と取り替えられました。その猿はすぐさまバナナを取るためにポールを登ろうとしましたが、しかし電気ショックを受けたくないほかの猿たちによって止められました。しばらくして、もう一匹の新入りの猿がグループの一匹と入れ替えられると、同じことが起きました。集団の新しいメンバーがバナナを取ろうとし、それをほかの猿たちに阻止されました。その一匹を打つ猿たちの中には、以前に運ばれてきた猿がいました。猿を入れ替えるこの過程が数回繰り返されたところで、檻には、かつて電気ショックを受けたことがある猿は一匹もいなくなりました。さらに、電流は切断されました。それでも、猿がバナナを取りにポールを登ろうとする兆候を示すと、ほかの猿たちはその猿の上に襲い掛かり、力強く打つのです。

このような行動をすべての人間の社会、そして多くの動物の集団において見つけ出すことは容易です。この性質は進化の結果です。親や教師が与える指示や忠告をすべて確かめることに時間を使う子どもはあまり進歩しません。科学は、すべての科学的理論が懐疑的かつ批判的に扱われ、すべての結果がチェックされることを許し、またそのことを要求すらしているように想定されていますが、そのような疑いと確認は、数学においてさえ、学生や研究者の日常行動には含まれていません。それがわたしたちの遺伝子に深く植え付けられている進化合理性であり、それはもちろんわたしたちの毎日の生活の効率性と整合しています。このような行動は、しかし、人間社会における多くの深刻な病理の原因となっています。明らかに、語られたことを信じる戦略の進化論的な利点はその戦略から結果する欠点を補って余りあります。

わたしたちの脳に深く根づいているもう一つのパターンは、**過去にあったことはこれからも起こる**という確信です。デフォルトは、将来の変化に関し、どのような予言も——とりわけ、悲観的な予言については——信じないことです。理由は、再び、進化から導かれます。すでに以前、恐竜を絶滅に導いた隕石の粉塵の破滅的な影響を未然に阻止するために恐竜がえらを発達させていたかもしれないという仮想上の可能性の話の中で言及したように、起こるかもしれないことのために時間を割き、それに従って準備を整えるためには、進化の闘争で要求される貴重な手段を必要とします。変化が起こるとき、それが予想できたことは容易にわかるにもかかわらず、わたしたちはどのような突然の変化に対しても大きな驚きをもって反応しますが、このことは、あったことは起こるというデフォルトに従って行動することによって説明できます。

さらに、数学的な合理性から外れ、進化から導き出されるもう一つの行動パターンは、グート、シュミットベルガー、シュヴァルツェによって一九八二年に報告された実験から理解できます。二人の意思決定者は、百ドルを二人の間で以下のように配分しなければなりません。一人めの人をAとしましょう。彼は、百ドルのうちのいくらを自分のために手元に残したいか、そして、いくらを相手の人、Bに取らせるかを決めなければなりません。ただし、条件として、少なくとも一ドルはBのために残さなければなりません。Bはこの提案を受け入れることも拒否することもできます。もし彼が提案を拒否すれば、彼らのどちらも何も受け取れません。これは一回限りの、繰り返しのないゲームであること、そして、さらに、強調すべき重要な点として、二人はお互いに誰とゲームをしているのかを知らされないことが説明され、さらに二人にはこのゲームの匿名性がゲームの終了後も確実に保たれることが断言されます。Ａにとっていくらを渡すことに価値があるでしょうか、また、Ｂはどのように反応すべきでしょうか。その問題の後半部分には（もし、Ｂは何ももらえないよりは正の数で表される金額を受け取る方が好ましいと考えると仮定するならば）非常に明快で合理的な解答があります。Ａがどのような正の金額をＢに提案しても、Ｂにとってはそれを受け入れることに価値があります。したがって、そのような合理性を仮定すれば、Ａにとってはに一ドルを提供することに価値があることになります。議論は明快であり、自分にとって最良のものを選ぶことを命じる合理性に基づいています。しかし、実験の参加者たちが異なる行動を取ることは驚くべきことではありません。一般的に、ＡはＢに四十ドルから五十ドルまでの間の金額を提案し、また、Ｂは一般的に申し出の金額が四十ドルよりも少ない場合はすべて拒否します。参加者が述べる説明は、おおむね**公正さと公平さ**に関する議論に関係していました。公正さを求めることは進化を通じて内在化されており、公正さの感覚は生後数日の赤ちゃんにおいても存在することが観察されていることは第3節で述べたとおりです。公正さと公平さへの依存は、論理的な合理性ではなく、進化合理性を反映するものです。

合理的ではないことがしばしば起こるが進化合理性を反映しているもう一つの性質は**財産の保護**、すなわち、獲得した財産を保持し続けようとする傾向です。この傾向が私有財産が生存にとって本質的である進化のプロセスの中で現れたことは確かです。ダニエル・カーネマンと彼の同僚たちはこのことに関してある試みを実行しました。二つのグループの人たちに約十ドル相当のカップと十ドル札の選択権が与えられます。最初のグループにはカップとお札のどちらかの選択権が与えられ、一方、二番めのグループには実験が行われているホールに入ってきたときにギフトとしてカップが与えられ、そして、その後でもし希望すれば、カップと引き換えに十ドル札を受け取ることもできます。二番めのグループの選択に、カップがすでに所有権に属しているという事実が強く影響しました。所有権を保ちたいという進化合理性を反映する無意識の願望が、単純な論理と数学的な合理性に勝つのです。読者はこのテーマについてのさらにさまざまな例と幅広い議論を、文献リストの中に見つけるでしょう。

そして、とうとう最後にわたしたちは前節の最初に掲げた問題に到達します。現実の人間行動は、一般的に受け入れられ、また、そのように行動している人たちによっても受け入れられている基本的な仮定に矛盾するという意味において、しばしば合理的な行動から外れます。そのことは認めたうえで、では、数学的な方法は人間行動を記述するのに使うことができるのでしょうか。別の基本的な仮定に基づき、それによって、通常の数学的な推論規則を使って、人間行動を分析し理解することが可能になるような理論を構築することは可能でしょうか。わたしの意見では、その答えはイエスですが、そのような理論に対する基本的な公理は、進化のプロセスの中で人間に埋め込まれている性質から導き出されなければなりません。

人々を論理的な意味で合理的に、すなわち、理論の中で彼らが同意する公理を実際にも満足するように、行動するよう教育することは可能でしょうか。そして、もし可能だとすると、それを行う価値はあるのでしょうか。それら二つの質問に対するわたしの答えは、ベイズの法則に関係する類似した問題に対して与えた答えと同じです——すなわち、わたしの意見では、合理的な行動を脳に教え込むことは、それが進化合理性に整合する行動に矛盾するときには不可能であり、また、行う価値もないのです。進化の過程の中で発達した行動の利点はいまもなお存在しています。それでも、合理的な決断に到達することが重要である場合、すなわち、決断した結果が命運を左右し、もし決定が論理的な合理性ではなく、進化合理性に従うならば甚大な害を引き起こすかもしれない場合があります。そのような場合には、決定の基礎を「第六感」に置くのではなく、論理的な意味で合理的な解答を探すために時間を投資することには価値があります。

最後に、重要な地位にあって存亡にかかわる結果を伴う決断を下す意思決定者たちが第六感に頼るのか、それとも最後には数学的分析に基づく決断にたどり着くのであると確信してもよいのかについては、真剣な議論があります。たとえば、戦争を開始すべきかどうかを決定しなければならないリーダーが、状況を冷静に、おそらくは主観的に、しかし、わたしたちの視点からみると合理的に、分析するであろうと信頼することができるでしょうか。それは未解決であるように思われます。

第七章　計算とコンピューター

そろばんはなぜ英語でアバカスというのか●機織り機はコンピューターの世界にどのように貢献したか●世界にはコンピューターが何台必要か●どうすれば数独で百万ドル稼げるのか●国営くじの当選番号はどのように暗号化すればよいか●コンピューターは「考える」ことができるのか●コンピューターが人間になりますことはできるか●遺伝と数学的な計算の共通点は何か

51　計算の数学

アッシリア、バビロニア、エジプトでは、数学といえばもっぱら計算のことを指していました。これらの計算は、建築、農業、貿易などに必要でした。すでに述べたように（第6節）、当時の数学者たちが問題を解くために用いた方法を定式化したり文書化したりすることに時間や労力を費やした証拠はありませんが、彼らがそのような計算になじんでおり、一つの問題の解答から類似の問題を解くアナロジーを引き出すことができていたことは明らかです。彼らは、実際に解いた問題を粘土板やパピルスの上に記録することによってその知識を後世に伝えました。数千もの粘土板の破片やおびただしい数のパピルスが生き延びて、この膨大な知識の蓄積を証明しています。それらは、さまざまな種類の数学的計算の例を示しています。たとえば、今日使われているものと類似した掛け算の表が刻み込まれた粘土板が見つかっています。因数に分解された数のリストなどが含まれている粘土板もあります。数学の授業で使われたことが明らかにわかるものもあります。ほかには、建築家や商人によると思われるもの、あるいは、純粋に楽しみのために計算を行った数学者によると思われるものさえもあります。数の体系は、数の表記に使われる底の選択を含めて、数を書くことや、さらには計算を単純化していく方向で発達しましたが、その方法それ自体について、あるいは、その方法と計算法との間の関係についての議論を示す証拠はありません。ユーザー、つまりパピルスや粘土板の読者が新しい問題を解くには、あらかじめ解かれた問題の蓄積の中から類推を働かせなければなりませんでした。この計算の文化には、ユーザーが新しい問題を解くことに役立つ抽象的な公式や一般的な方法は含まれていませんでした。その時代の数学者たちが計算の領域を超える数学に取り組んでいなかったことのもう一つの証拠は、解が正確かどうかに固執しなかったことに見ることができます。バビロニアの記録の多くには、その結果が正しい解答の近似にすぎない足し算や数の因数への分解の練習問題が載っています。近似値は、解を応用する目的には十分だったかもしれませんが、数学的な厳密性の基準には合わないといえるでしょう。以前にも述べたように、このことは驚くべきことではありません。一般化それ自体は進化によってわたしたちの中に根づいた特性ではなく、したがってそれは自然ではないのです。一般化と抽象化による成果が現れるまでには長い時間がかかり、正確さの重要性が認識されるようになったのはようやくギリシャ古典期になってからでした。

ギリシャの人たちは、自然の法則を表現する手段として数学を用い、証明や推論規則などを強く追い求め、数学を学問として発達させましたが、その一方で、計算の数学を無視することもありませんでした。彼らは計算法を編み出すために多大な努力を注ぎ、また、それらの定式化や記録の重要性にも気づきました。彼らは計算の効率性を高めるために新しい数学を作り出すことさえもいといませんでした。二つの例を挙げましょう。

最初の例は三角法です。円の弦の長さと直径との間の関係を考察し、それを幾何学における作図に応用することは、ミレトスのターレスに始まるといわれており、それ以来、円と弦の幾何学は大きな発展を遂げました。後に、天文学での興味に刺激されて、三角法による計量を利用した計算が発達しました。角αの正弦（サイン）は、その当時弦の長さaを半径bの2倍で割ったものとして記述されました（図参照）。（わたしたちが学校で学ぶ、直角三角形の二辺の比に関係するこれと同値な定義は、ようやく十八世紀になって採用されたものです。）

円の弦に関する研究の計算法への影響もまた明らかでした。トレミーは、その著作の中で三角法の関係式を数多く示していますが、それらはすべて直角三角形に関するものでした。アレクサンドリアのメネラウス（紀元70–140）は平

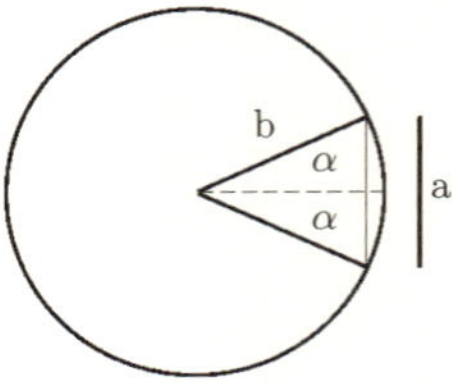

面三角法の公式を球面三角法に拡張し、そうして編み出した方法を天文学上の計算に使いました。メネラウス、トレミーやその同僚たちは三角法の値の表を利用しました。これらの表に並べられた数のリストは円の弦の長さに関するものであったことを除けば、ごく最近まで使われ、数学の教科書の巻末にも載っていた表によく似た構造をしていました。コンピューターの出現によって、数表を引くよりも必要な量を計算し直す方が効率的になりました。

計算の目的に特有な数学的体系のもう一つの起源は、エレアのゼノン（紀元前 490–430）の二分法のパラドックスの中に見ることができます。このパラドックスは、運動に関する四つのパラドックスの一つで、ある場所にたどり着きたいと思っている人は決してその場所にたどり着けないと主張しています。その人は、まず半分の距離を、次にさらにもう四分の一の距離を、その次にさらにもう八分の一を進まなければならず、以下、無限に続きます。したがって、彼が目的地にたどり着くことは決してできません。アリストテレスは、主張の哲学的側面とそれが運動に関して何を意味しているかに言及しましたが、パラドックスそれ自体に関しては、各段階での移動時間もどんどん小さくなっていくのであり、したがって目的地にはたどり着くだろうと述べています。しかし、彼は必要な時間を計算する方法については述べませんでした。エウドクソスの取り尽くし法（第7節参照）は類似の問題について論じ、面積を、次々とより小さい面積に分割していくことによって計算する方法を示しています。この後で述べるように、アルキメデスはこの方法を改良しました。この方法は後世、ニュートンとライプニッツによって微積分法を構築する土台として用いられました。

アルキメデスの方法は、面積を測りたい図形を、面積が簡単に計算できる二つの図形の間に囲い込むことでした。左図の二つの六角形で内と外から囲い込まれた円はそのような例です。外部と内部に描かれた図形の差が小さいとき、それぞれの面積は測りたい面積のよい近似となります。図の円の面積にさらに近い近似を得るためには、六角形をもっと多くの辺をもつ多角形で置き換えなければなりません。これらの図形に含まれる辺の数が多ければ多いほど、近似はより正確になります。

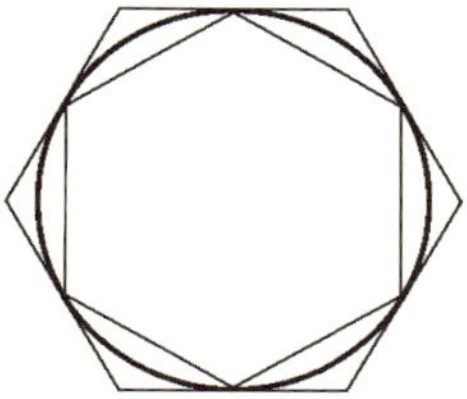

アルキメデスは極限の概念にも言及しました。求める面積に少しずつ近づいていく近似の繰り返しによって得られる面積は極限とよばれ、アルキメデスによれば正しい面積です。ニュートンとライプニッツはこの手法を計算の方法から数学的な理論――自然を描写する道具であると同時に数学的分析や計算の道具でもある理論――に拡張しました。アルキメデスは計算のための補助手段としてこの方法を編み出しました。彼はまた、「いくらでも好きなだけ近い近似」という計算上の概念も提示しました。半径1の円の面積を小数で正確に表すことは不可能です（半径rの円の面積はπr^2で、πは無理数です）。しかし、いくらでも好きなだけ近い近似を得ることはできます。すなわち、もしあなた（つまり、読者）が百万分の一の精度で円の面積を知りたければ、わたし（つまり、アルキメデス）はそれを見つけてあげられます。もしあなたが精度を十億分の一のレベルまで高めたい場合も、わたしには計算できます。実際のところ、わたしはそれをどのような精度で行うこともできるのです。そのような約定、すなわち、「どのような近似の度合いに対しても、わたしにはその精度をもつ解答を求めてあげることができます」は、ギリシャの人たちによって編み出された論理に基づいていることに注意しましょう。そのとき以来、いくらでも望むだけ近い近似という概念は、現代的な計算の基礎となりました。ギリシャの科学者の成果の大部分がそうであるように、アルキメデスの著作もオリジナルなものは残されておらず、わたしたちはその時代の流れの中での修正や注釈を伴った写本に頼らざるを得ません。アルキメデスの著作についてのよく知られた注釈者の一人は、四八〇年ころに生まれ、イスラエルの都市、アシュケロンで活躍したエウトキオスでした。

計算法は数学の発展の歴史を通じて改良され続けました。計算の効率化に貢献したもう一つの出来事は、対数の発明もしくは発見でした。対数による新しい計算法を編み出したのはスコットランドの数学者ジョン・ネイピア（1550–1617）でした。彼は物理学と天文学、そしてその当時の時代の流れに沿って、占星術も扱いました。ネイピアが対数を編み出したのは計算を簡単にするためでした。この方法の構成要素である対数関数や指数関数が自然の記述において主要な役割を担うようになったのは、さらに後世になってからのことでした。

与えられた底aに対する正の数Nの対数とは、$a^b = N$を満たす数bのことである。これを$\log_a(N) = b$と表す。1より大きなどのような数も底として選ぶことができる。ネイピア自身は、対数関数と非常によく似ているが、その値が底の選択によらないある関数を定義した。ほどなくして、底として数eを選べば、計算がずっと簡単になることが発見された。eは自然対数の底とよばれ、その値はおよそ2.71828である（eは無理数であり、したがって、小数で正確に与えることはできない）。この関数は$\ln(N) = b$で示される。すなわち、底eは省略される。

ここでは、計算の詳細には立ち入りませんが、指数法則から導き出される等式$\ln(NM) = \ln(N) + \ln(M)$がこのシステムの効率性の鍵であることにだけ注意しておきましょう。この等式によって、わたしたちは二つの数NとMの掛け算を、対数表からNとMの対数を見つけること、それらを足すこと（和はNMの対数になります）、それから、その和が対数となる数を表から見つけることに転換できます。こうして、N掛けるMという複雑な計算を、$\ln(N)$と$\ln(M)$の値を対数表で見つけること、次に、それらの二つの数を足すこと、そして最後に、その足し算の結果を対数とする数を対数表で探すことに転換できるのです。二つの数を掛けるより足す方が、とくにそれらが大きな数の場合、はるかに簡単なので、対数のシステムは数学的計算を簡単化しているといえます。計算は、適切な表があるかどうかにかかっていますが、これらの表は一度作っておけば、その後のすべての計算に使うことができます。ネイピアが提示したこのような対数表は、彼の時代にすでに改良され、ごく最近まで使われていました。わたしが高校と大学の学生であったときは、その計算法が必須科目の内容に含まれ、対数表は勉強の補助手段でした。今日では適切なボタンを押す方が簡単であり、表を使うよりも電卓による方がずっと速く、正確に結果が得られます。

ガウスは、ほかの功績に加えて計算法にも重要な貢献をしています。ガウスの貢献の一つは、第39節で言及した、パレルモのイタリア人天文学者ジュゼッペ・ピアッツィによって一八〇一年に発見された小惑星ケレスに関係していました。小惑星の発見が大きな関心を集めたのは、いろいろな理由の中でも、とくにその位置と大きさが実は新しい惑星である可能性――何人かの天文学者が、その発見以前に指摘していた可能性――に整合していたからでした。しかし、数か月のうちにケレスは太陽に近づきすぎて追跡不可能になってしまい、それまでに取られた数少ない測定データではケレスが太陽の反対側からいつ再び現れるのかについての計算を遂行するには不十分でした。当時二十四歳であった若きガウスはこの課題に取りかかりました。計算を実行するために、ガウスは、ケレスの楕円軌道を三角関数で与えられる円軌道を足し合わせることによって近似し、次にそれらのパラメーターを計算することに基づく特殊な方法を編み出したのです。

そのような軌道の和としての表示式は、今日フーリエ級数として知られているものに非常によく似ています。ジョゼフ・フーリエ（1768–1830）がフランスで自身の方法を書き留めたのはガウスが自身の方法を提出したのとほぼ同時期でしたが、ガウスがフーリエの成果について知らなかったことはほぼ確実です。これは、数学的な意味では二重の問題でした。第一の問題は、非常に僅少《きんしょう》なデータを使用しなければならないことでした。そして二番めに、迅速な計算が求められていました。新しい方法は、これらの要求の両方を同時に満たし、ガウスはケレスが再び現れる位置と時刻を驚くべき正確さで予測しました。この成功によって、若きガウスの名がヨーロッパ中に知れ渡ることになりました。彼はこの方法をその天文学での利用を扱った短い論文の中で発表し、方法の拡張や、ほかの目的への利用の可能性についても言及しましたが、詳細にまで踏み込むことはありませんでした。実際、新しい利用法は見つからず、この方法はほかの文献の中に埋もれてしまいました。

コンピューターがすでに比較的広く利用されるようになり、三角関数を足し合わせることによって関数を近似するフーリエの方法が数学において広く使用されるようになった百五十年以上後に、このような計算をより効率的にするいくつかの試みがありました。コンピューター化されたトモグラフィー（たとえば、ＣＴ検査やＭＲＩ検査）や信号処理を含む多くの応用によって、方法を効率化する努力が勢いづきました。一九六五年に、二人のアメリカの数学者、ＩＢＭのジェームズ・クーリー（1926–2016）とプリンストン大学のジョン・テューキー（1915–2000）がフーリエ近似の係数をより効率的に計算するアルゴリズムを発表しました。これは大きな改良で、この方法は高速フーリエ変換、もしくはＦＦＴとよばれ、ただちに人気を博しました。クーリーとテューキーによって発見された方法が、百五十年前にガウスが使っていた方法とまったく同じであることが明らかになるまでにそう長くはかかりませんでした。

もちろん、ここで紹介した例は、数学の歴史の中で計算プロセスを効率化するために編み出された方法の豊かさに比べれば氷山の一角にすぎません。

52　数表からコンピューターへ

計算方法の数学的改善の歴史に並行して、数学者は計算を助けるメカニカルな補助手段、そして後には電気式や電子式の装置を作り上げる努力を一貫して続けてきました。第6節で述べたベルギー領コンゴで発見され、年代的に紀元前二万年のものとされる骨は、ある意味では単純な算術的課題を実行するツールでした。紀元前二六〇〇年ころのものとされるアッシリアおよびバビロニア時代の粘土板の破片には、一般に受け入れられている解釈によれば、そろばんの最初期の形態として使用されていた表が含まれています。ギリシャの文献によれば、そろばんは古代エジプトの人たちによって計算のツールとして使われていました。そろばんは、また、ギリシャとローマでも算術計算に使われました。ローマのそろばんは、今日なお使われているそろばんに驚くほど似ており、考古学的発掘調査によってローマ帝国全域で見つかっています。その名前（英語で、アバカス）自体が、そろばんの計算補助具としての歴史の長さを証明しています。この名称は、聖書に何度か現れ、ちりやほこりを意味するヘブライ語アヴァックを語源としています。つながりは、明らかに、数や計算が書けるようにす

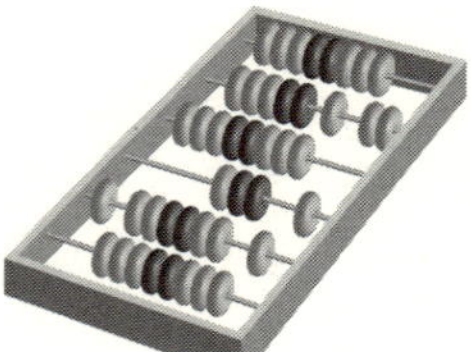

るために石板の上にふりかけた砂の粉です。そろばんは朝鮮や中国などの東洋の文化では現在でも広く使われ、また、類似の用具はマヤやインカなどの古代アメリカ文化でも見つかっています。

ネイピアが迅速な計算のための対数計算法を提示してから間もなく、印刷された数表に並んで計算のための機械的な補助手段が考案されました。イギリスの数学者エドモンド・ガンター（1581–1626）は、対数関数を幾何的な手段に翻訳する対数尺を提案し、続いて、同じくイギリスの数学者であるウイリアム・オートレッド（1574–1660）が計算尺を発明しました。計算尺では目盛りのついた定規の一部をスライドさせ、異なる定規に書かれた目盛りと目盛りをそろえることにより、対数関数と指数関数の値が長さとして求められます。オートレッドは、自身の計算尺にさらに改良を加え、三角関数などのほかの関数も機械的に計算できるようにしました。時を経るとともに計算尺はますます洗練され、直線、三角形、円などのさまざまな形のものが利用できるようになりました。コンピューターに置き換えられた比較的最近まで、計算尺はエンジニアの活動には欠かせない日常的な仕事のツールになりました。

第37節で触れたブレーズ・パスカルは、まだ青年であったころから父の徴税官としての仕事を手伝いました。彼が十六歳のとき、徴税に必要な計算を簡単に素早く行うために計算機を発明することを思いつきました。計算機は互いに絡み合う歯車からなり、それぞれの歯車は決められた方向に正しい角度だけ回転すると、支払うべき税額の正しい答えがわかるようにつながれていました。明らかに、この計算機は税に関する計算だけでなく、一般的な数学の計算にも使うことができました。彼の計算機はパスカリーヌとよばれ、パスカルはそれを何台か製作し、販売しようと試みたのですが、商業的には成功しませんでした。彼が製作した計算機の何台かはパリの国立工芸院（ＣＮＡＭ）にあります。[1]

そのほかの有名な数学者たちもまた計算機の製作を試み、その一人にライプニッツもいました。彼の計算機はミュンヘンのドイツ博物館を含むドイツのいくつかの博物館で見ることができます。これらの計算機も歯車の機構に基づき、異なる歯車の間の比率の結果として計算が行われました。計算機が効率的な計算に適するように、ライプニッツは二

1 ［訳注］普段は展示されていないが、北京の故宮博物館にもある。

進算術――すなわち、数を二つの数字0と1だけを用いて表示する方法――を考え出しました。わたしたちの日常生活では十を底として数を書くので、とくに、すべての数を十個の記号で表示しますが、かつては別の底が使われました。たとえば、バビロニアの人たちは主として六十という底を用いました。便利な底の選択は明らかに用途に依存し、試行錯誤、もしくは賢明な分析のどちらかによって達せられます。ライプニッツもそのようにして計算機を動作させる底として二進法を選択するに至りました。その底は、今日もなお、機械計算の実行に対する最も便利な底であることに変わりはなく、コンピューターが動く仕組みにはとくに適しているのです。

　パスカルとライプニッツの計算機や同時代のほかの人たちの計算機は、プログラムすることができず、計算のたびに歯車をもとの位置にそろえなければなりませんでした。十九世紀に、イギリスの数学者でありエンジニアでもあったチャールズ・バベッジ（1791–1871）は大きな一歩を踏み出しました。バベッジはその功績によって、現代的なコンピューターの先駆者の一人と考えられています。彼は機織り機と、織り出される布の形と材料となる糸の色の組み合わせを決めるためにそこに送り込まれる穿孔《せんこう》された紙テープからヒントを得ました。バベッジはそのことを彼の計算機製作の基礎として利用し、彼が製作した計算機には機織り産業での穿孔テープと同様に紙の穿孔テープが送り込まれ、次に機械が結果を吐き出すのでした。バベッジが紙テープを**入力**（インプット）、計算結果を**出力**（アウトプット）とよぶようになったのはそのような事情から自然なことでした。そして、今日でもこれらは基本的なコンピューター用語として使われています。バベッジは、大きく複雑な計算機を何台も製作し、それらはかなり込み入った計算をこなすことができました。それらの機械は蒸気エンジンから動力を得ていました。（電気はまだ発見されていませんでした。もし電気モーターが開発されていなかったら、おそらく、今日それぞれのパーソナル・コンピューターの傍らに、石炭で動く小さな蒸気エンジンが必要だったことでしょう。）バベッジの計算機の模型は、ロンドンの科学博物館で見ることができます。

　電気エンジンが開発されたことに伴い、オフィスの机に置くことのできる比較的小さなものも含む、電気式計算機も開発されました。これらはごく最近まで使われ、現在も使われているものを見ることができます。これまで述べてきた数値的な計算に使われた計算補助具だけでなく、特定の目的のために使われた機械の中にも、さまざまなタイプの数学的計算が組み込まれました。たとえば、いろいろな種類の速度計（ローマの人たちはすでにそのような速度計を馬車に取り付けていました）、方位コンパス、およびそのほかの工学的な装置です。

これまでに述べてきたさまざまな計算補助具に伴う技術により、計算はより簡単に、より速くなりましたが、まだ人間の脳が追跡し理解できることという制約の範囲内にありました。数表から計算尺、そしてメカニカルな装置に至るさまざまな種類の計算機は、計算の数学がたどってきた道筋をできる限り——すなわち、技術が許す限りの複雑な機構を用いて——まねることで動作するものでした。電子工学が計算に使われたとき、革命が起きました。そのスピードは、二つの数の足し算や引き算などの基本的な演算があまりにも高速なので、それらの演算を何回も繰り返すことによってほかの結果が簡単に得られるほどでした。

「電子計算機の父」の称号にふさわしい人物は、少なくとも二人います。一人はドイツのエンジニア、コンラート・ツーゼ（1910–1995）です。彼が一九三五年から一九三八年にかけて開発し製作した電子計算機は、一九四一年に完全稼働に入りました。彼が製作したコンピューターの何台かはベルリン工科大学、ミュンヘンのドイツ博物館を含むドイツ中の博物館に展示されています。ドイツにおけるナチスの活動と第二次世界大戦の結果、ツーゼは、ドイツ以外のヨーロッパ諸国、およびアメリカで起きていた状況から孤立して研究し、その貢献には限定的な影響しかありませんでした。コンピューターの開発者としてのツーゼの競争相手は、アイオワ州立大学のジョン・アタナソフ（1903–1995）とクリフォード・ベリー（1918–1963）で、彼らは一九三七年に電子計算機を作り始め、その最終的な形が完成したのもやはり一九四一年でした。そのコンピューターは彼らが研究を行った大学に展示されています。ツーゼの計算機とアタナソフとベリーの計算機は、電子時代に先行する計算機の流れに沿って製作されました。言い換えると、それらの計算機がプログラムできる能力には限界があり、入力と出力は計算タスクごとに特定の形を取りました。電子計算機における大きな進歩は、エニアック（電子式数値積分機・計算機、Electronic Numerical Integrator and Computer）というコンピューターとともに始まりました。その構造の多くはジョン・フォン・ノイマンに負っています。

フォン・ノイマンについては、ゲーム理論について述べた第47節ですでに触れました。彼の数学的活動は多くの分野での研究を含み、この分野への貢献はその中のほんの一部にすぎません。彼は、数学基礎論と集合論に貢献しましたが、研究では数学者アブラハム・ハレヴィ・フレンケル（1891–1965）に助けられ、支えられました。フォン・ノイマンはほとんど判読不可能な論文の原稿を彼に送りましたが、フレンケルは、ただちにその論文が秘めている可能性に気づき、フォン・ノイマンの研究生活の初期を通じて彼を導いたのです（フレンケルについては、数学基礎論に関する第60節で再び触れることになります）。フォン・ノイマンは、また流体力学や量子力学についても研究し、量子力学ではその基礎となる公理を導入しました。彼は、一九〇三年にブダペストでユダヤ系の家庭に生まれ、父親は銀行員で弁護士でした。ジョンの父はオーストリア・ハンガリー帝国への貢献が認められて貴族の称号を取得し、ジョンもその称号を引き継いだため、フォンが彼の名前の一部になりました。ジョンの卓越した能力は非常に早い時期に見出され、数学的な才能以外でも発現しました。彼は早い年齢でいくつかの言語をマスターし、社会問題、経済学、およびそれらに関連するテーマに興味を示しました。彼はブダペストで数学の博士号を二十二歳で取得し、そのときすでに基本となるような数学の論文をいくつも書いていました。彼はベルリンで教職に就き、一九三〇年にプリンストン大学に招かれ、一九三三年にはプリンストン高等研究所のポストを提供されました。この研究所が設立された理由は、一つには、ナチスから逃れなければならなかった科学者たちを取り込むためでした。フォン・ノイマンはこの研究所の最初の科学者の一人でした。ほかにはアルベルト・アインシュタインが、また、数学者ではオズワルド・ヴェブレン、ヘルマン・ワイル（ヴァイル）、クルト・ゲーデルがいました。ゲーデルについては次の節でまたお話しします。

ジョン・フォン・ノイマンは、原子爆弾の開発者の中で最も著名な人物の一人で、敵ナチスにそれを使用することに賛成した主要な人物の一人でした。エニアックはアメリカ軍でのミサイルや砲弾の軌道の計算のために製作されました。フォン・ノイマンは新しいコンピューターを製作するチームの当初からのメンバーではありませんでしたが、プロジェクトのことを聞いてチームに加わり、コンピューターをそれまでにはまだ知られていなかったタイプの機械に変える新しい構造やそのほかの改良について提案しました。コンピューター製作の完成を告げる公式の発表は一九四六年になされましたが、実際にはもう少し早くから稼働していました。

フォン・ノイマンは電子計算機の想像を超える計算速度がもつ可能性に最初に気づいた一人でした。現在わたしたちが知っているコンピューターの構造を提案したのは彼でした。彼はコンピューターの中に記憶領域を組み込み、ソフトウェアがデータと同じものと見なせることを示し、そうすることによってコンピューターを汎用ツールにしました。現代のコンピューターは、二十世紀半ばのコンピューターに比べて計算速度も保存できるデータ量も飛躍的に増大していますが、基本的な構造はフォン・ノイマンが提案したものから変わっていません。彼が現代的なコンピューターの父と考えられているのはこのためです。

コンピューターが与えてくれる可能性が明らかになったとき、計算の概念も変わりました。その当時まで数学的な計算といえば、基本的に数値計算、数学的な方程式の解法、天気予報などに関係していました。今日、コンピューターは旅行のルートを計算し、公文書を維持・管理し、データを検索し、辞書を引いて調べ、翻訳を支援し、インターネットを検索して最も近いレストランを見つけ、そして、もちろん、ソーシャル・ネットワークがあります。これらすべてが計算の結果です。

計算の速度に秘められた華々しい可能性の認識には、時間がかかりました。世界には高々五台のコンピューターがあればよいという評価を下したのは、ＩＢＭの社長トーマス・ワトソンであるといわれています。はたして彼がかつて実際にそう述べたのかというと、その直接的な証拠はありませんが、たとえ彼がそうはいわなかったとしても、新たな可能性についての認識の欠如があまねく行き渡っていた事実には変わりがありません。イスラエルで最初の電子計算機は、ヴァイツマン科学研究所で製作されました。それはワイザック（Weizac）と名づけられ、製作されたツィスキント棟内で見ることができます。この建物には現在、数学・情報科学学部が入っています（写真参照）。

ワイザックの組み立ては一九五四年に完成し、一九六四年まで稼働していました。アルベルト・アインシュタインとジョン・フォン・ノイマンは、このコンピューターを製作する運営委員会のメンバーで、当時の研究所の予算の大部分が、このプロジェクトに充てられました。アインシュタインは、このプロジェクトに対する疑問を表明し、なぜイスラエルに独自のコンピューターが必要なのかと問いかけたと報告されています。フォン・ノイマンは、すでに述べたように、ほかの人たちに先んじて電子計算機の莫大な可能性に気づいていたので、ヴァイツマン研究所における

数学研究の創設者かつ指導者であり、コンピューター製作においても指導的な立場にあったカイム・ペケリス本人がコンピューター全体をフルタイムで稼働させ続けることができるだろうと答えました。この当時のある時期、研究所長はアバ・エバンでした。わたしは、エバンがペケリスに宛てておおむね次のように書いた手紙のコピーをもっています。「親愛なるカイム、電子計算機がいかなる用途に使用できるのかを研究所の役員会議のメンバーに説明することに、どうか同意してください。そのさいに」とエバンは書きました。「それは、アフリカで調査を実施するときに役立つだろうとご説明になることを提案いたします。」（エバンは実際、外交政策に興味をもち、後にイスラエルの外務大臣にまでなりました。）ペケリス自身はコンピューターがもたらすであろう可能性にすでに気づき、コンピューターを製作したいという彼の願望の背景には、科学的な思惑がありました。もくろみの一つは、潮の満ち干に関する世界規模の地図でした。彼はコンピューターを駆使し、大西洋上で潮流の動きがない位置（すなわち、潮流の固定点）を特定することに成功しました。その後、イギリス王立海軍は、ペケリスによる計算結果を確認する測定を実施しました。

すでに述べたように、電子計算機における新しさの要素はその高速性でした。ここで思い出されるのは、地球が太陽の周りを回るモデルが棄却された理由の一つが、地球の運動に対してそのような高速度を想定することの困難さにあったことです。そのような速度では人々は地表から振り飛ばされてしまうだろうという直観に、数学的モデルは打ち勝てなかったのです。それと同様に、算術演算が人間の脳において生得的能力であり、数学的計算は容易に受け入れ、理解できるにもかかわらず、電子計算機の動作速度を肌で理解することは容易ではありません。その高速性は人間の脳では捉えることができず、今日でさえコンピューターがもたらす可能性が完全に認識されているとは確信できません。

53 計算の数学

電子計算機の発達によって数学的計算の捉え方に変化が必要となり、その結果、**計算可能性理論**、あるいは**計算複雑性理論**とよばれる新しい数学の分野が発展しました。このような変化が起きた由来を理解するために、第51節で取り上げた対数による計算法を思い出してみましょう。対数計算は、計算を簡略化するために編み出されました。この手法によって、掛け算は足し算と二つの表を参照することに転換されたのでした。この転換は人間の脳にとっては飛躍的な進歩となっています。しかし、人間の脳にとってものごとを容易にすることも、電子計算機にとっては無関係です。高速のコンピューターにとって、掛け算は足し算の繰り返しであり、したがって掛け算は対数を用いるよりも掛け算のままで計算する方がずっと効率的です。コンピューターにとって、対数を計算してからそれらを足すよりも、直接掛け算を実行する方が単純で効率的なのです。プロセスが直接基本演算に基づいていることは、計算の効率を決定する重要な要素が、必要な基本演算の回数であることを意味します。電子計算機による二つの計算法を比較するためには、それぞれの方法で計算結果を得るために実行しなければならない基本演算の回数を比べることが必要です。では、基本演算とは何でしょうか。そして、開発された目的も異なり、実行するコンピューターも異なる二つの方法や二つのプログラムを比較することは、どのようにして可能なのでしょうか。これらの問題を論じる適切な枠組みを提示したのはイギリスの数学者アラン・チューリングでした。

アラン・マシスン・チューリングは、一九一二年にロンドンで生まれました。彼の数学の才能と興味は、非常に若いころから顕著に現れました。彼は、ケンブリッジ大学キングス・カレッジで最初の学位を取得した後、大学のフェローとして残り、数学基礎論を研究しました。彼は、計算の理論的限界に関するクルト・ゲーデルの結果に対し、別の方法を提唱しました。それは、後にチューリング・マシンとよばれるようになる、あるシステムに基づくものでした。彼は一九三八年にプリンストン大学から博士号を取得し、そのときの指導教授はアロンゾ・チャーチ（1903–1995）でした。チャーチはすでに有名な数学者で、彼の数理論理学における研究もまた同様のテーマをある別の方法で扱うものでした。第二次世界大戦の勃発とともにイギリスに戻ったチューリングは、連合国側に協力する科学者のチームに加わり、ドイツ軍が送信する暗号文の解読に挑みました。チームはブレッチリー・パークとよばれる場所に集まっていましたが、そこは今日でも会合の場所として、そして計算の歴史博物館として使われています。瞬く間にチューリングは暗号解読作戦の中心的なメンバーになりました。チームに使用を許可された電気機械式のコンピューターを駆使することによって、ブレッチリー・パークのグループはドイツのエニグマ暗号の解読に成功し、それは、連合軍側の勝利において重要な役割を果たす功績となりました。すでにチューリングは戦時の首相、ウインストン・チャーチルによって戦争英雄の宣言を受けていました。

戦争が終わってからも、チューリングはマンチェスター大学で研究を続けました。彼は、人工知能とよばれる分野に対してこの後で述べる重要な貢献をし、電子計算機の製作を試み、また、生物学のさまざまな領域で研究を行いました。若い同性愛者と関係をもったとして告発されたとき、彼の研究は中断されました。これは当時のイギリスでは犯罪行為と見なされていたのです。チューリングは容疑を認め、禁固刑に代わるものとして提案された性的衝動を抑える化学療法を受けることに同意しました。しかし、療法を受けることによる肉体的負担に加え、社会的圧力はとうてい耐えきれるものではなく、一九五四年、四十二歳の誕生日の二週間前に青酸カリの服用によって自らの生涯を閉じました。それから何十年も経った二〇〇九年、イギリスの首相ゴードン・ブラウンは「彼（チューリング）が受けた恐ろしい扱い」に対し政府に代わって謝罪し、また、二〇一三年十二月にはエリザベス二世女王が稀有《けう》な「慈悲の恩赦」を与えました。一九六六年に米国コンピューター学会（ACM）は、アラン・チューリングをたたえ、権威あるチューリング賞を制定しました。

計算可能性理論の主な論点を提示する前に、それが特定の数学的な計算プログラムの性能を評価し、それによって将来のユーザーがよりよい計算法やプログラムを選ぶことを支援するためのものではないことを、はっきり述べておかなければなりません。そのようなことを行うためには、ユーザーは代替《だいたい》となるいろいろな方法を試し、実際の結果を比較しなければなりません。計算可能性理論は、さまざまなアルゴリズムの能力の限界を探求する数学的な理論です。この耳慣れない用語に警戒を抱く必要はありません。アルゴリズムとは、端的にいって、実行すべき指示の集まり、あるいはリストのことにすぎないからです。たとえば、ある地点Aから目的地点Bに達する行き方の詳細な指示はアルゴリズムになります。料理の本は、材料からあらかじめ与えられたレシピに従うことによっておいしい料理を作ることを目的とするアルゴリズムの集まりです。さまざまな装置の操作マニュアルは、アルゴリズムの形を取ることがあります。二つの数を足したり掛けたりする方法もアルゴリズムの形で提示されるのが一般的です。

もちろん、数学的な計算を実行する一つの方法としての指示のリストは昔から存在しました。素数を求める方法の一つであるエラトステネスの篩（第14節で言及）は一つのアルゴリズムです。そのアルゴリズムによれば、たとえば、二から一〇〇〇までの中からすべての素数を求めるには、最初に二のすべての倍数、すなわち、二より大きいすべての偶数を消します。残っている数から、三の倍数、すなわち、九、十五、二十一、……を消します。次に、五の倍数をすべて消し、以下同様に、一〇〇〇までの素数でないすべての数が消されるまで続けます。プロセスの終わり、すなわち、アルゴリズムを実行し終わったときには、二と一〇〇〇の間の素数だけが残ります。こうして、二と一〇〇〇の間の素数を求める一つのアルゴリズムが記述されたことになります。

アルゴリズムという言葉は、七八〇年ころから八五〇年ころまでバグダッドで活躍したアラブの数学者アブー・イブン・ムーサー・アル＝フワーリズミーの名前が変形したものです。彼は数学に数多くの貢献をしました。彼は1から9までの数に対する数字を定め、また、数の表記における一つの正規の桁として0を使用した最初の人物でした。彼は代数方程式の解法を考案しました。代数を意味する英語アルジェブラは、彼の著書のタイトル『ヒサーブ・アル＝ジャブル・ワル＝ムカーバラ（平衡と統合による計算について）』に由来しています。彼はこの本の中にそのような方程式を解くための方法を含めたのです。[2] 彼は、ギリシャの数学者たちの書物を翻訳することでも大いに貢献し、そして、その当時の時代精神の流れの中で、修正や改良を加えました。それらの活動によって彼が重要な文献の保存に主要な役割を果たし、また大きく貢献したことは賞賛に値します。

すでに述べたように、いろいろなアルゴリズムの効率はそれが実行する基本演算の回数を比較することによって評価されます。しかし、疑問は残ります。基本演算とは何であり、目的がまったく異なるアルゴリズムをどのようにして比較できるのでしょうか。それがチューリング・マシンが考案された目的でした。それは、マシンとはいっても、電気やそのほかの燃料を使い、煙を吐き出し、ときどき整備の手を加えなければならない、いわゆる言葉の通常の意味での機械ではありません。チューリング・マシンは仮想的な機械です。つまり、それは一つの数学的な枠組みであるという意味です(そして、この枠組みにはいくつかの異なるバージョンがあります)。機械は入力(テープ上に刻まれた有限個の順序づけられた記号、すなわちアルファベット)を受け取ります。テープの長さには制限がありません。機械は、あらかじめ定められたいくつかの状態の一つを取ることができます。機械には、テープ上の一つのセルに書かれているものを識別できる「読み取り装置」が備えられています。機械が記号を読み取ると、その結果として機械の「プログラム」があらかじめ定められている規則に従って機械の状態に変化を引き起こしたり、また、あらかじめ定められている規則に従ってそのセルの文字を別の文字に書き換えたり、また、これもあらかじめ定められている規則に従って、隣接するセルの文字を読むために移動したりします。このように、プログラムはセルからセルへの一連の移動、セルに書かれている文字の書き換え、機械の状態の変化を作り出すのです。これらのひとつ一つの作用がアルゴリズムどうしの比較を可能にする基本演算です。読み取り装置が、あるあらかじめ定められている記号が書かれたセルに到達したとき、アルゴリズムは終了します。アルゴリズムの結果は、アルゴリズムが止まったときに機械がどの状態にあるか、そして、そのときにテープ上に何が書かれているかによって定義されます。

驚くべきことは、いままでに考えられたありとあらゆる計算——数値計算であっても、二都市間の旅行の最短距離

[2] [訳注] 本のタイトルにおける平衡は両辺に同じ項を加えて負の係数をもつ項を消すこと、統合は両辺から同じ項を引いて正の係数をもつ同類項を片方の辺にまとめることを意味する。

を求めることであっても、あるいは、辞書を引いて言葉の意味を調べることであっても、許容できるこれらすべての計算——がこの仮説上の仮想的な機械の数学的な枠組みに翻訳できることです。言い換えると、チューリング・マシンは、その計算を文字とセル間の移動の規則によって行うようにプログラムできるということです。強調すべき点は、「許容できる計算」にあり、これは考え得る限りのすべての計算がチューリング・マシン上の計算に翻訳できることを意味します。これは**チャーチ－チューリングのテーゼ**（**提唱**）として知られる一つのテーゼであり、数学的な定理ではありません。これまでのところ、このテーゼに矛盾は見つかっていません。

　アルゴリズムの効率は、望ましい出力に到達するためにチューリング・マシン上で実行される基本演算の回数によって比較できると述べました。しかし、繰り返して警告しますが、計算可能性理論の専門家の興味を惹く比較は、たとえば、二から一〇〇〇までの間の素数を求める二つの方法の間の比較ではありません。このような明確な目的の下で満足のいく答えを求めることは、高速コンピューターの仕事です。二つのアルゴリズムの間で主な関心がもたれるのは、わたしたちの例でいえば、上限が一〇〇〇のような固定された数ではなく一般の数Nであって、Nがどんどん大きくなっていくときの性能の比較です。明らかに、Nが大きくなればなるほど、素数を見つけるためにアルゴリズムが実行しなければならないステップ数は大きくなります。二つのアルゴリズムの間の比較は、Nが増加するときの各アルゴリズムにおけるステップ数の**増加の割合**の間で行われます。

　では、ここで、**Nが増加するときのステップ数の増加の割合**という言葉の意味を説明しましょう。もし、問題を解くためにかかるステップ数を記述する式が

N^2、$8N^{10}$、あるいは $120N^{100}$

のような形の式で与えられるなら、増加の割合は**多項式的** (polynomial) であるといいます。すなわち、Nのべき乗の形の式であるという意味です。もし、必要なステップ数を与える式が

2^N、120^{4N}、あるいは 10^{4000N}

のような形なら、増加の割合は**指数的**です。名称は式の中

でのパラメーターの現れ方を反映しています。

与えられたアルゴリズムに対して、N^2の増加の割合とN^3の増加の割合とでは違いがありますが、計算複雑性理論の専門家たちは、これらを一緒にして多項式速度という範疇に入れ、指数的速度についても同様です。多項式速度で計算結果にたどり着くアルゴリズムによって解くことができる問題のクラスは、クラスPとよばれます。

ここには次に示すもう一つの興味深い区別があります。多くの場合、問題に対して解それ自体を求めるより、誰かが提示した解が正しいかどうかを確かめる方がはるかに簡単です。たとえば、数独では小さな正方形のいくつかの中に1から9までの間の数が現れている9×9のサイズの正方形があります(下の図)。目的は、表の全体を構成するすべてのます目のうち九つのます目からなるすべての行とすべての列、および3×3のます目からなる正方形のすべてが1から9までのすべての数字を含むようにます目全体を完成することです。

解を求める、すなわち、各列、各行、各小正方形が1から9までのすべての数字を含むように、空いているます目をすべて埋め尽くすという目的の達成は難しく、多くの試行錯誤を必要とするように思われます。しかし、もしも誰かが解を示したなら、それが正しいかどうかをチェックするのは簡単な作業です。ここでもまた、計算可能性理論の専門家は、9×9の数独に対して提示された解が正しいかどうかを見出すためにかかるステップ数それ自体には興味を示しません。彼らが興味を示すのは、サイズが増え続ける数独、言い換えると、Nが増え続けるときのサイズ$N \times N$の数独をチェックするためにかかるステップ数であり、さらに、そのステップ数が増大する速度です。(すべての自然数が、たとえば十個の記号だけを使う十進数で表せることからわかるように、任意のN個の数を並べなければならない数独も、入力には有限個の記号を使用しているということができます。)

5	3			7				
6			1	9	5			
	9	8					6	
8				6				3
4			8		3			1
7				2				6
	6					2	8	
			4	1	9			5
				8			7	9

ウィキペディア・コモンズ／Tim Stellmach より

わたしたちは数独を純粋に一つの例として引用しました。解を求めることと提示された解をチェックすることとの間の違いは、ほかの多くのアルゴリズム的な課題においても生じます。たとえば、わたしたちはすでに方程式を解く公開試合について述べました（第36節）。方程式を解くことは困難ですが、多くの場合ある解が正しいことを確認することは容易です。また、解を確認するとき、多項式速度と指数的速度とを区別することができます。提示された解が、必要なステップ数に関する多項式の増加率で十分なアルゴリズムを用いて確認できる問題のクラスをＮＰといいます（文字Ｎは**非決定的**（non-deterministic）という用語に由来し、非決定性チューリング・マシンの上では提示されたすべての解について同時に確認が実行できることから来ています）。

さて、ここに百万ドルを獲得できるチャンスがあります。二つの問題のクラス、クラスＰの問題とクラスＮＰの問題が同じなのかそれとも違うのかは、計算可能性理論の専門家たちにもまだ知られていません。（Ｐに属するすべての問題がＮＰにも属することは証明できます。言い換えると、もし、ある問題が多項式時間で解けるなら、提示された解のチェックもまた同じ時間速度で可能なのです。）第三千年紀《ミレニアム》の始まりに当たり、ロードアイランド州プロヴィデンスにあるクレイ数学研究所は、数学の七つの未解決問題を発表し、それぞれの解に対して百万ドルの賞金を提示しました。Ｐ＝NPかどうかの問題は、そのときに出題されたミレニアム問題の一つです。たとえば数独はＮＰクラスに属します。もし、Nが増大するとき、$N \times N$の数独を解くためのすべてのアルゴリズムが必然的にNに指数的に依存するステップ数を要することを証明できれば（そして、ほかの誰かが証明する前にあなたがそれを証明できれば）、あなたは百万ドルを受け取ることになるでしょう。

クラスＰとＮＰに関する議論は、計算の数学が扱う多くの問題のうちのたった一つの例にすぎません。たとえば、計算可能性の専門家は、もし数独問題に対する多項式時間のアルゴリズムが提示できれば、ＮＰクラスのすべての問題に対して多項式時間のアルゴリズムが存在することを示しました（とくに、もしあなたがそれを提示すれば、あなたはＰとＮＰの相等性の問題を解いたことになり、百万ドルを受け取ることになるでしょう）。このような問題、すなわち、その一つに対する多項式時間の解が、クラスＮＰに属するすべての問題に対する多項式時間の解の存在を意味するような問題は、ＮＰ完全であるといいます。計算可能性の研究によってこれまでに非常に多くのNP完全問題が見つかっています。

また、特定の問題に対する効率的な解を探したり、特定の問題に対しては効率的な解がないことを証明したりする研究も行われています。たとえば、ほんの数年前、二〇〇二年のことでしたが、与えられた数が素数であるかどうかを判定する問題に対して、多項式時間のアルゴリズムが提案されました。この問題に関しては次の節で詳しく説明します。第55節で論じる、より広い範囲にわたって影響をもつもう一つの問題は、二つの素数の積である数の素因数を求める効率的なアルゴリズムがあるかどうかという問題です。効率性の指標は、たとえば、その解を得るために必要となる基本演算の回数が、入力のサイズNの線形な式、すなわち、与えられた数aに対してaNのタイプの式、あるいは、積$N\ln(N)$のタイプの式、すなわち、NとNの対数との積に比例する式を越えない問題を特定することによってさらに精密化されます。後者は二次より速く、したがってより好ましいといえます。これまでに何百という問題が検証され、それらの可能な解の効率の度合いが決定されましたが、多くの問題がなお未解決です。言い換えると、それらを解くために必要なステップ数の増加速度がまだ決定されていないのです。

Nが増加するときにサイズNの入力をもつ問題を解くために必要なステップ数に関する抽象的な議論が、コンピューターのユーザーに興味をもたれる現実の問題の解を求めることに関係するのかどうかという問題が起こります。Nが無限大に近づくときのサイズ$N \times N$の数独はおろか、サイズ百万×百万の数独ですら、誰も正気では解こうとしないでしょう。答えは驚くべきものです。Nが無限大に近づくときに必要なステップ数の増加速度を、実際の問題を解くために必要なステップ数に関連づける論理的な議論は存在しません。さらに、クラスPの中には、理論上は効率的に解けますが、実際には、現在のコンピューターでは現実的な時間内に解けない問題も存在します。それにもかかわらず、長年の経験から、一般的には、無限大に近づくパラメーターをもつ問題から得られる直観が、大きな、しかし有限のパラメーターをもつ問題の場合にも適用できることが示されています。

この辺で、さまざまなアルゴリズムやコンピューターの動作の仕方に根ざす直観の困難性と妥当性について論じておくのがよいでしょう。アルゴリズムは一連の命令の連なりなので、人間の脳にとっては容易に理解し、実装することができ、そしてさらにアルゴリズムがどのように働くのかについての直観を発達させることすらもできます。人間の思考過程の基本である連想的思考は、ある事柄から別の事柄を導き出す方法に基づいており、それはプロセスとしてアルゴリズムに類似しています。まったく同じことが、コンピューターについても当てはまります。小さな子どもや若者にとってコンピューターの操作を習得することは容易であり、彼らは直観的に対処することさえできます。コンピューターの動作に関して、コンピューターの経験のある人(必ずしも専門家であるとは限らない)に援助を求めたとき、「僕をキーボードの前に座らせてくれれば、何をすべきかわかると思います」という答えが返ってくることは決して珍しいことではありません。キーボードの前に座ることによって、連想的な反応、すなわち直観が活性化されるのです。これは年齢に関係すると思われることが多いのですが、わたしはそうは思いません。新しい機械に関して、それを操作するために必要な直観を使うには、明らかに、心理的な垣根——おそらくは恐怖心という垣根——を乗り越えることが必要であり、ちょっと考えるとそれは不可能そうに思えます。大人はこのことでおじけづいてしまうのですが、コンピューターが身近な環境で育っている若者たちは違います。そうはいうものの、コンピューターの直観的理解に至る道には少なくとも二つの困難があることを認識すべきです。第一に、すでに述べたように、コンピューターの理解不可能なスピードが、変化がはるかにゆっくりと起こる環境の中で発達してきた人間の直観に衝突します(コンピューター時代に生まれた世代にとっては、そのような直観を発達させることはより容易になっていくでしょう)。第二に、コンピューターそれ自体は連想的には「考えていない」ということです。コンピューター(少なくとも現代のコンピューター)は、人間が考える考え方では考えません。コンピューターは、ソフトウェアの中にきわめて詳細に符号化されている命令をきわめて正確に実行しており、ソフトウェアの命令の中には論理的な演算が組み込まれていることもあります。論理的な議論に関する直観を発達させることは困難な、あるいはむしろ、不可能といってもよい課題です。最も経験豊かな専門家からさえ「コンピューターが何をしたいのか、見当もつきません」のような反応が出てくることがあるのはこのためです。

54　高確率の証明

この節のタイトルは言葉の矛盾のように聞こえるかもしれません。ギリシャの人たちが数学の論理的な基礎を築いて以来、数学的な定理の証明は正しいか間違っているかのどちらかであるという深く根ざした合意が長い間続いてきました。タイトルは、数学的な主張や命題が、ある確率で正しいことの証明を指しています。これは証明の正しさに対する信頼の度合いを反映する主観的な確率ではなく、計算可能で絶対的な確率を意味しています。これは数学的証明の論理における新たな要素であり、コンピューターによってわたしたちの前に開かれる可能性に密接に関係する要素です。

実際、人々は日々の生活の中で一定の確率を伴う証明に日常的に遭遇します。ある主張についての絶対的で精密な検査を統計的な検査で代用することは、人々の間にもともとあった考え方です。市場《いちば》でりんごを売る露天商は、りんごはどれも新鮮で傷一つないと請け合います。りんごを一つずつ全部調べあげるのは現実的ではないので、あなたはいくつかのりんごを調べ、そして、もし調べたりんごがすべて新鮮で傷もついていないことがわかれば、商人の主張が正しいことを納得するか、あるいは少なくとも彼の主張が正しいことは高度に確からしいと考えるでしょう。あなたが商人にだまされないためには、あなたが調べようとするりんごがランダムに選ばれたりんごであることが重要です。商人が品質について いっていることが正しい確率を高くしたいと思えば思うほど、それだけたくさんのりんごを調べなければなりません。もし数学的な意味での確実性をもって彼の主張を証明したいのであれば、棚の上のりんごをすべて調べなければならないでしょう。港のコンテナの内容が出荷伝票に記載されているとおりであることを確かめたい税関の係員や、医薬品の積み荷が必要な基準を満たしていることを確認しようとする保健省の検査官は、効率性の理由から一つの標本の検査だけで済ませなければなりません。

高確率の証明が革新的である理由は、それが主張している数学的内容にあります。いったいなぜ数学者は、絶対的な証明がもつ明白な純粋性から引き下がることに同意しようとまでするのでしょうか。答えは、高確率の証明を受け入れることによって得られる効率性、前節でわたしたちが定義した意味での効率性にあるのです。数学においてさえ、もし高い確率で正しいにすぎない証明を受け入れるならば、ある主張の正しさを効率的に証明できる場合があるのです。以下では、このことを例で説明した後、それから派生するある概念を紹介します。それはある言明が正しいことを、証明そのものにはまったく触れることなしに確信させる手法です。

例は素数に関係しています。素数は、これまで見てきたように、いつの時代にも数学の中心的な役割を担い、そして現代的な数学とその応用においてもそうであることに何ら変わりはありません。数学者は、与えられた数が素数であるかどうかを判定する効率的な方法をつねに探し求めてきました。しかし、効率的な方法が発見されることはありませんでした。右で言及したエラトステネスの篩から、より洗練された検査法に至るまで、単純な判定法は検査される数の関数として指数関数的なステップ数を要するので、数百桁からなる数の検査にこれらの方法を使うことは実用的ではありません。前節で導入した用語でいえば、数の素数性の判定はこれまで効率的ではなかったのです。

二〇〇二年に、ある数が素数であるかどうかの判定の効率性に関して理論上飛躍的な進歩がありました。インド工科大学カーンプル校の科学者マニンドラ・アグラワル、ニラジュ・カヤル、ナイティン・サクセナは、ある数が素数であるかどうかを確かめる多項式時間の方法を提案しました。この方法はその発見者の名前にちなんでＡＫＳ法として知られています。理論上の定義によればＡＫＳ法は効率的なのですが、方法の中で提案されたアルゴリズムは実用からは程遠いものです。アルゴリズムで使われるステップ数は八次の多項式で与えられました。それ以来、方法は改良され、現在その次数は六です。これでもまだ方法を日常的な目的に対して実用的であるとするには高すぎます。このように、ある数が素数かどうかを判然と検査する実用的な方法は今日でも見つかっていません。

ＡＫＳ法が発表されるより何年も前に、エルサレム・ヘブライ大学の数学者マイケル・ラビンはある数が素数でないか、あるいはあるあらかじめ定めることのできる確率で素数であるかのどちらかの宣言を結果としてもつアルゴリズムを提案しました。ラビンが提案した近似の推論は、アルキメデスが近似計算に対して提案したものと同じ形式です。言い換えると、あなた（つまり、利用者）が望ましいと考える確率の水準を選択すると、コンピューターはその水準の確率で解答を出してくれるというわけです。利用者が誤りの確率をより小さくしたいと思えば、計算にはより長い時間がかかります。それにもかかわらず、この方法は、非現実的な確率の水準に対しても実行可能です。たとえば、もしある数が素数でない確率が二分の一の二百乗より大きければ素数であるとは宣言できないと決めてもよいのです。すでに述べたように、人間の脳にとって、このように低い確率をもつ事柄は想像が困難であり、日常的な意思決定において人々はこのような出来事を無視します。ですから、もしコンピューターが、ある数が二分の一の二百乗より小さい確率をもつ何かが起こらない限り素数であると教えてくれるのなら、その数が素数であることを受け入れる行為はあらゆる目的に対して現実的です。もし絶対的かつ数学的な確実性を求める人がいれば、この方法は適用できません。しかし、そのような場合には、一般的にいって、そもそも解を導き出す現実的な方法などはまったくないといってよいでしょう。

　ラビンはオートマトン理論に関する業績によって一九七六年にチューリング賞の受賞者となり、それからしばらくして確率的アルゴリズムの先駆者となりました。ラビンの素数判定アルゴリズムは、一九七六年にカリフォルニア大学バークリー校のゲーリー・ミラーによって提案された、ある数が素数であるかどうかを決定論的に検査するアルゴリズムに基づいていました。このアルゴリズムは、ミラー－ラビン・アルゴリズムとして知られています。ご興味をもたれる読者のために、その一つの特殊な場合について詳しく述べてから、一般の場合について簡単に触れておきましょう（以下のコラムを読み飛ばしてもその後のテキストの明確さは損なわれません）。

mが偶数でないとき、$n = 2m + 1$の形の数が素数かどうかを見定めたいとしよう。整数論のある有名な定理によれば、1とnの間のすべての整数k（ただし、nは除く）に対して、以下のことが成り立つ。もしnが素数なら、k^mをnで割ったときの余りは1になるか、あるいは$n-1$になる。したがって、このようなkを一つ選び、右の余りが1もしくは$n-1$にならなければ、nが素数でないことは確実である。しかし、その数が素数でなくても、右の条件が満たされることは起こり得る。したがって、条件が満たされたからといって、その事実だけではただちに素数であるとは結論できない。そのような状況では、よく知られたもう一つの数学的結果が使われる。それは、もしその数が素数でなければ、1から$n-1$までの数のうち少なくとも半数は余りに関する条件を満たさないということである。したがって、もしkがランダムに選ばれ、かつ余りの条件が満たされたなら、この事実は、その数が素数でない確率が半分より小さいことを意味する。もし1から$n-1$までの数をもう一つランダムに選び、かつ条件が再び満たされたら、数nが素数でない確率はさらに四分の一にまで下がる。このような調子で、もしこのプロセスを二百回繰り返し、その都度余りの条件が再び満たされたら、nが素数でない確率は二分の一の二百乗よりも小さいことになる。このようにして、試行を高々二百回繰り返すだけで、その数が素数ではないことが確実に知られるか、さもなければ、その数が素数であることを二分の一の二百乗以下の誤り発生率で宣言できることになる。試行を二百回行うことはコンピューターにとっては造作もないことである。一般の場合はもう少し複雑だが、それほど複雑だというわけではない。すべての奇数nは、mをある奇数として、$n=2^am+1$の形に書くことができる（ただし、aは1以上の整数である）。右に述べた数学的な定理は、一般の場合、1とnの間のすべての整数k（ただし、nは除く）に対して、k^mをnで割ったときの余りが1であるか、あるいは、0から$a-1$までの少なくとも一つの整数bに対して、kの2^bm乗をnで割ったときの余りが$n-1$になるという主張になる。このように、以前の場合における余りに関する二つの条件は、一般の場合では余りに関する$a+1$個の条件になる。これを確かめることも、コンピューターにとっては簡単に実行できる作業である。

確率的アルゴリズムは興味深いもう一つの概念上の発展につながりました。それは何かというと、対話型証明とゼロ知識証明との統合です。そのアイデアは、一九八二年にシャフィ・ゴールドワッサー、シルヴィオ・ミカリ、チャールズ・ラッコフによって書かれた論文の中で提案され、展開されました。当時、三人はマサチューセッツ工科大学（ＭＩＴ）にいました。ヴァイツマン研究所のメンバーであるゴールドワッサーは、二〇一二年にミカリと合同でチューリング賞を受賞しました。ここでもまた、目標はある確率的な誤り発生率の下で達成され、そしてここでも、その誤りが起こる確率を極端に小さく押さえることができ、かつ、誤りの評価は数学的に定義される絶対的な値となります。この方法について、一つの例から学びましょう。

アメリカは約三千の郡（正確な数は変化する）に分けられます。いま、あなたは、アメリカの地図を、どの郡も一つの色で塗り、かつ、境界を共有する（角《かど》だけを共有する場合は除く）二つの郡が同じ色にならないように、三つの色だけを使って塗り分ける方法を知っていると仮定しましょう。さらに、あなたは、アメリカの地図をこのように塗り分ける能力があることを、その具体的な方法についてはいささかのヒントすらも与えずに証明したいと思っているという状況を想定してみましょう。そんなことができるのでしょうか。隣接していない二つの郡の色を示したとしても、何らかの情報は開示したことになってしまいます。なぜなら、そうすることであなたがそれらを同じ色で塗ったのかそれとも違う色で塗ったのかが知られてしまうからです。ここで、先ほど述べた対話型の方法を示してみましょう。あなたがこれから使おうとしている三つの色を、たとえば、黄、緑、赤と決めます。あなたはアメリカの地図を塗り分けますが、その結果をわたしたちには教えません。逆に、わたしたちは隣接する二つの郡、たとえば、ロサンジェルスとサンバーナディーノを選びます。あなたは、それらの郡に塗った色、たとえば黄と緑をわたしたちに示します。それらが同じ色ではないので、この段階であなたは間違いを指摘されてはいません。このことは、たまたまあなたが二つの隣接する郡を同じ色で塗っているところを見つからなかったことを意味しているだけで、条件に適するように地図全体を色づけることはなおできていないのかもしれません。しかし、もしわたしたちが二つの隣接する郡をランダムに選んだのだとしたら、わたしたちはあなたが実際に要求されているとおりに地図を塗り分けられることについてある程度の確信を得たことになります。というのは、あなたが見せた二つの郡でわたしたちが間違いを見つける（つまり、それらが同じ色に塗られている）確率は、たとえば、二万分の一より大きいからです（境界を共有する二つ郡の組が二万組以上はないことから）。同時に、わたしたちは二つの隣接する郡が異なる色で塗られることを初めから知っていたので、あなたは、あなたが色を塗った塗り方についてはまだ何も漏らしたことにならないのです。二つめの段階では、あなたはもう一度地図を塗り分けますが、ただし、色は変えます。再び、わたしたちは二つの隣接する郡をランダムに選び、あなたはその二つに使った色をわたしたちに示します。もしそれらが同じ色でなければ、要求のとおりに任務を遂行するあなたの能力についてのわたしたちの確信の度合いは上がるでしょう。ここでもまた、色が変えられたことから、あなたが地図を塗り分けるために使った方法についてわたしたちは何も知ったことにはならないのです。たとえば、ロサンジェルスが偶然もう一度選ばれたとしても、あなたは今度はそれを赤く塗ったかもしれないのです。わたしたちは仕事を適切に完成するあなたの能力について望むだけの確信が得られるまで、何度でもこの手続きを繰り返すことができ、そうしたからといって、あなたはそれをどのようにして行うのかについては何一つ明かしたことにならないでしょう。

もう一つの例について簡単に見ておきましょう。あなたは前節に示した数独の図を完成し、その解については一切何も示唆することなしに、そのことをわたしに確信させたいと思っています。あなたは1から9までのそれぞれの数字を色に置き換えますが、どの色がどの数字を表すのかはわたしに教えず、また、完成され、色づけされた数独をわたしに見せることもしません。わたしは九つの列の一つ、あるいは、九つの行の一つ、あるいは、九つの小さな3×3の正方形の一つをランダムに選び、次にあなたはわたしが選んだ列、行、または正方形を色づけされた状態でわたしに見せます。もし、あなたが数独を正しく完成させていなければ、わたしは自分が選んだ九つのます目の中に九種類の異なる色を目にしないかもしれず、その確率は少なくとも二十七分の一となります。あなたはそのたびごとに異なる色を選び、わたしは自分が選んだ列、行、または正方形の中に九種類の異なる色が見えるかどうかを確かめるというこの手続きを二百回繰り返すことにより、わたしはあなたが数独を正しく完成させなかった確率は二十七分の一の二百乗より小さいという結論に至るでしょう。これだけでは、この問題の解答としてはまだ完全ではありません。色を付け直すプロセスの中で数独に始めから記入されていた数をあなたが変更しなかったことを、あなたはわたしに納得させなければならないからです。もし、プロセスの任意の段階で、九つのます目を指定する代わりに、最初から数が書かれていたます目に塗られている色が示す数を見せてくれるようにわたしがあなたにランダムに依頼することができれば、このことは達成できます。もしそれらの数が条件に合致していれば、あなたがごまかした確率はもとの低いままに留まるのです。

この手続きを手作業で実行するのは明らかに現実的な提案とはいえませんが、コンピューターにとっては簡単な問題です。さらに、三千よりずっと多くの郡を含む地図や、9×9よりずっと大きなサイズの数独をチェックしなければばならないとしても、作業効率が下がることはありません。一方、三つの色だけを使って与えられた条件を満たすように地図を塗り分ける方法や、巨大な数独を解く方法を計算したいとなると、話は別です。加えて、三色塗り分け問題がクラスPに属するかどうかは知られていません。わたしたちが知っているのは、それがNP完全であることです。とくに、数独問題に関してそうであったように、もしあなたが地図を要求されているとおりに三色で塗り分けられるかどうかを判定できる多項式時間のアルゴリズムを見つけることができれば、PがNPに等しいかの問題に解答したことになり、そして、もしそれを最初に見つけたのなら、あなたは百万ドルを手にすることになるでしょう。

55 暗号

人類はこれまでつねに情報の符号化、すなわち暗号に魅了されてきました。第二次世界大戦で使われたドイツの暗号エニグマについてはすでに言及しました。この暗号は電気機械式の計算機を使って破られたのでした。計算数学によって実用的な暗号の手法を使うことが可能となり、それは、今日わたしたちが知る限り、最速のコンピューターをもってしても破ることはできません。ここで、その基本的なアイデアを紹介しましょう。それは一方向性関数とよばれるものです。

例として、二つの素数の掛け算と素因数分解を考えましょう。二つの素数pとqが与えられたとき、積$pq = n$を求めることは、たとえそれら二数が大きな数の場合であっても、ごく単純な作業であり、コンピューターにとってはなおさらのことです。もし積、すなわちnだけが与えられ、pとqを求めなければならないとすれば、それは、今日までのところ、最速のコンピューターにとってすら非現実的な課題です。問題を解く指数関数時間のアルゴリズムを求めることはできますが、多項式時間のアルゴリズムが存在するかどうかは知られていません。一方の方向には簡単に計算でき、逆方向には計算が困難であるこのような関係を一方向性関数とよびます。したがって、今日における数学的な知識の状況の枠組みの中では、二つの素数の積のその素因数分解に対する関係は一方向性関数です。もしあなたがこの積の素因数分解に対する多項式時間のアルゴリズムを見つければ、この関数が一方向性関数とよばれることはもはやなくなり、そして、さらに、あなたの発見は広い範囲に影響することになるでしょう。ほかにもこれまでにいくつかの一方向性関数が専門的な文献の中で、数こそそんなに多くはないといわなければなりませんが、提唱されています。素数の積とその積の素因数分解は日常の用途に応用を見出した一方向性関数です。

暗号に一方向性関数を使うというアイデアは三人のアメリカ人の科学者によって提案されました。その中の二人、マーティン・ヘルマンとその同僚ホイットフィールド・ディフィーは、三人めのラルフ・マークルが同様のテーマに関して書いた論文の後を受けて、一九七六年にいわゆる公開鍵暗号を使う暗号化のアイデアを発表しました。三人は、この方法のパイオニアとして一般に認められています。このアイデアは、当時ＭＩＴにいた三人の科学者――現在もそこにいるロナルド・リベスト、ヴァイツマン科学研究所のアディ・シャミア、そして、現在は南カリフォルニア大学にいるレオナルド・エーデルマン――の手によって実用的なシステムに焼き直されました。三人は、二〇〇二年のチューリング賞の共同受賞者となりました。そして、彼らのイニシャルをつなげたＲＳＡは、この方式――現在最も広く使われている暗号化方式――の今日知られている名前となっています。この方法は、二つの素数の積が一方向性関数であることに基づいています。さらに、与えられた数の素因数を求める効率的な方法については、確率的アルゴリズムでさえ今日まだ知られていません。もし、明日あなたがそれを求める効率的なアルゴリズムを見つければ、現在使われている暗号の主要な道具を無力化することになるでしょう。一方向性関数の使用の基礎にある数学とは次のようなものです。

いま、わたしが明日の国営くじの抽選結果を知っていることを、当選番号が実際に何であるかについては一切いわずに、あなたに確信させたいとします。わたしは大きな素数を二つ選び、翌日の抽選の結果を二つの数のうちの小さい方に挿入します。たとえば、六桁の当選番号を小さい方の素数の最初の六桁に一致させるのです。わたしは二つの素数を掛け合わせ、あなたにその結果を教え、そして、小さい方の素数の中に当選番号がどのように現れるのかを、素数そのものは示さずに教えます。もしあなたが何とかして積を素因数分解すれば、わたしが暗号化した数がわかるでしょう。すでに述べたとおり、二つの数を掛け合わせることとは簡単な問題ですが、それとは対照的に、積を素因数分解することは極端に難しいのです。もしあなたが最速のコンピューターを使い、まる一晩と翌日のまる一日を費やしたとしても、積を素因数分解して当選番号を見つけることはできないでしょう。抽選が終わり、当選番号が発表されてから、わたしは素因数分解とそこに書かれている当選番号をあなたに明かします。インチキはできません。積はあなたに知られているし、その数が実際に二つの素数の積であることを確かめるのは造作のないことだからです。

この方法は暗号化されたメッセージを送るために使えます。わたしはあらかじめ大きな素数を一つあなたに教えておきます。わたしがあなたにメッセージを送りたいと思ったとき、わたしはそれを新しい素数の中に埋め込み、その数とすでにあなたがもっている素数との積をあなたに送ります。あなたはメッセージを非常に簡単に解読できます。二つの数の積は電話や電子メールを通じて安全に送ることができ、電子メールを傍受したり、通話を盗聴したりした誰かがいたとしても、メッセージを理解される懸念はありません。たとえ方法が広く知られているとしても（これが**公開鍵**という用語の由来です）、あなた以外には誰もコードを解読する、すなわち、数の素因数を計算することはできないのです。この例は、暗号システムの数学的な基礎を説明しています。その実用的な運用には、とくに、わたしたちが暗号化されたメッセージを多くの顧客に送り、各人がメッセージを開けるようにしたい場合には、ここでは説明しなかったいくつかの修正が必要です。この場合の暗号システムの基礎にある考え方は、各顧客に一方の素数を教え、暗号化された数と顧客が知っている素数との積を送るということです。積をすでに教えてもらっている素数で割ることは簡単な問題であり、それによってメッセージは簡単に解読できますが、一方、割るべき素数を知らされていない誰にとっても、メッセージは暗号化されたままであり、読むことはできません。

56 そして次は？

これまでの二つの節で述べてきた考え方は、非常に高速なコンピューターの時代ならではのものです。それでも、現代の最速のコンピューターをもってしても、高速計算に関するわたしたちの願望のすべてを満たすことはできません。さらに、コンピューターが高速になればなるほど、計算に対するわたしたちの要求や願望も強くなっていくので、利用できる計算能力に満足する状況が訪れることは決してありません。加えて、これまでに見てきたように、効率的に解けないことが理論によって示されている問題もあります。その一方で、日常的な計算課題——最速のコンピューターが知られている最良のプログラムを使っても太刀打ちできない課題——の中には、人間の脳によって満足に解けるものもいくつかあります。同様に、自然界のプロセスの中には、本質的に計算的なプロセスであって、その実行が最速のコンピューターのそれに比して比較にならないほど優れているものも見られます。したがって、自然のプロセスを理解することによって、より効率的な計算プロセスに到達する方法に関する解決の鍵が得られることが期待できます。このように、自然は、研究対象の主たる供給源としての役割を果たすだけでなく、数学者やコンピューター科学者が計算能力を高めていこうとする努力の中で発展へのヒントを与えてくれてもいるのです。この節では、計算の可能性とコンピューターの新しい利用の推進を目指して数学と科学技術が発展しつつあるいくつかの方向について述べてみましょう。

　最初の課題は人間の脳に関係しています。人間の脳は最速のコンピューターでも手が届かないような処理を実行できます。たとえば、顔認識です。たくさんの人たちがひしめいている群衆をさっと一瞥《いちべつ》するだけで、何年も会っていない学生時代の友人の姿が目に入ることがあります。そのようなことができる域にほんのわずかでも近づけるコンピューター・プログラムは一つもありません。そのような違いは、たとえば、インターネット上のある種のサイトに入るときに、形を崩して書かれたランダムな英数字の列を認識して書き写すように要求されるときに使われています。人間の脳は数字や文字を判別できますが、コンピューター・プログラムはできません。二つめの例は、言語を理解することと、一つの言語からもう一つの言語へ翻訳することです。構文が整っていない文のほんの一部を普通ではないアクセントや発音で耳にして何をいっているのかを理解できることがあっても、あなた（つまり、人間）にとっては何ら不思議ではないでしょう。コンピューターは、認識するようにプログラムされた枠組みの範囲内にその文が入る場合だけにしか正しく理解し、反応しません。一つの言語からもう一つの言語へ翻訳するプログラムはありますが、その品質が受け入れられる水準であるのは素材が技術的な性格のものであり、あらかじめ決められた構文で書かれている場合に限られます。書かれていることの意味を確認し、とくに、行間を読み取りながら、それに従って翻訳するという人間の翻訳者にとっては造作のない作業は、現代のどのようなコンピューターの守備範囲をも超えています。さらにいえば、人々が本当に意味していることは、言ったり書いたりしていることの反対である場合があります。たとえば、すべての頭部損傷は、どんなにひどくても処置すべきであると本当はいいたいのに、「希望を捨てるのに重篤すぎる脳損傷はない」（第50節の例を参照のこと）と書いてしまう人がいるかもしれません。ほかの誰かがこの書き手の意図を正しく認識し、ふさわしくコメントしたり行動したりすることはあるでしょうが、コンピューターではそうはいきません。もしコンピューターであれば、書かれたテキストから、すべての頭部損傷を断念しなければならないことを――正しい文法的な意味を――理解するだけでしょう。書かれたことの意図を正しく分析するという、人間が比較的容易にこなせることを実行できる翻訳プログラムは、現在のところ存在しません。人間の能力を模倣できるコンピューター・プログラムを開発する研究分野は、人工知能（ＡＩ）とよばれています。

計算数学の基礎を築いた人物、アラン・チューリングについてはすでに言及しました。彼はまた、人間の計算能力とコンピューターのそれとの間の大きな隔たりを認識し、一九五〇年の論文で人工知能の科学に対して一つの課題を提示しました。それは**チューリング・テスト**として知られる次のような課題です。機械が人間の知能をもったといえるのはいつだろうか。人は、もう一人の人あるいは機械と、たとえ相手の姿が見えなくても会話することができます。話している相手が人なのか機械なのかを話者が判断できないとき、機械は人間の知能のしきいを超えたのです。このテストは、人の思考と計算処理との間の大きな違いを浮き彫りにしています。チューリング・テストは知識の豊富さや反応の速さを問題にしてはいません。これらに関しては、どのようなコンピューターも人間をはるかに凌駕しています。チューリング・テストは、コンピューターが人間の思考をどの程度まで模倣できるかを調べるものです。一度ならず強調してきたように、進化はわたしたちに直観的に考えることを教えてきましたが、それは数学的な論理とは整合しません。わたしたちの判断は、わたしたち自身の人生経験だけではなく、何百万年もの発展を通して得られた経験――わたしたちの遺伝子に刻み込まれ、代々伝えられてきた経験――にも基づいています。

コンピューターはそのような経験を模倣できるのでしょうか。明確な答えはありません。人工知能は多くの信頼に足る成果を積み重ね、驚異的な発展を遂げてきましたが、論理に基づくプログラムが、進化が生み出した思考という偉業の域に到達できるかどうかは時間だけが教えてくれるでしょう。

人工知能をもった機械を発展させる方法の一つは、脳それ自体が思考課題を遂行するやり方を模倣することです。わたしたちは人間の脳における思考の要素をすべて知っているわけでも理解しているわけでもありませんが、脳の解剖学的構造についてはは多少のイメージをもっています。とくに、脳は大量の神経細胞で構成され、それがネットワークを形成し、各神経細胞は近隣の神経細胞のいくつかとつながっていて、神経細胞の状態や環境条件に従って、それらの近隣の神経細胞のそれぞれに電気信号を送ることができます。何らかの入力を受け取った後の思考過程はこれらの電気信号の伝達によって起こり、その数は信じられないほど多く、そして、神経細胞の異なるクラスター間で同時に起こります。思考プロセスの最後に脳は新しい状態に達し、そこでの出力は体の器官の一つに適切な反応を起こさせる指令であったり、あるいは、この事実（入力）またはほかの事実をメモリーに蓄えることであったりします。脳と同じ能力に到達する機械を構築しようとする努力がなされている一つの方向は、このニューラル・ネットワークとよばれる構造を模倣する試みに焦点を当てることです。それは、効率的な計算を実行するために自然によって創造された構造を巧みに利用する数学的モデルを構築する試みです。現段階では目標はまだ遠い先ですが、その理由の一つは数学的モデルの実装に人間の直観を欠く論理的なコンピューターを用いていることです。もし本当に直観や人間が判断を下す行為が、単に脳内の膨大な数の神経細胞の結果であるのなら、神経細胞ネットワークを模倣するコンピューターおよびコンピューター・プログラムにはチューリング・テストに合格する望みがあるでしょう。しかし、人間の思考の中には、わたしたちにまだ知られていない別の構造があるかもしれません。

自然界には、進化によって実証された驚くほど効率的な計算プロセスがもう一つあります。進化論の肯定派と、知的デザインという別の概念にむしろ軍配を上げようとする否定派との間の議論は、純粋に科学だけには基づいていません。しかし、進化論の否定派も、このような秩序をもち成功している構造が、ランダムな、プログラムされていないプロセスの結果ではあり得ないという確かに科学的な議論を展開してはいます。ランダム性は進化において確かに一定の役割を果たしてはいますが、プロセスそれ自体は決定論的に定められていることに注意すべきでしょう。ランダムな変異の中から生き残るものは、その与えられた環境に最も適合したものになります。変異は遺伝子複製の過程で起こります。このプロセスがどの程度効率的なのかを理解することは困難です。たった一つの蛋白質《たんぱくしつ》分子から、地球上の無数の動物生命からなる系統に至るまでの変異と淘汰による発展を想像することは困難なのです。その成功こそがまさに、結果が理にかなっていないと主張する進化論の否定派に有利な論拠となっています。それでも、実際にそれがすべての生き物が発達してきた道筋である証拠は蓄積され続けています。このような証拠の中には、進化の過程のコンピューター・シミュレーションも含まれ、それによるとこの過程は実現可能なのです。進化そのものをシミュレートするコンピューターの能力に加え、コンピューターは進化の過程で働いている原理を模倣することもできます。すなわち、コンピューターは、ほかの計算的な課題を効率的に達成するための、変異と淘汰に基づくアルゴリズムを構築できるのです。

このようなアルゴリズムは**遺伝的アルゴリズム**とよばれています。あまりにも多くの科学者たちがその発展にさまざまな方向で寄与してきたため、この方法の初期の段階を見定めることは困難ですが、基礎となる仮定とそのプロセスを支配する規則を組み込み、一気にこの分野に脚光を浴びさせた一つのよく整理された定式化が、一九七五年に出版された本の中でミシガン大学のジョン・ホランドによって提案されました。一つの例を使って、この手法の原理を説明してみましょう。

非常に発着便数の多い空港の離着陸の計画表を作らなければならないものとしましょう。目的は、安全性の要請、着陸と離陸の間の時間間隔に関する制約、航空会社の週ごとの離発着数の要請、そのほかの要請を満たしながら、なおかつ、飛行機が空港の駐機場に不必要に滞在する時間を最小化する時刻表を作ることです。この問題は複雑な数学的最適化方程式の形で表すことができますが、最先端のコンピューターを使ってもこのような問題を完全に解くことはできません。遺伝的アルゴリズムの方法はこれとは異なるアプローチを提案します。まず、最適からは程遠くてもよいので、さまざまな制約や要請をかろうじて何とか満たす時刻表を作ります。次に、すべての要請を満たしたままさまざまな変異、つまり時刻表に対する小さな変更を試みてみます。それぞれの変異に対して、最適性の指標が改善されたかどうか、そしてもしそうなら、どの程度改善されたかを測ります。コンピューターはこのような変更と確認を何百回だろうと容易に実行できます。次に、最良の最適化を生じている十個の結果を選び出します。これらのそれぞれに対して、再び手続きを繰り返します。すなわち、さらに変更を加えて、再びこれらの第二世代の結果のうちで最良の十個を選ぶのです。このプロセスを、結果の中にさらに目覚ましい改善が見られなくなるまで繰り返していきます。最終結果は、最初に提示された時刻表に依存するかもしれませんが、しかし、コンピューターは別の時刻表を出発点として手続きを最初からやり直すことができます。何度かこのような試行を繰り返すことによって、空港にとって満足できる時刻表ができ上がるのです。

この方法は、プログラミングと工学のさまざまな分野で幅広く使われています。このような新しい手法は、コンピューターの速度によって促された数学の発展における一つの段階と位置づけてもよいでしょう。最近、いくつかの新しい分野におけるこの方法の応用が発表されました。

新しいこれらの発展のうちの一つは、実験データの根底にある方程式――あるいは自然の法則とよぶ方が好ましいと思うのであれば、それでもよいのですが――を決定することを目的としています。これは数学ではとくに目新しいことではありません。ガウスは、小惑星ケレスに関してわかっていた測定値を使い、小惑星の運動方程式のパラメーターに対し最小二乗法を用いることによって、ケレスがいつ太陽の背後から再び現れるかを予言しました。ガウスの出発点は、ケレスの運動方程式がニュートンの微分方程式であるという情報でした。経済学はもう一つの例を提供してくれます。応用経済学の研究で現在行われている手法は、二つのマクロ経済学的な変数――たとえば、投入量と産出量――の間の依存関係の一般的な形を仮定し、数学的計算を用いることによって、最良の相関関係を導き出すパラメーターを求めることです。このような、あるいは類似の場合では、最初の提案は、ニュートンの方程式であれ投入と産出の間の関係であれ、人間の理解に基づいています。

コーネル大学のコンピューター科学者、ホッド・リプソンはさらに一歩先を目指しています。データの集合――たとえば、ある物体の運動に関するデータ――が与えられたとき、コンピューターは一般的な方程式から出発し、それがどの程度までその物体の運動を記述しているかを測ります。次に、コンピューターは「変異」、すなわち、方程式それ自体における小さな変更を試み、何千もの可能性の中から物体の運動を最も的確に記述するものをたとえば十個選び出し、以下同様に変異を用いて進めていきます。この遺伝的アルゴリズムは、物体の運動を最もよく記述する方程式によって終了します。もちろんコンピューターは、プログラムが許容する変異の集合によって制約を受けますが、驚異的な計算の速さによって、広い範囲の方程式を効率的に検証することが可能なのです。いささかちゃかして表現すれば、次のようにいうこともできます――もし今日、ニュートンの運動法則がわたしたちに知られていなかったとしても、物理法則が位置と速度（第一次導関数）と加速度（第二次導関数）を結びつける微分方程式であることさえわかっていれば十分であり、そうすれば、遺伝的アルゴリズムによって実験データから方程式が明らかになっていたことでしょう。ニュートンがいてもいなくてもよかったといっているわけではありません。彼は自身の法則を定式化するために微分方程式を導入しましたが、このような一歩はコンピューター（少なくとも今日のコンピューター）の能力の限界を超えています。しかし、多くの工学的な応用に関しては、運動を記述する正確な方程式を求めるために分析的な論理の使用を試みるよりも、リプソンと彼の同僚が開発しつつあるアルゴリズムを使う方が容易かもしれないのです。

もう一つのさらに大胆な発展は、コンピューター・プログラムの開発に遺伝的アルゴリズムを利用する試みです。ネゲヴ・ベン＝グリオン大学のモーシェ・シッパーはそのようなアルゴリズムを構築しています。ある特定の課題を効率的に行うコンピューター・プログラムを書きたいものと仮定してみましょう。そこで、この課題を何とか実行する単純なプログラムから始めてみます。この最初のプログラムに、小さな変更を導入することで得られるプログラムをコンピューターに調べさせます。これらの変異プログラムの中から、与えられた仕事を最もうまく実行するものをたとえば十個選びます。これらのプログラムに変異をもう一度施し、このようなことを、プログラムが与えられた仕事を十分にうまく実行するまで続けます。もちろんそれだけではただのアイデアであり、実装はずっと困難です。進化が働く機構に基づくこのような研究の発展方向が、今後どこまで進展するのかを評価することも、このような手法の成功の度合いを評価する妥当な尺度を定めることも、今日の状況では困難です。

ここで、電子計算機を、それとは実質的に異なる別のタイプのコンピューターに置き換えようとする、二つの発展の方向について簡単に触れてみましょう。一つめは分子計算です。免疫系は、極度に効率的な計算プロセスであると見なすことができます。入力はバクテリアの血流中への侵入です。コンピューター（この場合は免疫系）は、バクテリアを感知するとそれを殺すために必要なタイプの白血球を製造する作業を始動します。多くの場合、出力は死んだバクテリアです。計算は、膨大な数のバクテリアと膨大な数の血液細胞とが血液中で出合うことによって遂行されます。生体分子科学者は、ある種の蛋白質である出力からその過程に関して結論を導き出すことができます。数学的な結果の計算には生体分子科学の知識を用いることができます。数種類の分子を混合して起きた結果から、その混合物に投入された成分について知ることができるのです。これらの成分はある種の数学的な要素を表すことができ、そこに混入される成分は、たとえば数に対する演算のような、数学的な演算を表すことができます。このようにして数学的な計算が実行できるのです。このシステムの発案者は、前節で話題にしたＲＳＡ暗号システムのパイオニアの一人、レオナルド・エーデルマンです。分子の化合による計算はまだ初期の段階にあり、この実験段階にある研究が今後どのような成果を生むのかは予測できません。

もう一つの方向は量子コンピューターです。現段階でのアイデアはほぼ完全に理論的なものです。量子コンピューターの計算構造は電子計算機のそれと同じであり、したがって、わたしたちは再びチューリング・マシンの枠組みに戻って考えることになります。量子コンピューターはどれもチューリング・マシンとして記述可能ですが、速度はずっと高速になるでしょう。その理由は、量子コンピューターの状態は、電子の状態を記述する波に基づいているからです。波がもつ量子重ね合わせという特性によって、可能な基本状態がたくさん集まったような、すなわち、それらの状態のうちの一つとなる可能性どうしがたくさん結合したような状況が作り出されます。そのような状況を実現することで、可能な状態の個数を増やすことができるのです。その結果、状態は１または０の二進数の並びではなく、より多くの値の中から選ばれる数の並びとなります。とくに、通常のチューリング・マシンでは、指数的なステップ数を要する計算が、量子コンピューターでは多項式の、もしくは線形のステップ数しか要しないことが起こり得ます。本書で扱うテーマの文脈では、量子コンピューターの基礎をなしている物理について理解する必要はありません。進捗《しんちょく》は本質的に工学の問題となっていますが、これもまた、実装には程遠い段階です。もし量子コンピューターが実現されれば、第53節で述べた計算の複雑さに関する世界像は一変し、現在指数関数的なステップ数を必要とする問題が、ただちにクラスPに入ってくることになるでしょう。言い換えれば、それらは効率的に解ける問題となるのです。素数の積を素因数分解する問題を解くための効率的な量子アルゴリズムはすでに存在しており、その数学的な解答は、量子コンピューターが組み立てられるのを待っています。

最後に、数学そのものが進歩していく道筋に革命を引き起こす可能性を秘めているもう一つ別の方向からの話題で結びとしましょう。数学的な証明のためにコンピューターを利用することは何ら目新しくありません。最も有名な例は四色定理の証明です。わたしたちは第54節で、二次元の地図が与えられたとき、それを四色だけで塗り分けることができるかという問題に関連した話題について述べました。三色では塗り分けられない地図を描くことは簡単です（図参照）。すべての二次元の地図が四色で塗り分けられるかという数学的な問題は、長年にわたって未解決のままでした。この問題は十九世紀半ばにはすでに提起されていました。その世紀の末に向かう一八七九年に、一つの解が発表されましたが、数年のうちに誤りが見つかりました。それからおよそ百年近くが過ぎた一九七六年、イリノイ大学の二人の数学者、ケネス・アッペルとヴォルフガング・ハーケンが正しく完全な証明を提示しましたが、それはコンピューターによって実行された計算に基づいていました。彼らは数多くの——およそ二千個の——可能性を調べなければならず、それをコンピューターが行ったのです。この場合、コンピューターの寄与は大幅な時間の節約であっただけでなく、また、証明の信頼性も高めました。もしこの確認作業をすべて人間の手に頼って行ったとすれば、間違いの確率ははるかに高くなっていたことでしょう。コンピューターの数学へのこのような支援は、まだ技術的なものです（そして、数学者によっては、まだこのような技術的な支援を数学的な証明の一部として受け入れる準備ができていない場合もあります）。

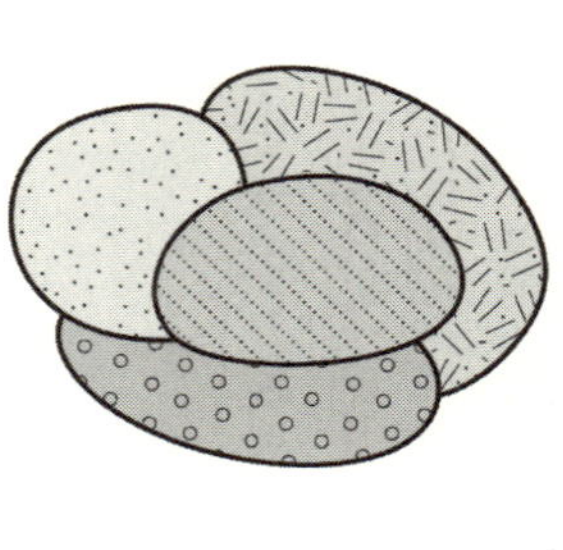

コンピューターは、計算の補助具であることを超えて、数学的な定理を証明するためにも使うことができるでしょうか。ニュージャージー州ラトガース大学のドロン・ザイルバーガーは、答えはイエスであると主張しています。彼は、さらに、コンピューターは人間が到達可能な範囲を超える数学的事実を明らかにできるとまで主張しています。ザイルバーガーが研究している定理のタイプは、数学的な恒等式です。等式、あるいは恒等式 $(a+b)(a-b)=a^2-b^2$ は抽象的な形でギリシャの人たちによく知られていました。数学が発展するに従い、より複雑な恒等式が着目されるようになり、それらは数値的な恒等式だけでなく、それ以外の数学的な対象の間の恒等式にも関係しています。記号を含んだ数式を操るコンピューター・プログラムはもう何年も前から存在しています。ザイルバーガーは、このようなプログラムを使って代数学の重要な恒等式を証明し、新しい恒等式を見出すためにコンピューターを使いました。彼はコンピューターの貢献をとても高く評価し、自分の科学論文のいくつかに共著者としてコンピューターを書き加えました。そのコンピューターはシャロッシュ・B・エハッドと名づけられています。シャロッシュ・B・エハッドが共同執筆した論文が、コンピューターが貢献したものに限られていることははっきりしています。一方で、シャロッシュにはほかの数学者との共同研究もあり、またいくつかの論文は彼（つまり、コンピューター）による単著です。（この文章を書いている時点で、シャロッシュ・B・エハッドの論文リストには二十三編の論文が掲げられ、これまでに十三人の著者と共同研究をしています。）わたしには、健全なユーモアを越える何か根源的なものがこの手法には含まれているように思われます。ザイルバーガーは、人間には理解し難い数学の定理をコンピューターが発見する日がいつか来るだろうと主張していますが、この主張を無視することはわたしにはできないのです。

第八章　本当に疑いはないか

数学者とは、自分が何について話しているのかを知らず、自分がいっていることが真かどうかにも関心がない人たちなのか●集合論は人類最高の功績か●集合論は、数学が克服するべき疫病なのか●「わたしは嘘つきである」という人を信じられるか●等式１＋１＝２の証明にたどり着くまでに、『プリンキピア・マセマティカ（数学原論）』を何ページ読み進めなければならないか

57　公理のない数学

ギリシャの人たちが、数学を公理と論理的な推論規則に基づく学問に作り変えてからというもの、数学者たちはそれらを数学を根底から支えている堅固な基礎と見なしてきました。もともと、公理は物理的な真実、あるいは理想的な数学的真理を反映していたため、異を唱えようとする人たちはいませんでした。後に、公理の概念がより広く解釈され、さまざまな競合する公理のリストが比較、検討されるようになります。また、現代数学は、互いに矛盾する異なる公理のリストの下での数学的研究を許容していますが、それはさまざまな公理から導き出される数学的結論を比較することを意図しています。どちらにしても、一般的に受け入れられてきた思い込みは、推論の論理的な規則の基準を満たす研究は信頼できるだろうということでした。一方、進化の道筋の中で培われてきた直観は数学的な解析で使われる論理的な要素のかなりの部分とは両立しないので、数学者たちは時代をかけて発展してきた数学的研究において、論理的方法が要求する厳密性を無視し、日々の研究の中では定義も証明も直観や形式だけを頼りに行い、論理の枠組みにかかわることはなかったのです。少し例を挙げて説明しましょう。

ギリシャの人たちは負の数にたまたま出合いましたが、そ

れを知っていても何になるかと思い認めていませんでした。三世紀に活躍した数学者、アレキサンドリアのディオファントスは、その著作の中で代数方程式の解法を研究し、形式的な方法によって負の解を見つけましたが、それらを方程式の本当の解として受け入れることはありませんでした。すべての数は単位の長さと比較できる線分の長さを反映しているという幾何学に基づく数の定義にギリシャの人たちを導いた考え方に従えば、避けられないものでした。有理数、たとえば$\frac{5}{3}$は、単位の長さの線分の三分の一の五倍長い線分の長さです。無理数、たとえば$\sqrt{2}$は、単位の長さの辺をもつ正方形の対角線の長さです。これらはすべて、ギリシャの人たちが完全であると考えた公理系に基づく直観的な幾何学の定義に従っています。このような体系の中に、負の数の居場所はありません。

後に、インドの人たちは問題を解く目的では負の数の使用を許容しました。たとえば、方程式のどちらかの辺の数を負の数として書いたり、反対の辺にそれを移すことはできますが、インドの人たちも負の数を独立した数学的実体としては認めませんでした。アルゴリズムの説明に関連して本書でもすでに出てきたアラブの数学者アブー・アル＝フワーリズミーもまた、計算を実行する手立てとして負の数の使用を許容しましたが、負の数の存在の権利を認めませんでした。ゆっくりと時間をかけて、ほかにも多くの人々が問題を解くために負の数を使い、その方法は数学的な実践の中に根づいていきましたが、負の数は合法的な実体としては受け入れられませんでした。負の数とはいったい何なのかを巡る議論もまた十七世紀の数学者たちを悩ませました。負の数を使用してはいたのですが、それらの数にかかわるさまざまな算術的計算について合意することはなかったからです。ライプニッツは二つの負の数を掛け合わせたり、1を-1で割ったりした結果について考察を巡らせています。オイラーは掛け算の規則を保つために$(-1)\times(-1)=1$とする解決策を提案しましたが、論理的な根拠も直観的な根拠も示しませんでした。この論争は十八世紀から十九世紀初頭まで続きました。

その時代の数学者の中でも、オーガスタス・ド・モルガン(1806–1871)はよく知られている人ですが、なぜ負の数がたいして重要ではないかを説明するために次のような演習問題を使いました。「ある五十六歳の男性に二十九歳になる息子がいます。父親の年齢が息子の年齢の二倍になるのはいつでしょうか」現代の小学生なら誰にでも簡単にできる単純な算術によって答が-2年と答えます。この答えが、父が息子の二倍の年齢だったのは二年前であることが理解できます。しかし、十九世紀にド・モルガンが出した結論は、-2という答えは不合理であるというものでした。同時に、ド・モルガンは、この問題は表現を変えても正しい答えが得られると述べています。父親の年齢が息子の年齢の二倍だったのは何年前かであるべきなのであり、そうすれば答えは2になるというのです。今日では、数はある無限の軸に沿って広がり、負の数はいわゆる負の向きに沿う距離を測っているという考えが受け入れられていますが、比較的新しい考えなのです。このように、公理によって定義されるに値する数学の基礎を表していると認識されるまでの長い間、負の数は世界各地で独立に考案され、数学的な問題を解くための有効な道具として使われていたことがわかります。

もう一つ、論理に基づく体系に先行した概念の例は、複素数の概念です。それは$a+ib$という形の数であり、ここで、aとbは実数で、iは-1の平方根、すなわち、$i=\sqrt{-1}$です。これもまた、代数方程式の解の中に形式的な式として現れました。たとえば、方程式$x^2+1=0$には実数の解はありませんが、iと$-i$はどちらもこの方程式の解です。いまでは、この数の体系はよく知られており、自然現象の記述を含むさまざまな目的に使われています。複素数の体系を記述する公理もありますが、数学者たちは公理系が構成されるずっと前から複素数を使用していました。最初に複素数を使った人たちの中には第36節で書いたジローラモ・カルダーノもいて、代数方程式を解くことで有名でしたが、複素数が何であるかを説明することも、また、公理に言及することもせずに、解として複素数を提示しました。ほかの人たちはこの体系をさらに発展させましたが、負の数の場合と同様に、複素数が合法的な数であるという考え方の採用に科学者の多くが反対しました。たとえば、デカルトは反対派の一人でした。デカルトはそのような解には意味がないといい、iを「想像上の数（imaginary number）」とけなしてよびました。このよび方は定着し、今日でも使われていますが、否定的なニュアンスはもうありません。その後、ニュートンも、それらの数を正当な数とは認めませんでした。今日、複素数はニュートン自身が研究し発展させた力学系を記述する便利な道具として使われていますが、そのように使われるとはニュートンには思いもよらないことでした。後に、複素数の算術は形式的に整えられ、多くの新しい利用法が発見されました。このようにずっと以前から使われていましたが、複素数の論理はそれを定義する公理とともに定められたのは十九世紀になってからのことです。

ニュートンとライプニッツによって考案された無限小解析もまた適当な公理を備えた論理的な基礎がありませんでした。バークリー主教による辛辣な反論に対してニュートンの理論を擁護したベイズの論文についてはすでに触れました。バークリーに加えてほかの人たちも、論理的な基礎なしに構成されていることから無限小解析を否定しました。無限小解析が正規の厳密な数学的方法にこだわらずに研究され、その結果多くの間違いが行われ発覚したことから攻撃はいくらか勢いづきます。ニュートンとライプニッツはある点における関数の導関数をその点における関数の変化の割合として定義しました。変化の割合の幾何学的な表現は、その点における関数の接線の傾きになります。二人は「接線」という用語を使いましたが、曲線上の点を定めれば必ず一本だけ接線が引けると考えて、そこには定冠詞をつけていました。彼らはその定義をすべての関数のすべての点に適用しましたが、接線が存在するかどうかという問題は無視したのでした。ある特定の点で接線をもたない関数を見つけることは簡単で、たとえば、数にその絶対値（これは一般的に $|x|$ と書かれます）を対応させる関数は0において接線をもたず、したがってその点で導関数をもちません。この例については、ただ一つの例外的な点0を無視することによって何とか折り合いをつけることができるでしょう。しかし、最高に尊敬されたドイツの数学者の一人、カール・ワイエルシュトラス（1815–1897）が与えた例では、導関数に関する直観を満足させることはもっと難しくなります。ワイエルシュトラスはたった一本の接線すらもたない連続関数を提示しました。ここで、「もし、ニュートンとライプニッツがワイエルシュトラスの例を知っていたならば、無限小解析が日の目を見ることはなかっただろう」というエミール・ピカール（1856–1941）による言明を引用しておくことは、正当な理由があるというべきでしょう。このようなわけで、無限小解析に対してきちんと受け入れられた論理に基づくより厳密な枠組みを提出するという課題に数学者たちが着手するまでには、百年以上の時間の経過がありました。

58　幾何学によらない厳密な展開

数学界が数学の論理的な基礎と理論の展開における厳密性のレベルの再検討に着手し始めたのは、やっと十九世紀になってからのことでした。ここで、「やっと十九世紀になってから」という言葉を使ったのにはわけがあります。実際、ギリシャの人たちによる数学の発展以来数千年の間、数学者たちは直観に依拠し、そしてこの直観はユークリッドによって定められた公理系に矛盾しないと確信していたのです。とはいっても、公理の役割りがまったく無視されていたという意味ではありません。公理の整合性を調べたり、いくつかの公理を別のものに取り替えたりする散発的な試みはありましたが、これらの試みは、第27節で取り上げた平行線の公準についての議論のような、特定の分野に焦点を当てたものであり、一般の数学者たちは、数学の基礎についての大がかりな検証を行う必要があるとは考えなかったのです。

数学において長い間用いられてきた概念や数学の根底にある公理が再検討されるべきものであるという認識は、互いに関連する二つの要因によって起こりました。一つは、無限小解析を使用する中で発見された十分に明確ではない定義であり、間違いの原因にすらなった定義の数がますます増えてきたことです。ニュートンの定式化、とくに、関数の方向の変化を記述するための基礎としての「流率」の使用は、彼自身の直観にとっては好都合であったかもしれませんが、ほかの多くの人たちの理解を妨げました。ライプニッツの定式化である、$\frac{dy}{dx}$という形の無限小量どうしの割り算は使いやすかったのですが、無限小量の本質とは関係がなく、数学者たちはこの商についてしばしば誤りのもととなった直観を発達させました。ニュートンの方法もライプニッツの方法も、そして、彼らに続くその後の理論の発展も、すべて幾何学に基づいていました。

続いて、基礎についての新しい研究の必要を強調する第二の要因が現れました。長い間、幾何学の論理的基礎は安定したものであり、検証や確認の必要はみじんもないと考えられていました。ところが、十九世紀初頭になると、第27節で述べたように、幾何学の基礎をなしていた公理の妥当性に関して、疑いの目が向けられるようになります。その疑問は、自然の幾何学を記述する公理の絶対的な正しさだけではなく、公理の論理的な完全性にも関係していました。たとえば、ユークリッドは二つの点が一本の直線の両端にそれぞれ一つずつある状況について述べています。そのような記述に出合うとき、一本の直線の両側に点が一つずつ配置されている明確な図をただちに思い浮かべることができます。しかし、直線の二つの側とは何でしょうか。それらの存在は、公理からは導かれません。今度は、長い管とその管が延びている方向に沿って描かれた直線を想像してみましょう。その直線には本当に二つの側があるのでしょうか。このような疑問が引き金となって、フランスの指導的な数学者オーギュスタン＝ルイ・コーシー（1789–1857）を筆頭とする数学者たちは今度は幾何学ではなく、数の体系を基礎とする微分法と積分法の再構成に着手しました。

本書ではその研究の詳細は述べませんが、ある一つの概念についてだけ説明しておきます。すでに述べたように、ニュートン、ライプニッツとこの二人の考えを支持する人たちにとっては、導関数は関数のある点における接線の傾きとして定義されていました。接線とその傾きは幾何学では明確に定義されています。数だけを使ってそれらを定義する基礎としてコーシーが用いたのは、数の列の極限の概念の明確な定式化でした。アルキメデスはすでに極限の概念を明示的に扱っていましたが、極限を定義してはいません。コーシーは極限を次のように定義しました。

数 x が数の列 x_n の極限であるとは、0 より大きいすべての数 ε に対して、ある番号 m が存在して、m より大きいすべての番号 n に対して、x_n と x との間の距離が ε より小さいことをいう。

何だかわかりにくいですね。たしかに、ややこしい定義です。この定義は実にややこしいのです。すでに主張したように、何かを定義する文章の中に「すべての」「ある」などの量化子が多く含まれていると直観的に把握できなくなるのです。ここには少なくとも三つの量化子があり、それらが現れる順序もまた重要なのですが、もし、この本の読者の中に微分法の講義を受けた人がいれば、その人たちはその段階でこの定義は目にしているはずです。この定義や類似の定義によってみなさんやみなさんの友だちを煩わせたり、夢でうなされたことも思い出すのではありませんか。

極限の概念が明確になると、関数 $f(x)$ の点 x_0 における導関数の概念は以下のように定義できます。

導関数とは、0 とは異なる数からなり、極限が 0 であるすべての数の列 h_n に対する数

$$\frac{f(x_0+h_n)-f(x_0)}{h_n}$$

の極限である。

この定義も確かにわかりにくいですね。でも、この定義は数だけに基づき、幾何学から独立していることに注意し

ておきましょう。定義の動機である接線の傾きは幾何学的ですが、定義そのものには幾何学が使われていません。

はっきりさせておくべき点については、このあと、ほかの研究に関しても繰り返されることになりますが、この厳密な展開の目的は、概念のよりよい理解を与えることではなかったということです。さらに踏み込んでいうと、概念をより深く理解するためには幾何学的な図で説明するべきなのです。研究の背後にあった動機は、ギリシャの人たちを突き動かしていたものと類似した幾何学的な錯覚から導き出される誤りを避けようとする企てでした。

無限小解析の基礎を数に置くことによって、幾何学的な公理に直接依拠する必要性は回避できましたが、数の定義そのものが幾何学的であったため、幾何学への間接的な依存を避けることにはなりませんでした。以前に引用した例は、長さが一の辺をもつ正方形の対角線の長さとして定義される $\sqrt{2}$ のような、無理数の定義です。このようなことに対する認識から、無理数そのものの非幾何学的な基礎づけを与える企てが始まりました。当時のドイツの指導的な数学者のうちの二人、前節で言及したカール・ワイエルシュトラスと、ベルナルト・ボルツァーノ（1781–1848）は、無理数の概念の基礎を数の極限に置きました。たとえば、$\sqrt{2}$ は、列 $(r_n)^2$ がそれ自体で極限をもち、かつその極限が整数 2 であるという条件を満たす正の有理数 r_n の極限として定義されることになりました。後に、ドイツの数学者リヒャルト・デデキント（1831–1916）は、無理数に対して別のこれとは異なる定義を提案しました。この定義には、デデキントにちなんで名づけられた「デデキントの切断」というものが使われますが、これは大学の数学の授業でいまでも教えられている定義です。

たとえば、数 $\sqrt{2}$ は、二つの有理数の集合の組 (R_1, R_2) として定義される。ここで、R_1 は、平方が 2 より小さいある有理数よりも小さい有理数の集合であり、R_2 は、平方が 2 より大きいある正の有理数よりも大きい有理数の集合である。ほかの無理数も、同様に二つ有理数の集合の組として、定義される。

このようなタイプの定義をいままで見た体験のない人には、奇妙な定義に感じられることでしょう。その意味が明らかであり、いままで何千年もの間ずっと明らかであり続けてきた、たった一つの数 $\sqrt{2}$ が、ここでは二つの有理数の集合の組として定義されているわけですから。しかし、これが、幾何学を回避したいとする願望に対して、正当に支払わなければならない代償なのです。デデキントの切断を用いた無理数の定義は、無理数とは何かについての理解を、少しでもたやすくすることは意図していませんでした。無理数を二組の数の集合で表示することによって、無理数とは何かを明確にしているのだと考える人はいません。幾何学的な定義のほうが実際はより単純で理解しやすいのですが、そうすることによって、概念が格段に複雑になったとしても幾何学的な言語の使用を避けることがこのような展開に至った理由です。

　幾何学に頼らずに無理数を定義したからといって、理論の構図から幾何学を完全に除去したことにはなりませんでした。なぜなら、無理数を定義するのには有理数の集合が使われているのですが、その有理数もまた平面幾何の公理に基づいて、幾何学的に定義されているからです。そういうわけで、今度は幾何学を使わずに有理数を定義する必要が生じてきました。ここでは、わたしが大学に入って最初に学んだ構成法を紹介しましょう。これは本書の最後の章にも関連する内容ですが、伝えたい主な論点が見失われることはないので、説明の細部を省きます。

わたしたちは、自然数、すなわち、$1, 2, 3, \ldots$ が何であるかは知っており、また、自然数を足したり掛けたりする方法も知っているものとしよう。そこで、いま、正の有理数を定義する。初めに、自然数の組 (a, b) に着目する（理解の助けにはなるが、定義の中で使ってはならない説明は、(a, b) は有理数 a/b であるということです）。わたしたちの定義に従えば、同値な組とは次のようなものであることとする——すなわち、組 (a, b) が組 (c, d) に同値であるとは、$ad = bc$ であることをいうのである（わたしたちの説明に従えば、この同値関係から、実際、相等関係 $\frac{c}{d} = \frac{a}{b}$ が、言い換えると、それが同じ有理数であることが保証されます）。同値であることが何を意味するかが理解できてしまえば、正の有理数を次のように定義することができる——すなわち、正の有理数とは互いに同値な数の組からなる集まりである。さらに、有理数の加法と乗法も定義されなければならない。(a, b) と (c, d) の和を $(ad + cb, bd)$ に同値な組の集まりとして、また、それらの積を (ac, bd) に同値な組の集まりとして定義する（読者には、右の解釈に照らして、演算をチェックしてみることを勧めます）。

これらの定義は、わたしたちが**有理数**という用語で理解していることを反映しており、なおかつ、幾何学への依存からは完全に解放されています。もう一度はっきりと述べますが、有理数の直観的な把握に関連づけることなしには、定義を理解することは難しいということであり、そして、わたしたちの誰もが本質的には理解している量についての定義の、このいささか奇妙な提示方法に対する唯一の理由は、幾何学への依存を回避したいという欲求であるということです。こうして、これまで見てきたように、無理数、したがって実数直線は幾何学に頼らずに定義することができるのです。

これらの定義と、ここで説明を省略したほかの定義は自然数と、集合の概念を使っていることに注目してください。集合は、有理数の定義においては集合の同値関係を通して、また、無理数の定義においてはデデキントの切断を通して、使われました。

59　集合としての数、集合としての論理

数学の基礎、とくに、直線上の数の再定義、極限の定義、それから従う微積分法の展開における集合への依存は、数学界によって広く受け入れられ、大いに歓迎されました。応用に関しては、以前は幾何学的に証明されていたすべての結果が、集合論の基礎の上でもやはり正しかったことが示せます。たとえば、等式 $\sqrt{2} \times \sqrt{3} = \sqrt{6}$ は幾何学によっても証明できますが、デデキントの切断を用いるともっと簡単に証明できます（そのためには、二つの切断の積を定義し、理解しなければなりませんが、この理解はみなさん自身におまかせします）。このことは数学の基礎づけの観点から見たときには、さらに満足できる事実でした。実際、ジョージ・ブールが示したように、集合とその上に行うことができる自然な演算と、論理的な議論との間には、完全な平行関係があるのです（第41節で述べたように、ブールは、それが確率的事象を分析する正当な方法であるという信念をもってこのやり方を展開したのでした）。いくつかの例で説明します。

集合と論理命題との間に平行関係が見られるのは、主張はそれを満たしている可能性全体からなる集合を意味していると考えた場合です。たとえば、「雨が降っている」という主張をわたしたちは雨が降っているような状況全体からなる集合を意味しているものとして捉え、また、「空が青い」という主張は、空が青いようなすべての状況を指して

いることになります。

二つの主張——たとえば、PとQ——の間の関係を調べ、それを二つの集合——たとえば、AとB——の間の関係と比べてみよう。「Pが成り立つ（すなわち、真である）か、またはQが成り立つ」という言明は、二つの集合の結び、すなわち、AまたはBに含まれる要素の全体を取ることと同値である。同様に、「雨が降っているか、または空が青い」は、雨が降っているような状況の集合と空が青いような状況の集合との結びに同値である。命題「PとQがともに成り立つ」は、二つの集合の交わり、すなわち、AとBの両方に含まれる要素の全体を取ることと同値である。交わりは記号で$A \cap B$と表される。「Pは成り立たない」という主張は、集合Aの補集合——言い換えると、Aに含まれない要素の全体——を取ることと同値である。このようにして、論理的な議論はいずれも集合の言葉で述べることができる。たとえば、「PとQの両方ともが成り立つことはできない」という言明は、$A \cap B$は空集合であるという言明に翻訳できる。このような二つの集合を交わらない集合ともよぶ。「雨が降っていて、かつ空が青いことは可能ではない」という命題は、集合の言語に次のように翻訳することができる——『雨』という状況の集合と『青空』という状況の集合の交わりは空集合である」すなわち、それらは互いに交わらない集合なのである。集合の中の要素を数えることによって、数もまた、集合を基礎とすることができる（これについては、このすぐ後で説明する）。

この説明によって、数と、それらの数から導き出されるすべての定義や結論、そしてそこから結果として生まれる数学的な定理を含む数学の全体が集合とその上の演算を基礎として展開できるのです。以下に示すのは、集合から自然数を確立する方法です。方法の形式的な記述の合間に、直観的な説明も差し挟みますが、この説明の部分は実際の構成段階には含まれることはありません。

空集合——すなわち、要素をもたない集合——が存在するという仮定から出発する。空集合を表す数学的記号を一つ選ぶ。通常よく使われる記号は$\emptyset$である。説明は、集合$\emptyset$は数0に対応するということである。数1に対応する集合は空集合を含み、かつ空集合だけを含む集合である。この集合を$\{\emptyset\}$と表す。集合の要素を波括弧の間に書くのが習慣である。新しい集合が数1に対応すると考える理由は、それが要素をただ一つ含むからであり、その要素というのが空集合である。次の集合は$\{\emptyset, \{\emptyset\}\}$となる。これは二つの要素――空集合と、空集合を含む集合――をもっている。この集合は数2に対応する。数3に対応する集合は$\{\emptyset, \{\emptyset\}, \{\emptyset, \{\emptyset\}\}\}$であり、以下同様に続く。この定義は、単に1, 2, 3, ...と唱えるより、ずっと複雑である。

このような構成法の唯一の利点は、数をまったく用いていないこと、完全に集合の言葉だけで述べられていることです。ここからさらに一歩進めるならば、すでに構成した集合に同値な有限個の要素をもつほかの集合を（それらの集合の要素の個数をわたしたちの集合の要素の個数に対応づけることによって）同定することができます。ここでは、対応づけは数え上げを反映しています。次の段階は集合を用いて数の加法を定義することであり、それもまた、共通の要素をもたない二つの集合を結合して（二つの集合の結びを取ること）行うことができます。それは小さな子どもがする仕方そのものです。子どもたちは、三足す四を三つの要素をもつ集合と四つの要素をもつ集合との結びに含まれる要素を数えることによって計算するのです。乗法やそのほかの演算についても、同じ方法が使われます。

すでに何度か述べてきたことを、もう一度繰り返します。これらの構造が考案されたのは純粋に、そしてただ単純に、数学は集合と集合の上の演算を土台として基礎づけられており、それによって、幾何学によらない数学の論理的な基礎をうち立てられることを示すためでした。この方法によってよりよい直観的理解が生まれるとは誰も考えませんでした。このような進め方に原理的に異議を唱える数学者たちもいました。たとえば、レオポルト・クロネッカー（1823–1891）は「神は自然数を創った。ほかのものはすべて人間の仕業である」といったとされています。この言葉では、自然数の存在は正当化する必要がないということが述べられています。ポアンカレもこのような構造の必要性を認めませんでした。実際にはその時代の数学者のほとんどは、わくわくしながらこのような進展を受け入れていたのでした。

集合に依拠することで、無限の概念への興味が一新されました。自然数の定義に用いられている集合は有限個の要素しか含んでいませんが、無理数のような、より複雑な基礎を形成するために要求される集合は無限個の要素を含んでいます。そうすると、次にまた新たな疑問が自然にわき上がってきます。論理的な主張に翻訳される算術演算を、無限個の要素をもつ集合に対して実行することは可能なのでしょうか。前にも述べましたが、進化は人間の脳に無限という概念についての直観を研ぎ澄ます道具を授けませんでした。バビロニアやアッシリアの帝国でも、そしてエジプトでも、数千年にわたる数学の発展の歴史を通じて、無限という概念は考察されなかったのです。そもそも「無限」という言葉そのものが、数えることができないほどのとても大きな量や大きな数という文脈の中で、そんなに大きな数まで数えていくことなんて不可能であるという意味合いで使ったり、神について語るときに使われました。神の知恵と力は言葉に表すことができないほど偉大であるという意味が込められています。最初に数学的無限、たとえば、どこまでも数え続けていくことや、終わりがない直線に関心を抱いたのはギリシャの人たちです。無限への関心の根底にあったのは、世界はこれまでずっと存在していたのか、そしてこれからも永遠に存在し続けていくのかという疑問でした。無限集合を分析することの不可能性に対するギリシャの人たちの解答は、可能的な無限と実在する無限の集まりとの間に区別を設けることでした。それはアリストテレスの方法論に基づく区別です。彼らは無限の集まりを、考察に値する合法的な数学的実体であるとは断じて考えませんでした。たとえば、絶えず増加し続ける数の集まり、あるいは、長くなり続ける有限の直線、あるいは、絶えず増加し続ける時間の長さにわたって存在していく世界のような可能的な無限についてギリシャの人たちは、（実在する無限ではなく）有限集合の集まりであると考えました。

ギリシャの人たちのこの信条は、表面上、後世まで伝わりましたが、数学的理論のほとんどが公理には基づいていなかったので、数学者たちは非可能的な無限においてすら無限の概念を使うことに対して躊躇しませんでした。たとえば、平面幾何学を研究するに当たって無限直線に言及し、そのさい、可能的な無限と「通常」の無限との間の区別を無視して、公理の記述の改変すら行ったのです。その後かなり年月が過ぎても、無限そのものの概念について議論を蒸し返すことはありませんでしたが、ガリレオだけは違いました。ガリレオは、自然数の平方よりも「多くの」自然数があるにもかかわらず、自然数とその平方との間には

$$1, 2, 3, 4, \ldots$$

$$1, 4, 9, 16, \ldots$$

のような一対一の関係があることに気づきました。

これは、いままでも触れましたが、物体が落ちる時間と距離との間にガリレオが発見した対応でもあり、そしておそらくはこの研究によって、彼は無限の考察に導かれたのでした。しかし、ガリレオのせっかくの発見は、無限には奇妙な性質があるという主張をもつ言葉で止まっており、それ以上の研究を深めることはありませんでした。ところが、数学の基礎としての無限集合への依存の増大につれて、いまやその奇妙さを探求するべき時は満ちていたのです。その一歩を進めたのはカントールでした。

ゲオルク・カントールは一八四五年にロシアのサンクト・ペテルブルクで、商人と音楽家からなるクリスチャンの家系に生まれました。先祖がユダヤ系であることは明らかです。ゲオルクが十一歳のとき、一家はドイツに移り住みます。ゲオルクは学業の面で秀でており、チューリッヒ大学で学んだ後、ドイツに戻って、ベルリン大学で博士の学位を取ります。カントールはレオポルト・クロネッカーとカール・ワイエルシュトラスの下で研究しました。この二人は激しい対立関係にあり、そのライバル意識はカントール自身の人生を左右しました。カントールは、博士課程の研究を完成させるとベルリンか、ほかのドイツの主要都市で職を得ることを希望していましたが、その道は阻まれました。妨害したのがクロネッカーであったことは明らかです。カントールは、ベルリンから約百マイル（約一六〇キロメートル）離れた、当時のドイツでは有名とはいえなかったハレ大学の職に落ち着き、そこで無限についての数学の研究を続けましたが、なんとクロネッカーはこの新しい数学に強く反発し、そして、わけても、カントールが専門雑誌に論文を発表できないように手を回しました。希望していた職にもつけず、学問上の発見についても拒否されるという理不尽な経験は、若いカントールに癒《いや》しがたい傷を残し、生涯にわたる心の病の原因となったことは明らかです。カントールは人生の大半をハレにあるサナトリウムで過ごし、一九一八年にそこで亡くなりました。とはいえ、論理的な難解さとそれが数学の基礎にもたらしたパラドックスにもかかわらず、カントールは自分の理論が数学界に受け入れられるのを生前に見届けることができました。

ここで、カントールの理論について簡単に説明します。その出発点は、以下述べたガリレオによるものと同じ分析です。カントールは、二つの集合のうち一方の集合の要素を第二の集合の要素と一対一に対応させることができるとき（二つの集合の間の全単射が存在するとき）、どちらの集合も「同数の要素」をもつと述べることに同意することを提唱しました。たとえば、自然数の集合とその平方の集合は同数の要素をもちます。同様に、彼は有理数は実数直線に沿ってぎっしりと埋め尽くすように並んで広がり、一方、自然数は間に空っぽの空間があるにもかかわらず、有理数の集合と自然数の集合は同数の要素をもつことを示しました。

次に、すべての無限集合は同数の要素をもつのかという問題が生じました。ここでカントールは驚くべき発見をしました。実数の集合と有理数の集合は同数の要素をもたないことを証明したのです。すべての有理数はある順序で直線上に一列に並んだ点によって表せますが、実数全体に対してはそのような対応づけはないのです。カントールはそのことから、後者の集合には「より多くの要素」があることを導き出しました。カントールは自然数の集合の要素の「個数」を $\aleph_0$（アレフ・ゼロ）と表し、自然数の集合と同じ個数の要素をもつ集合を可算無限集合とよびました。また、カントールは集合の大きさの指標をその集合の濃度とよびました。自然数の濃度よりも大きいそれ以外の集合の濃度を、彼は $\aleph_1$、$\aleph_2$、……と表しました。カントールがなぜヘブライ語の文字アレフをこの数学的な記号に用いることを選んだのかは明らかではありません。カントールの家系がユダヤにルーツをもつことに結び付けて考える人たちもいます。また、ドイツの敬虔《けいけん》なキリスト教信者によって、ヘブライ語で書かれた聖書が読まれていたことから、カントールもヘブライ語になじみがあり、ヘブライ語のアルファベットの最初の文字であるアレフを選んだのだと述べています。カントールは実数の集合の濃度はCで表しました。これは、連続体を意味するラテン語コンティーヌウムの頭文字です。カントールはさらに続けて、Cの濃度は自然数の部分集合の集合の濃度と同じであることを証明しました。このことから、カントールは n 個の要素をもつ集合の部分集合の個数が数 2^n で測られる（みなさんも、このことは自分で調べてみてください）ことに倣って、Cの濃度を $2^{\aleph_0}$ で表しています。

カントールはまた、濃度の算術を考えました。たとえば、集合によって数の和を定義したのと同様に集合の濃度の和を定義すると、等式 $\aleph_0 + \aleph_0 = \aleph_0$ が成り立つことがわかります。濃度の和は対応する濃度をもつ交わりのない集合の結びの濃度です。そして、実際、偶数の全体も奇数の全体も濃度は $\aleph_0$ であり、それはまた、それらの結び、すなわち自然数全体の濃度でもあるのです。カントールは一般に空でない集合の部分集合の集まりはもとの集合より濃度が大きいことを示しましたが、それによって、数の場合と同様に、集合の可能な濃度は限りなく大きくなり得ることが保証されます。

この優美な理論を極めていくうえで、厄介な問題が生じました。たとえば、自然数の濃度よりも大きく、連続体の濃度よりも小さい濃度はあるのでしょうか。数学の記号で書けば、問題は $C = \aleph_1$ かということです。この問題は、一九六四年に解答が見つかるまでの間カントール自身、そしてその後に続いた何世代もの数学者たちを悩ませましたが、そのことについては少し後で述べることにします。また別の問題は、すべての集合からなる集合に対してはどのようなことが起きているかというものです。すべての自然数の中で一番大きな数が存在しないことはつねによく知られていました。どのような数についても、それに一を加えることができ、そうすることでもっと大きな数が得られます。しかし、集合について検証するときは、世界中のすべての集合を要素とする集合の濃度は何かという問いを発することができます。その性質から、その集合の濃度は可能な最大の濃度であることが保証されるでしょう。一方、カントールは空でないすべての集合に対して、つまり、すべての集合の集合に対しても、その部分集合の集まりの濃度はもとの集合の濃度よりも大きいことを証明したのでした。いよいよ矛盾にぶちあたったようでしたが、新しい数学の観点からは、すべての集合が「合法的」であるとは限らないと取り決めることで解決されました。このように、すべての集合の集合は、ここではそれをすでに集合とよんでしまっているわけですが、自然数の算術が無限に対しては適用できないのとまったく同様に、それに対して新しい数学を適用できるという意味での集合ではないのです。

このように自然数が集合によって定義されたのは十九世紀末から二十世紀初めにかけてのことでした。そこから、いままで解説したように、正の有理数が、続いて負の有理数が定義できました（その詳しいプロセスの記述は省略しますので、自分で調べてみてください）。次に、無理数がデデキントの切断を用いて定義できました。デデキントの切断は、それ自身が濃度 $\aleph_0$ の集合として定義され、したがって、許容された無限集合なのでした。このようにして、微分、積分、そして数学のそのほかの部分につなげていくことができました。論理における演算、とくに推論規則もまた、集合を用いて説明できました。当時は、ギリシャの人たちが定めたあやふやな基礎に代わる堅固な数学の基礎が見つかったように思われました。

これに関連して、公理の概念の理解におけるもう一つの重要で新しい展開が起こります。ギリシャの人たちにとって、公理は自然の中の実体に関する、合意された性質を表していました。公理は点や直線などのような親しみのある概念について、数学者が厳密に定義したものだったのです。問題は、定義それ自身が、そのもの自体を定義していない概念を使っていることです。再び新たな疑問がここで生じます。定義された実体はどの程度まで自明なのでしょうか。十九世紀に意見の一致が見られた解答は、公理は抽象的な実体に関係するものでもあり、それは認識され、定義されるいかなるものに関係している必要もなく、たとえば、x、y、A、Bなどのような、文字で表されていさえすればよいというものでした。抽象的な数学を応用したい場合、未定義の量に対して、それが既知の実体を指しているのであるという性質を付加してやらなければなりません。もしそうした説明が公理に適合するなら、公理に沿って展開される数学は実際に現実を記述することになるでしょう。しかし、ギリシャの人たちとは異なり、十九世紀の数学では、公理が扱う要素は自然やそのほかの応用とは無関係であってもよかったのです。出発点では説明が不足している要素ということで思い出すのは、英国の数学者であり哲学者であるバートランド・ラッセル（1872–1970）の言葉です。ラッセルは、数学者とは、自分が何について話しているのかを知らず、自分がいっていることが真なのかどうかにも関心がない人のことであると述べました。何について話しているかを知らないというのは、数学で扱われる、最初に何の説明も応用も示されていない実体を指します。自分がいっていることが真かどうかを知らないというのは、特定の、たとえば、自然における目的に対する真実を指しています。言い換えると、数学者は、自分が分析している実体について何も説明がなくても、そして、自分が分析している実体についての説明に何の興味ももたずに、数学に取り組むことができるのです。ラッセルのユーモラスなコメントもあり、公理は自然の中に対応物をもたない抽象的な実体について述べたものであるという合意にもかかわらず、限られた極端な場合を除いては、公理を満たす体系の何らかの対応物を心に思い描くことなしに公理から何が導かれるかを議論したり、分析したりすることができる数学者をわたしは知りません。このように、人間の脳は完全に抽象的な論理システムを肌で直観的に感じ取ることができないのです。

十九世紀から二十世紀へと世紀が変わるころ、当時の指導的な数学者たちが、数学の基礎を集合論の上に置くことに対して臨んだ態度がどのようなものであったかは興味ある問題です。とくに興味深いのは、その時代の最も有名な数学者であるドイツのダフィット・ヒルベルトと、フランスのアンリ・ポアンカレの反応です。

ヒルベルト（1862–1943）は、プロイセン王国のケーニヒスベルク（現在のロシアの都市カリーニングラード）に生まれ、勉強したあと、ゲッティンゲンに移って生涯をそこで過ごしました。ヒルベルトはヨーロッパの政治体制が変わるのをその生涯の間に何度か目撃し、ナチスが政権に就いていたときに亡くなりました。またナチスの支持者には与《くみ》せず、一九三三年以降、もはや最も活動的な時期を過ぎていましたが、迫害されたユダヤ系の数学者や物理学者を助けようとしました。ある公式の晩餐《ばんさん》会の席上、ナチス体制内部のある重鎮がヒルベルトに話しかけ、「ヒルベルト先生、とうとうわたしたちは、ドイツの数学を汚していたユダヤ人を追い払いました」と言いました。ヒルベルトは、「そのようですね。でも、ユダヤ人がいなくなってから、ドイツでは数学もなくなりました」と答えました。ヒルベルトは数学にさまざまな領域で多くの貢献をしました。数学の基礎の研究、中でも、概念と方法の抽象化を積極的に推進し、論理学と数学基礎論に関心を示しました。また、世界の数学に大きな衝撃を与えることもしました。一九〇〇年に開かれた第二回国際数学者会議に招待されて基調講演を行ったとき、ヒルベルトは、そのような会議で恒例となっていたように自らの業績を発表する代わりに、数学における未解決問題のリストを発表することにしました。そして、それらの問題が二十世紀の数学の中心課題になるだろうと予言したのです。実際、それらの問題は二十世紀を通じて数学の研究における中心的な役割を演じ、あるものは比較的早期に解かれましたが、いまだに解決されず、二十一世紀にまで解決が持ち越されたものもあります。

アンリ・ポアンカレは、相対性理論の発展につながる一連の出来事についての議論の中で登場しましたが、実は工学分野の出身でした。エコール・デ・ミンヌ（鉱業学校、または工学校）で学びましたが、それは当時もいまもフランスでは一流の名門校です。ポアンカレの才能は非常に若いときに見出されました。アカデミー・フランセーズの会員に選出され、ソルボンヌで教え、そして、おそらくその時代で最も影響力のあるフランスの数学者であったと思われます。研究分野以外での活動の一つは、有名な裁判の控訴審において、アルフレド・ドレフュスの弁護に携わったことでした。ポアンカレと同僚の数学者、ポール・アッペルとジャン・ガストン・ダルブーは証拠を検証し、法廷に提出した報告書の中で、確率論は容疑が厳密な科学的検証には耐えないことを示していると宣言しました。ポアンカレは仕事以外の場面においても正義感を披露しています。数学の世界では数理物理学と力学で活躍しました。スウェーデンの王が告知した懸賞問題で三体問題についての理解を深める貢献をしたことが契機となって、ポアンカレの経歴は急上昇します。三体問題とは、たとえば、太陽とその惑星たちのような、空間内の三つまたはそれ以上の物体の力学のことです。研究の分野では、力学系の挙動を発見し特徴づける研究を行い、その結果はカオス理論に引き継がれて現在も研究されています。

ヒルベルトは公理や、その論理学との関係を理解するうえでの新しい考え方を精力的に取り入れました。ヒルベルト自身もまた、ユークリッドの公理を精密化する幾何学の公理を何度か起草し、それが信頼できない直観によっておらず、内部の矛盾もはらんでいないことを示すことに成功しました。ポアンカレもまた論理への依存を精力的に取り入れ、そして実際、論理は間違いを抑止することによって数学を消毒する解毒剤であるといいました。しかし、集合を数学の基礎として用いることに関しては、意見が分かれます。ヒルベルトは、集合論は人間の創造力の最高の功績であると宣言しましたが、ポアンカレは、集合論は数学が将来克服するべき疫病であると宣言したといわれています。本書の最後の章で数学教育の諸問題について述べるさいに、この論争が集合論の状況にどのように影響しているかを見ることにします。

60　深刻な危機

多少賛同しない人もいましたが、数学界は集合論に依拠する方向を諸手を挙げて歓迎しました。ゴットロープ・フレーゲ（1848–1925）は二十世紀初頭の指導的なドイツの数学者ですが、集合論に基づく数学の基礎を書き上げようと決意しました。突如として危機が起こったのは、第一巻を刊行し、第二巻の後半に取りかかっていたときでした。バートランド・ラッセルがフレーゲに宛てたある手紙の中で、ラッセルが原稿の中で発見した有名なパラドックスについて明らかにしたのです。このパラドックスに対する一撃により、フレーゲが第二部の刊行を断念しました。しばらくの間、フレーゲは考えていた理論を修正しようとしましたが、しまいには企てていた計画を破棄することにしました。バートランド・ラッセルはその当時まだ若い数学者で、すでに頭の切れの鋭さについてはイギリスでは名声を馳せていました。後に分析哲学の創立者の一人と認められ、また社会的、政治的問題の急進論者としても知られていました。第一次世界大戦が始まると、ラッセルは良心的兵役拒否者となり、世界中の全体主義体制を厳しい批判も行います。一九五〇年にはノーベル文学賞を受賞しました。人間主義の理想と思想の自由を擁護した著作と、そして有名なベストセラー『西欧哲学史』とに対して賞は与えられました。

　ラッセルのいうパラドックスは、実は、ギリシャの時代にすでに知られていた嘘つきのパラドックスの一つの変形版でした。ある人が自分のことを「わたしは嘘つきである」というと、その人のことを信じることはできるでしょうか。もしその人の言明が真でないならば、真実を述べているので、その人は嘘つきです。一方、もしそれが真ならば、その人は嘘つきなので、その人のいうことを信じることはできず、嘘つきではないことになります。これはパラドックスです。同様に、集合に関してラッセルは次のように主張しました――要素の一つとして自分自身を含まないすべての集合を含む集合を定義しよう。そのような集合は要素として自分自身を含むだろうか。もし含まないとすると、それ自身はその集合の要素であるので、自分自身を含む。逆に、もしその集合がそれ自身を含むなら、その集合の定義によって、その集合はその要素の一つではない。これはパラドックスである。

　ラッセルのパラドックスは、ギリシャの人たちが嘘つきのパラドックスやそれに類似したパラドックスを解いたのと同じ方法で解決することもできました。その解決法というのは、自然言語で書かれ、その言明自体について述べている言明は許容できず、それを数学的方法で分析することは合法的ではないと取り決めることです。このルールは集合に関しても取り入れることができます。すべての集合の集合が数学的に分析できる集合としての資格をもたないのと同様に、定義がその集合自身について述べている集合は「合法的な」集合ではないと取り決めることができ、そして、ラッセルがパラドックスで用いた集合はまさにそのような集合だったのです。しかし、ラッセルのパラドックスはさらに根源的な、ギリシャの人たちでさえ気づいていなかったある問題を取り上げしました。ここで、基本的な推論規則の一つを再び検討してみましょう。これは排中律とよばれるものです。

すべての主張Pに対して、Pが成り立つか、またはPが成り立たないかの、どちらかである。

この推論規則はその規則自身に言及しているという、その一点だけをとってみても、とうてい受け入れられません。数学の領域からこの推論規則を取り除くことは、数学界にとって耐えられないほどの大きな衝撃です。理由の一つは、背理法がこの規則に基づいていることがあげられます。この方法に基づいて証明された主張すべてを撤廃することは、たとえば、数$\sqrt{2}$が有理数ではないというピタゴラス時代の発見（第7節参照）に疑問符を突きつけること、そしてまた、それ以来発展してきた数学の大部分を疑うことも含めて、数学全体が振り出しに戻ることを意味します。このように、提案されたパラドックスの解決法ではうまくいかないことが明らかだったので、問題の根源にさかのぼり、数学の基礎を再検討しなければならない必要性は差し迫ったものでした。

数学の基礎を再構築する試みは、三つの主要な流れに集約されました。

第一の流れ（論理主義）を提案したのは、バートランド・ラッセル自身と、その同僚でイギリスの有名な数学者で哲学者でもあったアルフレッド・ノース・ホワイトヘッドでした。彼らは、集合や論理的主張に制限を加えることは望ましい結果を生み出さないことに気づきました。その代わりに、二人は、何が許容される論理体系かを定義することを決め、許容される論理構造を「下から」構成することによって、許容される論理的主張を非常にデリケートに分類することから始めました。二人は許容される基盤となるものを「タイプ」とよび、すべての数学をそこから発展させることができるタイプの理論を構成しました。ホワイトヘッドとラッセルは二人の理論を執筆し始め、その初めの部分をずっしりと重くて分厚い第一巻として仕上げました。その後の数学はこの本から展開することが可能となるはずでした。本のタイトルは『プリンキピア・マセマティカ（数学原論）』といいます。しかし二人の記念碑的な計画は決して完成することはありませんでした。その原因は方法が複雑すぎたからでした。たとえば、等式1＋1＝2の証明は三六二ページめまで読み進めないと出てきません。そのような体系は生き生きとした数学における未来の役割を果たすことができないのは明らかでした。

第二の流れは、オランダのライツェン・ブラウワー（1881–1966）の率いる数学者のグループによって研究が進められ、直観主義とよばれました。この方法が許容する数学は、具体的な構成的操作に限定されていました。たとえば、ある性質をもった幾何学的立体が存在することを示したいならば、その立体を直接に指し示さなければならないということです。間接的な証拠から立体が存在すると推論することは、証明としては受け入れられません。とくに、この方法に従うと、背理法は受け入れられないことになります。ブラウワーと彼の仲間たちは、自分たちの方法に従って数学の大部分を何とか再構築することはできたのですが、しかしその方法から導き出される現実の数学的活動のぎこちなさがありました。また、それに従うと存在している数学の多くの結果を断念せざるを得なかったことから、結局、数学界はこの方法を採用しないという結果になりました。ヒルベルト自身は、背理法が数学の中核に位置することを繰り返し強調して、直観主義に強く反対しました。

追求された第三の流れ（ヒルベルトの形式主義）は、どの数学者もが受け入れた方法でした。構造の基礎を集合に置く考えはそのままにし、論理を基礎から構成していくホワイトヘッドとラッセルの方法と同じようにどのような集合が許容されないかをはっきり述べ、将来ほかのパラドックスに遭遇する危険を冒す代わりに、ここでは構成は「まさに共通なコアな部分から」行われます。許容されている集合から出発し、ある定められた構成公理を通じて、すでに存在している集合からどのような集合が形成できるかが示されます。数学的な分析の観点からは、公理を通して構成できる集合だけが「合法的」であるとするのです。これらの公理を提示したのは、すでにゲーム理論への貢献に関係する部分で触れたエルンスト・ツェルメロでしたが、後に、アブラハム・ハレヴィ・フレンケルがそれを完成させました。

ツェルメロはドイツの数学者で、ベルリンで学んだあと、チューリッヒで何年間か働き、フライブルク大学のあるドイツに戻ってきましたが、一九三六年にナチス体制のユダヤ人に対する扱いに抗議するために辞職しました。第二次世界大戦が終わると、フライブルクの名誉教授職として復帰します。アブラハム・ハレヴィ・フレンケルもドイツで生まれ、ドイツ国内で集合論の基礎に関する研究を発表して教授職にまで登りつめた人です。フレンケルは活動的なシオニストでもあり、一九二九年に国家建設前のイスラエル（当時はパレスチナ）に移住し、エルサレムにあるヘブライ大学の一員として生涯そこで働きました。

ツェルメロが考案しフレンケルが完成した公理系は、ツェルメロ—フレンケルの公理系と名づけられました。公理自体はとても専門的で一般の人々が興味をもちにくいので、本書でも割愛します。発表されると、広くいろいろな問題に試され、集合論に基づく数学が可能であるという希望が再び目を覚ましたように思われました。集合論の公理だけでなく、たとえば、イタリアの数学者ジュゼッペ・ペアノ（1858–1932）が考案した自然数の公理系のようなそれ以外の個別の公理系もまた検討されていきました。その公理系はとても単純で、数1が存在するという規則、すべての自然数の後にはそれよりも1だけ大きい数があると述べている規則、足したり、掛けたりする方法や、実は一つの独立した公理である帰納法を用いる方法の規則などの、いくつかの自明な命題から成り立っています。公理系は単純で、その目的は数学が単純な公理に基づいて展開できることを示すことであり、それらの公理はまた、集合に関する言葉でも書き換えられます。すでに述べましたが、ユークリッドの幾何学の公理もまた再検証を受け、それを先導したのはヒルベルト自身でした。新しくなった公理系からは、ユークリッドとその門下の人たちの数学に含まれていた不明瞭さと誤謬は消え去ったかのようでした。

公理系の改善に努力が重ねられたことと並んで、公理系を受け入れてもらうために、それが備えていなければならない性質の理解にも力が注がれました。前にも書きましたが、ギリシャの人たちにとって、公理は絶対的で否定できない真実を記述していました。ところが、より現代的な考え方では、公理系を取り替えることや、互いに矛盾する公理系を同時に考えることさえも許容されるようになりました。そのようなわけで、公理系が信頼できるものとして受け入れられるためにそれ自体に何が期待されるのかを明らかにすることはやはり重要な課題だったのです。求められている基本的なものは次の二つです。

無矛盾性——公理系を使用した数学的推論の結果として矛盾が導かれてはならない。言い換えると、公理系から導かれる数学的結論は互いに矛盾してはならない。

完全性――公理系が記述している体系に関するすべての数学的主張は、公理系そのものを用いて証明または反証が可能である。

無矛盾性が求めていること自体は自明です。多くの日々の出来事での論理的矛盾に出合ったときの人間の反応は、大混乱を引き起こすほどのことはありません。わたしたちはいつも深く追求するということはしませんし、矛盾が明らかになっても、日々の生活にありがちなこととして何となく受け入れてしまうからです。しかし、数学は内部に矛盾を抱えることを許容できないのです。数学的体系にとって、真でありかつ非真でもある結論を許容することはできません。

完全性が求めていることはより複雑です。基本的な考えについて、わたしたちがある仮説、たとえば、数についての仮説を定式化するとき、数を記述する公理系は、その仮説が正しいか正しくないかを公理系の範囲内で決定できるほど十分に備えていなければならないということです。そうでなければ、公理系を満足し、かつ互いに矛盾する複数の数体系があり得ることになり、どちらの数体系が正しく、どちらの数体系が正しくないかがわからなくなってしまうからです。このことは、完全ではない公理系が役に立たないということを意味するのではなく、完全性の性質は、ある主張が正しいかどうかを、原理的には、公理の追加に頼らざるを得ない状況に陥らずに、結論できることを保証します。

ツェルメロ―フレンケルの公理系が定式化され、その無矛盾性と完全性を裏づけるための最初の一歩が成功裏に進められたとき、数学界はただただ高揚しました。公理は合理的であり慎重に定式化されていると思われました。公理系の無矛盾性と完全性がまだ完全に証明されたわけではないとはいえ、公理を構築した直観と思慮には瑕疵がないと思われ、かつ、無矛盾性と完全性の確立に向かう最初の一歩からは、成功への期待がほの見えています。ヒルベルトは自ら基本計画を発表しました。それは無矛盾であり完全であるべき数学に向けた公理系の完全な定式化でした。一九三〇年の引退講演の中で、次のように宣言しました。

わたしたちは知らねばならない。そして、
わたしたちは知るであろう。

この言葉は、ヒルベルトの墓石にドイツ語で彫り込まれている言葉でもあります。

61　もう一つの深刻な危機

オーストリアから「手強い敵」がやってきました。その敵の名前はクルト・ゲーデルといい、ブルン（現在のブルノ）で生まれました。当時はオーストリア―ハンガリー二重帝国にある町でしたが、現在はチェコにある町です。帝国が崩壊すると、ゲーデルは強制的にチェコ人になりましたが、急に国籍が変わっても、ゲーデル自身はオーストリア人であると考えていたので、ウィーン大学で学ぶ事にします。そこで学位を取得し、ゲーデルは二年後の一九三一年に有名な不完全性定理を発表しました。これについてはこの後で詳しく説明します。ゲーデルがウィーンにいた期間は、ドイツでナチスが政権に就いた時期でした。ゲーデルはオーストリア内のナチ系グループの残虐行為やナチスの反ユダヤ主義の考えに衝撃を受けます。また、大学の講義室に通じる階段でモーリッツ・シュリック教授が殺害された事件にも強いショックを受けました。殺害されたシュリックは大学の教授の一員であり、論理学者、哲学者などからなるウィーン学派のメンバーで、ゲーデルもその同じ学派に属していたのでした。ゲーデルはユダヤ人ではありませんが、これらの社会的情勢に影響を受け、パラノイアという統合失調症にかかってしまい、生涯にわたり回復することはありませんでした。一九三〇年代になると、ゲーデルはアメリカへ渡航するようにという招待を数回にわたって受け、プリンストン高等研究所に行きました。そこにはアインシュタインもいて、親《ちか》しくなりました。しかし、ゲーデルはウィーンへの望郷の思いが強くなり、不安を押してオーストリアに戻りました。戦争が始まったころ、オーストリアがドイツに併合されたため今度はドイツの市民権を得て、ウィーンに滞在しました。ところが、弾圧がいよいよ強くなったので、一九四〇年にプリンストン高等研究所の終身教授職の誘いを受け入れてアメリカに戻り、一九七八年に亡くなるまでそこで過ごしました。

数学基礎論、そしてとくに、論理学と当時発展しつつあった集合論との間の関係へのゲーデルの関心は、博士課程に在学していた時期に始まりました。ゲーデルの博士論文には、ヒルベルトが思い描いたプログラムとうまい具合に溶け合う結果が書かれていました。ゲーデルは無矛盾で有限個の公理からなる公理系の下では、もし公理系を満足するすべての体系がある性質をもつならば、その性質はその公理系自体から証明できることを証明しました。これは希望のもてる前進です。そうであるとするならば、ヒルベルトのプログラムを完成するためにしなければならないことは、ツェルメロ―フレンケルの公理系が無矛盾であることと、公理系を満たすある体系のすべての性質が、公理系を満たすすべての体系においても存在することを証明すること「だけ」でした。ところが、それから二年後、ゲーデルがヒルベルトのプログラムを完全に否定する結果を発表しました。それが**ゲーデルの不完全性定理**だったのです。

その定理は、自然数を含むほどに十分に豊かなすべての有限公理系においては（あるいは、それがアルゴリズム的な計算によって構成されているものであれば無限公理系においても）、証明も反証もできない定理がつねに存在することを示しました。言い換えると、そのような公理系は完全ではありえないということです。

この結果は、ヒルベルトのように、数学にはわたしたちが知りえないことは何もないと信じるすべての人たち、言い換えると、明確に記述可能な公理系に基づく論理的な方法によれば、与えられた数学的主張が正しいか否かという問題は、必ずいつかは解決できると信じる人たちに顔面に平手打ちを喰らわせるような衝撃でした。ゲーデルの結果は、ペアノによって構成された自然数の公理系、ホワイトヘッドとラッセルによって考案されたタイプの公理系、ツェルメロとフレンケルの公理系のような諸種の公理系にも関係しています。そのような公理系に関して、公理系が矛盾をもたないことを公理系それ自体を用いることによって証明することは不可能であることをゲーデルは示しました。すなわち、もし公理系に書かれている公理だけに依拠するならば、いつかある日矛盾が発見されるか、あるいは公理系が矛盾を含んでいるかどうかを決して知ることがないかのどちらかです。（より広い理論を用いることで無矛盾性を証明することは可能かもしれませんが、そのような理論はまだ発見されていません。）不完全性定理は、直観主義の方法には打撃を与えませんでしたが、かといって、そこに新しい生命を吹き込むこともありませんでした。矛盾が起きる可能性のない環境の中で、なおかつ、数学が進展していく範囲を著しく制限するという代償を支払うこともなく活動したいという強い願望があります。

ゲーデルの出した結果は、哲学的な側面と数学の基礎にかかわる疑問の範囲を超えて、数学における研究活動に直接の影響を及ぼしました。数学研究の全般にわたって、数学者が定理の証明を開始するときには、二つの可能性に直面しました。一つは定理が正しく、証明を見つけなければならないという可能性であり、もう一つは定理は正しくなく、反例をもってくるか、あるいは定理とほかの結果との間に矛盾を見つけることによって、反証しなければならないという可能性でした。不完全性定理によって第三の、定理は証明も反証もできないという可能性が起こってきます。

例としてフェルマーの最終定理を取り上げてみましょう。この定理は、任意の四つの自然数X、Y、Z、nに対して、もしnが2より大きければ、和$X^n + Y^n$がZ^nに等しくなることはあり得ないという主張です。三百年以上の間、数学者たちはこの定理を証明または反証しようと試みてきました。ゲーデルの不完全性定理が発表されることによって、第三の可能性が加わったことになります。フェルマーの定理は、証明も反証もできない定理の一つであるかもしれないという可能性です。一九九五年、アンドリュー・ワイルズは定理の証明を発表し、フェルマーの定理の周りに渦巻く不完全性の雲は吹き払われました。

一七四二年に、クリスチャン・ゴールドバッハによって定式化されたゴールドバッハ予想「すべての偶数は二つの素数の和である」というのもまた簡単です。簡単に定式化できるのですが、今日なお誰もこの予想を証明も反証もしていません。そして、この予想に関してもまた、それがゲーデルの定理が当てはまる定理の一つであるかどうかは誰にもわかりません。

さて、三番めの例、ゲオルク・カントールの連続体仮説に話を進めます。第59節ですでに述べた問題「$\mathbb{C} = \aleph_1$ か」というものです。カントールは、素朴な集合論による方法を用いて、この主張を証明あるいは反証しようと試みるのに多大な努力を費やしました。しかし、その方法はラッセルからその中に矛盾を指摘されてしまうのです。ツェルメロ―フレンケルの公理系の定式化に従うと、矛盾の理由がわかります。「それらの公理の文脈の中では等式 $\mathbb{C} = \aleph_1$ は正しいのでしょうか、それとも正しくないのでしょうか」。

この答えを出そうとする中で、もう一つの公理も主要な役割を果たします。それは選択公理であり、人間が直観を発達させた世界について語るとき、高度に直観的な主張です。その主張は、空でない集合の集まりが与えられたとき、集まりの中の各集合から一つの要素を選んでくることによって新しい集合が形成できるということです。そのような選択はもし集合の集まりが有限ならば簡単ですが、いままでも述べてきたように、無限の概念にはだまされやすいのです。選択公理は、実際、公理として認知され、それがツェルメロ－フレンケルの公理系に加えられるとどのようなことが起こるかという問題が答えのないまま残りました。

この問題の解決に取り組んだのはゲーデル自身で、もしツェルメロ－フレンケルの公理系が無矛盾であれば、つまり、公理系に矛盾が含まれていなければ（このことはまだ証明されていませんが）、選択公理を公理系に追加してもやはり無矛盾であることを証明しました。次に、ゲーデルはやや混乱を招くような発見を加えました。もしツェルメロ－フレンケルの公理系が無矛盾であれば、それに選択公理を付け加えたとしても、$\mathfrak{C} = \aleph_1$ を証明することは不可能であるということです。不完全性定理が世に出る前ならば、この結果は真実を求める探求をあきらめていたかもしれません。もしある与えられた主張の正しさを証明することが不可能であり、かつ、もしすべての命題が証明または反証できるのなら、その主張は正しくないからです。しかし、不完全性定理が発表された後の世界では、もう一つの可能性である、定理はその真実性が解決できないものの一つである可能性が出たのです。

一九六四年、スタンフォード大学出身の当時はまだ若い数学者、ポール・コーエン（1934–2007）が、連続体仮説がそのような範疇の中にあることを示しました。さらに、もし、ツェルメロ－フレンケルの公理系が無矛盾ならば、公理系の無矛盾性に影響を与えないまま、$\mathfrak{C} = \aleph_1$ という主張またはその否定を公理系に付け加えることができることを示しました。ツェルメロ－フレンケルの公理系が無矛盾であるかどうか、矛盾を含まないかどうかという問題は、今日まだ誰も答えていません。

この流れに沿う研究、すなわち、疑いや不確実性がなく、数学の基礎に据えることができる矛盾のない論理体系を見つけようとする試みはいまも続いています。一方、ゲーデルの定理の研究は、この現象は非常に一般的であることを示しました。たとえば、不完全性定理のゲーデルによる証明は、嘘つきのパラドックスである、自己言及型の主張に基づいていました。その後、自己言及型の主張を用いない証明が見つかってからは、自己言及型の主張を許容しないという理由だけでは、不完全性定理を巡る論争に決着をつけるわけにはいかなくなりました。他方では、より完全な公理系を見つけようとするさまざまな試みが、ときには奇妙な結果を生み出すこともありました。たとえば、選択公理が直観的に思えることから、それに劣らず直観的な別の公理を定式化することができます。それは、選択公理とは矛盾しますが、集合論の基本的な公理の中での位置づけは選択公理の位置づけと同じであるような公理です。つまり、言い換えると、ツェルメロ－フレンケルの公理系にそれらの公理を付け加えても、矛盾が見つかることはないということです（もちろん、ツェルメロ－フレンケルの公理系が無矛盾であると仮定しての話ですが）。

　では、正しい数学とは何でしょうか。すべての疑いを超えて正しい数学は存在するのでしょうか。答えは明らかです。わたしたちにはわからないというのが答えです。わからないという段階では、何か信念のようなものが入り込む余地があります。この世界、物理的な世界と、プラトン的なイデアの世界に正しい数学は存在しているのだが、ただ、まだ見つかっていないだけなのだと信じている人がいます。その数学の中では、たとえば、ゴールドバッハの予想は絶対的に正しいか正しくないかのどちらかであるわけです。同様に、その数学の中では等式 $\mathfrak{c} = \aleph_1$ は満たされるか満たされないかのどちらかです。ほかの人たちはそのような絶対的な真実はないと信じています。数学はそれを定義する公理を土台として存在しており、異なる公理系は異なるタイプの数学を、もしかすると互いに矛盾するかもしれない数学すら生み出します。そして、わたしたちは、そのような矛盾と共存して生きることを学ばなければならないのです。しかし、大多数の数学者は、そんなことは気にしていません。何年も数学に没頭していると、数学には基本的な矛盾はないという信念を身につけてしまい、さらに数学に打ち込んでいきます。もし論理学者たちが公理を使うか、あるいは何か別の方法を使ってもよいのですが、絶対的な数学的真理に到達できるなら、それはそれで結構なことです。しかし、もしそうではなく論理的な「疑いを超える証明」がいかなる意味でも存在しないのだとしてもわたしたちが生み出す数学はどのような疑いをも超えて正しいものなのです。

第九章　数学における研究の性格

数学者は朝オフィスに着いたらまず何をするのか●睡眠は数学の問題を解くのに役立つか●数学における創造性は年齢とともに衰えるのか●なぜ数学者は百万ドルの受け取りを拒否しようとするのか●純粋数学は存在するのか●蒸気船のエンジンはなぜ一斉に爆発し始めたのか●異星人には足し算２＋２ができるのか

62　数学者はどのようにして考えているのか

結論から先に述べましょう――数学者の思考過程とほかの学問における思考過程との間に違いはありません。この問題を明らかにする前に、わたしたちが「考える」という言葉を用いるときに何を意味しているのかを説明しなければなりません。考えるとは、状況を分析し、結論に到達し、一連の行動あるいは解決策を提案するために脳を活性化することを意味します。これらの機能に関して、さまざまなレベルの脳の活動がありますが、ここでは互いに関係しあいながらも異なる二つの思考について主として考えましょう。第一のタイプの思考は、どのように進めていけばよいかについて前もって指導を受けている行動を実行しなければならない状況で起こります。たとえば、ケーキのレシピをすでに受け取っていて、さていよいよそのケーキを作らなければならない、あるいは、道路地図の使い方について誰かから説明を受け、さていよいよある場所から別の場所へのルートを見つけなければならない、あるいは、静物を描く筆と油絵の具の使い方についてひととおり教わってきたので、さていよいよ花瓶に生けた花を描きたい、あるいは、車のエンジンの設計法の学習を終え、さていよいよエンジンを一つ設計しなければならない、あるいは、ある種の代数の問題の解き方を教わってきて、試験でその種の問題を解かなければならないなどの場合です。以上のすべてに思考が必要ですが、その思考過程は、必要とされる手順を、過去に学んだりやってみたりした手順に何とかして対応づけることです。このような思考を**比較による思考**とよぶことにしましょう。

第二のタイプの思考は、どのように振る舞うべきかを学んだことがなかったり、あるいは、通常の行動パターンから意図的に逸脱したい場合などのように、なじみのない状況に対応するために脳を使うときに起こります。たとえば、無人島にいて、目に入る植生から食事をこしらえなければならないが、さまざまな植物が食べられるのかどうかすらわからない、あるいは、見慣れない土地にたどり着き、道路地図なしに行き先を見つけなければならない、あるいは、目の前に芸術家が使う画材があり、まったく新しく見たこともないスタイルで油絵を描くことに決めた、あるいは、ある小惑星の上を移動できる乗り物を設計しなければならないが、地表の様子が未知である、あるいは、まだ誰にも研究されたことのない未知のシステムの数学的特徴を求めようと試みているなどの場合です。このような状況下では、創造的思考が必要です。

二つのタイプの思考は、互いに切り離すことができません。比較による思考が必要とされる場面であっても、一般に以前に出合った状況と目の前の状況との間には違いがあり、解決策を新しい状況にきちんと適合させるには一定程度の創造性が必要になります。新しい状況に出合い、創造的な思考が要求される場面でも、創造性はゼロからのものではなく、比較による思考の要素にも果たす役割があります。比較による思考で重要となる検索と当てはめは、本質的には決まりきった——ある場合には自動的な——作業であり、コンピューターによって実行することさえできます。もう一方のタイプの思考は、それとは対照的に、主として直観、感覚、勘に基づいています。人がある問題に取り組まなければならないとき、脳は、その問題や類似の問題に対するその人の馴《な》れの度合いに従って、比較による思考を活性化するのか、それとも創造的な直観の支援を得るのかを「決定」します。脳のこの「決定」は一般的に、意識的なものではありません。

比較による思考は内容から離れては教えることも学ぶこともできません。言い換えると、この思考方法は抽象的に学ぶことはできないのです。料理から工学、数学にまで至るどの分野においても、新しい問題が人の知識の範囲内となり比較による思考で何とか対応し、適切な解までの道筋を縮められるようになるまで、より多くのことを学んでいくことができます。比較による思考とは異なり、創造的思考は教えることも学ぶこともまったくできません。創造的、直観的な思考は励ましたり刺激したりすることができるだけです。例を通じて創造的思考を教えようとすることは前向きなステップではありますが、例の効果は、比較による思考で解ける問題のコレクションを豊かにすることにすぎません。直観そのものに関していうと、より多くを知れば知るほど、創造性を行使できる地平をより広げることができますが、わたしたちは創造的な直観を発達させる方法を人々に教えられるほどには人間の直観が働くメカニズムについてわかっていません。

思考とは何かがわかったところで、もう一度繰り返しましょう——数学者の思考とほかの職業の人たちの思考との間には違いがありません。もちろん、思考の対象はそれぞれ異なります。料理、どこかへたどり着くこと、油絵、工学、数学はまったく似ていませんが、思考のタイプと思考の方法は、これらすべてにおいて同じです。数学者になるには特殊な頭脳がなければならないという神話は、シェフになるには特殊な頭脳がなければならないというのとまったく同じ程度に正しく、そしてまったく同じ程度に誤りでもあるのです。同じことは、道案内をしたり、油絵の新しい描き方を考え出す能力についてもいえます。数学における研究は、そのほとんどが新しい発展を扱い、創造的思考により密接に関係していますが、同じことはどのような分野での創造的研究についてもいうことができます。数学における研究とそれ以外の分野における研究との間の一つの違いは、数学的活動に要求される直観にはより多くの思考時間が必要であることです。それはなぜかといえば、数学の研究は主として論理的な側面を扱い、論理は進化によって形成された脳の能力の中ではあまり扱い慣れていないものだからです。「ちょっと待って、考える時間をください」というフレーズは、料理やルートのナビゲーションに関する会話におけるよりも、数学的な議論における方がより頻繁に登場します。したがって、数学者は研究時間のほとんどを熟考と直観的思考に没頭して過ごします。直観的に解にたどり着いた後に初めて、彼らは受け入れ可能な論理の言語で解の記録にかかわる作業を始めるのです。アンリ・ポアンカレは「証明は論理の仕業だが、発見は直観の仕業である」といったとされています。しかし、証明のプロセスそれ自体は、本質的に第一の、より技術的な思考に属します。

数学的結果の論理的定式化と、結果の定式化以前に実行される直観的思考との間のこのような違いは、また、数学者の間で情報を伝達する方法にも反映されています。数学的な内容についての会話は、わたしたちが勉強や本、あるいは学術論文から認識する数学的な書き物に似たものではありません。研究プロジェクトの仲間と会うために、あるいは、どこか遠い国の数学の会議に参加するために、何時間も飛行機に乗ることが何の役に立つのかと聞かれることがよくあります。いったい、この電子通信の時代に、電子メールで論文を読んだり、手紙をやり取りするだけでは十分でないのでしょうか。答えは、直観的な思考の段階では、顔と顔とをつき合わせた会合に代わるものはないということです。情報はある意味で意識下のものであり、それゆえに定義することとすら難しく、そのような会合でのみ伝達できるのです。このことは数学だけに限定されることではなく、また、ほかの研究分野にも当てはまります。わたしが数学のこの側面を強調する理由は、論理的である数学には、直観的で、意識下のレベルの思考の必要度は低いだろうというのがよくある誤解だからです。実際はその反対です――ほとんどの数学的研究は、そのような直観の上に成り立っているのです。

ここで記述した違いは、思考に関する説明のつかない出来事がほかの学問でも存在はするものの、数学者の間ではとくに頻繁に起こるという事実の説明にもなっています。一人の同僚が、思いついた数学的な理論展開の筋道をチェックするのをわたしに手伝ってほしいと頼み、わたしはその分野については何も理解していないのでと断ろうとしているにもかかわらず、とにかく問題を見るだけでもよいからと言い張ることは、とくに珍しいことではありません。彼はわたしの研究室の黒板いっぱいに問題となっている論理の展開を書き始め、そしてしばらくすると、わたしがまだ一言もしゃべっていないのに急に書くことをやめて一人で考え始め、そしていうのです。「ありがとうございました。何が起こっていたのか、いまわかりました。おかげで大変助かりました。」そして、実際、わたしがこれまで同僚たちに何度も助けられてきたのとまったく同じように、わたしは彼のことを大いに助けたのです。自分の発見をほかの誰かに――自分が達成しようと試みていることについて、少なくとも何がしかの意見はもっていると思われる誰かに――説明しようと試みたという事実そのものが、大変に役に立つのです。

もう一つのよく知られている事実は、直観的思考はかなりの程度まで無意識のうちに起こり、時には眠っている間にすら起こるということです。すでに以前に本書で論じたポアンカレも、もう一人の指導的なフランスの数学者ジャック・アダマール（1865–1963）も，長期間にわたって解決を試みていた数学の問題の完全な解答が，あるとき数学とはまったく関係のない出来事の最中に突然浮かんできたと，それぞれの著書の中で書いています．

この現象はこの職業のすべてのレベルにおいて知られています．つい最近，わたしはある問題を解くことに深く没頭していましたが，毎日の仕事の中ではほとんど重要な進展がありませんでした．ある朝起きると，わたしにはその問題の完全な解答がわかっていました．つまり，そのように思ったということです．オフィスでチェックしていると，解答は不完全であることに気づきました．完全な解答には，もう一晩の睡眠が必要だったのです．引き出すべき結論は，うまく解けない数学の問題に出合ったときには，とにかくぐっすりとよく眠るのがよいということではありません．努力と集中を傾けることは確かに大切です．時間と多くの努力を費やした後では，少し休息を取ったからといって，脳は問題を解こうとすることをやめるわけではありません．さらにいうなら，休憩は有益であることが多いのです．

意識下の思考のもう一つの特徴は，そのような思考の結果が明らかになるときの周囲の状況です．わたしはかつてヴァイツマン科学研究所の自分のオフィスから車で五十分程度の所に住んでいました．それはわたしには説明できないある頻度で起こりました．家に向かって運転していると，並木道がカーブするある地点で，自分のその日の仕事の中に間違いがあったことに気づくのでした．間違いを直すのには一日か二日かかりましたが，そうすると今度は，家に向かう長旅の途中の同じ場所で，もう一つの間違いが頭に浮かんでくるのでした（当然のことながら，自宅がもう少しオフィスの近くに引っ越したときには，わたしが論文の中で直さなければならない間違いの個数は激減しました）．

同僚たちがわたしに語るところによると，問題の解答，あるいは解答につながる新しいアイデアが心に浮かぶ瞬間はしばしばＴＶを見ている間にやってくるということです（いまでも，妻にとって，彼が連続ホームコメディを見ているときに，実は仕事をしているのだとは信じ難いそうです！）．このような出来事にはとくに重要な意味も統計的な説明もないのかもしれず，わたしたちがそれらに重要な意味があると考えるのは，ある種の心理的な錯覚の結果かもしれません．そのような錯覚は，オフィスで働いている間に間違いを見つけるような日常的な出来事よりも木々を過ぎて運転しながら間違いを見つけるような例外的な事件の方が，記憶に残りやすいことからきているのかもしれません。しかし、脳内の何かが原因となって、とくにそのような起こりそうもない状況において解が頭に浮かんでくるということも、またあり得るでしょう。

もう一つの驚くべき要素は、ある数学の問題を誰かほかの人がすでに――たとえば、クラスで出された演習問題として――解いていると知っている場合に解くことと、誰もまだ解いたことがない新しい問題を解くこととの間の難しさの度合いの違いです。後者は未解決問題（オープン・プロブレム）とよばれています。数学者ジョン・ミルナーについて、次のような話が語り伝えられています。それは彼がまだ学生のときのことでした。授業中、講師が数学のある未解決問題を黒板に書き始めたとき、彼はうとうとと眠ってしまいました。眠りから覚めて黒板を見たとき、彼はそれが次週までに解いてくる宿題だと思いました。そして翌週、彼は解答をもってやってきたというのです。ジョン・ミルナーは最高級の数学者です。一九六二年、彼は四十歳未満の数学者に与えられるフィールズ・メダル（公式には、数学における傑出した発見に対する国際メダル）を三十一歳で獲得し、一九八九年にはウルフ賞を獲得し、そして二〇一一年にはアーベル賞の受賞者になりました。もちろん、未解決問題を、次のクラスの予習用の演習問題にすぎないかのように解くためには、ジョン・ミルナーのような天才であることが必要ですが、この種のことは研究のすべてのレベルにおいて起こることが知られています――未解決問題に何か月も取り組んだ挙句に、解答が見つかって初めて問題がもっとずっと簡単に解けることに気づくことはあり得る話ですが、それは後知恵のなせるわざなのです。

研究問題、すなわち、いままでに解かれていない未解決問題がクラスで出されるほかの問題よりも難しいという事実は、研究の道を歩み始めたばかりの多くの学生を不安にします。彼らは、未解決問題を解くことに多大な努力を払った後で、過去に受講したいろいろなクラスでほかの問題を解いたときとまったく同じように、もっと簡単に解くこともできたことを発見します。彼らの多くはそこから自分は研究には向いていないという結論を引き出してしまいますが、それは間違った結論であるかもしれません。ある問題が未解決問題であるという事実がそれをより解きにくくするのがなぜなのかは明らかではありません。わたしの意見では、一つの納得できる説明は、比較による思考と創造的思考は脳の別々の部分で起きているということです。脳の創造部門は、比較部門よりも働き方の効率が低いのです。

脳は、問題を解かなければならないとき、その問題を扱うのにより適していると脳が考える部門に問題を取り次ぎます。そして、それが演習問題として提示された問題と、未解決問題として出合った問題を解くときの難易度のレベルの違いになるのです。わたしはさらに進んで、創造的思考の能力は人間をそれ以外の動物界から区別するものであるとまでいいたいのですが、もちろんそれは単なる推測です。

数学における創造的思考は年齢とともに衰えるのでしょうか。この機会に、数学の研究と年齢との関係にかかわる神話を一掃しておきましょう。その神話によれば、ある一定の年齢に達すると――ある人たちの主張では三十歳の若さで――数学における創造的能力は衰退していき、ついには消えてしまうということです。そうではない理由を以下で説明しましょう。物理学者に聞いたところ、そして実際わたしは最高級の物理学者たちから聞いたのですが、物理学における創造的な能力が三十歳代のある年齢から衰退することには同意するということです。それは、その年齢を超えると物理学者は自分の職業に貢献しなくなるという意味ではなく、飛躍的進歩や革新的展開はより若い物理学者によって達成されるという意味です。ユヴァル・ネーマンはこのことがいえるのは暦の上の年齢ではなく、その学問における経歴の長さについてであり（ネーマン自身は比較的遅い年齢で博士課程を修了しました）、新しい手法を導入する能力の減少の理由は、人々は経験を蓄積しある特定の学理やある特定の研究方法に慣れてしまうと、受け入れられている規範や慣行に挑戦し、それらを反証したり変えたりすることがより難しくなるからだと主張しました。そして実際、物理学における多くの大発見のきっかけは、深く根ざしていた信念への反論でした。数学ではそうではありません。ギリシャの人たちが打ち立てた基礎は、いまでも使うことができます。数学においては、それまで基本とされてきた方法に矛盾するような重要な発見は珍しく、ごくまれでした。知識は驚くほど拡大し、新しい研究分野が加えられ、予期しない応用が発見されましたが、今日の研究方法はギリシャの人たちのものと同じです。さらに、ギリシャの人たちとその後継者たちによって幾世代にもわたって達成された結果は、いまでも意味があります。このように安定的で累積的な性格をもっていると主張できる学問は自然科学の中にはほかにありません。したがって、知識と経験が数学研究において果たす役割は、ほかの科学におけるよりもずっと重要です。それが、学問への情熱が保たれ健康が許す限り創造し、新しい発見をしているより高齢の数学者が見られる理由です。

では、数学者は朝オフィスに着くと、まず何をするのでしょうか。答えは明らかです――コーヒーを一杯飲むのです。では、その後は？　コーヒーをお代わりするのです。この文章はわたしのアイデアではありません。二十世紀の異彩を放つ数学者の一人、ハンガリー生まれのポール・エルデーシュ（1913–1996）は、あるとき数学者とは、一方の端にコーヒーを注ぎ込むと反対の端から数学の定理が出てくる機械であると定義しました。数学者の研究時間のほとんどは、彼または彼女が取り組んでいる問題がどうすれば解けるかを考えることで費やされます。直観を活性化させる方法は、数学者によって百人百様です。同僚とやり取りをしながら考えるのが好きな人もいれば、完全に音のない部屋で一人にならなければいけない人もいるし、クラシック音楽を聴きながら仕事をするのが好きな人もいれば、歩き回っているときが一番頭がよく働くという人もいます。一つのよく知られている例は、二十世紀の指導的な数学者、カリフォルニア大学バークリー校のスティーブ・スメールです。彼が獲得した数多くの賞の中には、一九六六年のフィールズ・メダルや二〇〇七年のウルフ賞が含まれています。彼はグラント（補助金）を受け取り、夏の期間を研究に充てることができました。当局は、彼がリオ・デ・ジャネイロの海岸に寝そべって夏を過ごしているのを発見し、受け取ったグラントのお金を返還するように要求しました。スメールは、浜辺で寝そべりながら実は仕事をしていたのだと主張し、彼が最良の数学的アイデアのいくつかを得たのは、実際、そうしたひとときでした。彼は主張を証明することができ、その案件を調査している委員会を納得させたので、委員会は彼に有利となるような裁定を下しました。これは、スメールの側に有利となるように作り上げた単なる言い訳ではありませんでした。わたしはかつてフランスのマルセーユに近いリュミニで、ある会議に参加していました。参加者の中にスティーブ・スメールがいて、美しい地中海の海岸で天啓を得たい人たちのために、会議の時間割りにゆとりをもたせるべきであると主張しました。実際、海辺で過ごされた時間は、会議における講演の質を向上させるのに力を発揮したのです。

63　数学の研究について

この節と次の節では、研究のトピックと研究者に関する個人的な体験に基づくものを含めて、数学研究の性格に関するいくつかのコメントと明確な説明を提示してみたいと思います。

まず第一に、数学は多くの研究者による研究の結果です。数学的な研究活動の結論だけを読み進んでいくと、誰もが数学は少数の天才たちのグループによって発展してきたものだという印象をもつかもしれません（これはもしかしたら本書のこれまでの章から紡ぎ出される印象でもあるかもしれません）。本当のところは、それらすべての天才たちの仕事は多くの数学者の貢献によって支えられ、それらの人々なくしては彼らの重要な研究も達成されることはなかったのです。しかし、時が過ぎ去るにつれて、ほかの人々は忘れ去られ、指導者の後光だけが輝きを増していきます。賞やメダルを贈られることもまた――多くの場合、賞は同等に資格のあるほかの誰かに与えられてもいたかもしれないのですが――個人の名声と栄誉の輝きを増します。このことは現代の研究についても当てはまります。フェルマーの定理やポアンカレ予想のような、近い過去における数学的問題の解決は、どれも多くの数学者たちによって継続して遂行されてきた研究の結果でした。最終の段階が新聞紙上をにぎわし、その段階を完成する数学者が当然与えられるべきすべての名誉と賞賛を得ることは自然な成り行きですが、中間の段階がそれに劣らず意味があり重要であることも多いのです。

ギリシャの人たちの数学が、それ以来発展してきた数学のほとんどと同様に、今日でもなお現実の問題に直結しているという事実は、数学における研究テーマに対しても、数学者たちの仕事のやり方に対しても直接的な意味をもっています。この状況は、数十年で研究トピックに意味がなくなってしまうことが多いほかの自然科学における状況とは異なります。それが、ほかのすべての自然科学における研究がいくつかの主要な方向に集中しているのに対して、数学において価値ある研究テーマとして認められるテーマの範囲がずっと広いことの理由であることは明らかです。広さと多様性は、異なる専門分野の数学者どうしがお互いを理解するのに困難を覚えかねないほどです。数学者となるために本質的な資質の一つは、講演で講演者が自分の最新の結果を説明している間席に座り、実際はいわれていることのほんの少ししか理解できていないにもかかわらず、すべてが明らかであるかのような顔をして頷《うなづ》く能力であるというのは、このようなわけなのだといわれています。明らかにそれは誇張ですが、数学の講演に対する聴衆の理解が、一般的に、技術的なレベルというよりは直観的なレベルであることは確かです。講演から得られるのは、講演者が何を達成しようとしていて、何がどうにかこうにか達成できたのか、そして、おそらくはまた、用いられている方法についてのいくらかのアイデアであり、そのすべては一般的かつ直観的なレベルであるのが普通です。たまたまあなたがホールの中で同じ分野で仕事をしている数少ない数学者の一人である場合を除いて、講演の細部を理解できる可能性はほとんどありません。このように、講演の内容は論理的なレベルで提示されるのが一般的ですが、聴衆の理解は直観的でしかないことの方がむしろ普通なのです。学んでいる内容を論理的なレベルで理解することが期待される大学における学生向けの講義は、ほとんどの参加者がいわれていることのほんの小さな部分についてしか詳細まで理解しない研究者のためのセミナーでの講演とは非常に異なっています。この差は、研究を始めたばかりの多くの学生にとって罠《わな》になります。彼らは、講演の理解が困難であることを自分の弱点であると受けとめてしまい、先輩教授たちにとって技術的な理解の欠如が標準的な状況であるとは信じにくいのです。

研究テーマの範囲が広く、可能性が膨大な数に及ぶだけではなく、数学研究は、また、研究そのもののまったく異なるモデル――さまざまなタイプの熟練を要するモデル――を存在させてもいます。たとえば、何人かの数学者はすぐれた問題解決能力によって知られています。彼らは、数学の問題が具体的に与えられるや、必ず解いてくれるのです。一方、新しい道筋を開拓し、新しい数学的理論を建設することに優れた人たちもいます。ある人たちは、ほかのいろいろな才能に加え、正しい質問をすることにかけては特別の勘が働きます。数学における未解決問題はこれまでの研究において、そして現代もなお、中心的な役割を担ってきました。正しい問題――人々の興味を引き、解かれる可能性がそこそこあるような問題――を立てることは容易ではありません。

一九〇〇年に第二回国際数学者会議でヒルベルトが行った演説についてはすでに言及しましたが、その中で彼は、二十世紀の数学に強い影響を残すと考えた数学の問題のリストを提示しました。そのリストは会議の議事録にも収録され、二十三個の問題が含まれていました。リストの最初の問題には数学の基礎づけに関するヒルベルトの疑問――ゲーデルが実行不可能であることを示した計画――と、コーエンによって一九六四年に解かれた連続体仮説が含まれていました。もう一つの問題はフェルマーの最終定理で、これは一九九五年にアンドリュー・ワイルズによって解かれました。これらの問題が二十世紀の数学において占めるであろう位置に関してヒルベルトの推測は正しかったのですが、このような著名なフォーラムの場で提示されたことが、問題の与えた大きな衝撃に寄与したともいえるかもしれません。ヒルベルトの問題のほとんどは現在までに解かれていますが、未解決のまま残っているものもあります。

新しい千年紀の到来に前後して、同様なリストがいくつか発表されました。最もよく知られているものはクレイ数学研究所（ＣＭＩ）が発表した七つの問題のリストで、研究所はまた、誰でもその中の一題を解いた者に対して百万ドルの賞金も提示しました。その中の一題については、第53節で述べました。すなわち、問題のクラスＰはクラスＮＰと同じかという問題です。クレイ研究所のリストにあるもう一つの問題はポアンカレ予想で、それがアンリ・ポアンカレによって初めて提示されたのは古く一九〇四年のことでしたが、やっと二〇〇二年になって解かれました。この問題と、その解答が火付け役となって起こった論争については、後ほどお話ししましょう。ポール・エルデーシュは彼の研究分野、数論と組合せ論において、未解決問題を次々と提出することで知られていました。潜在的解答者を動機づけるために、エルデーシュは彼の問題の任意の一つを最初に解いた人に、問題の難しさの程度に応じた五ドルから数千ドルまでの金額の賞金を提示しました。彼の目的は数学を促進することでした。そして、実際、やりがいのある課題と経済的報酬は一人の人間では解くことができなかったほどの多くの興味深い問題を解決に導きました。わたしは、エルデーシュがたくさんの支払いの配分にかかる経済的負担をどのように工面しているのかと尋ねられたある講演に居合わせたことがあります。彼は、支払いは小切手にしているのさと答えました。自分がサインした小切手でね。そうすれば、受け取り人は小切手を預金するよりは記念品として取っておく方がいいと思ってくれるのではないかね。しかし、とエルデーシュはいいました。賞を勝ち取った数学者の一人が本当に小切手を銀行に預けてしまい、それから、支払い済みになった小切手を記念品として返してほしいといってきたときには、本当に驚いたよ！

さまざまな難しさのレベルの未解決問題を提出したり解いたりすることは、数学界における研究活動の一環です。わたしがワルシャワで出席したある会議では、有名なポーランドの数学者チェスラフ・オレフがある未解決問題を提示し、誰でもそれを解いた者にウォッカ一瓶を約束しました。わたしは会議が終わる前に何とかその問題を解き、空港に向から途中で解答をオレフに見せました。約二か月ほど後、手紙を添えた約束のウォッカ一瓶が到着しました。解答は、同じようにその問題を解いた会議のもう一人の参加者との共著の論文に載りました。わたしはウォッカをもう一瓶勝ち取ったことがありました。これもポーランドでのことでしたが、モントリオールからきた数学者ロン・スターンが、誰でも彼が提出した問題を解いた者にそれを賞として約束するといった後でした。問題はピエルマルコ・カンナルサによっても並行して解かれ、わたしたちはそれぞれ自分の瓶を受け取ったのです。わたしは、ニュージャージー州のラトガース大学で開催されたある会議でわたしが提出した質問に対する解答として興味深い例を作ったフェリペ・パイトに、味のよいデザートワインを一瓶贈ったことがあります。彼が作った例によって、そのときわたしが書いていた論文の結論部分が完成しました。わたしはそれをその論文に含め、フィリペによる功績に対して当然の賛辞を書き加えました。読者は、これらの例から、数学の研究とは会議で問題を解くことに対する賞品として勝ち取った飲み物を飲むことであると結論づけるべきではありません。これらはわたしたちの仕事の刺激的な、しかし非常に小さな一部分にすぎないのです。多くの場合、問題の解を見つけても賞は与えられず、誰でも解を見つけた者はプロとしての自尊心に、そして、さらには、解そのものから引き出される満足感に、甘んじなければならないのです。

数学の研究の多くは、ほかの学問におけるのと同様に、何人かの数学者の間の協力の賜物《たまもの》です。数学研究に特有な性格の結果として、自然科学者である同僚の間における協力とは異なった協力の型が発達しました。研究がほかの数学者たちと共同で行われるときでも、思考のほとんどは――離れて、あるいは、共同研究者が一緒に座って、黙って黒板を見つめながら――一人で行われます。それはまた、共著論文の著者のそれぞれの貢献を測ろうとするときに、部分の和が、数学においてもほかの分野においても、全体よりも大きいことがわかる理由でもあります。研究プロジェクトの共同研究者たちとわたしが次の日にまた研究に戻ってきたとき、あるいは昼食休みの直後にすら、同じ解を頭に抱いていることは一度ならずあります。それはまた、実験が必要なほかの学問では、一般に、リストの最初に挙げられている著者が主要な貢献をなした者になり、最後に言及される者がその研究室のトップになるのとは異なり、数学では論文の共著者たちをアルファベット順に並べることが、破られないルールというわけではありませんが、慣例となっている理由でもあります。生物学や物理学のような大規模な実験が行われる分野の論文よりも数学の論文の方が著者のリストは短いのが普通です。ですから、数学の論文の共著者の図式を描くとすれば、想像したものよりも緊密なネットワークを得ることになるでしょう。

そのようなネットワークを確立することにおいても、ポール・エルデーシュには基本的な権利があります。彼はこれまでで最も多産な研究協力者の一人でした。彼は五百人以上の数学者と共著論文を書いています。エルデーシュと共著論文を書いた人を「エルデーシュ数1」で表した図式を描いてみると、興味深い相関図が得られます。「エルデーシュ数1」で表される誰かと共著論文を書いた人で、エルデーシュと個人的に共著論文を書いてはいない人を「エルデーシュ数2」で表します。「エルデーシュ数2」で表される誰かと共著論文を書いた人で、「エルデーシュ数1」でも「エルデーシュ数2」でもない人を「エルデーシュ数3」で表し、以下同様にします（わたしは現在「エルデーシュ数3」で表されます）。このネットワークには、とくに数学的研究が進展する様相の観点から、ある驚くべき性質があります。二〇一〇年末におけるエルデーシュ数2の数学者の人数は一万人に迫り、そしてもちろん、エルデーシュ数3の数学者の人数はそれよりもはるかに大きかったのです。この共著論文の鎖を通してはエルデーシュにつながらない数学者（わたしたちは通常それらを指してエルデーシュ数無限大をもつといいます）がいくらか存在するものの、エルデーシュにつながる数学者に関しては平均エルデーシュ数は4.5です。今日インターネット上で利用できるツールを用いると、任意の数学者をポール・エルデーシュにつなげる共著論文の鎖を確定することも、さらには任意の二人の数学者の間のつながりを確定することも容易です。これらの鎖は短いのですが、それは、このような個人主義的な学問によって扱われるテーマの広さを考慮すると、驚くべき事実です。

数学の論文が専門的な文献で公開される前に、専門の同僚たちによって、一般的には匿名で査読されます。レフェリー（査読者）は論文の公刊に当たり受理するかどうかを決めますが、決定は主として、論文における新規性の度合いと結果が正しいことを確信できるかどうかに基づきます。

ここで、「確信」という用語には解釈の余地があります。レフェリーは、論文に間違いがあるかどうかを見るために詳しい確認を実行することにはなっていません。それは実行するのが難しすぎるからです。論文では、論理的に、かつ順序正しく結果が書かれており、以前述べたように、付随する直観なしに論理的な主張を追跡することは、人間の脳にとって極端に困難な課題なのです。もしかすると解決策は、論文を書いているときに、根底にある直観を提示しようとすることかもしれません。優れた著者はそうすることに挑戦しますが、それは骨の折れる仕事です。誤りを見つけ出すことの難しさは、多くの誤りが、後になって——著者とレフェリーに加えて、ほかの人たちが証明をチェックするほどに結果に興味がもたれるようになったときになって——明るみに出てくる理由です。

　数学に対する一般のイメージとは裏腹に、数学的な誤りは日常の出来事であり、避けようとする試みはなされているにもかかわらず、成功の見込みは、うまく行ったとしても、部分的なものにすぎません。数学史において最もよく知られた間違いは第56節で述べた四色問題に関するものです。問題は十九世紀中ごろに提出され、アルフレッド・ケンペ（1849–1922）によって一八七九年に一つの解が発表されました。彼の解は数学界の多くのメンバーによって高く評価されました。パーシー・ヒーウッド（1861–1955）が証明の中に瑕疵を見つけたのは実にそれから十一年後のことでした。以前述べたように、四色問題が完全に解かれたのは、当初正しいものとして受容された瑕疵のある証明が発表されてからほぼ百年後の、やっと一九七六年になってからのことでした。

　数学者は間違いが起きたからといって、そんなには動揺しないものです。わたしは、論文には瑕疵があるにもかかわらず、新しく、根本的なアイデアを複数含んでいるので非常に価値があることに変わりはないというレフェリーや論評者によるコメントを目にしたことが一度ならずあります。一般に、数学の研究では、仮説の証明もまた劣らず重要であり、場合によっては仮説が保証している定理の正しさを超えて重要であることさえあります。数学の多くの結果は、何年にもわたり、異なる証明によって——既存の証明を簡略化するために、あるいは、問題の異なる、そして時にはより深い理解を与える新しい証明によって——確認されています。

　数学的な結果は順序正しく、論理的で、明確な形で提示され、そして、それはまた学校や大学における数学の学ばれ方でもあり、このことが、時折現れるかもしれない間違いを例外として、数学的な証明は、抗《あらが》い難いものであるという印象を生み出しています。前章でわたしたちは、数学一般を完全に確実であるというレベルまで引き上げる、どのような基礎づけもいまだ発見されていないことを示しました。しかし、もし今日受け入れられている基礎づけ、すなわち、集合論の公理と論理の使用が矛盾のない数学を保証することに同意したとしても、証明それ自体を直接それらの基礎づけを土台として行うことは現実的ではありません。したがって、秩序だった論理的な記述においてすら、読者の、そして著者の既存の知識に——根本までさかのぼっては確認できない知識に——頼る以外の選択肢はないのです。これまで強調してきたように、語られたことへの信念と信頼は進化によって推進された属性であって、同じことは数学的な活動の実践においても成り立ちます。その結果、数学の証明において何が許され、何が禁じられているのか、そして、完全な証明を成立させる要件とは何かという問題に対する数学界全体によって受け入れられている答えはありません。どのようなものを完全な証明と考えるかについて、数学者はそれぞれのグループごとに独自の基準を発達させています。このような慣習は、時には深刻な論争にむすびつくことがあります。その一つの例を以下に述べてみましょう。

ポアンカレ予想は幾何学に関係していますが、それはここで完全に、かつ直観的な言葉で記述できるほど簡単です。以前述べたように、この問題は一九〇四年に、幾何学的な立体の性質を含め、世界の幾何学的構造をより完全に理解しようとする試みの中で提示されました。以下は、予想の写実的な記述です。

三次元空間内の通常の球の境界（すなわち、表面）を考えてみましょう。わたしたちはこの境界を卵や立方体の境界と比較します。これら三つの対象は、見かけは違っていても非常によく似ています。たとえば、球の境界上の点を連続的に、一対一に、立方体の境界上の点に対応させることができます。すなわち、球の表面の互いに近い点は立方体の表面の互いに近い点に対応し、また逆にもそのように対応するのです。数学者はこのような関係を位相同型とよび、二つの立体は位相同型である、あるいは位相幾何学的に同値であるといいます。このようにして、球の境界は立方体の境界に位相同型であり、そして卵の境界とも位相同型であり、そしてまた丸くないさまざまな立体とも位相同型です。たとえば、球の境界を好きなようにひしゃげたり押しつぶしたりしても、引き裂いたり、部分と部分を貼り付けたりしない限りは、やはり球の境界と位相同型な立体を得るでしょう。しかし、球の境界とは位相同型にならない立体、たとえば、指輪《リング》やプレッツェルの形があります。球の境界には簡単に確認できるもう一つの性質があります——

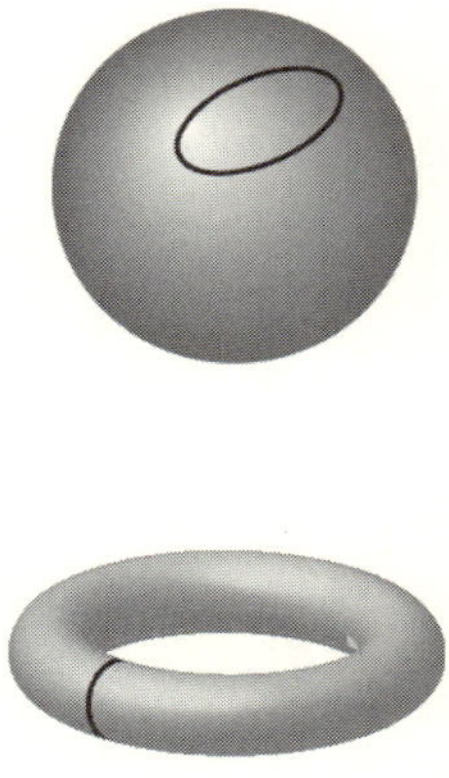

球の表面上のループ（閉曲線）を考えると、それを表面から引き離すことなく一点に縮めることができるのです。同じことが立方体や卵の表面についても、あるいは、それらに位相同型なほかの任意の立体についてもいえます。しかし、指輪の境界にはこの性質がありません。指輪を中心に向かって切った断面（図参照）を一周するループは、ずらしても縮めようとしても、ループを切らない限りはもとと同じような形を保ちます。ここで、一つの興味深い問題が出現します——境界の上の任意のループが境界との接触を絶つことなく一点に収縮でき、なおかつ、球の境界と位相同型（つまり、位相幾何学的に同値）ではない立体があるのでしょうか。答えは、わたしたちの物理的な、三次元の空間の中には、そのような立体はないということです。言い換えると、ループを一点に縮められるという性質は、球の境界に位相同型であるような立体の特徴であるということです。

　では、ここで尋ねてみましょう。このことは高次元の空間、たとえば、四次元空間内の球の境界についても当てはまるのでしょうか。第32節で、物理空間は三次元よりも多くの次元をもっていますが、わたしたちの感覚はそれらを知覚できないと物理学者たちが主張していることについて論じました。多次元の空間について、感覚や直観を磨くことは難しいのですが、数学的な言葉を使えばそれらはごく簡単に定義できます。デカルトに従い、通常の三次元空間を座標 (x, y, z) を使って記述し、球の境界が方程式 $x^2 + y^2 + z^2 = 1$ で与えられるなら、四次元空間は四つの座標 (w, x, y, z) で記述され、四次元球の境界は方程式 $w^2 + x^2 + y^2 + z^2 = 1$ で与えられることになるでしょう。そして、より大きな次元の空間についても同様です。三次元空間内の球の境界が二次元である（表面にある小さな正方形や長方形を考えると、それらは二つの次元をもっている）のと同じように、四次元空間内の球の境界の次元は三次元であることになります。

　ポアンカレは尋ねました——境界が少なくとも三次元である四次元以上の空間内の球の境界は、その上のループが一点に縮められるという性質によって特徴づけられるだろうか？　彼自身は、答えが肯定的である可能性を示唆することはありませんでした。

　この収縮可能性が境界の特徴であるという直観的な反応は、それが真かどうかを発見しようとする何年もの試みを経て初めて現れました。実際、その探求の中で、六次元以上の空間内の球の境界はループが収縮可能であるという性質[1]によって特徴づけられることが証明されました。証明を提出したのはスティーブ・スメールで、このことによって彼はフィールズ・メダルを授与されました。この性質は、また、球の境界が四次元である（そのとき、球の次元は五次元です）ときにも正しいことが証明されました。そのことはマイケル・フリードマンによって証明され、それによって彼は一九八六年にフィールズ・メダルを受け取りました。

　三次元球面（四次元空間内の球の境界）についての問題は、それに答えようとする多くの試みにもかかわらず、答えられないまま残りました。リチャード・S・ハミルトンは問題の解決法のアウトラインを示すことによって注目に値する貢献をし、そして、二〇〇二年と二〇〇三年にサンクトペテルブルクのグリゴリー・ペレルマンは三つの論文を書きました。それらはプレプリント、すなわち、査読（何年もかかることがあるプロセス）の後に刊行する予定の専門雑誌からの確認を受ける前の段階の論文であると考えられました。今日、その段階の論文を公開するインターネットのサイトがあり、とくに著者が自分の発見を前もって公表しその最初の発表者としての権利を守りたい場合には、受け入れられている行為です。ただ一つの留保事項は、それらの論文はレフェリーによる承認を受ける段階をまだ通過していないことです。論文の中でペレルマンは、ポアンカレ予想の彼自身の解をハミルトンによって示された方針に基づいて説明しました。

　ここで、わたしたちは証明とは何かという問題に戻りたいと思います。ハーバード大学の中国系アメリカ人数学者ヤウ・シントゥン（丘成桐）の学生であるチュー・シーピン（朱熹平）とツァオ・ホワイトン（曹懐東）の二人が、（レフェリーによって承認された後に）発表した論文で、ポアンカレ予想の完全な証明を公にしました。彼らの証明は、彼ら自身が述べているように、ハミルトン―ペレルマンの方法に基づいていました。とくに、彼らはペレルマンの証明は不完全であり、不足部分は自明ではないと主張しました。彼らの主張は指導教官であり、一九八二年にフィール

1［訳注］正確には、ホモトピー条件。ループの条件だけでは五次元以上で多くの反例が見つかっている。

ズ・メダル、二〇一〇年にウルフ賞を獲得した有名な数学者ヤウによって支持されました。

論争は専門的な議論でした。すなわち、最初に問題を解いた人物となることに絡む名声とお金の側面を無視することは難しいのですが、議論は完全な証明とは何かという問題を中心としてなされました。クレイ研究所のミレニアム問題の一つとして、問題の最初の解答に対してはその発見者に百万ドルを受け取る権利が生じることになっていました。論争は過熱と緊迫の様相を呈し、どちらの方向への非難も拮抗《きっこう》するほどになりました。ペレルマンは、控えめに表現すると傷つきやすい性格の持ち主であると述べることができ、この事件への反応から数学を放棄することを決めました。ほかの人たちはペレルマンの味方に立ち、彼の証明に欠けていたものを補い、欠けていた部分は重要ではなかったと述べました。数学界はペレルマンの業績を評価し、最終的には彼の中国系の対抗者たちもそのようにしました。二〇〇六年、彼にフィールズ・メダルを授与することが決まりましたが、彼はそれを拒否しました。クレイ数学研究所もまた、部分的な発表とそれに続くほかの数学者たちによって発表された補足部分を合わせた全体を、一つのまとまった発表として認め、約束どおり、ペレルマンに百万ドルを授与することを決定しました。再び、ペレルマンは賞金の受け取りを拒否し、サンクトペテルブルクにある自分の町に戻り、そこでは現在のところ数学研究の現場に姿を見せていません。

64 純粋数学 v.s. 応用数学

この節のタイトルは二つのタイプの数学の間にある区別を反映しているように見え、そして実際、この区別は一部の数学者たちにとっては受け入れることが可能です。わたしはこの区別が人為的なものであるという主張を提出し、正当化しようと思います。わたしは、また、純粋数学という用語そのものの使用にも異議を唱えようと思います――純粋でない数学は、本当に不純であったり汚染されていたりするのでしょうか。人々が純粋数学という用語を使うとき、それは数学のための数学、すなわち、意図された応用によっては動機づけられていない数学を意味します。以下の話からわかるように、研究に取り組んでいる数学者が結果の応用可能性に関心をもっていない場合でも、その発見は非常に有用であることが多いのです。いくつかの例で説明しましょう。

わたしたちは以前、完全なプラトン立体について述べました。そのような立体が五つしか存在しないことは、すでにプラトンの時代に知られていました。わたしたちが再構成できる限り、完全立体の発見とそのような立体が五つしかないことの証明につながる研究は、数学それ自身のための研究でした。しかし、ほどなくして、その結果はきわめて有用になりました。五つの完全立体は、世界の構造の最初のモデルの一つの基礎となったのです。この「純粋」数学の結果を応用しようとするもう一つの試みは、右で見たように、ケプラーによってなされました（主として、第17節を参照）。時代が進むとともに、世界を記述するのにより適した数学的モデルが発見され、このような応用はその価値を失いました。しかし、概念としては、世界を記述するための数学のそれ以外の使用とまったく同様に、これは数学の応用なのでした。

空間内の立体の構造に関する研究はプラトンの時代から今日まで続いており、幾何学の研究者たちは、ほかのことにも増して、準プラトン立体――すなわち、境界がプラトン立体の部分からできている立体――を分類しようと試みてきました。研究は、サンクトペテルブルクのビクトル・ザルガラーによって数十年前に完成されました。彼は現在イスラエルのヴァイツマン研究所と提携を結んでいます。彼はそのような立体がちょうど九十二個あることを証明し、かつそれらすべてを求めたのです。ビクトルは幾何学および最適化の分野では現役の数学者です。二〇一〇年十二月にわたしたちはヴァイツマン研究所で彼の九十回めの誕生日を祝いました。彼はまた第62節で提示した、年齢に関する主張のもう一つの実例でもあります――最近二年間に、彼は単著論文一編を含むいくつかのオリジナル論文を発表しました。彼のこの研究は、すべての完全立体の発見に導いた研究と同様に、研究それ自体のために実行されましたが、わたしはこれにもまた利用と応用が見つかるだろうと思います。

数学のための数学の研究の応用が後に見つかったもう一つの例は、ある領域のタイル張りに関係しています。たとえば、床はほとんどの建物で使われている正方形や長方形のタイルでも、また、ダイヤ形（菱形《ひしがた》）や三角形のタイルなどでもタイル張りすることができます。イベリア半島のイスラムの支配者が建造した宮殿のように、古く、歴史的な建物では、タイルは凸ですらない（すなわち、たとえばL字形のタイルもある）のですが、見る者の目にとても心地よい床張りに使われ、そして、規則的なパターンの繰り返しは興味深い対称性の法則に従っています。ここでもまた、対称なパターンの個数が有限であることが証明されました。そして、それらすべての実例は、有名なスペインのグラナダにあるアルハンブラのような宮殿の床に見ることができます。

さて、ここに一九六〇年代に数学それ自身のために提起された一つの問題――少数のタイルの形からなる非反復的なタイリングのパターンを見つけることはできるか――があります。非反復的、あるいは非周期的なタイリングとは、タイル張りされた空間を、移動した後のタイリングが移動する前のタイリングと重なり合うように、ある方向へ動かせる可能性がないことを意味します。一九八八年にウルフ賞を勝ち取ったオックスフォード大学のロジャー・ペンローズは、一九七〇年代中ごろに興味深い解答を与えました。彼は、どちらもダイヤ形のたった二種類のタイルだけを使って、繰り返しのないパターンで領域をタイル張りすることが可能であることを示したのです。テキサスA&M大学を含むいくつかの施設が、そのホールの一つでペンローズによって提案されたタイリングを実際に使ったとはいえ、ペンローズの構成は数学それ自身のための数学でした。

一九八二年に結晶学者でありコンピューター科学者でもあるロンドン大学のアラン・マッカイは、結晶の原子がペンローズのタイリングパターンに従って並んでいるとき、光の回折模様がどのように見えるはずであるかを調べるコンピューター実験を行いました。このような模様は、結晶の結晶学的構造を調べるのに使われる主要な道具です。自然界の原子がどの教科書にも書かれているような繰り返しを含まないパターンに従ってひとりでに並ぶことがあり得るとは、誰も考えも信じもしなかったので、マッカイの数学的実験もまた、数学それ自体のための数学として見ることができます。

ところが、それと同じ年である一九八二年に、テクニオン――イスラエル工科大学のイスラエル人、ダン・シェヒトマンは光の回折に関する実験を行いました。彼はそのときワシントンDCにあるアメリカ国立標準技術研究所でサバティカルを取っていました。彼は、深く根ざしていた信念に反して、周期的な構造には従わない系を発見したのです。数学的モデルの存在がなければ、実験結果はそれに対する理解や説明を欠いた単なる発見の記述に留まっていたことでしょう。このようなわけで、シェヒトマンとテクニオンからきた同僚イラン・ブレッチは、結果を説明するモデルを発表しました。時を移さず、当時ペンシルバニア大学にいた二人の物理学者ポール・スタインハートとダブ・レヴィンは、シェヒトマンによって発見された構造がマッカイの理論的な実験の結果、すなわち、ペンローズの数学的なタイル張りパターンと完全に噛み合っていることを発見したのです。数学が、すでに発見されていたものの存在に説明と承認を与える結果となりました。結晶学実験室の研究者たちは、現象のそれ以外の例を探し求め、そして発見しましたが、指導的な理論結晶学者たちは、疑問を表明することとシェヒトマンの実験には誤りがあったかもしれないと主張することになおも固執しました。彼らは繰り返しパターンを記述する古い数学にこだわり、それが自然界に存在する結晶を記述する唯一の数学であると考えました。繰り返しのパターンをもたない結晶がほかにも多く発見されると、結晶学の「権威筋」もまた、自然界における結晶を記述している数学を受け入れることに同意しました。こうして、材料科学における最も有用な領域の一つへの門戸が開かれたのです。二〇一一年、シェヒトマンはこの大発見によって、ノーベル化学賞を受賞しました。

　第31節で、わたしたちは応用数学のもう一つの例に言及しました——群論が素粒子の構造を理解するうえでの主要な道具であるとは、どのような意味においてなのでしょうか。数学と素粒子物理学との間のつながりは一九六〇年代に発見されましたが、群論それ自体はそれよりもずっと早くから存在していました。理論は、教科書の中では抽象的な形で定式化されています。ここにその完全な形をお見せしましょう。

群とは、a、b、cなどの文字で表される要素（元ともいう）からなる集まりであり、それをGで表す。群の要素の間にはある演算があり、それを記号＋で表すことにする（すなわち、数の加法におけるプラスの記号と同じ記号で表すというわけだが、しかし、わたしたちの場合には加法を意味してはいない。実際、集まりの要素が必ずしも数であるとは限らないからである）。演算$a+b$の結果は群Gの新しい要素である。演算にはあるいくつかの性質がある——

1　結合法則——　$a+(b+c)=(a+b)+c$

2　零元《ゼロ》あるいは中立元とよばれる要素が存在し、それを0と書くことにすると、群のすべての要素に対して$a+0=a$を満たす。

3　各要素aに対して、$-a$と書かれるその逆要素（逆元ともいう）が存在して、等式 $a+(-a)=0$ を満たす。

以上がすべてです。数とともに使うことでわたしたちがなじんでいる加法の記号＋を使い、「中立の」要素を示すのに記号0を使いはするものの、ここでは数を扱っているのではないということをもう一度強調しておきましょう。これらは抽象的な演算であり、通常の記号が使われているのは脳が抽象的な構造を理解しやすくするためなのです。通常の記号の使用法が二重になっていることを混同しないように注意しなければいけません。たとえば、ここで列挙した性質からは群のすべての二つの要素に対して等式 $a+b=b+a$ が成り立つことは導かれません。ある群では、この等式が成り立ちます。それが実際に成り立っている群は可換群とよばれています。

もちろん、整数の集まりは群であり、そこでの演算は加法です。自然数全体は群にはなりません。というのは、逆要素についての性質をもたないからです。正の実数も、演算が乗法である場合は群になり、零元は数1です。また、有限個の要素をもつ群もあります。たとえば、第31節で述べたように、群の要素が平面の九十度の倍数の回転である場合です。抽象群論は群の簡単な定義だけに頼りながら群の数学的性質を解き明かそうとする理論です。そのような性質が証明されると、それはただちに群のすべての例に当てはまるのです。

群に加えて、数学者たちは、たとえば、体《たい》のような、ほかの性質をもつ集まりも定義しています。

体は群であって、その上で、加法の演算に加えてもう一つの演算が実行できるものであり、そして、そのもう一つの演算を掛け算と同じ点「・」で表し、それもまた「乗法」とよぶことにする。また、乗法の演算は結合法則が成り立つという性質（結合性）をもち、記号1で表される中立元（これもまた、数の1ではない）をもち、そして、0に等しくないすべての要素は逆元をもち、それを a^{-1} で表すことにする。二つの演算（加法と乗法）の間にはある関係があり、それを分配法則という。すなわち、体のすべての三つの要素に対して、等式 $a\cdot(b+c)=a\cdot b+a\cdot c$ が成り立つということである。ここでもまた、記号は数の演算に使うものでもあるためにわたしたちにはなじみがあり、実際、数（の全体）は体であるが、この理論の目的はどのような特定の例にも頼らずに体の性質を発見することである。

　自然の記述における応用が発見されるまで、群論と体論、および類似する理論は長年にわたって「純粋」数学の表看板としての役割を果たしてきました。群論と抽象的な体論は、代数方程式の解を求め、特徴づけようとする——すなわち、p が多項式であるときに、数値的な方程式 $p(x)=0$ に対していつ解が存在し、そしてそれはいくつ存在するのかを求めようとする——試みの一部として、エヴァリスト・ガロア（1811–1831）の仕事によって始まりました。このような方程式に対する解を求めることは、その当時（そして今日でもかなりの程度まで）応用数学であると考えられていました。群や体の抽象的な概念はガロアの時代よりも何年も後に定義されたのです。

　このように、群論は明らかに応用から発展した数学の例であり、その定義はすでに知られている例に基づいており、そこから一つの学問としての抽象的な「純粋」数学という概念が導き出されたのです。そこからは、素粒子のグループについて解説した節で見たように、応用が——時には驚くべき応用が——まったく異なる分野で見つかりました。

　数学の日々の訓練では、ときとして理論的な側面に重きを置くあまり、数学のある分野の発展とその可能な応用を動機づけたものが何であったのかを無視してしまうことがあります。数学の基礎づけに関する研究の進展に影響されて、一九三〇年代半ばになるとフランスの数学者の一団が、数学それ自身のための数学に重きを置きながら、当時知られていた数学を体系的かつ厳密に記録し、進展させようとする意図をもって招集されました。彼らは、ニコラ・ブルバキという集合的なペンネームの下で、一連の著作を発行することを決めました。ブルバキ集団は数十年にわたって活動を続け、数学界の大きな部分に重大な衝撃を与える多くの著作を制作しました。集団の数学における成果を疑問視する者はいませんが、すでにその仕事の進行途上において、多くの人たちは集団が代弁し、擁護していた方法論——非数学的な動機や応用の犠牲の下で数学それ自身のための数学に焦点をあてる方法論——に異議を唱えました。ブルバキの影響力はいまなお一部のサークルの中では感じられますが、今日では「孤独にわが道を行く数学」を偏愛するやり方は勢いを失いつつあり、非数学的分野からの数学への貢献に対する認知は着実に増大しつつあります。

　次の例が記述しているのは、非常に現実的な問題を解決し、そこから、広く応用できる数学とともに抽象数学が発展した数学です。その物語は、十九世紀初頭、蒸気船の加速度的な発達とともに始まりました。蒸気船の速度を安定させるのに使われた工学的なシステムは英国の科学者ジェームズ・ワット（1736–1819）の名前にちなんで今日でもワットのレギュレーター（律速器）とよばれているものでした。彼の名前はまた、電気エネルギーの単位としても使われています。蒸気エンジンはプロペラだけではなく、二本のアームがついた円筒をも回転するようになっていました。エンジンが速く回転しているときは、遠心力によってアームが上昇しました。回転が遅いときは、アームは低い位置にありました。アームは円筒の中のピストンにつながっていて、それによって、アームが上げられると、ピストンは蒸気がエンジンへ流れていくのを妨げ、アームが低いときには蒸気がより速くエンジンへ流れることを許しました。このようにして、速度が速ければアームが上がって、蒸気の流れを減らし、速度を低くしました。低速になるとアームは低くなって、蒸気の供給を増加させることによって速度も増加させました。システムは、技術者たちがピストンとシリンダーの性能を改善する段階の前まではうまく働いたのですが、それから船のエンジンが崩壊し始めました。

技術者たちは何とかして問題を解決しようとしましたが、どうしてもうまくいかず、有名な科学者であるジェームズ・クラーク・マックスウェルに相談するよりほかに手の打ちようがありませんでした。マックスウェルの科学に対する膨大な貢献についてはすでに述べました（第25節）。そして、彼は実際に彼らの問題を解決したのです。彼が取った最初の行動は、技術者たちに向かって、そして自分自身にも向かって、人間の直観を信用してはならないと宣言することでした。右の段落で述べたレギュレーターの動きは、プロセスについての過去の経験からの結果である直観的認識に基づいていました。過去の経験が欠落している場合、直観は、進化によって形成された理解をよりどころにします。蒸気船は進化の過程の中には含まれていませんでした。したがって、直観が正しいかどうかを確かめるためには、二千四百年以前にギリシャの人たちが人類に教えたように、数学が使われなければならなかったのです。マックスウェルはピストンの動きを記述する微分方程式を書き下し、技術者たちの直観が彼らの期待を裏切った場所がどこであったかを示しました。失敗は、蒸気を制御するアームに関する右に述べたメカニズムが静的な状態にあることにありました。静的な直観は、アームが低い位置から高い位置に移ってはまたもとに戻って変位し続ける運動を考慮に入れていませんでした。ピストンが改良されることによってその動きがより速くなり、そのことが原因となって、過度な反応とエンジン全体の破壊が起こったのです。マックスウェルが使用した方程式が問題の所在を明らかにし、解決方法の実現に結びつきました。彼はこの発見を一八六八年に発表した数学の論文の中で述べました。マックスウェルによる応用研究によって工学の問題が一つ解かれましたが、それと同時に、制御理論とよばれる新しい数学の分野が幕を開きました。マックスウェルの同僚たち、そして、中でも有名なケンブリッジの同僚、エドワード・ラウスはすぐにこの分野に参入し、一般のシステムの安定性に対する数学的な判定条件を発見しました。それ以来、この分野は数学の応用領域だけでなく、数学それ自身のための数学の領域においても並行して発展してきました。制御理論が中心的な役割を果たさない工学システムはほとんどありません。また、近年ではこの理論の応用が経済学や金融においても見つかっています。制御理論に取り組む数学者たちは、興味のより大きな比重が理論の応用に置かれる工学的側面と、数学それ自身のための数学がより重要な役割を果たす数学そのものの側面の両方に貢献しています。

次に紹介する魅惑的な例が示しているのは、一方では、知的な挑戦が重要な結果にどのように結びつき得るかということであり、そして、他方では、素早く「エレガント」な——たとえば、技巧を使った——解答と役に立つ解答との違いです。この違いに対する背景知識として、数学における証明の目的は、単に結果が正しいことを読者に説得することをはるかに超えるものであることを思い出しておきましょう。証明の働きは、なぜ結果がそのようであるかを説明することであり、そして、類似する状況下においてどのように行動すべきかをそこから学び取ることです。

ギリシャの人たちは、物体がある場所から別のある場所へ最短時間で到達するために取らなければならない道筋を設計する問題について研究した最初の人たちであったようです。最速降下線（「最短時間」を意味するギリシャ語から英語ではブラキスタクローンという）の問題として知られるこの問題は通常次のような形で定式化されます。

ある鉛直平面内の二点A、Bが、図のように、AがBより高い位置にあるように与えられたとき、Aから摩擦なく落ちる玉が最短時間でBに着くように、AからBまでの滑走面を設計せよ。

ギリシャの人たちは、直線が二点間の最短距離であることから、最適な——すなわち最速の——道筋は直線であると考えました。その解答は、運動の法則——そして、とくに落体の法則——が発見されたとき、否定されました。ガリレオは、最速の道筋は二次曲線——円周の一部——であるというアイデアを提案しました。ガリレオはこの主張を完全には証明せず、問題はそれ以上の関心をあまり引きませんでした。一六九六年六月、ヨハン・ベルヌーイ（1667–1748）はある公開書簡の中で、自分はこの問題に対する完全かつ魅力的な解答をもっていると書き、翌年一月を期限として解答案を提出することを数学界への挑戦としました。ヨハンはヤコブの弟で、またダニエルの父でもあり、そのどちらのベルヌーイについてもすでに述べました。その手紙は、『学術論叢《ろんそう》（Acta Eruditorum）』という科学雑誌で公開され、数学者の注目を引きました。ライプニッツまでもがベルヌーイに、解答の投稿期限を延長してほしいと頼んだほどでした。期限は延長され、解答は一六九七年五月に同雑誌に掲載されました。その中には、ベルヌーイ自身の解答、彼の長兄ヤコブが提出したもう一つの解答、ライプニッツによる（実際には別の場所に掲載された）もの、そして、ニュートンによるもう一つの解答が含まれていました。

フランスの数学者ロピタル侯爵、ギヨーム・フランソワ・アントワーヌ（1661–1704）、ドイツの数学者で科学者のエーレンフリート・フォン・チルンハウス（1651–1708）によるほかの解答もまたそこに発表されました。

ヨハンの解答は、確かに、最も短く最もエレガントではあった。彼は、出題されたのが落ちる玉に関する問題であるにもかかわらず、その道筋が光速が変化する媒質を通過してAからBまで進む光線を記述していると想像してみようと示唆した。高さの差からくる位置エネルギーが力学的エネルギーに変換されること、そして、力学的エネルギーが速さの平方に比例することを使うと、速さの変化はエネルギー保存の法則から導くことができる。

光線は、フェルマーの時代には知られていたように、ある点から別の点へ最小時間で移動し、スネルの法則（第21節参照）が光線が進む道筋の傾きを定め、それがわたしたちの場合には道筋の傾きになる。スネルの法則との関係が明らかになると、ただちに、それまでの知識、とくに、フェルマーと何人かの同時代の人たちが発展させた数学を援用することができ、求める道筋がサイクロイド、すなわち、平面内で転がる丸いコインのような円の、周上の一点が描く曲線であることが示された（図参照）。

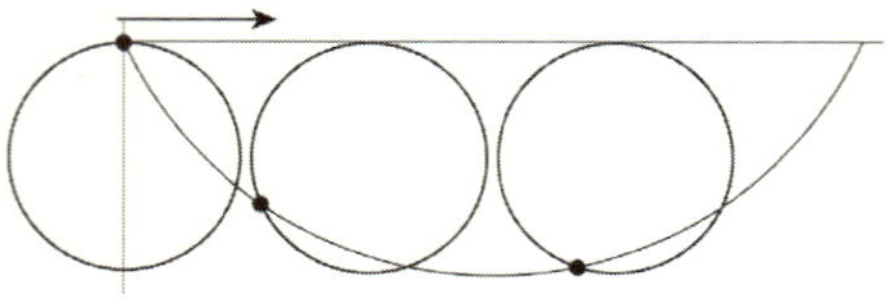

ルートをあたかも光線の道筋であるかのように見なすヨハン・ベルヌーイの技巧とは対照的に、兄のヤコブが提案した解答は長く複雑であり、骨の折れる式の操作を必要としました。

彼は与えられた直線から出発し、それをほんの少し変化させるとどのようなことが起こるかを問題にした。もし、もとの直線が解ならば、それを変化させることによって玉が目的地点に到達するのにかかる時間は延びるだろう。その時間の差を計算すると、今日比較的容易に記述できる方法、しかしその当時には非常に複雑であった方法を用いて、ヤコブ・ベルヌーイがやはりそれ以前の研究に依拠しながら何とかして解いたものと同じタイプの方程式を得ることになる。彼はまた、結果がサイクロイドであることも証明した。

二人の兄弟の間の関係は、和らげた表現を使うなら、必ずしも最良とはいえなかったようで、ヨハンは兄の不器用な解答を公にあざ笑うことすらありました。仕返しに、ヤコブはヨハンが自分の技巧を使ってもほかのどんな技巧を使っても解けなかった別の最小問題を、自分の方法を使って解きました。

最速降下線に対するヨハン・ベルヌーイの解答は一回限りの技巧に留まり、形としては面白いのですが、それ以上の使い道はほとんどありませんでした。それとは対照的に、ヤコブ・ベルヌーイによって開発された愚直で込み入った方法は、変分法とよばれる数学の広大で重要な領域に成長しました。この分野の数学は広く実践され、数学内部と外部の両面で多くの応用をもち、現在までのところ数学それ自身のための数学の領域で難しくやりがいのある問題を提供しています。

右の例や、ここで述べなかったほかの例において、抽象的な数学の研究とその応用との間の結びつきを見ることができます。数学の実用的な応用が抽象的な数学の理論につながり、数学それ自身のための数学へと発展していくこともありますが、そのような数学は、やがて新しい現実の実用的な応用の形で実を結ぶことも多いのです。他方で、純粋に数学的な好奇心——どのような実用的な目的からも興味をもたれないように見える好奇心——に促されて数学者たち自らが発する問いによって出発した研究の解答が、数学の世界の外で重要な応用をもつことが判明することも起こります。このことは単なる偶然でしょうか。それとも、もしかすると、わたしたちは統計的な数字にだまされているのでしょうか。あるいは、もしかすると、それは避けることのできない現実なのでしょうか。

わたしたちはある錯覚にだまされているのかもしれません。何百年間にもわたって、数学者は多くの、そして多様な理論を作り上げてきましたが、その多くは適切さに欠けるものとして忘却に任されました。数学以外の科学の中に居場所を見出した理論は「純粋」数学の領域内に留まっているものよりも人目に触れることが多く、より広く知られるために、この「応用」数学が使用される場面は実際よりも頻繁であるように思われるのです。同様に、自然科学の研究者が自らの発見を説明するために新しい数学的理論を探すとき、彼らは数学それ自身のための数学として研究されたものを含め、すでに研究された理論の中から探します。そして、そのことは数学それ自身のための数学が応用において中心的な役割を果たすという錯覚を導きやすいのです。しかし、もう一つの説明もあり得ます。こちらの方がよりもっともらしいと、わたしには思えるのですが、数学それ自身のための数学は、また、人間の脳——自然に現れるパターンを見つけ出すことを学習した脳——が発達させたものであるともいえるのです。その脳には，自然からまったく切り離されたパターンを見つけ出す能力はありません。数学的パターンが自然によって使用され得るとき，自然が実際にそれを使用することは驚くべきことではないのです。

65　数学の美と効率性と普遍性

美が嗜好《しこう》の問題であることは一般的に受け入れられていますが，しかし，美と喜びの基礎となるある部分はほとんどの人類に共通しています。人間行動のほかの側面と同様に，喜びの源泉と美しさとの関係は進化によって形成されました。美によって呼び起こされる感情の最も重要な例は，パターン，対称性，そのほかを認識するときに感じられる感情です。パターンや対称性を認識することは大きな喜びをもたらし，そして，秩序があろうとは予期しない驚くべき状況や場面でそれらを発見することで，より大きな喜びが与えられることがあるのです。そのことは，自然の景観から，造形芸術，社会的，文化的環境などに至る生活のすべての領域にあてはまります。パターンはまた，数学的活動の基礎でもあります。つまり，わたしたちが出合うすべての新しい定理や新しい幾何学的法則には，わたしたちに喜びをもたらす潜在的な力があるのです。そのような場合のほとんどにおいて，パターンは，したがって，喜びは，視覚的というよりはむしろ知的な種類のものです。多くの場合，数学的パターンを楽しむ前に，時には専門家にとってさえ理解の難しい用語に取り組んだり，特殊なジャーゴンを学んだり，また，数学的な内容を受け入れたりもしなければなりません。これらは，一般大衆の多くを数学とその楽しみから遠ざけているいくつかの要因となっています。わたしはある漫画を覚えています。その漫画では，三人の数学者が複雑な数式で満たされた黒板の脇に陽気な雰囲気で立ち，一人が残りの二人にいっているのです。「あはは，君たちも笑い出すと思ったよ。」実際，ほかの学問と同様に，専門家にしかわからないジョークと専門家にしかわからない楽しみは，数学の中にもあります。それでもわたしは，本書の冒頭に掲げた主張を繰り返したいと思います——スコアの譜面が読めなくても音楽から楽しみを引き出すことができるように，数学の音符が読めなくても数学的パターンから楽しみを紡ぎ出すことはできるし，数学が自然を説明する道具としての役割をどのように果たしているのかを知ることから楽しみを得ることは確かにできるのです。わたしは、この節まで読み進めてきた「数学に無縁な」読者ならば、その主張に同意してくださるだろうと期待します。それにもかかわらず、一般大衆には、数学における楽しみと美しさの別の例が示されることがあります。そんなに昔のことではありませんが、次のような塔の形の表や似たようなほかの表がいくつも書かれた電子メールを受け取ったことがありました。メールには、「数学の美しさ」というタイトルがついていました。

$$
\begin{aligned}
1\times8+1&=9\\
12\times8+2&=98\\
123\times8+3&=987\\
1234\times8+4&=9876\\
12345\times8+5&=98765\\
123456\times8+6&=987654\\
1234567\times8+7&=9876543\\
12345678\times8+8&=98765432\\
123456789\times8+9&=987654321
\end{aligned}
$$

表はすべての数字がそれぞれ異なる色でかわいらしく色づけされて示され、それらの色が特別なパターンを際立たせていました。何人かの知人の中にはこの数学の美しさを見て不思議に思う気持を表明した人たちもいました。わたしにメールを送った人物ももちろんその一人でした。わたしには、この塔に、数学的な意味で面白いものや特別なものは何も見つけられませんでした。それは目に心地よく、色は魅力的でした。その算術の問題が反映していた秩序も、また、面白く楽しいものでしたが、わたしにとっては、とくに目立つような驚きの要素を含んではいませんでした。数学的な観点からは、わたしにはそこにどのような美しさも見つけられなかったのです。塔によって写し出されている算術が美的であることには同意しますが、それは数学の美しさではありません。もしわたしがもう少し深く考えれば、あるいは、もし誰かが構造の中に隠されているものがある特別なパターンであることを示してくれたならば、わたしは塔を構成している等式の中に美しさを見つけられたかもしれません。しかし、わたしが見たとおりの塔からは、そのようなものは見つかりませんでした。

もう一つの例についてお話ししましょう。イスラエルの日刊新聞の一つに、「あなたも幾何学を楽しめる」という見出しとともにある図とパズルが載っていました（図はそのパズルのスケッチです）。スケッチには四本の帯が示されており、想像上の川の一方の岸からもう一方の岸へ架かる橋であると考えることができました。帯の幅はどれもそれぞれ同じで、最初から最後まで一定ですが、図に示すようにあるものはまっすぐで、あるものは方向を変えています。パズルは、橋にペンキを塗るとすれば、どの橋が最も安価か、また、どの橋が最も高価か、というものです。

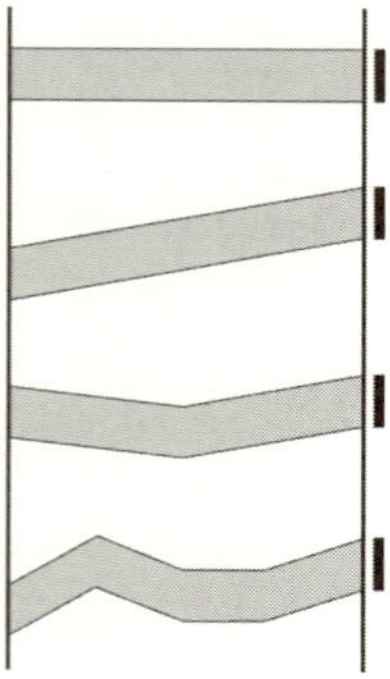

答えは、費用には差がないということです。橋はすべて同じ面積であり、図を横に倒して見れば答えは「明らか」にわかります（と新聞には書かれていましたが、この言葉の使用については意見が分かれるところだと思います）。どの橋も底辺の長さが同じ平行四辺形からできているため、川の一方の岸からもう一方の岸まで橋の幅は同じであり、平行四辺形の高さの和はすべての橋で同じです。したがって（基礎的な幾何学を学んで覚えている人なら誰でもわかるように）、橋の面積はすべて等しいのです。わたしが聞きたいのは、「これのどこが楽しめるのか？」ということです。わたしはこれから何の楽しみも得られませんでした、理由の第一は、自分自身で答えを見つけられなかったからです。さらに、そのパズルを考えた人は、それが誰であったにせよ、わたしがすぐに答えを見るべきだと考えたのです。そして、それがわたしが問題を楽しめなかったもう一つの理由です。わたしには、また一杯食わされたという感情が残りました。問題はどの橋を塗るのが最も安く、またどれが最も高いかということでした。わたしの考えでは、もし問題がそのような言い方で述べられているならば、そのことは、橋の一つが最大の面積をもち、一つが最小の面積をもつことを意味するはずであり、もしそうでないとすれば、わたしはだまされたのです。もしこの問題から学んだ技巧——図を横に倒すという技巧——から、わずかばかりの楽しみを見出したとしても、平行四辺形の面積を計算するために横倒しにする必要などはもともとなかったのだし、それは結局は単なる技巧であったというある種の失望とない交ぜになった喜びだったでしょう。しかし、それが学校で教えられている教え方でもあるのです。このようなパズルを実際に楽しんでいる人たちに異を唱えようというのではありません。このような問題を楽しめないわたしと同じような人たちにいいたいのは、数学から楽しみは得られないのだとは考えないでほしいということです。技巧から楽しみを得ることや、技巧を自分で発見できなかったことで悔

しい思いをすることは、可能ではありますが、このタイプの技巧は数学の本質的な部分ではありません。

類似したメッセージは、ジョン・フォン・ノイマンに関する以下のよく知られたエピソードからも引き出されます。ある友人が彼に次の問題を出しました——二本の列車が時速五十キロメートルの速さで百キロメートル離れた場所から同時にお互いに向かって動き始めます。同時に、蜂が一つの列車からもう一つの列車に向かって時速三百キロメートルで飛び始め、蜂は第二の列車までくると、今度は逆に第一の列車に向かって飛び始め、第一の列車までくると、今度はまた向きを変えます。これは列車と列車が出合うまで続きます。蜂は合計どれだけの距離を飛びますか？　フォン・ノイマンの答えを与える前に、問題を解く方法が二つあることに注意しておきましょう。簡単な方法は、列車はちょうど一時間後に出合うこと、そして、その間に蜂は三百キロメートル飛ぶことになることに注意することです。第二の、より複雑な方法は、蜂が第二の列車に最初に出合うまでに飛ぶことになる距離を計算し（これには、とくに難しくはないある方程式を解かなければなりません）、次に、蜂が第一の列車に戻ってくるまでに飛ぶ距離を計算し、以下このようにして続けていくことです。これによってある無限級数が与えられますが、それは（公式を覚えている人なら誰でも）比較的簡単に加えることができ、そして、結果は、もし計算が間違っていなければ、三百キロメートルです。さて、フォン・ノイマンの話に戻りましょう。彼は少し考えて（彼は頭の回転が速いことでは知られていました）、それから、三百キロメートルと正しく答えました。友人は、フォン・ノイマンの答えが実際に正しいことを確かめてから、「あなたはすばらしい数学者だということがわかります」とお世辞をいいました。「ばかな人たちがいて」と彼は続けました。「彼らは答えを求めるために、無限級数を計算するんです。」フォン・ノイマンはびっくりして彼の方を見て尋ねました。「ほかにも方法があるのですか？」

わたしが伝えようとしているメッセージは、数学は技巧の集合体ではないということです。そうではなく、反対に、数学の本質は、すでに見つけられた、あるいはこれから発見されなければならないパターンの順序正しく、組織的な分析です。わたしたちは、前節において、最速降下線の事例の中で、技巧と理論との違いの例を見ました。技巧から恩恵を得ることも受け入れられており、可能でもありますが、しかし、数学の真の美しさは数学の中に見つかるパターンと規則、そして、パターンと規則とによってわたしたちの前に開かれる自然と応用へのつながりから得られる楽しみや、時には驚愕《きょうがく》によって導き出されるのです。本書でこれまで論じてきたほとんどすべての題材は、数学におけるそのような種類の美しさを反映しているとわたしは信じています。

数学の美と悦びに関係するもう一つの側面は、自然現象を記述し説明する道具としての数学の、時として驚異的とも思える効率性です。自然の記述にこれほどまでも適するものが数学だけなのはなぜかという問題は、すでに古代において起こりましたが、マックスウェルによって先導され相対論や量子論につながっていった革命の後、さらにより先鋭化された形となって再び現れました。

科学における近代のスタートを象徴するその革命までは、問題はなぜ数学は自然をそのようにうまく記述できるのかではなく、なぜ自然現象はなんらかの規則の体系に従って起こるのかということでした。なぜ自然それ自体が、わたしたちが自然の法則とよぶ法則に従わなければならないのか。なぜ自然にはこのように明瞭なパターンがあるのか。なぜ地球上の重力の法則は月面上の重力の法則と同じであり、そして、どうやらほかの銀河系における重力の法則とも同じであるのか。なぜ少数の、有限個の粒子が、自然において知られているすべての物質を構成する要素なのか。そして、なぜわたしたちはそれらの粒子の相互の関係を決定する数学的な群の構造のレベルにまでも、規則正しいパターンを見出すことができるのか。この疑問のリストは、さらに続けていくことができます。これらの疑問に対する科学的で標準的な解答はなく、それらの問題への関心と関与は通常哲学者が超越論的領域とよんでいるものに位置づけられます。たとえば、自然は数学に基づいているという格言はガリレオ・ガリレイによるものとされていますが、ルネッサンス時代のキリスト教会でさえも、神がその偉大な叡智において これほどまでも素晴らしい世界を創造するために数学を使用したことに同意しました。それはもちろん、なぜ数学は自然を記述し分析するのに使われる適切な道具であるのかという疑問に対する満足な解答ではありません。わたしたちは、自然は明確な法則の集まりを表現しているという理解そのものが、自然でも自明でもないということを心に留めておかなければなりません。古代文明はそのような法則が存在することを発見しましたが、それらについて深く考察したり推測したりしようとはしませんでした。また、自然の法則は論理を通してうまく記述できると宣言したギリシャの人たちが、実際にそのような理解を彼らの世界の科学的な見方の中に真に取り込むまでには数百年の時間を要したのです。まず地上界の運動法則が天上界の運動法則と同じであることが発見され、そして受け入れられたのは、いまからほんの三百年余り前のことにすぎません。

幾世代もの間、数学は、自然がどのようなしくみで働いているのかに関するさまざまな理解を提案するほかの方法論と競合関係にありました。それらの中には、偶像崇拝、占星術、そのほかの奇妙な理論が含まれ、そのいくつかはすでに長く忘れ去られています。今日、わたしたちは自然の数学的構造を自明なものと見なしていますが、それほど遠くない過去にはそうではありませんでした。数学が世界を記述するのにふさわしい道具であるという理解をより浸透させやすくしたのは、マックスウェルの革命まで、数学は主として人々が経験し測定することができる結果を記述していたという事実でした。ギリシャの人たちは、惑星が空を運行する様子を見て、その説明を述べるために幾何学の協力を得ました。ニュートンは、運動——わたしたちが観察できる運動——の法則を記述するために、無限小解析を構築しました。数学がわたしたちが感覚で知覚する出来事を記述するための効果的な道具であることがわかった瞬間から、そこからさらにより多くの結論を導き出すためにも研究されたこと、そして、いまも研究され続けていることは、驚くべきことではありません。

より驚きであるのは、わたしたちが測定し経験する現象を記述するのに役立つその同じ道具が、その存在についてわたしたちが気づくことがなく、理解しようとする必要すらも感じない現象を含む新しい現象を、どうにかして予見することもまたできるということです。電気と磁気との間の関係に統一的な表現を与える「だけ」のために創造されたマックスウェルの方程式が、電磁波の存在を予言したとは、どうしたことなのでしょうか。マイケルソン—モーリーの実験の結果に対して形式的な説明を提供するためにヘンドリック・ローレンツによって提案された変数変換が、すべてのものは相対的であり、世界の幾何学はわたしたちが見たり経験したりするものではないという認識につながっていったとは、どうしたことなのでしょうか。そして、やはりわたしたちには直接知覚できず、ただその効果を測定することしかできない粒子の振る舞いが、波に関係する解——このような仮想的な波が動くいかなる媒質もわたしたちには検出できないにもかかわらず——を用いることによって最もよく記述されるとは、どうしたことなのでしょうか。再び、現在のところ、これらの問題に対する超越論的でない、すなわち、科学的な議論の領域を「超えない」答えはないのです。

わたしたちが発見する新しい現象のすべては、進化がわたしたちの中に前もって用意しておいたものと整合していることに気づくことによって、これらの問題の部分的な理解が得られるのかもしれません。数学と、その後の実験によって、完全に新しい現象が発見される場合ですら、わたしたちはその現象を理解するためになじみのある言語とメタファーに翻訳します。わたしたちが電磁波という言葉を使うのは、わたしたちが海の波になじんでいるからであり、音波がどのようなものであるかを知っているからです。わたしたちが幾何学という手段を使って相対論の法則を記述するのは、それがわたしたちの知るところのものだからです。世界の幾何学がユークリッド的でないことはわたしたちには知覚できませんが、ほかの経験——球面の幾何学のような——の中で非ユークリッド幾何学に出合っています。このように、自然がそのような基本的な法則に従っているようにわたしたちの目に映るのは、それがわたしたちが探し求めているもの——同じく進化の産物である探求と、法則に基づくシステム——であるからなのだというのは、十分にあり得ることなのです。アインシュタインは、自然の法則はその単純さによって特徴づけられ、単純な法則は複雑な法則よりも好ましいに違いないといいました。しかし、アインシュタインの主張は、現実の記述というよりは、むしろ希望的な思考を表現しているとはいえないでしょうか。（カオス理論における）数学的カオス（混沌《こんとん》）の現象のような、明確な法則の欠如を示唆する兆候を発見した場合でさえも、わたしたちは何とかしてカオスの中に秩序を見出すことに力を傾けるのです。このことについて、もう少し詳しく述べてみましょう。

一九六一年、ＭＩＴの数学者であり気象学者であったエドワード・ローレンツ（1917–2008）は、天気予報に関係する方程式のコンピューターによるシミュレーション実験を行いました。彼は、方程式が比較的単純であるにもかかわらず、シミュレーションの結果は予測不可能であることを発見しました。理由は、データのわずかな変化が結果の大きな変化を引き起こすからでした。このことは、コンピューター・シミュレーションの分野では重大な意味をもちます。なぜならば、そのような計算においては、完全な正確さは決して達成されないからです。しかし、すぐに明らかになったことは、狂いは数学的な計算の範囲を超えているということでした。ローレンツの発見はポアンカレがすでに示唆していた数学的な結果――太陽とその惑星のような天体の軌道が、著しい不規則性に支配されることを示した結果――に関係していました。ポアンカレの結果はまた、たとえば、ビリヤードの玉の運動に関係するジャック・アダマールらによる方程式のような、より一般的な運動方程式の形でも表現できることがわかりました。これらに関連するもう一つの発展は、スティーブ・スメールによってなされました。彼は、比較的単純な条件（具体的には、スメールの馬蹄《ばてい》とよばれる関数で記述される条件）を満たすある種の方程式から、その方程式によって表現される力学系がきわめて入り組んだものになるという結果が導かれることを示しました。その方向における重要な一歩を進めたのは、メリーランド大学のジェームズ・ヨークと彼の学生リー・ティエンイエン（李天岩）でした。

彼らは方程式が最も複雑な力学を引き起こすための最も単純な条件を発見しました。そこでは、データのわずかな変化が力学の巨大な変化を引き起こすのです。リーとヨークは、また、自分たちの結果に対してカオスという言葉を造語し、その言葉は彼らの論文のタイトルに現れました。研究の性格と人間の性格を暗示するあるエピソードがあります。それは、リーとヨークの発見が公になってからほどなくして、彼らの数学的結果がその数年前にウクライナのオレクサンドル・シャルコフスキーによって発表されたはるかに進んだ結果の特殊な場合であることが明らかになったことに関係しています。しかし、彼の論文のタイトルは、その記事の価値にふさわしいだけ十分に耳目を引くものではありませんでした。しばらく経ってから、ヨークは自分自身のカオス理論への貢献は、理論に名前を与えたことだけだったと冗談交じりにいいました。しかし、本当のことをいえば、重要な貢献は数学的な式と力学の複雑性に関する直観との間の関係性に人々の注目を引いたことにあったのです。リーとヨークの論文の出現は、カオス効果に関する非常に広範な研究――哲学と社会科学の領域にまで広がった研究――に火を点《つ》けました。

ここに、数学的結果に対して時により与えられる奇妙な解釈に関連するもう一つの物語があります。重大な事象が非常に小さな変化に依存することを説明するために、「バタフライ効果」という語句が使われてきました。このメタファーに従えば、東南アジアの一羽の蝶《ちょう》の羽の小さな動きが大西洋でハリケーンを引き起こすこともあり得るのです。わたしはテレビの解説者が、アジアの蝶がメキシコ湾のハリケーンを引き起こしますと、あたかもそれがよく知られた、自明なことであるかのようにいっているのを聞きました。解説者は「引き起こすこともあり得る」と「引き起こす」の間の違いが理解できないのでした。解説者には確認を促した方がよいかもしれません——大西洋のハリケーンが東南アジアの蝶の羽ばたきによって引き起こされた例はいまだかつてないということに関して。カオスの分野は、物理学やそのほかの科学に多くの応用をもち、広範囲にわたる生産的な数学の分野になりました。しかし、その研究自体のほとんどは、カオスが創り出される機構において、あるいはカオスの出現を支配している統計的な法則の特徴づけにおいて、カオスの出現の中に含まれる秩序を——つまり、いってみれば、わたしたちが一般的に探し求めるのと同じタイプのパターンを——見出すことに焦点を置いているのです。これまで述べてきたことを繰り返すと、数学的な研究の本質はパターンの探求であるというよりほかはなく、そして、通常わたしたちはそれをわたしたちがすでに知っているものの中に見出すのです。

わたしたちは論点を拡大し、さらに踏み込んで、進化がわたしたちの脳を形成した様相に整合するある種のパターンと規則を同定することに人間の脳が制限されているために、わたしたちがまだ発見していない自然の法則があるのだろうかと問うことさえもできます。わたしの意見では、その答えはしかりです。わたしたちの脳はそのように制限されているのです。実際、ポアンカレとアインシュタインは、二人とも、わたしたちが数学を通して同定する自然の法則は、わたしたちの脳が創り出せるメタファーの範囲に制限されているのであり、そして自然そのものの中にはわたしたちの理解能力を超える現象が存在するのであるという意見を表明しています。そのような見解は、進化の産物であるわたしたちの脳がわたしたちの周りの世界を認識する方法についての現代の理解に一致しています。問題は、研究が人間の脳の導きによって遂行され、人間の脳によって検証される限りにおいては、そのような制約をどのようにして扱えばよいのかが明らかではないことです。

そして、ここでわたしたちは、わたしたちが進めてきた冒険の最後の問題、数学の普遍性の問題に到達します。さまざまな社会——わたしたちの文明から隔絶し孤立した人間社会、あるいは、別の銀河や別の宇宙の社会——によって発展したであろう（あるいは、発展した）数学は、必然的にわたしたちの数学と同じなのでしょうか。広く行き渡っている意見では、その答えはしかりです。独立に、そしてさまざまな条件下で発展した数学は、強調の置かれ方が異なるかもしれず、そして、確かに記号と言語は異なっているでしょう。しかし、論理的な基礎と、自然数とその加法のような、基礎的で技術的な要素は、数学の変種すべてにおいて同一になるはずです。それが、宇宙船が見知らぬ宇宙の文明によって捕獲されることを願って宇宙に送り出されたときに、あたかも「わたしたちは数えることができます」と告知するかのように、数一、二、三、……を象徴するシンボルを描いた金属板が積み込まれた理由です。

それでもなお、わたしは、その性質そのものによって推測の域を出るものではなく、そして証明の方法も反証の方法もわたしには見当がつかないもう一つの可能性を提起することを、自分自身に許したいと思います。数学は普遍的であるという信念を疑うことは、おそらくできるだろうということです。自然数は、わたしたちの世界が個別に数えられるものからできていることの結果であり、数えることは加法の演算を促します。個物が別々に、区別できる単位として定義されない完全に連続的な世界では、自然数が何らかの意味をもつ理由はありません（この洞察は、わたしたちの時代の最も有名な数学者の一人、マイケル・アティヤー卿によるものとされています）。そのような世界の数学者が、1＋1＝2のような具体的な演算はもちろんのこと、たとえば、ペアノの公理系を理解できなければならない理由はどこにもありません。わたしたちとは異なる発展の道筋をたどった別の世界には、別の論理規則があるかもしれないのです。たとえわたしたちの脳が別の論理という概念を想像できないとしても、わたしたちの論理がほかの世界の社会にまで関係している保証はないのです。わたしたちがほかの世界について推測しようとまでは望んでいないとしても、わたしたちが使う論理は、初等的な推論の規則を含めて、わたしたちの脳の産物であることを心に刻んでおくべきでしょう。そして、その産物は、わたしたちの脳を形成してきた進化の過程を通じて蓄積されてきた経験の結果なのです。

しかし、その一方で明らかなことは、別の社会の中の別の数学をもつ別の世界において別の論理が存在するかもしれないという事実から、わたしたちの使う論理に欠陥が多いとか、新しいか古いかを問わず、ほかの方法を探したり試したりしなければならないという結論が導かれはしないということです。わたしたちが知り、継続して発展させつつある数学は、それが正しく、素晴らしく、効果的であることをすでに証明しているのです。

第十章　数学を教え、学ぶことはなぜそんなに難しいのか

数学的思考法のクラスに参加することは役に立つのか●どうすれば数学を母語に匹敵するレベルまで習得できるのか●先史時代の人類はどのようにして数学的な概念を発見したのか●三角形の本質とは何か●数学の木と植物学の木との間には関連があるのか●むかではどのようにして歩いているのか●生徒は平行線の公理の理解に困難を感じているのか●子どもが三人いる家族では、三人めが男の子である公算はどれほどか

66　なぜ数学を学ぶのか

小学校から大学までの教育システム全体を通して、数学は最も難しい教科の一つであり、一般に、数学の勉強でよい成績を収めることは望むべくもないと考えられていることは疑いありません。しかし、ではどうすれば数学教育を改善できるのかという問題に取りかかる前に、まずわたしたちが数学教育に何を期待しているのかをはっきりさせておかなければなりません。目標について合意しておけば、教育実践がその目標をどの程度まで達成しているのかを検証し、効果を高めるためにシステムを改善することが可能になるでしょう。ここで述べようとしている目標は、小学校、中学校、高等学校の生徒にかかわるものです。また、教員養成の側面から、話題が大学以上の高等教育に及ぶこともあるでしょう。

第一の目標は、現代の世界で賢く生きるために必要な**基本的な数学的道具**を生徒たちに提供することです。生きるということの中には、当然、商業、お金、ローン、投資、そのほかの仕組みで動いている世界の中で取引をする能力が含まれます。また、絶えず大量の統計データが、重要なもの、信頼できないものも含めて押し寄せるようにやってくる世界を理解できることも望ましいのです。

また、面積や体積を見積もり、計算する能力、つまり、わ

たしたちの環境に関係する基本的な幾何学的な道具を使用する能力をもつことも重要です。最後に、現代の世界で賢く生きるために、発展しつづけるテクノロジーの世界について、少なくとも初等数学レベルの理解を得ることは価値のあることです。

第二の目標は、主張を厳密にチェックする論理の体系に親しむことです。このことは、進化の結果として、人間の自然な傾向は語られたことを信じることであるという本書でこれまで何度か取り上げてきた事実にもかかわらずいえるのです。目の前に示された主張に確かな根拠があるのかどうかが疑わしいとき、それをチェックできることはやはり価値のあることです。仮定と結論、あるいは、演繹によって引き出された結論と、帰納を通じて到達された仮説との違いなどを明確化できることにおいては、どのようなシステムも数学にはかないません。数学によって、論理という道具を使って順序正しく解析する能力、メタファーの使用を最小限に抑えながら仮説を検証する能力、至って緻密な言語を使用することによって情報の品質を検証する能力が育《はぐく》まれます。人々の日々の活動が直観に基づいていることは本当で、それは変えることのできない、そして変える必要のない事実ですが、教育課程の修了者は、主張の論理的解析を追跡し、さらに必要な場面では論理的解析を自ら実行する能力をもつことが重要です。

数学教育の第三の目標は、数学を人類の文化の一部分として理解することです。歴史、文学、音楽、造形芸術、社会哲学などと並んで、数学と諸科学は人類の発展において主要な役割を果たしてきました。教育を受けた人は、科学、芸術、テクノロジー、社会の理解と発展において数学によって実現され、いまも実現されつつある部分について知らなければなりません。

ここで述べておきたい最後の目標は、数学の内容に興味をもつすべての人々や、科学や技術一般、そしてとくに数学の将来の研究者たちに対して門戸を開くことです。中学校や高等学校の教育が科学者や技術者を養成すべきであると主張しているのではありません。学校から最低限期待できるのは、その生徒たちが進もうとする道を選択しなければならなくなったときに、それぞれの目的と能力に応じた正しい決定を下すのに必要な情報をもてるように、生徒たちに十分な好奇心を喚起し、科学と数学の学び方と可能性を示すことです。教育システムは、また、続けて科学の道に進もうとする人たちに対し、可能性を実現する基本的な能力を授けなければなりません。

残念ながら、現時点の教育システムではこれらの目標はどれも達成できていません。次節以降では、この不幸な状況をもたらしている不備をいくつか指摘してみます。ここでは、何をどのように教えるべきかという詳しいカリキュラムについてはあえて提案しません。それは方法や人的資源、教育システムのさらなる改善や、同様に深刻なそのほかの問題および制約条件が絡んでくる手ごわい課題なのです。問題の根源が本書の展望する範囲を超えていますが、不備のいくつか、とくに数学とは何かという問題に関係する部分を理解することは、それらを是正することに役立つでしょう。

67　数学的思考法——そのようなものは存在しない

市場には、わたしたちや子どもたちに数学的思考法を教え、伸ばすことを約束する本や講座、さらに進んだ研究コース、類似する魅惑的な商品が溢れています。指定の金額を支払うことに同意するだけで思考力は向上し、本当の意味で数学的思考法を身につけた人物になれるのです。いったい、少しばかりの手間を惜しみ、必要な金額を支払うことを阻んで、数学的に考える機会で得られる利益から子どもを遠ざけてしまう親がいるでしょうか。現代の世界で賢く生きていくことは数学的思考なしには難しいのです。（万一起こるかもしれない疑問の可能性を取り払うために言い添えると、ここまでの文章は皮肉の意味で書きました。）この傾向はすばらしいまでに行き届きすぎていて、ある新聞は、二歳児や三歳児のための数学的思考の講座についての記事を載せていました。「数学的思考」という言葉と「クラス」という言葉でインターネットを検索したことがあります。すると、リストの先頭には小学校一年生から始まって各学年の生徒向けの課外学習のクラスがずらりと並び、また三歳児から幼稚園児までのクラスもあって、その中には「母語として学ぶ数学」というクラスもありました。イスラエルの中心部に位置するある学校の保護者たちは、その学校に数学的思考法の課外クラスが開かれていないことに対して、教師や校長先生を相手に苦情を申し立てました。まるで、子どもたちのことなどはどうでもいいかのように、大人どうしが議論したのです。わたしが勤めている大学でも、ほかの高等教育機関でも、ちびっ子たちのための数学的思考法の講座が開設されています。でも、本当のことをいうと、数学的思考法などというものはないのです。そうであるならば、そういったクラスや講座ではいったい何が教えられているのかと尋ねてみたくなるかもしれませんね。答えは簡単です。そこでは何らかの数学的な内容が教えられているにすぎません。そこでは一般に数学の中でも比較的論理的な部分や、問題を解くためのトリックが教えられ、そのほとんどが「論理の問題」とよばれているのです。

すでにここまでの間に、みなさんの心にたくさんの疑問が浮かんできていると思いますが、ひとつ一つ考えていきましょう。まず、「数学的思考などというものはない」とは、いったいどのような意味でしょうか。これらのクラスや講座の中で行われている活動を数学的思考とよぶことの何が問題なのでしょうか。このようなクラスに参加することは有害なのでしょうか。とびっきり役には立たなくても、何かの役に立つのではないでしょうか。

本書ではこれまでのさまざまな節、とくに第62節において、いろいろな思考法について論じてきました。そこでは、思考とは主として状況を分析し、決定を下すことを意図した脳の活動であると述べました。ごく大雑把に分類すると、その活動は二種類の思考に分けられます。一つは比較による思考であり、直面している状況を、解決法がわかっているほかの類似した状況と比較します。二つめのタイプの思考には、なじみのない状況に対する新しく、より創造的な対処が必要です。そこでもまた、脳は知っている限りの範囲の対処法を利用しますが、脳は必要に応じてそれらを修正し、更新しなければならず、また、時には新しくて創造的な対処法をひねり出さなければならないこともあります。思考のこれら二つの要素は、数学だけには限定されず、すべての学問に共通しています。これらの思考のタイプは教えられて身につくものでもありません。考えている内容についてより多くを知り、より多くを経験すればするほど、比較による思考はそれだけ効率的になり、対処法は改善されます。また、より多くを知れば知るほど、創造性もより効率的になります。したがって、いろいろな変化に富んだテーマについて学ぶことは、知識と経験の蓄積を豊かにし、思考力を高めるのに有益です。同じことは数学にも当てはまります。より多くを学び練習すればするほど、うまくできることが多くなるでしょう。この法則はすべての教科について成り立ちます。人は思考法を学ぶのではなく、内容を学ぶのです。

わたしは数学を教えている友人たちから、なぜ君はそんなに衒学《げんがく》的なのかと聞かれます。友人たちの言い分によると、こういった内容、すなわち論理的な問題の演習などのことを、世間では「数学的思考」とよぶのです。しかし、これは単によばれ方の問題であって、本質とは関係がありません。このように主張する人たちは、数学という専門職の犠牲者です。その人たちには言葉が学習に及ぼす影響が見えていないのです。説明しましょう——数学では名前をつけること、すなわち、新しい数学的な実体やある特定の操作を表すのに適した名称を考案することは、一つの行動規範として認められています。本書の最初の方でも、群や体という術語が出てきています。また、数学には、木、行列、多様体、オートマトン、マシン、モンスターも登場します。[1] ある性質やある特定なものの集まりに対して、新しい包括的な名前をつける動機は明らかです。何かに数学的な名前をつけ、その名前の根底にあるものを自分のものとして把握したとたんに、何について話しているのかを最初から説明し直すことなくそのものに言及できるからです。名前をつけることは任意ではありません（この事実は、高等教育においてさえ、数学の授業の中で十分には説明されていません）。どんな権力者でも、数学的概念にあなたが選んだ任意の名前を与えることを禁じることはできません。群の代わりにそれを象とよぶこともできたはずだし、一般的に数学的な木とよばれているものに、モーゼという名前を与えることもできたはずだし、無意味な音節をつなぎ合わせて名前をでっち上げることだってできたはずです。そうであっても、数学ではそのような慣例はありません。数学の木はある程度は木を連想させ、群という言葉が選ばれたのはそれがある実体の集まりとその間の関係を指し示しているからであり、ほかの用語についても同様です。知的なプロセスは連想に基づいています。もし数学の木を蒸気船とよんだり、関数という用語を象という言葉に置き換えることになれば、これらの用語を使う者を困惑させることになるでしょう。なぜならば、そういった用語はおそらく使う人の心に河川や動物園のイメージを呼び起こすからです。ある特定の名前の選択にもっともな理由がある場合でさえ、混乱の原因となり得ることは事実です。数学の木は植物学の木ではありません。数学科の卒業生はこの用語で混乱しないでしょうが、数学に縁のない人が混乱することは十分にあり得ます。（数学者マイケル・ラビンが木の上のオートマトンに関するある重要な論文を発表したとき、そのテーマについて農学部から招待講演を依頼されたという話が語り伝えられています！）任意ではない名前、誤解を誘発しない名前、すなわち、その概念に関連する直観が育つことを

[1]［訳注］オートマトンはからくり人形、自動機械を意味する。多様体は「多くの面をもつもの」の意味で日常語でも使われる。

許容する名前を選ぶ重要性がここにあります。

高度な数学の素養をもった人は十分によく訓練されているので、数学の中のある特定の内容が「数学的思考」とよばれると、「思考」という用語の直観的な意味を抑制します。このことは、数学的思考の講座を提供する側の人たちにも当てはまるように思われます。しかし、一般の人々にとって思考という概念は、ある分野の内容を学習すること以上のことを意味します。数学や論理学のある特定の面に対して数学的思考という用語を使うことは誤解を招きやすいか、あるいは少なく見積もっても誤りです。とくに、その講座が単なる補足的な（そして非常に断片的な）数学的知識以上のものを提供しているとほのめかされている場合には。これはまた、非現実的な希望を呼び起こしているという意味での問題でもあります。期待が実現しないことによる失望という結果は、実害を及ぼすことがあります。将来子どもか親のどちらかが数学のある特定のトピックの理解に困難を感じたとき、自分たちが何らかの能力的な障害を負っていると結論づけてしまいかねないのです。何といっても、その人たちは何だかよくわからない数学の一般的な講座ではなく、数学的思考法の講座を修了したのですからね！

詐欺行為については目をつぶることとするならば、数学のある部分、論理のパズル、さまざまな数学的な技巧を学ぶこと自体には何か悪いことでもあるだろうかと問うことができるでしょう。もちろん、学ぶことは、それ自体において、何も悪いことはなく、親の経済的状況、代わりに子守りに支払うコスト、参加することによって子どもが（親がではなく）得る喜びの量によって決めればよいことです。しかし、この数学を、教室の外における日常的行動の指針にすべきであるかのように提示することには、何か悪いことがあるのです。「数学的思考」を数学とその応用を超えて、一つの必要性として、あるいは、人生に有益なものとして提示することは害になる公算が高いのです。少し前のことになりますが、数学の教育に定評があり、傑出した生徒たちを数学オリンピックに向けて訓練することで知られているある有名な中等教育学校の教師に会ったことがあります。その教師は、数学的思考についてわたしがここで述べている見解を聞いたとき、かんかんになって怒りました。彼が主張したところによると、彼は単なる数学の教師ではなく、むしろ、生活のすべての領域で正しく考えられるように生徒たちを訓練しているのだということでした。彼の議論によれば、生徒たちは一挙手一投足までも数学的思考によって検証しなければならないということでした。なんという可哀想な生徒たちだろう。わたしは心の中で思いました。まさに，「どうやって足並みを揃《そろ》えたら，そんなふうに二十三番めの右足と十二番めの左足が前を向き，十七番めの左足と十九番めの右足が後を指すように具合よく按配《あんばい》できるんだい？」と尋ねられるまでは，至って心地よくぶらりぶらりと散歩に興じていたむかでみたいじゃないか。その生き物は道の真ん中で立ち止まったかと思うと，どの足も動かせなくなったとさ。わたしたちには日常生活の中で一挙手一投足を論理的に分析している時間はありません。わたしたちは直観を使わなければならず，ミスが起きることは確かに受け入れることができ，あるときにはむしろそれが好ましくすらあるのです。数学と論理は生活を管理する道具として使われるなら，助けにはならないばかりか，むしろ妨げになってしまうことが多いのです。

だとすれば，数学的思考のクラスに参加することには，何か利点があるのでしょうか。再び，それはほかにどのような選択肢があるかによります。もしテレビでいわゆるリアリティ番組を観ることとの選択であるなら数学のクラスの方がより好ましいように思われます。もし別の選択肢が演劇グループや文芸サークル，あるいは，体操クラブかフットボールチームであるのなら，選択は子どもの好みや子どもの身体的，精神的健康のためにどちらがよりよいかに依存します。

このような課外講習は，実際に間接的な害を及ぼすかもしれません。というのは，その種の演習問題が数学の全体を反映しているという印象を与えがちであり，また，傑出した生徒たちに可能な限り速く先に進ませようとする圧力がかかるからです。卓越性へのこのような努力は，生徒がより高度な内容を時期尚早に，つまり準備がまだできていないときに学ぶ結果になることがあります。このような集団の中で飛びぬけた子どもは，傑出した生徒たちのための特別講座に参加するために大学に送られることがあります。このようなコースを受けるのに十分なだけ成熟している生徒もいますが，そうでない生徒（実際は，大多数）にとって，早期に見られる卓越性は非常に狭い分野に限られ，そのような早期の段階で高度な学習に追いやられることは有害です。これらの生徒たちは，要求されている内容をきちんと自分の中に取り込めず，数学について誤ったイメージを抱いてしまいますが，それは生徒たちの才能が足りないからではなく，必要な成熟の度合いに達する前に勉強を始めてしまったからなのです。最近，わたしが勤務している大学で，大学院課程の入試を受けにきた学生たちの面接に何度か臨席しました。受験生たちは、傑出した学生のための特別プログラムの一つを受け、非常に早い年齢で学部卒の学位を取得してきていました。悲しむべきことですが、その学生たちのうちの数名に関しては、そのプログラムによって真に科学的なキャリアを得るチャンスが破壊されていました。

正確な用語のもつ重要性を示す例をもう一つ挙げましょう。「数学は自然の言語である」という格言を考え出したのはガリレオでした。それは素敵なアナロジーですが、アナロジー以上のものではありません。その意味での「言語」は、わたしたちがこの言葉を対人的な表現の文脈の中で理解する意味でのコミュニケーションの手段ではありません。イスラエル教育省が設置し、理論物理学者であり教育者でもあるハイム・ハラリを委員長とするある委員会は、学校教育において数学教育がより重視され、強化される必要があるとの提言において、言語としての数学のメタファーを使いました。そこから、有名学校の校長先生が新入生とその親たちに向けて「わが校では三つの外国語を教えています。英語、フランス語、そして数学です!」というメッセージを発するまでは、ほんの一歩の距離しかないことは明らかです。数学を外国語とよぶことは、ただ不適切であるというよりほかありません。それはわたしには、三歳から六歳までの年齢の子どもたちに母語レベルまで数学を身につけさせることを保証しますという、右で言及した講座の企画者たちが発した約束に似たものに思えます。彼らの意図が、子どもたちをもう少しだけ数学と仲よしにすることだけであったのなら、とくに問題はありません(とはいっても、わたしにはとくにそのテーマについて特別レッスンをするメリットがわからないのですが)。しかし、母語という用語の根底にわたしたちが母語を吸収して使うのと同じように、子どもたちに数学への直観的洞察力を獲得させましょうという約束がもしあるのであれば、わたしは危惧します。

68　あるＰＴＡの会合で

ここに記述するのは、あくまでも小学校一年生の子どもの親としてかつて参加したあるＰＴＡの会合であり、記述はかなり正確です。会合が催されたのは何年も前のことであり、そこで議論されたカリキュラムそのものはその後改訂されていますが、会合で起きた問題はいまでも当てはまります。わたしは議論に積極的には参加していなかったこと、また、自分が数学者であることをばらしたりもしなかったことを付け加えておきましょう。

保護者たちは、子どもたちがその年に使うことになる新しい数学[2]の教科書について話し合うために、学年担当の先生たちに呼ばれて集まっていました。最初に口火を切った先生は、教科書の題材が新しく、教師たちですらまだあまり親しんではいないのだと説明しました。そこで、子どもたちがその一年間に数学の授業で経験するであろうことについて保護者たちに紹介し、説明するために、教育省からバティアという名前の上級教師が招かれて来ていました。[3] しばらくは丁寧な紹介の言葉と、挨拶、そのほかが続いたあと、招待講演者が話し始めました。

「最近、どのようにして先史時代の人類が数学を発達させたのかが発見されたのです。」この言葉を聴いて、一人の親が「そんなことがいったいどうやって発見されたのか知りたいね。先史時代の誰かが遺《のこ》した本が見つかったとでもいうのかい?」とつぶやくのが聞こえました。この発言は脇ぜりふの音量で発せられたので、ほかの人たちには十分聞こえましたが、バティアの耳に入ったかどうかはわかりません。いずれにしても、バティアは反応しませんでした。

バティアは続けました。「あるとき残忍な部族の長がいて、毎朝部族の子どもたちの中から一人を羊の放牧に行かせたのです。一日が終わり、若い羊飼いが群れを連れて戻ってくる時刻になると、長は羊が何匹かいなくなっているといって羊飼いを激しく打つのでした。子どもたちの一人、名前は『オグブ』といいましたが(ここでバティアは、それはもしかするとその子どもの本当の名前ではないかもしれないのですがと明かしましたが、話の信憑性を増すためであることは様子から明らかでした)、その子はとても聡明《そうめい》で、打たれずに済む方法を考えついたのです。いつもオグブが羊の当番になった朝には、彼はそれぞれの羊に対して小石一個を長に渡しました。そして羊を連れて帰ってくるときには、今度はそれぞれの羊に対して小石を一個ずつ返してもらったのです。長は小石が残っていないことを確かめると、羊がすべて帰ってきていることを悟り、オグブを打ちませんでした。」

わたしがこの話を聞いた感想は、あまり納得できそうではないということでした。わたしが知っていた先史時代の部族の長なら誰でも、小石が残っている、いないにかかわらずオグブを打っていたことでしょう。そのうえ、先史時

2〔訳注〕日本では、小学校の数学を「算数」とよぶことがある。

3〔訳注〕バティアはイスラエルの女性の名前。また、後出のオグブは男性の名前である。

代から今日に至るまで、残忍であろうが多少親切であろうが、賢い子ども（この件に関しては賢い大人でも）が提案した、羊が一匹もいなくなっていないことを証明するために小石を羊の代わりにするという革新的な方法についてのアイデアを受け入れるような部族の長は、わたしが知る限り一人もいません。オグブは生意気な提案をしたというただそれだけの理由で叩かれたに違いありません。わたしは内心でそのように考えましたが、黙っていました。

バティアは続けました。「こうして、オグブの賢い考えが発端となって、その後何年もかかりましたが、一対一の対応の概念（先史時代には、小石と羊との間の）が生まれ、それからある集合ともう一つの集合の部分集合との間の対応の考えが生まれ、そのようにして、わたしたちが知っているような自然数や、さらに、さらにそこから足し算や引き算などの基礎が敷かれたのです。」わたしは、長がオグブに返してやるだけの小石をもっていただなんて、なんて残念なことだろうと心の中で考えました。もし小石が少しだけ足りなくなっていれば、そのことが実際よりも数千年早く負の数の発見を導いていただろうことは明らかです。

ここで親たちがした質問については割愛しましょう。方法も内容も彼らにとって新しいものでした。講演が終わりに近づくと、バティアは、先史時代の人類が集合とその間の対応づけに基づいて数の概念を発達させたことが明らかとなった以上、今日そのことを使うことによって基本的な概念をよりよく教えることができ、子どもたちは正しい概念を理解して受け入れるようになり、算術の問題をただ機械的にやることはなくなるでしょうと主張しました。彼女はさらに続けてこういいました。「学習の目的は理解することです。計算の結果が正確に出ることはそんなに大切ではないのです。理解することが大切なのです。」

保護者の一人が、それでも勇気を振り絞って、計算が正確でなければどうやって理解を確かめるのですかと尋ねましたが、バティアは答えを用意していませんでした。別の保護者が、おそらく皮肉で、もし子どもが三足す四はいくらかという問題で困った顔をしたら、その子は本当は理解しているということも十分にあり得るだろうが、一方、即座に正しく答えるような子どもは、おそらく自動的に答えているだけで、足し算のやり方を本当には理解していないと考えていいのではないかねといいました。もう一人のいらいらした父親はテーブルをドン！と叩き、バティアのいったことはほとんど理解できなかったと大声で宣言しました（彼はこれをいくらか非外交的な会話スタイルでいいました）が、要するに彼が望んでいたことは、娘に新聞を買いに行かせたとき、娘が何を「理解している」かにかかわらず、正しいお釣りをもらってきてほしいということでした。穏かな雰囲気が取り戻されるまでにはいくらかの時間を要しましたが、「何が起こるか、これからも見守っていきましょう」という全体の雰囲気を残してその日の会合は散会となりました。

　子どもたちは一年間を通してその新しい教科書を使い、子どもたちも親たちもそれによって本当にひどく混乱しました。ものの集まりどうし（多くは動物や花の集合でした）を対応させる課題のときにその本が子どもたちに用意した楽しみは、それぞれの子どもがそれぞれの美的才能に応じた美しい色でページを埋め尽くすときめくような時間でした。しかし、本が自然数を生み出す方向に進もうとしたとき、いくつかの心理的な障壁が待ち構えていました。

　たとえば、ある日のことですが、息子が友だちを何人か連れて帰ってきて、今日は先生が教室で一人に一個ずつ積み木を配ったんだと教えてくれました。次に積み木を集めて、袋の中に詰め、それから、クラスのみんなはドア一つ隔てた隣のクラスを訪ねて行ったんだよ。生徒たちが積み木を取り出して、そのクラスの子どもたちに渡してみたところ、積み木が足りないことがわかったんだ。結論は、子どもたちの話によると、息子たちのクラスよりも二番めのクラスの方が子どもがたくさんいるということでした。明らかに目的は、子どもたちが数それ自体を習得する前に、一対一の対応についてわからせることでした。わたしは何の下心もなく（つまり、そのように装ってということですが）、第二のクラスの方が子どもがたくさんいるって、どうしてわかったんだいと尋ねました。もしかしたら、運ぶ途中で積み木が零れ落ちたりしたかもしれないじゃないか。「それなら、大丈夫だよ」と子どもたちは声をそろえて答えました。「だって、あっちのクラスの生徒は三十二人で、僕たちは三十一人しかいないんだもの！」

　もう一つの問題が明るみに出たのは、十二月のハヌカー祭の日が近づいてきたときでした。そのときまでに、子どもたちは一から四までの数について学習していました。いえ、原則的にはという意味であることはいうまでもありません。[4]ところが、ハヌカーというのは光のお祭りで、八本のろうそくに火を点《とも》すことになっていたのです。提案された創造的な解決法は、実は、八はお客さん、つまり特別に

[4]［訳注］イスラエルでは、九月一日、全国の幼稚園や学校で一斉に新学年が始まる。

訪ねてきていた数であり、お祭りが終わるとすぐに帰っていったということでした。もちろん、ほとんどすべての子どもたちはもっとずっと大きな数になじみ、上手に使うこともできました。しかし、教師たちは、教育省の教化のために、知識を表に出さないように子どもたちを押さえつけていました。教育省によれば、子どもたちの理解は直観的であり、何らかの不備があるということでした。確かにどこかに不備があることは明らかですが、子どもたちにではありません。

少し進んだある段階で、先生は数全体の体系について説明しなければなりませんでした。そこには交換法則、すなわちすべての二つの数に対して $a+b=b+a$ が成り立つという規則も含まれていました。しかし、この性質はすでに知られていました。だとすれば、どうして法則を定式化する必要があったのでしょうか。交換可能性が自明ではなく、それが成り立たない可能性もあることを子どもたちに納得させるのに約二か月かかりました。たとえば、最初に靴下を履いて、それから次に靴を履く順序は大切であり、したがって、それは交換可能な演算ではないのです。$a+b=b+a$ であることが自明ではないことにクラス全体が納得したとき、その次に用意されていたオチは、そうはいうものの、相等は実際には成り立つのだということです。

なぜかだって？　その質問に対する答えはクラスでは与えられませんでした。教師用に配布された背景知識の資料には、それは公理なのだと書かれています。また、その資料によれば、相等という概念は自明ではなく、それも公理なのだということです。もう一度いっておきましょう——教師たちに教えられていたのは、ただ $a=a$ が公理であること、ほとんどそのようなことだけでした。これが、教師たちが新しい教育プログラムを理解することを助けるために教育省から得られる「支援」なのです。

これらの、あるいは似たようなことから、以下の事件がなぜ起こり得たのかがわたしには理解できました。それは学年が始まる前に起こりました。息子は第一学年を始めることになっており、学校が彼を評価して正しいレベルにいることを確かめるために、スタッフと面会しなければならなかったのです。家で彼は（両親から励まされたわけでもなく）一、二、三、……と前向きに数えたり、九、八、七、……と後ろ向きに数えたりなどして、楽しく遊んでいました。校長先生が評価委員会の委員長で、彼女の最初の質問の一つは、六の後にはどの数がくるかでした。息子はすぐさま、それはどちらの向きに数えているかによると答えました。わたしが話に割り込んで、背景とわたしの息子が言おうとした意味を説明するまで、子どもに入学の準備ができているかどうかについて彼女が疑いをもったことは表情から明らかでした。校長先生（彼女はわたしの職業を知っていました）はいいました。「あなた方数学者は、数《すう》の本質を説明してくださらなくてはなりません。」わたしが、数には数えること以外の本質は何もないと答えると、彼女はわたしが彼女を見くびっているか嘲《あざけ》っているかのように反応しました。それは、その「嘲り」が別の要因から来ていることを彼女に説明する場所でも時間でもありませんでした。

この事件が起こったのははるかに昔のことですが、数学の中にはない何かに目を向けさせて教師たちを混乱させる奇妙なシステムは現在も続いています。ある数学教育の研究集会で、講演者たちは、最近の生徒たち（つまり、とても幼い子どもたちですが）が三角形の本質を理解していないとぼやいていました。白状すると、わたしが思うに三角形は三角形であり、それ以外の隠された本質には何も思い当たりません。教師たちや、教員養成大学の講師たちが、学生が三角形の本質を理解している状況を実現しようとしているとき、彼らが意味しているのはある種の本質、すなわち、彼らが恣意的に決めた性質の集まりです。実際のところ、彼らが欲しているのは、子どもたちがその恣意的な決定を行った人たちの意見を取り入れることです。もしかすると、教師たちには若い学生たちに家や乗り物の本質を教えるように求めてみるのがよいかもしれません。なぜちびっ子たちの教育の中で、数学においてだけ「本質」という考え方が起こってくるのでしょうか？

喜ばしいことに、ここで引用した例のいくつかは、いまでは不備として一般的に認知も認定もされており、現行のカリキュラムにはもはや含まれていません。たとえば、一対一の対応は、小学校一年生の教科書のほとんどから追放されています。不幸なことに、奇妙な習わしに起因する不備はまだ残っており、小学校の垣根を越えて広がっています。主な失敗の一つは、子どもや親たちがすでに知っている内容に関係なく、よりよい内容を提供しているとか、より教育的であるなどと自分たちが考える数学的な内容や方法を定義するときにカリキュラム開発者が享受する自由に由来しています。理由の一つが、数学的な研究においては新しい定義や、あるいは必要に応じて新しい体系さえも提示し使用することが受け入れられていることであることは明らかです。違いは、先端的な研究では、このことは注意深く、控えめに、そして研究者がターゲットとする聴衆に合わせた形で行われるのに対し、学校では、ターゲットとする聴衆に教えることは考慮に入れられないことです。その結果として起こっているのは、六歳や八歳の子どもたちの教科書を親たちが理解できないことです。最近、数学の教師を対象とし、教育内容に対する背景知識を堅固な基礎の上に据えるという目的である本が出版されました。わたしがその本の最初の演習問題を見てもらった数学の教授たちは、設問の意味すら理解できませんでした！　本の問題に答えられるためには、まず最初に著者たち自身がひねり出した用語を学習しなければならないのでした。そのようなことはばかげています。新しいシステムにどのような利点があったとしても（それも、多くの分野でかなり疑わしいのですが）、このような疎外によって引き起こされる損害の方がこれをはるかに上回っています。

教育における上述の問題を知ったのとほとんど同時期に、ある解決法もわたしの頭に浮かびました――おそらく、低学年においては、数学を形式的に教えることには価値がないだろうということです。わたしは教育省で数学教育を担当している行政官に、最初の三つの学年に対しては形式的な訓練を施さないシステムを試行してはどうかと示唆しました。教師は、数え方、足し算、引き算、掛け算などの内容については、現実世界、ゲーム、物語などとの触れ合いを通じて教えたり問題を与えたりすることができるでしょう。このようにすれば、すでに子どもたちが強制的な訓練なしに出合い、認識し、そして明らかに理解していることを利用することになるでしょう。行政官はこのアイデアを気に入り、エルサレムのある有名な学校に提案しました。すると、提案は保護者たちによって拒絶されました。彼らは、基礎の学習の遅れによって将来の子どもたちの数学の理解に不利な影響が出ることを懸念したのです。

数年後、このアイデアを思いついたのはわたしが最初ではないことがわかりました。一九二九年に、米国北東部ニューハンプシャー州マンチェスター市の学校統括責任者ルイス・P・ベネゼットは、小学校の六つの学年にわたる数学教育についての広範な実験記録を残しています。研究授業は、形式的な教材、教科書、そのほかを一切使わずに実施されました。その代わり、教師はゲームと試行錯誤を用いて、数え方、数、大きさの見積り、計算、幾何などのような、生徒が学ぶべき内容との関連を子どもたちが理解するように導かなければなりませんでした。時折、数学的な記号や式変形の形式的な方法を説明しなければならない場面が起きましたが、そうしたときも、実際の場面で起こる文脈の中でのみ、直観と形式的方法を統合した形で行われました。この実験的な指導法が七年間行われた後、総合テストが実施され、参加した生徒たちの達成度が旧来の方法を続けていた学校のものと比べられました。紛れもなく明白な結果は、ベネゼットの方法で学んだ生徒たちの方がよい成績を収めたことでした。その実験の後に何が起こったのかわたしは知りません。一般に、教師や行政官の関心を引きつけ、彼らがつぎ込む労力に拍車をかける革新的な教育方法の結果を、教師たちがすでに使うことに疲れているありふれた方式の結果と比較するテストの妥当性については、いつも疑ってみてよいでしょう。しかし、数学の理解は形式論理を通じては達成されないということで得られた基本的な洞察は、なお今日も正しいのです。

69 論理的な構造 v.s. 教育のための構造

数学の多くの部分は幾重もの層からできており、言い換えると、その多くの部分は以前に展開された部分から導かれますが、このことから、数学では多くのほかの教科とは違い、現在取り組んでいるレベルをマスターしないと次のレベルには進めないという信念が生まれています。その信念は、ある程度までは正しいのですが、教育に関してそのことから結論を引き出す前に、数学が構成されているそれぞれの段階について理解しておかなければなりません。最初に理解しておかなければならないのは、完全な論理構造としての数学のそれぞれの階層と、数学を理解していくときに通過する各段階との間には違いがあるということです。そして、数学は後者に従って教えなければならないのです。この違いの理解の欠如が数学教育における困難のいくつかの原因です。

数学の教授法における最も大きな躓《つまず》きの石の一つは、定義と公理の役割についての誤解です。数学を提示するとき、一般に定義が最初にきて、それから公理がきて、その次に定理と証明がきます。しかし、繰り返し述べておかなくてはならないことは、それは内容を提示する一つの方法にすぎないということです。定義と公理の役割は、議論の限界を明らかにして明確な輪郭線を引くことです。定義が何かを明確化できるためには、その「何か」が、たとえそれが明確化を必要とするようなものであったとしても、すでにそこに――脳の中に――なければなりません。数学者や数学教師たちは、内容そのものの前に定義がくることにすでに慣れており、内容はその後で提示されるだろうという了解の下でそれを受け入れる準備ができています。実際、「訓練された」聴衆にとっては、定義と公理から始まるときの方が数学的内容を追っていくことが容易にできるのです。数学科の学生（一般に、天賦の才能にあまり恵まれていない学生）は、講演者にそれを要求すらすることがあります。わたしは、あるとき非数学系の同僚から、群と体が何であるかを説明するように求められたことがありました。わたしは最善を尽くしましたが、あまりうまくはいきませんでした。その同僚は助言を求めてほかの人を探しにいきました。しばらくすると、彼はいくらか冷笑の響きを含む声でわたしにこう尋ねたのです。「あなたは、体が三つ組であることすらもご存じでいらっしゃったのですか？」確かに、多くの数学書は体に関する章を、体はその上で実行される二つの演算を伴った集合として定義されるという宣言から始めています。それが同僚が言っていた三つ組の意味です。その同じ同僚は、おそらく自分が受けた説明に照らして、体は三つ組であると述べたその部分に最大の重要性を認めたあまり、わたしがその面を強調しなかった事実によってわたしの腕前を疑ってしまったというわけなのです。これは職業的な歪曲《わいきょく》です。数学の本では直観を説明してみせることが難しいので、無味乾燥な形式論から始めるよりほかに選択肢がないこともあり得ます。しかし、心に留めておかなければならないのは、数学の自然な構造では定義と公理は内容の直観的な理解が受け入れられた後にやってくるということです。試しに、非数学系の聴衆（工学者や科学者であっても同じです）に向かって定義と公理の羅列から説明を始めてみて、彼らのどんよりとした目を見てみるとよいでしょう。定義、定理、証明というスタイルは数学の研究の中にだけ存在し、数学的な結果を専門の聴衆に報告するときに必要であることは明らかです。しかし、このスタイルが学校で用いられると、しばしば害を及ぼし、生徒たちが数学から疎外されることに寄与してしまうのです。正しいやり方は、直観的な議論から始めることであり、そしてテーマが提示されたら、その時点で明晰《めいせき》さと正確さが重要であることを示すことができ、そうして初めて公理が与えられるべきなのです。数学的なテーマの目的と内容を最初に直観的なレベルで提示することが、論理的なレベルでの提示より難しいことは承知していますが、それは数学の教師たちが数学では教え方が違うということを言い訳にして挑戦を避けている課題なのです。それは数学教育の失敗です。

それならば、数学の基礎——すなわち、その上に数学を構築できる公理主義的で論理的な構造——は、教育においてどのような位置を占めるべきなのでしょうか。数学のあるトピックの完全な全体像を経験豊かな専門の数学者たちに対して提示しなければならない場合には、定義と公理から始め、その後になってから初めて応用を扱うことは確かに可能です。もし提示しようとするテーマが今日知られている数学の一般的な構造についてであるならば、集合論から始め、その後、第59節で記述したように、自然数、それから、有理数と無理数へと話を続けていくことには意味があるでしょう。しかし、心に留めておくべきであるのは、この理論が創造されたのは、単に数学を堅固な基礎の上に確立するためだけであって、数学の使い方をよりよく理解できるようにするためではなく、ましてや、よりよく数学を教えるためなどでは決してないということです。

　たとえば、あらゆる実用上の必要性やあり得る用途のためには、数は直接に、つまり、一、二、三、……として導入し、また、それらは与えられたもの、明らかなものであり、定義する必要のないものであると考える方が望ましいのです。同様に、実数が何であるかは、距離という幾何学的な言葉で説明するのがわかりやすいのです。算術の基礎と幾何学の基本的な土台はすでに人間の脳の中にあり、それを用いるべきです。たとえば、大きさを比べること——二つの集合のどちらがより大きいかを直観的に決めること——は、進化の道筋を通して人間の脳内に埋め込まれていますが、この直観的な比較能力は明らかに数える能力以前に発達したものであり、一対一の対応を経由して発達したものではありません。人間の脳の働きは、新しい概念をすでに親しみのある概念と比べるようにできています。もし自然数が集合によって教えられたり、あるいは、実数がデデキントの切断（第58節参照）によって教えられたとすれば、人間の頭は数についてすでに知っていることを「消去」してから新しい概念を吸収しなければなりません。それは決して簡単な作業ではなく、かつ、一般的には不必要です。一つの教科を生徒がすでに知っていることを無視して教えることは、指導法上の誤りです。この原則は明らかにすべての教科の学習、わけても言語の学習に関係し、数学だけには限定されません。したがって、もし目的が簡単な算術や微積分を教えることであるならば、生徒がすでにもっている知識を活用することは意味のあることです。小学校一年生に集合どうしを比べることを用いて数えることを教えようとすることは、指導法上の誤りでしょう。実際、生徒たちはすでに数とは何であるかを知っているのです。実数をデデキントの切断として提示することから微積分を教え始めることは指導法上の誤りでしょう。実際、生徒たちはすでに距離を測る道具としての数について知っているのです。

そのようなわけで、自然数を空集合の基礎の上に構成された集合として記述するために集合を用いないこと、あるいは、有理数を自然数の組の同値類として、あるいは、無理数をデデキントの切断として教えないことには、もっともな理由があるのです。これらの概念が導入されたのは、数の理解を改善するためではなく、数の（そして、ひいては微積分の）論理構造が幾何学に基礎づけられることを避けるためだったのです。幾何学に基づかない構造は、幾何学に基づく古典的な構造よりずっと複雑で、理解しにくいのです。生徒たちがこれらの概念に出合った後に続いて現れるすべての応用に対して、幾何学的な構造は十分であり、より効果的であり、そして、論理の側面からも確かに正しいのです。テクノロジーの世界で活躍し、さらに数学の世界にも進んでいけるだけの数学的な道具を生徒に提供することが目的であれば、概念の基礎を幾何学の上に置くことが勧められます。

それではなぜ、イスラエルの教育省は、数の教育を集合の上に基礎づけることを決めたのでしょうか。教師や親たちは、集合がなければ子どもたちは数学の理解における重要な段階を欠くことになるであろうことをどのようにして納得させられたのでしょうか。なぜ、わたしが大学に入学したときに最初に聴いた講義の中で、講師は有理数を整数の組の同値類として、無理数をデデキントの切断として、そういった構造に対する歴史的理由を一切説明することなく定義したのでしょうか。このような専門家としての大局観の欠如が、さまざまな教育機関において、そして最近目にした技術者向けの本においてすら、無理数がデデキントの切断として提示されている理由なのでしょうか。このような方法で教えている人たちは、どうやらこれらの「基礎づけ」がなければ自分たちの教育が不完全になってしまうと確信しているようです。彼らは間違っています。数を幾何学の上に基礎づけることは、数を集合の上に基礎づけることに劣らず「完全」です。

ついでにいうと、大学の講師はなぜ学生たちに、実数の数列 $a_1, a_2, a_3, \cdots$ は実際は自然数から実数への関数なのだと教えるのでしょうか。数学の基礎づけの視点からいえば彼は正しいのです。もし数列とは何かを知らないか理解できない（そして、何らかの理由により、自然数から実数への関数が何かは知っている）のなら、確かにそれこそが数列を定義する方法です。しかし、わたしたちがみな数列が何であるかを直観的に理解しているという事実に頼る代わりに、数列を「定義する」ことが、そもそも必要であり、有用であるかどうかを講師が調査し解明したとは、わたしにはどうしても思えないのです。

集合論を、概念を理解しようとするときに割愛できないステップであると考えることが、数学教育に対する一つの障壁となっています。前節で小学校での数の教育について議論したときにこのことを示しました。しかし、誤りはそれよりもさらに深く進行しています。つい最近、わたしは数学教育専攻の大学院の入学試験に臨席しました。ある教員養成系大学の卒業生は、大学で集合論を学び、そこからとても多くのことが得られたといいました。わたしたちが説明してくださいと頼むと、彼女は、子どもがある特定のクラスに所属することの意味をよりよく理解できるようになったといいました。言い換えると、彼女の意見によれば、つまり、彼女を教えた大学の教師の意見によれば、「ベンジャミンは二年A組の生徒である」という文は、それだけでは十分に明瞭ではないということです。「ベンジャミンは二年A組の子どもたちからなる集合の要素である」という文ならば、何とか状況を明瞭に表現できているといえるでしょう。これは数学の役割に対する歪曲し、過った説明であり、そして有害な教化です。数学の論理構造を人類の文化の一部分として理解することは重要ですが、その構造を使って教え始めることは正しくありません。数学を集合の上に基礎づける必要性は、それまでの基礎づけが疑問に付された結果として、そして、それまで使われていた直観が正確性に欠けていたことの認識の後に続いて起こりました。しかし、その必要性に対する理解がないままに論理的な構造を学ぶことは役に立たないどころか、実際には害を及ぼします。公理と定義の目的は、理解が困難なほどの複雑さというコストを払ってでも、直観をチェックし誤りや幻想を避けることです。公理と定義は直観をチェックするのであって、それによって直観がお払い箱になるわけではありません。

そのような公理と定義の役割について、教師たちとその教師たちの教師たちがいつでも明確に理解しているわけではありません。たとえば、平行線の公理を巡る物語（第27節）は人類の文化を理解するうえの一つのエピソードとしての魅力を備えているし、数学とは何であるかを、そして、その中での公理の役割を説明しています。イスラエルの教育省で数学のカリキュラムを改訂するために最近任命されたある委員会は、平行線の公理は無限直線を扱っているため、イスラエルの生徒たちには理解が困難であるという結論に達しました。委員会は平行線の公理を代わりの別の公理——長方形の公理——で置き換えることを提案しました。その詳細は、ここでの話には関係ありません。委員会はさらに進んで、関連する幾何学の学習の詳しいカリキュラムを提案しました。その中では、平行線の公理の位置を長方形の公理が占めているのです。これもまた、一つの失敗事例です。第一に、生徒たちが遭遇していると委員会のメンバーが想定した困難は人為的なものです。「無限は存在するのか」、そして「もし存在するならば、それはどのようなものか」は哲学者と数学者のための問題です。哲学的な沈思黙考のすべてが哲学者ではない人たちを煩わせているわけではありません。平均的な生徒、あるいは傑出した生徒ですら、そこには実際に定義上の問題があるのだと説明されない限りは、無限まで伸びる直線を問題であるとはおそらく認識しないでしょう。典型的な生徒は、無限まで続く直線の概念を理解するのに何の困難も覚えないでしょう。もしそこに問題があるとしても、それは哲学上の問題であって、直観的な問題ではありません。さらに、公理とは、それ自体が自然であり直観的である性質を表現するためのものであり、わたしの見るところ、平行線を考える方が長方形を考えるよりも自然です。平行線の公理よりも長方形の公理の方が自然であるという委員会の委員たちの意見がたとえ正しかったとしても、教育の目的のためには採用すべきではありません。平行線の公準を巡る物語は、今日人類の文化の一部分となっています。それはおびただしい数の書物（実は、わたしもほとんど無限冊の本を書きました）の中で言及されています。インターネット上でも目立った位置を占めています。学校で平行線の公理を代わりの別の公理で差し替えることによって幾何学の公理を教えることは、学習すべき内容が一般の文化から乖離するという結果をもたらすでしょう。

70　数学の教育では何が難しいのか

第4節、第5節で書いたように、数学におけるいくつかのテーマは数百万年の進化を通じて発達した人間の直観に整合していますが、そのほかのものは進化の闘争において何ら利益をもたらすことがなく、自然な直観に反しています。この区別は、教授法や学習法に反映されるべきです。不幸なことに、現実にはそうなっていません。問題に対して見て見ぬふりをすることは、衝突や困難を引き起こします。

次に示すのは、2の平方根が無理数であることを説明しようとしている教師と生徒との間の想像上の——しかし疑いようもなく現実的な——やり取りです（この証明については第7節で論じました）。

教師「これから$\sqrt{2}$が無理数であることを証明します。初めに、それが有理数であると仮定します。」

生徒「でも、先生、無理数であることを証明したいのに、どうして有理数であると仮定していいのですか？」

教師「少し待ってください。そうすればわかります。それが有理数であると仮定して、$\sqrt{2} = \frac{a}{b}$ と書きます。ここで、a と b は正の整数です。そのどちらかは奇数であると仮定することができます。なぜならば、もし両方とも偶数であったとすると、それらを2で割ることができ、分子または分母のどちらか少なくとも一方が奇数となるまでそれを続けていけばいいからです。」

生徒「ここまでのところは、全部わかりました。」

教師「さて、そこで方程式の両辺を平方しましょう。そうすると $2 = \frac{a^2}{b^2}$、すなわち、$a^2 = 2b^2$ が得られます。したがって、a は偶数であり、$2c$ と書くことができます。」

生徒「いいでしょう。」

教師「$2c$ を前に出てきた方程式に代入して、$4c^2 = 2b^2$ となります。両辺を2で割ると、b も偶数であるという結論に導かれます。ところが、わたしたちは a または b のどちらかは奇数であるという仮定を正当化することから始めたのでした。これで、矛盾に到達しました。」

生徒「それで、何？」

教師「この矛盾は、2の平方根が有理数であるという仮定から導かれたのです。」

生徒「だから、最初にいったでしょう。そんなことは仮定できないって。」

以上は想像上の会話ですが、これと類似の会話は数学の学習では非常に頻繁に起こります。この会話が写し出している困難の原因は、教師は議論に慣れており、証明を何度も教えたことがあるかもしれず、そして、背理法に基づく根本的な難しさをすっかり忘れてしまっているという事実にあります。わたしたちは、ピタゴラス学派の人たちの間で証明が克服しなければならなかった障害であったことに気づき、また思い出すべきなのです。彼らはそれを彼ら自身から出た理由によって何年にもわたって封印しました。そして、彼らがそうしたのは、証明が理解しやすくはないからであった可能性が十分にあり得るのです（第7節参照）。また、二十世紀になってもなお背理法の方法に異議を唱えた人たちがいたことも忘れずに思い出すべきです。もしこのような証明が自明であったのなら、すなわち、もしそれが直観と整合していたならば、方法に対する反論は起こることがなかったことでしょう。わたしは、若い生徒たちにこのような証明を疑問視する歴史の伝統に触れさせるべきであると示唆しているのではありません。ただ、このような証明は、記憶することは可能でも、受け入れて理解することは難しいということの認識は教授方法に反映されるべきです。この困難を完全に克服することはできません。この問題を扱う最良の方法は、このような主張の根底にある原理の説明を証明それ自体から切り離すこと、忍耐強く教えること、そして、生徒が自力でこのような主張にたどり着くことを期待しないことです。

生徒は、「すべての」、「存在する」、「存在しない」のような論理的量化子を含む主張を理解するときにも、類似の困難に遭遇します。たとえば、教師がある性質（たとえば、三角形の性質）がすべての三角形に対して成り立つことを証明したとしても、そのような知識を生徒がその時点から使うだろうと期待することはできません。すでに証明された事実へのアクセスが悪いのは、その性質を忘れてしまう生徒のせいなのではなく、人間の脳の中に「すべての」という主張が自然に入り込む場所がないという事実の結果です。生徒は、教師が古典論理学における思考の第三法則、すなわち、排中律「命題Pが真であるかまたはその否定が真であるかのどちらかである」を用いるときにも、同じ困難に直面することになります。この規則の使用は直観的ではありません（第7節参照）。それを使いこなす唯一の方法は、それをほかから分離し、それを使うときにはいつでもそのことに注意を引くことであり、そして、授業はそのことに基づいて計画しなければなりません。

脳が働く働き方から導かれる中心的な困難の一つは、脳は規定や条件を肌では理解できないことです。知能は条件付きでは思考せず、一般に状況の解析に必要とされるデータが欠けていることに気づきません。進化は、不完全な概念をどうにかして補完するようにわたしたちを訓練しました。脳が欠けている条件を見つけられるようにするために意図された遅延は、進化の途上にあった人類にとって悲惨な結果を伴ったかもしれず、その結果、今日わたしたちは通常その段階を飛ばします。数学において、この結果は誤りを誘発しやすいのです。確率の勉強からの例で説明しましょう。

　確率を理解する論理的な方法とそこから起こる困難については第40節から第43で記述した。ここでは、経験の豊かな教師がいかに誤りの危険にさらされているかを見てみよう。強調しておかなければならないのは、この例を挙げるのは誤りについて解説するためでも、以下で分析する記事の著者を貶《おとし》めたり軽蔑したりするためでもないということである。ここではその例について詳しく述べるが、それは、そうすることによって誤りの原因を特定できると考えるからである。原因は、条件の認識が困難であることと、脳がイメージを補完することにある。このような問題を分析するときに要求される精密さを強調するため、ここでは広く、かつ詳しく論じることにする。

　数年前、ある教師向けの雑誌に現れた記事のタイトルは、「パラドックスの源泉としての条件付き確率とその驚くべき結果」というなかなか期待を抱かせるものだった。前書きも同じような調子で、「数学的思考は世界を発見する重要な手段である……。神秘的で逆説的に見える現象が合理的に説明され……」と書かれていた。記事の本論では見かけ上のパラドックスの例を示した後で、それを、見かけ上、合理的に説明していた。ここに、例の一つを示してみよう。

男の子、女の子　男の子の出生確率が$\frac{1}{2}$であることは与えられているとする。ある家族に子どもが三人いる。例には二つの段階がある。第一の段階は、その家族のマンションの外に女の子が二人いるのが見えるというものである。もう一人の子どもが男の子である確率はいくらか？　第二の段階は、女の子二人に加えて、マンションの中に赤ちゃん——庭で出会った二人の女の子の弟か妹——のシルエットが見えているというものである。このとき、三人めの子どもが男の子である確率はいくらか？

　問題の解答に至る記事のアプローチには欠陥がある。記事で与えられている解答を示し、その後で誤りを指摘しよう。繰り返して強調しておくと、記事の著者を貶めることがわたしたちの目的ではない。誤りは数学では日常的な出来事なのである。わたしたちの目標は、誤りの原因を示すことである。初めに、記事で与えられている解答を示そう。

著者は、先に、多くの生徒は問題の前半部分に対する答えが$\frac{1}{2}$であることを確信しているとまず述べてから、問題を解いている。生徒たちの説明は、彼の主張によると、対称性によって三番めの子どもが男の子である確率はそれが女の子である確率に等しいからというものだという。次に、著者は「正しい」答えを与えている。彼は男の子には数1を、女の子には数0を割り当てている。これらの記号の助けにより、子どもが三人いる家族の可能な状況すべてを記述する八通りの三桁の順列

$$\Omega = \{000, 100, 010, 001, 110, 101, 011, 111\}$$

を書き上げることができる。ここで、たとえば011は最初の子どもが女の子で、その後に男の子が二人続くことを示す。この後、記事は第41節で述べた形式的な道筋に従って続いている。「家族に男の子がちょうど一人いる」という事象に対して記号Aを、「家族に女の子が少なくとも二人いる」という状況に対して記号Bを使うことにしよう。計算しなければならないのは条件付き確率$P(A|B)$であり、これは$\frac{P(A\cap B)}{P(B)}$である。これはごく簡単な計算になる。記事では二通りの方法が与えられているが、得られる結果は同じである。ここでは短い方の解答を与えよう。家族に女の子が二人いることが知られているので、関係する事象は、著者の主張によれば、上に挙げた八通りの可能性のうちの四通りからなり、そしてそれらは$\{000, 100, 010, 001\}$である。これらのうち三つで、二人の女の子に加えて男の子が一人いるので、求める確率は$\frac{3}{4}$である。

記事では次に問題の後半部分について論じている。彼の警告によれば、上の結果に照らせば、確率はこの場合も$\frac{3}{4}$ではないかと期待するかもしれない。しかし、これは（記事によれば）正しくない。注意——問題が最後に生まれた子どもに関係していることは知っているので、可能性の範囲は$\{001, 000\}$だけであり、確率は今度は$\frac{1}{2}$であって、$\frac{3}{4}$ではない。右で述べたように、記事の著者はこれを数学によって明らかになった驚くべき結果、すなわちパラドックスであると考えている。

問題に対する著者の解法は正しくなく、パラドックス

も、見かけ上の驚きも、存在しない。問題に対するはっきりとした解答に到達するには不十分なデータしかないことに著者は気づかなかった。提案されている解答をわたしたちが受け入れることができない理由は、問題が定式化されている仕方と二つの部分に対する解答とが互いに矛盾していることである。もし答えが家の中の子どもが最年少であることがわかっているときのものならば、それは、また、家の中の子どもが三人のうちの真ん中の子どもである場合の答えでもあり、そして、それはまた三人のうちの最年長の子どもが家の中にいることがわかっている場合の答えでもある。これらは重なりのない三つの場合であり、合わせるとすべての可能性を尽くしている。そして、もしこれらの場合それぞれにおいて求める確率が1/2であるのなら、家の中にいるのが三人の子どもたちのうちどの子なのか、すなわち、末っ子なのか、真ん中なのか、年長の子なのかがわからない場合にも、やはり確率は1/2になるだろう。したがって、問題の後半部分に対する正しい答えとして1/2が得られるという事実から、それがまた前半部分に対する正しい答えでもあることが導かれる。

そうならば、著者の誤りはどこにあるのか。説明を手短に済ませるには、著者はタイトルの中の条件付き確率という用語に惑わされたのだと主張するのがよいだろう。これを、Bが成り立つことが知られているときのAの確率を意味すると解釈する文献がある（第40節参照）。これは条件付き確率の概念の正しくない解釈であり、Bが成り立つことがどのようにして知られるようになったのか問うことを忘れている。第40節を読んだ読者は、このような問題を解くにはベイズの思考プロセスを用いなくてはならないことを知っているだろう。もし記事の著者がベイズのスキームを適用しようとしたならば、もっと情報がなければはっきりとした解答にたどり着くことは不可能であることがわかったはずである。（例として、第42節で美人コンテストの挑戦者六人を巡る物語について話した。よく似た例は、記事の中でも誤って「解かれて」いる。）すでに述べたように、データが不足している場合、問題を解いている人の脳は自分で、そして多くの場合は本人の知らないうちに、足りないものを補う。問題は、状況を補完する方法が異なれば、生じる結果も異なることである。

以下では、状況を補完する、すなわち、足りない情報を補う三つの異なる方法——それぞれ異なる答えを導く方法——を提示しよう。最初の方法では、子どもが三人いる家族ではランダムに選ばれた二人が遊びに出るものと仮定する。すると、問題のどちらの部分の解答も $1/2$ になる（計算は省略する）。二つめの方法では、この界隈《かいわい》の家族では、子どもはいつも自分と同性の子どもと遊びに出るものとする。これは、つまり、男の子は男の子と、女の子は女の子と遊ぶことを意味し、さらに、一つの家族に三人の男の子か、あるいは三人の女の子がいる場合は、上の二人が一緒に遊びに出るものと仮定する。その場合、引用した記事が主張しているとおり、問題の前半では、家の中にいる子どもが男の子である確率は $3/4$ であり、問題の後半の確率は $1/2$ である（ここでも計算は省略するが、この場合は記事に書かれている計算が正しいとだけいっておこう）。三つめの可能性は、同性の子ども二人はいつも一緒に遊びに出るが、同性の子どもが三人いる場合には、遊びに出る二人はランダムに選ばれるというものである。その場合、問題の前半でも後半でも、家の中の子どもが男の子である確率は $3/4$ である。このように、問題で与えられている情報は、それぞれが問題に対する異なる答えを与えるような、異なる方法で補完できることがわかる。足りないデータを埋め合わせる正しい方法は何だろうか。問題の定式化では、その答えは与えられていない。記事の著者が使った数学の公式は、問題それ自体に関する（たとえば、上に挙げた仮定のうちの一つのような）明示されていない仮定、問題文の文中に現れていない仮定の上に立っている。わたしが言葉を慎重に選び、著者が問題に取り組む方法が誤っていたといい、記事に書かれた答えの数値が誤っているとはいわなかったのは、そのような理由である。（とはいえ、著者が数式にしか関心がないことから、彼がいろいろな可能性を考慮したとはほとんど思えない。ここには、数学を使うすべての人たちに対する教訓がある——公式が目の前の状況に関係していることを確認するまではそれを使ってはいけないということである。）

すでに述べたように、誤りの理由は、仮定の下で思考することは人間の脳にとって自然なプロセスではないという事実に根ざしています。この事実の根は深く、記事の著者がそのことを認識することも、したがってまた、自分自身が得た矛盾した結果の原因を見定めることもなかったほどなのです。彼は直観によって起こされた居心地の悪さをパラドックスとして――形式的な論理によって説明できるパラドックスとして――考えることを選好しました。後に説明するように、この点においては、彼だけが特殊なのではありません。

もしかすると、情報の明確さの欠如と無意識の補完の最も有名な例は、出場者に心理的な挑戦が与えられるテレビのゲーム番組「手を打ちましょう（Let's Make a Deal）」によって知られているものかもしれません。[5] 問題を正確に定式化すると、以下のようになります。

> あなたはゲームに参加している。あなたの前に、閉じた三つのドアが示される。一つのドアの向こうには高額の賞金があるが、一方、ほかの二つのドアそれぞれの向こうにはヤギがいると告げられる。[6] あなたはドアを一つ選ぶように求められる。ドアが開かれて高額の賞金またはヤギが見える前に、各ドアの向こうに何が隠れているかを知っているホストが、ほかのドアの一つを開いて、ヤギを見せる。ここでホストは、あなたに考えを変えてもう一つのドアを選ぶチャンスを与える。自分の選択を変える、すなわち、ホストが開けなかったドアを選ぶことには意味があるか。

この問題から、膨大な量の口論、討論、議論が起こり、それはののしり合い、愚弄へと転じていきました。インターネットはこの話題に関する内容で溢れかえっています。問題は教科書にも現れ、通常は解答が示され、問題文はわたしたちの定式化に類似していますが、多くの場合、定式化に何かが欠落していることは示されていません。欠けているのは、ホストはあなたが選ばなかったドアの一つを開くことを**義務づけられて**いたのかどうかという問いへの解答です。もし彼がそうすることを義務づけられているなら、ドアの選択を替えることで損はせず、却って得をすることすらあることを示すのは難しくありません（あなたの勝つチャンスがどれほど増えるかを知るには、開くドアをホストがどのようにして選んでいるのかを知る必要があります）。[7] もし彼がドアを開けることを義務づけられていないなら、正しい答えはホストの意図に依存しますが、それは問題文の

5 〔訳注〕この例はモンティー・ホールの問題ともよばれる。

6 〔訳注〕ここでは、ヤギは外れの印である。

7 〔訳注〕ドアを取り替えたときに勝つ確率は最低でも$\frac{1}{2}$であり、条件の設定によっては1になることもある。

中には現れていません。もし、たとえば、あなたが高額の賞金があるドアを選んだときにだけ向こうにヤギがいるドアを開け、あなたをだますだけのためにそのようなことをするのなら、自分の選択を変えることはあなたにとって意味がありません。（人々は、ショーに出ているホストのモンティー・ホールに連絡をとり、ドアを開けることを義務づけられているのかどうか尋ねましたが、彼の答えは、さあ、どうだったか覚えていないということでした。）ここでは、通常の言語における明確さの欠如が浮き彫りになっています。多くの人々は問題の言葉遣いによってホストがドアを開けなければならないことが示されていると信じています。ほかの人々は反対しています。多くの本はこの点を無視し、著者たちは単純に彼らの頭の中にある解釈が読者の解釈と同じであるものと仮定しています。

教師たち、および、彼らを指導する教員養成系大学の講師たちは、数学は数学的な論理の法則に従わない自然言語を用いて教えられるという事実を無視しています。数学教師が何を知っていなければいけないかを決めるために召集されたある会議において、講演者の一人は専門家、つまり数学教育の教授でした。彼は、生徒たちや教師たちの間の数学的な言語の使用における正確さの欠如に関して不平を述べ、教師はこれらの誤りをどのように正すべきかを教えなければならないと主張しました。彼が持ち込んだたくさんの例の中には、教科書からの定義の引用が含まれていました。そこには、偶数とは、一の位の数字が〇、二、四、六、八のうちの一つである数であると書かれていたのです。このことを主張する彼の話しぶりから、聴衆のだれもが誤りにすぐ気づくだろうと彼が考えていたことは明らかでしたが、一方、わたしにはその定義の中に正確さの欠如を見つけることができませんでした。教授は続けて、この定義が正確さを欠いているのは、たとえば数26.5を偶数に分類することになるからであると主張しました。この問題を提示するときも、議論それ自体の中でも、彼は彼が数について言及するときは実数、すなわち小数を意味していることを説明しませんでした。その場合には、この定義は明らかに正しくありません。しかし、わたしが**数**という言葉を聞いたとき、心に浮かんだものは整数であり、したがってわたしにはこの定義の誤りが何もわかりませんでした。わたしには教授が引用し、不正確さを批判している本の背景や枠組み、あるいは読者対象について知りませんが、彼が挙げた例のほとんどには同じようなタイプの曖昧さ、あるいは、明確さの欠如が見られました。明らかに彼は、数学を記述するときにわたしたちが使うのは自然言語であること、そして、音声言語の正確さの欠如からは逃れる方法がないという事実を受け入れていないのでした。

論理を基礎とする教科を教えることの難しさは、ここにあります。論理的な分析では明確さの欠如は許されませんが、生きている言語は、かなりの程度まで直観と効率性への欲求から導かれる構造的な不正確さの上に成り立っています。日常生活において、わたしたちは主として論理の綿密さを棚上げにすることによって、どうにかこうにか、このような事態に対処しています。「バナナを食べなければお仕置きをするぞ」と息子に警告している父親は、もし息子が実際にバナナを食べたならばお仕置きはされないことを、厳密に論理的な観点からはそのような誓約は一切していないにもかかわらず、ある意味で約束しているのです。数学の授業では、論理的な正確さを無視することはできません。このような二つの事実の間の折り合いをどのようにしてつければよいのでしょうか。確率の話に戻ります。わたしの同僚の何人かは、確率論の根底にある論理は直観から非常にかけ離れているため、中学校、高等学校のカリキュラムから完全に取り去ってしまう方がよいのではないかと主張しています。わたしはより楽観的です。確率論の論理も含めて、数学の論理的な基礎を教えることは可能であるし、また、実際に教えることが大切なのです。しかし、それは難しい課題であること、そして、直観的に教えることはできないことを理解することがきわめて重要です。教師たちも、そして、彼らの大学での教師たちも、新しく出合う確率のすべての演習問題や試験問題の論理的構造の根幹を最初に明確にしておかなければ、誤りを犯すリスクにさらされることになります。数学は直観的方法と論理的思考の結合体です。論理的な側面の存在と、そのような側面はわたしたちの脳の中に蓄えられている豊かな内容に整合的な科目とは異なる扱い方をしなければならないという事実を知ることが、正しい数学教育への第一歩です。授業計画は、この生まれながらに存在する衝突に合わせたオーダーメイドで設《しつら》えなければなりません。

そうはいうものの、数学の適切な部分を教え、促すためには直観が使われるべきです。たとえば、第4節で言及した数列 4, 14, 23, 34, 42, 50, 59, ... の次に来る自然な項は72で、それはこれらの数がマンハッタンの地下鉄の駅がある通りの番号だからです。数学教育に関する非常に示唆に富んだ重要な本を書いた数学者モーリス・クラインは、数列を延長するテーマのようなひと通りの論理的な基礎がなくても教えられる例としてこれを引用しています。確かに、問題はニューヨーク市に在住していない人々にとっては適切ではなく、関係もありませんが、パターンを探し求めることは人間の直観の中に深く埋め込まれており、この性向が人類になした貢献がどのように重要なものであったかはいくら強調しても強調しすぎることはありません。たとえ数列の延長が純粋な論理からは導かれないとしても、この性向は、数学の研究それ自体にとって不可欠な基礎であり、そして、そのようなものとして励まされ、実践されるべき、価値のある数学なのです。同様に、生徒たちが容易に発達させることができる数についての直観を教育において利用することは可能であるし、またすべきです。数の感覚は人間の自然な性向において生得的であり、その能力は十分に引き出すべきですが、その一方で、わたしたちが知っていなければならないことは、生徒たちが、あるいは実際には誰であっても、論理演算、数学的な記号、あるいはそのほかの抽象的なシステムに対する感覚や直観を発達させる見込みは、それらが算術や幾何に根ざし、裏づけられているのでなければ、まったくないということです。このことについて教師たちは注意を怠ってはならないし、指導案もそれに従って編成されなければなりません。

71 数学の多様な側面

数学教育の目的の一つはすでに述べたように、まず第一に、生徒たちが楽しく学ぶことができるように、そして、数学の知識が必要となる職業で資格を得るために続けて勉強したい、あるいはさらに、より高度な数学を続けて学びたいと希望する人たちがその意志をくじけさせることがないように、数学への興味を生徒たちの間に呼び覚ますことです。ここで、専門的職業の認識そのものにかかわる誤りを指摘することができます。触覚に頼って記述したために、まったく異なる六通りの記述を考え出した六人の盲人が描いた象[8]のように、数学は多様な側面をもつ巨大な象です。もし、一つの狭い観点から数学を提示すれば、その特定の観点に興味のないすべての人たちを——そのような人たちも「象」の別の側面には魅力を認めるかもしれないにもかかわらず——寄せ付けないことになります。

まず、わたしたちは、数学のさまざまな側面を知り、記述すべきです。わたしは、数学オリンピックに出てくるようなタイプの問題や、解くためにある種のテクニックの使

8 [訳注] 群盲象を評す。インド発祥の寓話。

用が要求されるようなタイプの問題を解くことが苦手であることはすでに認めました。同時に、わたしは、二十世紀の最も偉大な数学者の一人、ジョン・フォン・ノイマンについても言及しました（第65節参照）。取り組んでいる問題に対する彼の解決法は、数学オリンピックの出場者のどのトレーナーからも軽蔑されたことでしょう。数学には確かにトリックを使って問題を解く側面がありますが、また、パターンを見つけ出す側面や、論理構造を構築する側面もあります。そしてもちろん、自然現象を説明するのにも技術開発にもある役割を果たし、そしてまた、歴史・哲学的な側面もあります。これらすべてがカリキュラムの中に現れなければなりません。生徒たちは、数学のある部分には困難を見出したり退屈に感じても、別のある部分はとても面白いとわかることも十分にあり得ることを知っていなければなりません。クラシック音楽が好きではない人が、それでもジャズならば楽しめることはあり得るのです。

学校での数学教育において欠けている主な要素は、この教科を包み込む広い視野です。学校数学は、かなりの程度まで、問題の集積に並行した解答の集積の提示になっています。問題を突き付けられた生徒は、問題とその答えを与えてくれる正しい公式との間に関連性を見つけ出す方法を学ばなければなりません。それは確かに人間の脳にとって自然な思考法である比較による思考ですが、脳がそのような比較のシステムを自分のために一人で構築する状況と、生徒が教師によって与えられたリストを空で覚えなければならない状況との間には、雲泥の差があります。このことは、以下の例からわかるように、学校の範囲を越えて広まっていることなのです。

わたしは、最近、数学教師のための高等教育課程で教えました。試験の時期が近づいてくると、試験に対する準備はどのようにしたらよいかという質問が起こりました。学生の一人（ほかの学生と同様に現場教師です）は、わたしの指導スタイルが彼が慣れている型に合っていそうに見えないことを悟って、問題のコピーを――ただし、問題中の数値は変えて――事前配布してはどうかと提案しました！彼は大真面目でした。どうやらそれが今日の中学校、高等学校における慣例なのでしょう。このような慣例の発達に対しては多くの理由があります。その一つは、教育における成功度と教師の質の評価が標準テストによって実施されていることであるかもしれません。その結果、学習の重点は標準問題を解くテクニックに置かれ、数学を幅広く鑑賞する心を育てたり、興味深く重要な数学のそれ以外の側面を紹介することは犠牲にされているのです。このことについて、詳しくは説明しませんが、このことは数学に対しても、生徒たちと彼らの未来に対しても、重大な損失を与えているとだけ指摘しておきます。

明らかに、数学を扱うことの認知論的な基礎を教師たち自身が理解しない限り、数学教育の領域を拡大し、それを魅力ある研究分野に転換することは不可能でしょう。たとえば、人は誰でも間違えます。もし歴史学専攻の学生がある事件の日付けを間違えて言ったり、あるいは、もし化学専攻の学生が化合物中の成分を取り違えたりしても、教師は学生が歴史や化学を理解していないという結論には達しません。数学では、もし学生が問題に正しく答えないと、それは学生が理解していないことを意味するものとして受け取られます。この不寛容さは有害です。わたしには、勤めている大学の入学希望者に出題する問題に関して、同僚たちと現在進行中の論争があります。何人かの同僚は、応募者に数学の演習問題を与え、どれほどうまく解けるかを調べます。わたしはそれに強く反対し、同僚たちはいつでも彼ら自身が答えを知っている問題を出題することに文句をいいます。演習問題を首尾よく解き終えること、とりわけ試験でそれを行うことは、数学的能力のほんの小さな、非本質的な部分です。

最後に、ここで開陳した数学教育についての見解は、何年にもわたってこの分野における研究や実践を追い、関心を払ってきた結果です。ここで指摘してきた不備は、教育システムが抱えている問題の一つの部分――小さな部分――にすぎません。わたしは、困難な物理的条件、超満員の教室、モチベーションに欠ける教師などについてはまだ言及していません。しかし、カリキュラムの側面は改善が可能であるし、またすべきなのです。数学をうまく教えるには、教師は健全な直観力と数学的議論の論理的構造との間の衝突から起こる困難について知っていなければなりません。数学の論理的、非直観的な側面を分析する技能を授ける特別な教育方法が開発されるべきであり、また、それと同時に、生徒たちがそのような題材を扱う直観的な能力を伸ばすだろうと期待すべきではないのです。数学の多様な側面とその人類の文化における役割についての幅広い理解が達成されるとき、学校で一番に難しい教科であるという数学の不名誉な名声を払拭することがついに可能となるでしょう。実際、数学が最も面白くない科目でなければならない理由はどこにもないのです。

あとがき

すでに読者は、進化はわたしたちに厳密でまったく誤りのない分析と議論に備えるだけの能力を与えることはしなかったという本書の中でしばしば繰り返されてきた主張に、確実に気づいていることでしょう。わたしが読者にお願いしたいことは、本書の中にほとんど確実に発見されるであろうどのような誤りに対しても、そのような精神で扱ってほしいということです。

訳者あとがき

わたしたちはどこからきたのか、わたしたちは何ものか、わたしたちはどこへいくのか——十九世紀もあと数年で終わろうとするころ、このように問いかけた画家がいたことはよく知られている。この問いの「わたしたち」を「数学」に置き換えてみると、それはそのまま本書が問いかけている問いとなる。数学はなぜいまあるような姿になったのか。このことを考えるためには、数学がいまの数学になるまでのことについて、少し腰をすえて考えてみた方がよいのではないだろうか。本書のいくつかの章をお読みいただいた読者のみなさんは、このわたしたちの考えにきっと同意してくださることと思う。

編集部の立澤さんから本書の英語版をご紹介いただき、身近な同僚や親しい仲間たちといっしょに少しずつ翻訳を始めたのが二〇一四年の暮れのことだった。翌年の四月には正式に翻訳グループとして発足し、何度か編集会議を開催する中で邦訳のタイトルも決まった。

その後、二〇一五年秋には京都産業大学において、数学教育学会秋季例会シンポジウム「数学と現実世界——数学の特性とその進化論的基礎」を開催し、また、機会があるたびに、学会の理事のみなさんを含むさまざまな方々に原稿を見ていただいて多くの貴重なご意見をいただいた。

監修の任にあたっていただいた数学教育学会会長の落合卓四郎先生には、毎月、学会スタディーグループでお会いするたびに本書の内容やわたしたちの原稿について詳細なコメントをいただき、また関連書籍のご紹介を通じて、わたしたちを常に励ましてくださった。これらの方たちを含む、お世話になった多くの方たちに対して、感謝したいと思う。

ヘブライ語についてのわたしたちの質問に、恵比寿と広尾の真ん中に位置するタイームのシェフ、ダン・ズッカーマンさんは、すべて笑顔で答えてくださった。ヘブライ語で「美味しい」を意味する店名の通り東京で一番美味しいイスラエル料理店が提供するフムスとシュニッツェルで空腹を満たしながら、わたしたちは、原稿用紙の虫食いを埋めていったのだった。

本書は、二〇一四年八月にテルアビブの出版社からヘブライ語版が、続いて二〇一四年九月にニューヨークの出版社から英語版が出版された。ヘブライ語版のタイトルを訳すと、「数学的関係——自然の数学、数学の本性、そして進化とのつながり」であり、英語版のタイトルは Mathematics and the Real World: The Remarkable Role of Evolution in the Making of Mathematics（数学と現実世界——数学の創造において進化が果たした注目すべき役割）である。英語で「自然」を意味する nature と同様に、ヘブライ語で「自然」を意味するハチェヴァにも「本性」という意味があり、また、ヘブライ語版タイトル「数学的関係」にある「関係」（ヘクシェル）には、英語 connection と同様、映画「フレンチ・コネクション」のコネクション、すなわち密売ルートの意味もある。

著者ツヴィ・アーテシュテイン（Zvi Artstein）は、イスラエルのレホヴォトにあるヴァイツマン科学研究所の数学科教授で、これまでに力学系、変分法境界値問題、最適化問題の緩和法特異摂動論、制御理論、とくに最適化制御理論などの数学の分野で数多くの論文を発表する一方で、行政的な業務にも多く携わり、また、教育についても詳しく、一般向けの数学の読み物をヘブライ語で多数出版し、また、市民向けの講演会も精力的に行っている。

長女のシリ・アーテシュテインさんは漸近的凸体幾何学の研究で二〇一五年のエルデーシュ賞を受賞したテルアビブ大学の数学科教授であり、また、その弟であり、第十章で元気な小学生として登場したロン・アーテシュテインさんはテルアビブ大学でアラビア語・アラビア文学、ラトガース大学で認知科学を学んだ後、現在は南カリフォルニア大学の准教授として言語学を研究しながら、コンピューターを用いたコーパスの構築に携わっていることを付け加えておこう。

翻訳者グループを代表して
植野　義明

Rudman, Peter S. *How Mathematics Happened: The First 50,000 Years.* Amherst, NY: Prometheus Books, 2007. （ピーター・S. ラドマン著／藪中久美子訳『数学はじめて物語』，主婦の友社，2008.）

Ruelle, David. *The Mathematician's Brain.* Princeton, NJ: Princeton University Press, 2007. （D. ルエール著／冨永星訳『数学者のアタマの中』，岩波書店，2009.）

Saari, Donald G. *Decisions and Elections: Expecting the Unexpected.* Cambridge: Cambridge University Press, 2001.

Singh, Simon. *Fermat's Last Theorem: The Story of a Riddle That Confounded the World's Greatest Minds for 358 Years.* London: Fourth Estate, 1998. （サイモン・シン著／青木薫訳『フェルマーの最終定理：ピュタゴラスに始まり，ワイルズが証明するまで』，新潮社，2000.）

—. *The Code Book: The Science of Secrecy from Ancient Egypt to Quantum Cryptography.* New York: Anchor Books, Random House, 2000. （サイモン・シン著／青木薫訳『暗号解読：ロゼッタストーンから量子暗号まで』，新潮社，2001.）

Swetz, Frank J., and T. I. Kao. *Was Pythagoras Chinese?* University Park: Pennsylvania State University Press, 1977.

van der Warden, B. L. *Science Awakening.* Translated into English by Arnold Dresden. Groningen: Noordhoff, 1954. （ヴァン・デル・ウァルデン著／村田全，佐藤勝造訳『数学の黎明：オリエントからギリシアへ』，みすず書房，1984.）

Wilson, Robin. *Four Colors Suffice: How the Map Problem Was Solved.* Princeton, NJ: Princeton University Press, 2002.

Yavetz, Ido. *Wandering Stars and Ethereal Spheres: Landmarks in the History of Greek Astronomy* (in Hebrew). Or Yehuda, Israel: Kinneret, Zmora-Bitan, Dvir, 2010.

—. *Mathematics and the Search for Knowledge.* Oxford: Oxford University Press, 1985. （モーリス・クライン著／雨宮一郎訳『何のための数学か：数学本来の姿を求めて』，紀伊國屋書店，1987.）

Koestler, Arthur. *The Watershed: A Biography of Johannes Kepler.* London: Heinemann Educational, 1961. （アーサー・ケストラー著／小尾信彌，木村博訳『ヨハネス・ケプラー：近代宇宙観の夜明け』，ちくま学芸文庫，筑摩書房，2008.）

Lanczos, Cornelius. *The Einstein Decade (1905–1915).* New York: Academic Press, 1974. （コルネリウス・ランチョシュ著／矢吹治一訳『アインシュタイン：創造の 10 年 1905–1915』，講談社，1978.）

Liberman, Varda, and Amos Tversky. *Statistical Reasoning and Intuitive Judgment* (in Hebrew). Tel Aviv: Open University of Israel, 1996.

Livio, Mario. *The Golden Ratio: The Story Phi, the World's Most Astonishing Number.* New York: Broadway Books, 2002. （マリオ・リヴィオ著／斉藤隆央訳『黄金比はすべてを美しくするか？：最も謎めいた「比率」をめぐる数学物語』，早川書房，2005.）

Magee, Bryan. *The Great Philosophers: An Introduction to Western Philosophy.* Oxford: Oxford University Press, 1987. （ブライアン・マギー編／高頭直樹ほか訳『西洋哲学の系譜：第一線の哲学者が語る西欧思想の伝統』，晃洋書房，1993.）

Mahon, Basil. *The Man Who Changed Everything: The Life of James Clerk Maxwell.* Chichester, UK: John Wiley and Sons, 2003.

Mangel, Marc, and Colin W. Clark. *Dynamic Modeling in Behavioral Ecology.* Princeton, NJ: Princeton University Press, 1988.

Monk, Ray. *Russell.* London: Phoenix, 1987.

Nagel, Ernest, and James R. Newman. *Gödel's Proof.* New York: New York University Press, 1960. （E. ナーゲル，J.R. ニューマン著／林一訳『ゲーデルは何を証明したか：数学から超数学へ』，白揚社，1999.）

Ne'eman, Yuval, and Yoram Kirsh. *The Particle Hunters: The Search after the Fundamental Constituents of Matter* (in Hebrew). Tel Aviv: Massada, 1983. （Y. ネーマン，Y. キルシュ著／近藤都登監訳，田中良太郎，大見和史訳『素粒子物理学への招待：20 世紀の探索者たち』，啓学出版，1990.）

Netz, Reviel, and William Noel. *The Archimedes Codex: Revealing the Secrets of the World's Greatest Palimpsest.* London: Phoenix, 2007. （リヴィエル・ネッツ，ウィリアム・ノエル著／吉田晋治監訳『解読！アルキメデス写本：羊皮紙から甦った天才数学者』，光文社，2008.）

Gessen, Masha. *Perfect Rigor: A Genius and the Mathematical Breakthrough of the Century.* Boston: Houghton Mifflin Harcourt, 2009.（マーシャ・ガッセン著／青木薫訳『完全なる証明：100 万ドルを拒否した天才数学者』，文藝春秋，2009.）

Gigerenzer, Gerd. *Reckoning with Risk: Learning to Live with Uncertainty.* London: Penguin Books, 2002.

Hacking, Ian. *The Emergence of Probability.* 2nd ed. Cambridge: Cambridge University Press, 2006.（イアン・ハッキング著／広田すみれ，森元良太訳『確率の出現』，慶應義塾大学出版会，2013.）

Harel, David. *Computers Ltd.: What They Really Can't Do.* Oxford: Oxford University Press, 2000.

Harel, David, with Yishai Feldman. *Algorithmics: The Spirit of Computing.* 3rd ed. Harlow, UK: Addison-Wesley, Pearson Education, 2004.

Hoffman, Paul. *The Man Who Loved Only Numbers: The Story of Paul Erdős and the Search for Mathematical Truth.* New York: Hyperion, 1998.（ポール・ホフマン著／平石律子訳『放浪の天才数学者エルデシュ』，草思社，2000.）

Huntly, H. E. *The Divine Proportion: A Study in Mathematical Beauty.* New York: Dover Publications, 1970.

Isaacson, Walter. *Einstein: His Life and Universe.* New York: Simon and Schuster, 2007.（ウォルター・アイザックソン著／二間瀬敏史監訳，関宗蔵，松田卓也，松浦俊輔訳『アインシュタイン：その生涯と宇宙 上・下』，武田ランダムハウスジャパン，2011.）

Israel, Georgio, and Ana Millán Gasca. *The World as a Mathematical Game: John von Neumann and Twentieth Century Science.* Boston: Birkhäuser, 2009.

Kahneman, Daniel. *Thinking, Fast and Slow.* New York: Farrar, Straus and Giroux, 2011.（ダニエル・カーネマン著／村井章子訳『ファスト&スロー：あなたの意思はどのように決まるか？ 上・下』，早川書房，2012.）

Kline, Morris. *Mathematical Thought from Ancient to Modern Times.* Oxford: Oxford University Press, 1972.

—. *Why Johnny Can't Add: The Failure of the New Math.* New York: St. Martin's Press, 1973.（M. クライン著／柴田録治監訳『数学教育現代化の失敗：ジョニーはなぜたし算ができないか』，黎明書房，1976.）

—. *Mathematics: The Loss of Certainty.* Oxford: Oxford University Press, 1980.（モーリス・クライン著／三村護，入江晴栄訳『不確実性の数学：数学の世界の夢と現実 上・下』，紀伊國屋書店，1984.）

Davis, Philip J., and Reuben Hersh. *The Mathematical Experience.* Boston: Houghton Mifflin, Birkhäuser, 1981.（P.J. デービス，R. ヘルシュ著／柴垣和三雄，清水邦夫，田中裕訳『数学的経験』，森北出版，1986.）

Dehaene, Stanislas. *The Number Sense: How the Mind Creates Mathematics.* Oxford: Oxford University Press, 1997.（スタニスラス・ドゥアンヌ著／長谷川眞理子，小林哲生訳『数覚とは何か?: 心が数を創り，操る仕組み』，早川書房，2010.）

Devlin, Keith. *The Math Gene: How Mathematical Thinking Evolved and Why Numbers Are Like Gossip.* New York: Basic Books, Perseus Books Group, 2000.（キース・デブリン著／山下篤子訳『数学する遺伝子：あなたが数を使いこなし，論理的に考えられるわけ』，早川書房，2007.）

—. *The Unfinished Game: Pascal, Fermat, and the Seventeenth-Century Letter That Made the World Modern.* New York: Basic Books, Perseus Books Group, 2008.（キース・デブリン著／原啓介訳『世界を変えた手紙：パスカル，フェルマーと「確率」の誕生』，岩波書店，2010.）

Dixit, Avinash K., and Barry J. Nalebuff. *The Art of Strategy: A Game Theorist's Guide to Success in Business and Life.* New York: W. W. Norton, 2008.（アビナッシュ・ディキシット，バリー・ネイルバフ著／嶋津祐一，池村千秋訳『戦略的思考をどう実践するか：エール大学式「ゲーム理論」の活用法』，阪急コミュニケーションズ，2010.）

Drake, Stillman. *Galileo: A Very Short Introduction.* Oxford: Oxford University Press, 1980.

du Sautoy, Marcus. *The Music of the Primes: Searching to Solve the Greatest Mystery in Mathematics.* New York: HarperCollins, 2003.（マーカス・デュ・ソートイ著／冨永星訳『素数の音楽』，新潮社，2005.）

—. *Symmetry: A Journey into the Patterns of Nature.* New York: HarperCollins, 2008.（マーカス・デュ・ソートイ著／冨永星訳『シンメトリーの地図帳』，新潮社，2010.）

Ekeland, Ivar. *Mathematics and the Unexpected.* Chicago: University of Chicago Press, 1988.

Eves, Howard. *An Introduction to the History of Mathematics.* 3rd ed. New York: Holt, Rinehart and Winston, 1969.

Forbes, Nancy, and Basil Mahon. *Faraday, Maxwell, and the Electromagnetic Field: How Two Men Revolutionized Physics.* Amherst, NY: Prometheus Books, 2014.（ナンシー・フォーブス，ベイジル・メイホン著／米沢富美子，米沢恵美訳『物理学を変えた二人の男：ファラデー，マクスウェル，場の発見』，岩波書店，2016.）

参考文献

Aczel, Amir D. *The Mystery of the Aleph: Mathematics, the Kabbalah, and the Search for Infinity.* New York: Washington Square Press, 2000.（アミール・D. アクゼル著／青木薫訳『「無限」に魅入られた天才数学者たち』，早川書房，2002.）

—. *Descartes's Secret Notebook: A True Tale of Mathematics, Mysticism, and the Quest to Understand the Universe.* New York: Broadway Books, 2005.（アミール・D. アクゼル著／水谷淳訳『デカルトの暗号手稿』，早川書房，2006.）

Adams, William J. *The Life and Times of the Central Limit Theorem.* 2nd ed. Providence, RI: American Mathematical Society, 2009.

Bertsch McGrayne, Sharon. *The Theory That Would Not Die: How Bayes' Rule Cracked the Enigma Code, Hunted down Russian Submarines, and Emerged Triumphant from Two Centuries of Controversy.* New Haven, CT: Yale University Press, 2011.（シャロン・バーチュ・マグレイン著／冨永星訳『異端の統計学ベイズ』，草思社，2013.）

Bochner, Salomon. *The Role of Mathematics in the Rise of Science.* Princeton, NJ: Princeton University Press, 1966.（S. ボホナー著／村田全訳『科学史における数学』，みすず書房，1970.）

Blackmore, Susan. *The Meme Machine.* Oxford: Oxford University Press, 1999.（スーザン・ブラックモア著／垂水雄二訳『ミーム・マシーンとしての私 上・下』，草思社，2000.）

Boyer, Carl B. *The History of the Calculus and Its Conceptual Development.* New York: Dover Publications, 1959.

Cohen, Bernard I. *The Birth of a New Physics.* Revised and updated. New York: W. W. Norton, 1985.（I.B. コーエン著／吉本市訳『近代物理学の誕生：それでも地球は動く』，河出書房，1967.）

Coyne, Jerry A. *Why Evolution Is True.* New York: Viking Penguin Group, 2009.（ジェリー・A. コイン著／塩原通緒訳『進化のなぜを解明する』，日経 BP 社，2010.）

Crease, Robert P. *The Great Equations: Breakthroughs in Science from Pythagoras to Heisenberg.* New York: W. W. Norton, 2009.（ロバート・P. クリース著／吉田三知世訳『世界でもっとも美しい 10 の物理方程式』，日経 BP 社，2010.）

ユークリッド (Euclid)　49, 125
ヨーク (Yorke, James)　359
ライプニッツ (Leibniz, Gottfried Wilhelm von)　96, 97, 107, 180, 258, 297, 299, 349
ラウス (Routh, Edward)　117, 348
ラグランジュ(Lagrange, Joseph-Louis)　107
ラザフォード (Rutherford, Ernest)　143
ラッコフ (Rackoff, Charles)　281
ラッセル (Russell, Bertrand)　311, 313, 315
ラビン (Rabin, Michael)　279, 366
ラプラス (Laplace, Pierre-Simon)　184, 190
ラマルク (Lamarck)　2
リー (Lie, Sophus)　151
リー･ティイエンイエン (李天岩 (Tien-Yien, Li))　359
リプソン (Lipson, Hod)　291
リベスト (Rivest, Ron)　285
リマ (Lima, Steven)　165
リーマン (Riemann, Georg Friedrich Bernhard)　131
リャプノフ (Lyapunov, Aleksandr)　186
ルーカス (Lucas, Robert)　211
ルジャンドル (Legendre, Adrien-Marie)　110
レヴィン (Levine, Dov)　344
レウキッポス (Leucippus)　59, 142
レコード (Recorde, Robert)　98
レン (Wren, Christopher)　101
ロザティー (Rosati, Alexandra)　166
ロス (Roth, Alvin)　217
ロッシ (Rossi, Hugo)　95
ロバチェフスキー (Lobachevsky, Nikolai)　130
ロピタル (L'Hôpital, Guillaume Frarnçois Antoine, marquis de)　349
ローレンツ (Lorentz, Hendrik)　134, 357
ローレンツ (Lorenz, Edward)　358
ワイエルシュトラス (Weierstrass, Karl)　299, 302, 308
ワイル (Weyl, Hermann)　266
ワイルズ (Wiles, Andrew)　23, 174, 321
ワット (Watt, James)　347

フロイト (Freud, Sigmund)　11
フングスト (Pfungst, Oscar)　7
ヘア (Hare, Brian)　166
ペアノ (Peano, Giuseppe)　317, 320
ベイズ (Bayes, Thomas)　188
ヘヴィサイド (Heaviside, Oliver)　121
ベークマン (Beeckman, Isaac)　84
ペケリス (Pekeris, Chaim)　268
ベーコン (Bacon, Francis)　82, 112
ベネゼット (Bénézet, Louis P.)　375
ヘラクレイデス (Heraclides)　66
ベリー (Berry, Clifford)　265
ヘールズ (Hales, Thomas C.)　108
ヘルツ (Hertz, Heinrich)　122
ベルヌーイ (Bernoulli, Daniel)　104, 182, 239
ベルヌーイ (Bernoulli, Jacob)　181, 349, 350
ベルヌーイ (Bernoulli, Johann)　349
ヘルマン (Hellman, Martin)　285
ペレルマン (Perelman, Grigori)　340
ヘロン (Heron)　107
ヘンリー (Henry, Joseph)　115
ペンローズ (Penrose, Roger)　343
ボーア (Bohr, Niels)　144
ポアンカレ (Poincaré, Henri)　134, 312, 326, 327, 334, 358, 360
ホイヘンス (Huygens, Christiaan)　120, 177
ホイヘンス (Huygens, Ludwig)　178
ボイル (Boyle, Robert)　142
ボーヤイ (Bolyai, Johann)　130
ホランド (Holland, John)　290
ボール (Ball, John)　157
ボルダ (Borda, Jean-Charles, chevalier de)　220, 224
ボルツァーノ (Bolzano, Bernhard)　302
ボルツマン (Boltzmann, Ludwig)　118
ボルン (Born, Max)　147
ボレル (Borel, Émile)　227, 233
ホワイトヘッド (Whitehead, Alfred North)　315

●マ行

マイケルソン (Michelson, Albert)　133
マークル (Merkel, Ralph)　285
マクローリン (Maclaurin, Colin)　104
マッカイ (Mackay, Alan)　343
マックスウェル (Maxwell (Clerk Maxwell), James)　116, 347
マートン (Merton, Robert)　225
マルコフ (Markov, Andrei)　186
マルサス (Malthus, Thomas)　3
マンデルブロ (Mandelbrot, Benoit)　160
ミカリ (Micali, Silvio)　281
ミラー (Miller, Gary)　280
ミルナー (Milnor, John)　329
ミンコフスキー (Minkowski, Hermann)　135
メック (Meck, Warren)　9
メネラウス (Menelaus)　257
メンデレーエフ (Mendeleev, Dmitri)　143
モーリー (Morley, Edward)　133
モルゲンシュテルン (Morgenstern, Oskar)　236, 237

●ヤ・ラ・ワ行

ヤウ・シントゥン（丘成桐 (Shing-Tung, Yau)）　340

93, 96, 258, 298, 349
ネイピア (Napier, John)　260
ネーマン (Ne'eman, Yuval)　151, 330
ネルンスト (Nernst, Walther)　141

●ハ行

ハイゼンベルク (Heisenberg, Werner)　148
パイト (Pait, Felipe)　335
ハイヤーム (Khayyám, Omar)　127
バークリー (Berkeley, George (bishop))　188
ハーケン (Haken, Wolfgang)　294
パスカル (Pascal, Blaise)　171, 173, 263
パチョーリ (Pacioli, Luca)　171
ハッブル (Hubble, Edwin)　139
バーヒレル (Bar-Hillel, Maya)　241
バベッジ (Babbage, Charles)　264
ハミルトン (Hamilton, Richard)　340
ハミルトン (Hamilton, William Rowan)　107
ハラリ (Harari, Haim)　369
パルメニデス (Parmenides)　48
ハレー (Halley, Edmond)　101, 103
バロー (Barrow, Isaac)　96
ピアジェ(Piaget, Jean)　12
ピアッツィ(Piazzi, Giuseppe)　261
ヒーウッド (Heawood, Percy)　337
ピカール (Picard, Émile)　299
ビジェルジャック-バビック (Bijeljac-Babic, Ranka)　14
ピタゴラス (Pythagoras)　36, 61
ヒッグス (Higgs, Peter)　153
ヒッパスス (Hippasus)　38
ヒッパルコス (Hipparchus)　73
ヒルベルト (Hilbert, David)　312, 333
ファインバーグ (Fienberg, Stephen)　246
ファラデー (Faraday, Michael)　115, 122
フィボナッチ (Fibonacci, Leonardo)　21
フェルマー (Fermat, Pierre de)　96, 106, 171
フォン・オステン (von Osten, Wilhelm)　7
フォン・チルンハウス (von Tschirnhaus, Ehrenfried)　349
フォン・ノイマン (von Neumann, John)　227, 233, 236, 237, 265, 267, 355
フック (Hooke, Robert)　101
フッデ (Hudde, Johannes)　179
プライス (Price, Richard)　188
ブラウワー (Brouwer, Luitzen)　316
ブラウン (Brown, Robert)　60, 140
ブラーエ (Brahe, Tycho)　90
ブラック (Black, Fisher)　225
プラトン (Plato)　41, 61, 62, 65, 83, 153, 156, 342
ブラム (Blum, Paul)　16
プランク (Planck, Max)　141, 144
フーリエ (Fourier, Joseph)　261
フリードマン (Freedman, Michael)　340
プリマック (Premack, David)　9
ブール (Boole, George)　192, 304
プルタルコス (Plutarch)　35
ブルバキ (Bourbaki, Nicolas)　346
フレーゲ (Frege, Gottlob)　313
ブレッチ (Blech, Ilan)　343
フレネル (Fresnel, Augustin-Jean)　120
フレンケル (Fraenkel, Abraham Halevi)　266, 316

シュヴァルツェ(Schwarze, Bernd) 253
シュトゥンプ (Stumpf, Carl) 7
シュミットベルガー (Schmittberger, Rolf) 253
シュリック (Schlick, Moritz) 319
シュレーディンガー (Schrödinger, Erwin) 145
ショールズ (Scholes, Myron) 225
スタインハート (Steinhardt, Paul) 344
スターキー (Starkey, Prentice) 14
スターン (Stern, Ron) 335
スネル (Snell, Willebrord van Roijen) 106
スミス (Smith, Adam,) 209
スミス (Smith, David) 166
スメール (Smale, Steve) 331, 340
ゼノン (Zeno) 48, 258

●タ行

ダーウィン (Darwin, Charles) 2
ダ・ヴィンチ (da Vinci, Leonardo) 18
ダランベール (D'Alembert, Jean) 110
タルタリア (Tartaglia, Niccolò) 82, 170, 173
ダルブー (Darboux, Jean Gaston) 313
ターレス (Thales of Miletus) 35, 55, 113, 257
ダーレニウス (Dalenius, Tore) 246
チェッリーナ (Cellina, Arrigo) 52
チェビシェフ (Chebyshev, Pafnuty) 186
チャーチ (Church, Alonso) 270
チャーチ (Church, Russell) 9
チュー・シーピン（朱熹平 (Xiping, Zhu)） 340
チューリング (Turing, Alan Mathison) 269, 288
ツァオ・ホワイトン（曹懐東 (Huai-Dong, Cao)） 340
ツェルメロ (Zermelo, Ernst) 226, 316
ツーゼ (Zuse, Konrad) 265
テアイテトス (Theaetetus) 61
ディオファントス (Diophantus) 297
ディフィー (Diffie, Whitfield) 285
ディラック (Dirac, Paul) 145
デ・ウィット (de Witt, Johan) 179
デカルト (Descartes, René) 29, 44, 80, 84, 92, 96, 298
デデキント (Dedekind, Richard) 302
デモクリトス (Democritus) 59, 142
テューキー (Tukey, John) 262
トヴェルスキー (Tversky, Amos) 207, 240, 249
ドブリュー (Debreu, Gérard) 235
ド・ブロイ (de Broglie, Louis-Victor) 145
ド・モアブル (de Moivre, Abraham) 183, 188
ド・モルガン (De Morgan, Augustus) 297
ドルトン (Dalton, John) 142
トレミー (Ptolemy)（プトレマイオス (Claudius Ptolemaeus) とも） 74, 77, 105, 257

●ナ行

ナッシュ(Nash, John) 228, 234
ニクソン (Nixon, Richard) 95
ニュートン (Newton, Isaac) 70, 80,

ガウス (Gauss, Carl Friedrich) 129, 184, 261
カーネマン (Kahneman, Daniel) 240, 249
カヤル (Kayal, Neeraj) 279
ガリレオ (Galileo Galilei) 80, 92, 112, 307, 356
ガルヴァーニ (Galvani, Luigi) 114
カルダーノ (Cardano, Gerolamo) 170, 173, 298
ガロア (Galois, Évariste) 346
ガンター (Gunter, Edmund) 263
カントール (Cantor, Georg) 308
カンナルサ (Cannarsa, Piermarco) 335
ギーゲレンツァー (Gigerenzer, Gerd) 203
ギルバート (Gilbert, William) 114
ギロヴィッチ (Gilovitch, Thomas) 207
グート (Güth, Werner) 253
クライン (Kline, Morris) 20, 390
クーリー (Cooly, James) 262
グリーブス (Grieves, Robin) 212
クリューゲル (Klügel, Georg) 128
クールノー (Cournot, Antoine Augustin) 229
グレンジャー (Granger, Clive) 212
クロネッカー (Kronecker, Leopold) 306, 308
クーロン (Coulomb, Charles-Augustin de) 114
ケストナー (Kästner, Abraham) 128
ゲーデル (Gödel, Kurt) 266, 270, 319, 333
ケプラー (Kepler, Johannes) 88, 90, 153, 342
ケーラー (Koehler, Otto) 8
ゲール (Gale, David) 214
ゲル-マン (Gell-Mann, Murray) 151
ケンペ (Kempe, Alfred) 337
コーエン (Cohen, Paul) 322, 333
コーシー (Cauchy, Augustine-Louis) 301
コペルニクス (Copernicus, Nicolaus) 77
ゴールドバッハ (Goldbach, Christian) 321
ゴールドワッサー (Goldwasser, Shafi) 281
コルモゴロフ (Kolmogorov, Andrey) 193
コンドルセ (Condorcet, marquis de) 110, 218

●サ行

サイネル (Seiner, Hanuš) 158
ザイルバーガー (Zeilberger, Doron) 295
サクセナ (Saxena, Nitin) 279
サージェント (Sargent, Thomas) 211
サッケーリ (Saccheri, Geraolamo) 127
サミオス (Samios, Nicholas) 152
ザルガラー (Zalgaller, Victor) 342
シーアン (Sheehan, Richard) 212
ジェニンズ (Jenyns, Leonard) 3
シェヒトマン (Shechtman, Dan) 343
ジェームズ (James, Richard) 157
シッパー (Sipper, Moshe) 292
シムズ (Sims, Christopher) 212
シャプレー (Shapley, Lloyd) 214
シャミア (Shamir, Adi) 285
シャルコフスキー (Sharkovsky, Oleksandr) 359

人名索引

●ア行

アイゼンバーグ (Eisenberg, Yehuda) 152
アインシュタイン (Einstein, Albert) 60, 125, 132, 133, 139, 266, 267, 319, 358, 360
アグラワル (Agarwal, Manindra) 279
アタナソフ (Atanasoff, John) 265
アダマール (Hadamard, Jacques) 328, 359
アッペル (Appel, Kenneth) 294
アッペル (Appel, Paul) 313
アティヤー (Atiyah, Michael) 361
アナクサゴラス (Anaxagoras) 42
アナクシマンドロス (Anaximander) 35
アナクシメネス (Anaximenes) 35
アポロニウス (Appolonius) 67, 72, 79
アリスタルコス (Aristarchus) 70, 78
アリストテレス (Aristotle) 40, 45, 60, 62, 68, 83, 105, 142, 156, 170, 180
アルヴァレズ (Alvarez, Luis) 152
アルキメデス (Archimedes) 45, 71, 72, 96, 258
アル=フワーリズミー (Al-Khwarizmi, Abu Ja'far ibn Musa) 271, 297
アレ (Allais, Maurice) 241
アロー (Arrow, Kenneth) 220, 235
アングレール (Englert, François) 153
イェックレ (Jäckle, Herbert) 159
ヴァローネ (Vallone, Robert) 207
ウィン (Wynn, Karen) 14, 16
ヴェブレン (Veblen, Oswald) 266
ヴェリコフスキー (Velikovsky, Immanuel) 161
ウォッシュボーン (Washborn, David) 166
ウォリス (Wallis, John) 96
ヴォルタ (Volta, Alessandro) 114
ウォレス (Wallace, Alfred) 3
ウッドラフ (Woodruff, Guy) 9
エウトキオス (Eutocius) 259
エウドクソス (Eudoxus) 40, 43, 66, 85
エーデルマン (Adelman, Leonard) 285, 293
エハッド (Ekhad, Shalosh B.) 295
エラトステネス (Eratosthenes) 72
エルステッド (Oersted, Hans) 115
エルデーシュ(Erdős, Paul) 331, 334, 336
オイラー (Euler, Leonhard) 104, 107, 110, 297
オートレッド (Oughtred, William) 263
オーマン (Aumann, Robert J.) 235
オレフ (Olech, Czesław) 334

●カ行

カヴァッレリ (Cavalleri, Antonine) 104

●マ行

●ヤ・ラ・ワ行

事項索引

著作者
Z. アーテシュテイン（Zvi Artstein）
ヴァイツマン科学研究所（Weizmann Institute of Science）教授.

監修者
落合　卓四郎（おちあい　たくしろう）
数学教育学会会長，東京大学名誉教授，日本体育大学元学長.

訳者
青木　孝子（あおき　たかこ）
東海大学現代教養センター講師.（第 6 章）

植野　義明（うえの　よしあき）
東京工芸大学工学部准教授，東京大学非常勤講師.（まえがき，第 1 章，第 9 章，第 10 章，あとがき）

河合　博一（かわい　ひろかず）
駿台甲府小学・中学・高等学校元校長，KMI 主宰.（第 1 章，第 2 章）

儀我　真理子（ぎが　まりこ）
神奈川大学非常勤講師，明治大学非常勤講師.（第 4 章）

小舘　崇子（こだて　たかこ）
東京女子大学現代教養学部講師.（第 7 章）

小張　朝子（こばり　あさこ）
東京大学教育学部附属中等教育学校教諭.（第 1 章）

重光　千彩（しげみつ　ちさ）
東京工業大学大学院修士課程修了，民間企業研究開発部門研究員.（第 3 章）

重光　由加（しげみつ　ゆか）
東京工芸大学工学部教授.（第 5 章，第 8 章）

数学がいまの数学になるまで

平成 30 年 3 月 30 日　発　行

著作者　Z. アーテシュテイン
監修者　落　合　卓　四　郎

発行者　池　田　和　博

発行所　丸善出版株式会社
〒101-0051 東京都千代田区神田神保町二丁目17番
編 集：電話 (03)3512-3266／FAX (03)3512-3272
営 業：電話 (03)3512-3256／FAX (03)3512-3270
https://www.maruzen-publishing.co.jp

組版印刷・製本／三美印刷株式会社

ISBN 978-4-621-30168-5 C 3041　　Printed in Japan